# 城市规划:
# 引入观念还是输出观念?
## ——本地意愿与外来观念的交锋

# Urbanism: Imported or Exported?
## Native Aspirations and Foreign Plans

［美］乔·纳斯尔（Joe Nasr）
［法］梅赛德斯·沃莱（Mercedes Volait） 编著

徐哲文 译

U0172443

中国建筑工业出版社

著作权合同登记图字：01-2005-1989 号

图书在版编目（CIP）数据

城市规划：引入观念还是输出观念？：本地意愿与外来观念的交锋 /（美）乔·纳斯尔，（法）梅赛德斯·沃莱编著；徐哲文译 .—北京：中国建筑工业出版社，2019.11

（国外城市规划与设计理论译丛）

书名原文：Urbanism Imported or Exported?——Native Aspirations and Foreign Plans

ISBN 978-7-112-24354-9

Ⅰ.①城…　Ⅱ.①乔…②梅…③徐…　Ⅲ.①城市规划—研究　Ⅳ.① TU984

中国版本图书馆 CIP 数据核字（2019）第 221764 号

责任编辑：董苏华　段　宁
责任校对：赵　菲

国外城市规划与设计理论译丛

城市规划：引入观念还是输出观念？

——本地意愿与外来观念的交锋

[美]乔 · 纳斯尔

[法]梅赛德斯 · 沃莱　编著

徐哲文　译

\*

中国建筑工业出版社出版、发行（北京海淀三里河路9号）

各地新华书店、建筑书店经销

北京点击世代文化传媒有限公司制版

北京富生印刷厂印刷

\*

开本：787×1092 毫米　1/16　印张：24¼　字数：462 千字

2020年8月第一版　2020年8月第一次印刷

定价：99.00 元

ISBN 978-7-112-24354-9

（34751）

版权所有　翻印必究

如有印装质量问题，可寄本社退换

（邮政编码 100037）

# 目　　录

## 第三部分  权力的主体

## 第四部分  外来专家，本地专业人士

# 前　言

　　本书分析了十几个城市发展的典型案例，其地域范围遍及全世界，时间周期则取自 19 至 20 世纪；借助这些案例，本书探讨了各类寻求塑造城市环境的概念模型的变迁；我们的考察视角，主要是从那些从别国引入概念模型的人（而非概念模型输出者）的角度来看，所以我们在考察中把大量的本地行动者放在了城市空间创造的核心位置（而非边缘）。近年来，涉及现代城市（特别是"发展中国家"的城市）形成的各类文献，无论是从内容、方法还是语调上都让人感到一种不满：人们感到，这些文献往往未能充分体现出在城市形成过程中权力关系与权力流动的复杂性；尤其突出的是，最近的许多研究没有充分呈现本地要素，即便这些要素在研究中出现，它们也大多被视为行动的接受者而不是实施者。本书的作者们是一批年轻研究者，大家恰恰是共同感受到了这种不满，因此发起了本次研究项目。有鉴于近年研究的上述不足之处，本项目针对每个历史时期征集一篇论文，用以展示在本地的和外来的行动者与概念之间相互作用的多种方式，其中又特别关注了两个历史阶段：全球殖民化开始兴起之阶段、殖民化开始让位于笼统地定义为"后殖民"的时期之阶段。

　　为了考察相关问题，研究者们在 1998 年 12 月 20 日至 22 日组织了一次有将近 30 人参与的研讨会。发言者中既包括年轻研究者，也有成名学者，后者中的安东尼·金（Anthony King）发表了主旨演讲。会前向所有参与者提供了 18 篇论文，这样一来，会上大家可以集中讨论论文内容，确定各项研究之间共通的宏观主题和兴趣点，并就这些宏观蕴涵提出若干结论。研讨会上讨论的 5 篇论文首次发表于《城市与社会》（City and Society）[1] 期刊。其他大多数论文（包括后来添加的 3 篇文章）构成了本书的基础。

　　无论是研讨会，还是本书，都把讨论的案例限制于 19 世纪和 20 世纪，集中在"现代"和工业时期，这也是西方观念向全世界加速传播的年代，与此同步的则是若干帝国强权的扩张（以及另一些帝国强权的衰落）。此外，超过半数的文章讨论的城市和国家位于中东（广义上的）和地中海地区，主要原因是这些地区与欧洲邻近，因此各种诞生于欧洲的城市规划与建筑学概念模型往往会在这些地区引发争

viii 议和实施。但是，为了把这些案例放置在西方技术与学术向国际传播的宏观语境中，从而确保结论具有更广泛的适用性，本书也收录了来自亚洲、拉丁美洲、非洲乃至欧洲本土的案例。[2] 虽然这些论文究其本质是历史研究，但其中不少篇目都为当前的问题（比如全球化现象）提供了全新视角。

最初发起研究项目的研究者是乔·纳斯尔（Joe Nasr）、福阿德·马尔卡维（Fuad Malkawi）、法西尔·泽乌杜（Fassil Zewdou）、卢拉·萨迪克（Rula Sadik）和梅赛德斯·沃莱（Mercedes Volait）——其中前三人当时正在宾夕法尼亚大学。项目在 1996 年塞萨洛尼基召开的国际规划史协会（International Planning History Society，IPHS）会议上正式启动。因此项目也是在 IPHS 帮助下成长起来的，协会的若干会员——包括其前任主席斯蒂芬·沃德（Stephen Ward）参加了在贝鲁特举办的研讨会。虽然研讨会从本质上讲是封闭式的，但还是邀请了若干对此感兴趣的外部人士。与会者大多在法国或美国的大学就职或就学，所以这个项目就力求整合相关主题的法语与英语文献资源。

乔·纳斯尔和梅赛德斯·沃莱是贝鲁特研讨会的组织者，并且也继续担任本书主编。赞助研讨会举办的机构包括：贝鲁特美国大学的行为研究中心（CBR）；贝鲁特的当代中东学术研究中心（CERMOC）以及法国图尔的阿拉伯世界城市规划学术研究中心（URBAMA）。法国的国家科学研究中心提供了重要的补充资助。为项目提供关键帮助的人士还包括 CBR 的萨米尔·卡拉夫（Samir Khalaf）、URBAMA 的皮埃尔－罗贝尔·巴迪埃尔（Pierre-Robert Baduel）以及此前在 CERMOC 工作的埃里克·惠布雷希茨（Eric Huybrechts）和伊丽莎白·皮卡尔（Elisabeth Picard）。三家机构的工作人员确保了研讨会的顺利召开。

研讨会召开之后的这些年里，很多参与者都一直持续为项目提供鼓励、出谋划策，尤其是延斯·汉森（Jens Hanssen）、安东尼·金和斯蒂芬·沃德。项目进入成果阶段的过程相当缓慢，所以哪怕是因为其耐心，各位作者也值得我们好好感谢。我们要感谢《城市与社会》的莎伦·纳吉（Sharon Nagy）惠允本书收入若干首发于该刊的文章。项目的另外三位发起人(福阿德、法西尔和卢拉)虽然未能继续参与，我们仍要为他们的贡献表示感谢。埃里克·韦代伊（Eric Verdeil）和陶菲克·苏亚米（Taoufik Souami）受这个项目启发，分别启动了自己的研究项目，我们同样要向他们致意。在项目从初始创意发展到研讨会和本书的各个阶段中，还有很多人为我们提供了建议和支持,其中包括:雷·布罗姆利(Ray Bromley)、杰夫·科迪(Jeff Cody)、威尔·格洛弗（Will Glover）、朱恩·科米萨尔（June Komisar）、保利娜·拉瓦涅（Pauline Lavagne）、西摩尔·曼德尔鲍姆（Seymour Mandelbaum）、阿伦·米德尔顿（Alan Middleton）和安东尼·撒特克里夫（Anthony Sutcliffe）。不少人帮助乔·纳斯尔多次前往巴黎与梅赛德斯·沃莱会面，这对于项目及本书的成形都必不可少。约翰威立出版公司的专业人员提供了出色的工作合作，其中包括阿比盖尔·格雷特（Abigail Grater）、玛丽安吉拉·帕拉齐–威廉姆斯（Mariangela Palazzi-Williams）、科林·豪沃思（Colin Howarth）和卡罗琳·埃勒比（Caroline Ellerby）。

最后，我们要向多年以来一直支持本项工作的家人表示感谢——首先是路易丝和特雷丝（Louise and Thérèse），她们是我们的后盾。

乔·纳斯尔、梅赛德斯·沃莱
2002 年

**注释**

　　1. 该刊当期的专题标题与本书一致："Urbanism: Imported/ Exported", vol. 12, no. 1 (2000): 147 pp]，客座主编莎伦·纳吉也参加了研讨会。本书导言概述了收入该刊的 5 篇论文内容。

　　2. 由于考察的地域多样性，各篇论文也使用了来自多种语言的术语。我们并没有在全书中强求术语的统一性。同样，全书中也包含了多种不同的写作风格和表达方式。

# 导言  规划的传播

乔·纳斯尔  梅赛德斯·沃莱

## 将外围置于中心

本书致力于考察 19 世纪以来广义上的"现代城市化"[1]之复杂本质，考察的主要地域是地中海地区的若干国家，在研究中我们重点关注了外来概念模型在这些地区的传播[2]和实施。关于建筑环境领域的观念传播问题，尤其是关于殖民与后殖民社会的城市规划与建筑，过去 20 年间有很多文献从多种视角加以讨论，本项目的研究正是植根于对上述文献的审视。通常来说，现有文献在讨论相关话题时为了实现若干或显或隐的目的，要么采取城市建筑概念模型从"中心"到"外围"传播的视角，要么则关注来自中心地区的工作者在外围创造概念模型的过程。研究者的既定目的当然获得了特别关注，而概念传输或创造的本地化过程则很大程度上被忽略了。在本研究项目中，我们提出一种视角转换：在关注点上"将外围置于中心"。

我们的目标当然不是要忽视观念输出者和他们的动机——在这个意义上，也不会用一种"只考虑观念输入"的范式取代原先"只考虑观念输出"的范式。毋宁说，本项研究把聚光灯投向观念的输入者和他们本地的现实情况，并充分考虑其与观念输出者之间的互动过程。这样，我们就拓宽了城市规划研究的范围，由此我们对城市建造的文化观念、实施过程、行动者个人，乃至城市居民个体认同的理解都会大为扩展。在凸显研究独创性的同时，我们也必须向该研究方法的一些先驱和同路人致意。这其中包括：立足于"普通民众"的历史研究，这类研究扭转了史学著作一味关注伟人、重大历史事件和宏观运动的思维定式；"底层"文学，它们让社会中最无声无形的弱势阶层的故事为世人所见；对城市规划概念模型与技术的分析，尤其是对它们所形成的流变、网络、交流及改造的分析；此外，还包括近年逐步形成的对"城市规划文化"以及塑造了城市环境的专业阶层的理解与认知。

在很多极端扭曲的考察中，本地人被视为外来文化概念无能、被动而无害的接受者，被视为无法控制也无法理解城市物理变化与空间变化的单纯观众。我们反对这种"本地人"形象，主张在规划与建筑观念的选择、改造和实施中，本地人通常都扮演着积极主动的塑造性角色。这意味着概念输入不只是盲目模仿西方。本地行动者们（无论是原住民还是移居者，精英还是非精英，多数族群还是少数族群）不仅寻求参与全球现代化进程，而且还借助规划的制定过程来实现他们自身对城市的关心和抱负。因此哪怕规划是由外部人士完成的，它还是会（至少部分地）建筑在来自不同背景的本地利益相关者（既包括土著居民，也包括其他人）的需求和愿望基础之上。

在过去的两个世纪中，若干特定的城市规划技术与观念首先形成于一些"西方"国家（主要是欧洲国家），并被公认具有现代性；本书考察了它们在几类情况下引入其他地区的方式：在同一国家内部传播（观念从一个城市——通常是首都——传播到该国的其他地区）；在西方国家之间传播（本书展示了若干知名案例，从奥斯曼式规划到田园城市，再到晚近的新城市主义）；从西方国家到非西方国家传播（本书既涉及了非殖民地区，也涉及了殖民地区的案例）。概念与技术的传播过程无论是输入、输出，还是像大多数情况下一样是两者的混合体，都既可以是强制性的，又可能是自愿的。虽然在每个案例下决策背景都取决于各不相同的权力关系，而这又对观念传播的基础机制产生了一定影响，但是在所有这些可能的权力关系中间（后文会对此加以详述），传播所涉及的动态互动过程其实具备一定方向性。本书考察的案例处于高度差异化的历史和空间框架中，超出了殖民地和地中海的范围，因此本书寻求对现代城市化规划原则在其诞生地之外的兴起、演化过程进行比较分析，并充分考虑"城市化"这一概念所要求的全部复杂性。

我们故意没有在本书标题中使用"殖民化"的说法，这是本书采取的视角所决定的。我们并非要抹杀殖民经验的地位，也不是要低估其作为生产和破坏力量的重要性。毋宁说，我们的决定基于三种信念。首先，可以把殖民地城市化放置在若干权力关系与建筑环境相互作用的经验之中；因此，它与非殖民地的城市背景有一些相似之处，不应孤立地研究。其次，即使是在殖民主义形成了极端的权力不平衡的情况下，貌似无声、无力的人们实际上仍然有能力通过占用生产资料、改造概念模型、确定工作的优先次序、改变空间的使用方式等办法来影响建成环境；为了达到目的，他们甚至还可以借助一种通常很受低估的武器：不作为。再次，殖民者的目标（引发变革、提高生活标准、"现代性"、"发展"等），他们为达成这些目标采取的措施（林荫大道、下水道系统、行政区划规则等），都可能以若干方式、在若干场合下反映了程度各异的被殖民者的意愿。最终，整个城市的建设过程实际上要比殖民地和后殖民地城市化文献中经常描述的要复杂得多。尤其突出的是，城市规划学和建筑学观念的传播似乎是这样一种现象：其渠道、机制和效应远比以往通常记载的更为广泛多样；它是中心与外围之间无限复杂的辩证关系的一部分。

本书（我们希望未来的研究也如此）主要寻求验证这样一些主张：

· 城市规划学和建筑学的话语可以通过本地现实（比如经济和社会结构以及政治意图）以及（无论是本土的还是国外的）专业规划者的经验来塑造；

· 就像从国外成功引入城市规划原则一样，不开展城市规划或者阻碍城市规划实施也可以成为本地人的一种选择；

· 来自外部规划师的方案往往不仅是从天而降的舶来品，而是会受到（处于"外围"地区的）城市中各类本地参与者的优先目标和期望的影响，有时还会针对这些目标和期望予以回应——不仅在方案由本地人委托外部规划师完成时会是如此，甚至在外部规划师貌似无所不能、完全独立时也可能如此；

· 虽然有些外部规划师和设计人员在来到一座陌生城市时带着一整套现成的规划观念体系，但他们常常会让自己的规划概念模型随他们在当地生活的经验（包括他们与本地人的互动）一起演化发展；

· 本地人包括各种各样的利益相关者和参与者，其中既有精英（他们不仅会在殖民过程以及由此产生的城市化中充当自愿参与者，甚至还可能是城市化变革的催化剂），也有最弱势的社会成员（虽然这些人的贡献往往难以确定，但他们很擅长让落到他们手上的东西为其所用）；

· 在某些情况下，只要非原住民是在一个城市或国家出生长大的（有些家庭甚至有几代人在当地定居），就可以视为本地人；另一方面，如果一些人原本土生土长，但又在海外度过了部分或全部职业生涯，那么他们在返乡时或许就不被视为本地人；此外还有两边跑的买办或中间商，这种人虽然扎根本土，但又积极地充当本地与外部世界之间的联络通道；事实上，我们可以借助这类观察结果，反过来重新思考如何定义"本地"和"国外"等概念；

· 在某些非殖民地区，对西方观念的引入可能与邻近的和同时代的殖民地区一样广泛；借助这个主张，我们可以对一些成见质疑：现代主义城市化的传播到底与殖民背景有多大关系？城市规划中基于权力统治、种族隔离、强行植入等形式的各种强权原则是否为外在于本地文化的殖民者所专属？

因此，无论是本地层面的、国家层面的还是全球层面的行动者都可能引发城市形态、建筑、空间、物理模式、功能等方面的变化。这一认识将拓宽对观念与技术传播方式的讨论，而本书在这类讨论中关注的正是塑造建筑环境的行为和行动者。本书旨在沿着以上提问方向强化质疑的力度，检验上述假设主张的有效性，并且确定一系列基本问题，作为未来对本地人与外来规划者、规划原则和城市建设过程之间关系课题研究的对象。它有助于纠正大多数相关文献中忽略本地因素的弊端。

在本书各章丰富多样的案例中，人们会注意到城市化概念模型的输入和输出方式的高度复杂性。根据本地背景、时代精神、权力平衡等因素的作用，不同类型的城市化观念传播可能在行动者、空间结构和实现目标之间形成复杂的矛盾关系，最终造就饱含内在矛盾的城市形式。最近，在一次关于"城市地缘政治"的研讨会前发布的论文征集启示中，撰文者对我们在此提出的很多观点进行了总结：

> 城市空间是多方面元素共同作用的结果；其中的行动者既包含各类政治、经济和社会决策者，也包含为了捍卫其生活环境以各种形式动员和组织起来的市民。这些行动者的立场时常冲突，背后驱动的利益也差异很大，他们通常在一种很不平等的权力平衡中发挥各自的作用。所有行动者为了占据和捍卫自己的"领土"，为了攫取形式各异的权力，都发展出多种多样的将空间据为己有的策略……协同与对立的力量犬牙交错、彼此对峙，各方面都在推出针锋相对的方案。因此城市空间形成了一种"马赛克式"的领土布局，其形式往往错综复杂，经受着不断的细部划分和整体重新分区；这种"马赛克式布局"成为行动者的行为框架，也是他们行动策略的跳板。[3]

## 城市化中的复杂性与矛盾

本书收录的案例限于 19 世纪和 20 世纪，以便集中于"现代"／工业化时期，与此同步的则是若干殖民强权的扩张（以及另一些强权的衰落）。此外，超过半数 xiv 的文章讨论的城市和国家位于中东（广义上的）和地中海地区，主要原因是这些地区与欧洲邻近，因此各种诞生于欧洲的城市规划与建筑学概念模型往往会在这些地区引发争议和实施。但是，为了把这些案例放置在西方技术与学术向国际传播的宏观语境中，从而确保结论具有更广泛的适用性，本书也收录了来自亚洲、拉丁美洲、非洲乃至欧洲本土的案例。此外，即使在同一西方国家内部，或是不同西方国家之间，中心与外围的关系问题也有着重要意义。

在沿着该项目提问线路考察其所提出的各项问题的过程中，浮现出了 4 个中心主题。本书开篇是由安东尼·金撰写的一章，把书中的讨论置于更广泛的文献基础之上。随后，12 个案例根据主题分为 4 组。本节概述了每篇文章对各自主题的研究贡献（这里也简述了《城市与社会》期刊专辑中发表的 5 篇文章，因为我们将这些文章视为整个项目的一个部分），尽管大多数论文都同时触及了多个主题。所有论文的共同关注点是金在那本期刊专辑的导言中提出的一个核心问题："城市的发展战略往往是外部的权威或权力机构制定的，无论这个实际制定者是殖民国家、强大的商业利益相关方，抑或仅仅是一家规划事务所。那么在各种政治条件下，本地原住居民会如何应对、修正、控制或驯化这些发展战略呢？"[4]

## 驯服现代性：引入最新的概念模型

实现或抵制现代性（无论是哪种定义下的现代性）是本土或外来的个人和机构采取各种行动时的首要目标。在掌握权力和资源者的种种追求志向之下，总蕴涵着对现代性的渴望；哪怕是质疑权势的人，现代性也往往构成了其部分动机。希望自己变得现代化——或者希望让他人变得现代化——通常会促使人向别人、别处取经学习，以求借他山之石改变自己或他人的环境。所以人们往往引入别国新潮的实践方式，作为范本，再根据本地的需求和条件或多或少地加以改造调整。虽然城市化的过程中存在着多种多样的行动者、利益和愿景，但是"输入／输出"的流通路径往往是比较直截了当的；某个特定概念的起点和终点很容易用"本地客户与外国专家"之类的对此来定义。而在一些特殊案例中，传播的路径就更为微妙，不是用单向的箭头表示一个源头对一个接受者的影响那么简单。对这些流动模型和流动中的中间环节进行分析，经常能发现城市规划概念传播的复杂性。

xvi 规划模型可能首先在一个地方引入，然后迅速扩散到一个国家乃至一个地区许多国家的城市规划中。斯蒂芬·沃德的文章介绍了西欧和北美之间双向传播的这类扩散过程案例。[5] 一系列模型可能相继或同时被提出并加以实施，哪怕行动的个人和权力机构发生了变化，规划模型还会持续有效；梅赛德斯·沃莱的文章介绍了开罗城市规划在长达一个世纪的时期中的变迁过程，它清楚地表明，在不同的时间节点上，城市中的当权派与权力强加给城市的规划模型之间经常会出现不匹配。

在一些其他案例中，后期模型体现了相对于早期模型在思路上的急剧转变。布兰达·杨（Brenda Yeoh）在《城市与社会》期刊中关于新加坡旧式工人住房的文章就描述了这样一种立场态度的转变，以及相应的措施调整。[6] 概念模型的输入或许是间接的，可能先从源头国家传递到一个殖民国家，再传递到其殖民地。引入外部模型的时机和方式各不相同，有时殖民地（或者是欠发达的内陆腹地）被当成全新城市化模型的"实验室"；有时规划模型在中心地区充分发展之后，才会被外围地区吸收借鉴；有时外国专家回到母国后，会把在殖民地产生的新经验带回源头，实现"反哺效应"（effets de retour）。[7]卡罗拉·海恩（Carola Hein）的文章介绍了日本规划师改造欧洲规划观念的做法：他们往往在日本本土和海外殖民地同时引入新模型，在此过程中通常借助同样的中间环节，令本土与殖民地形成微妙的互动与交流。不同的城市化观念之间的相互作用，再加上复杂的权力关系影响，产生的效果纷繁交错，令人如坠五里雾中。

## 筑造城市、筑造国家与筑造民族

在现代性的话语体系中，筑造国家和筑造民族这两个目标经常会彼此纠缠在一起，很难明确区分。一方面是这两大根本目标，一方面又有筑造城市的各类规划模型，两方面之间的关系值得我们予以特别关注。当权者在创建一个全新的国家、从无到有（或在既有基础上）打造一种民族特性时，往往（有时直言不讳、有时隐含意图地）伴之以建设全新的城市环境。确实，随着时间的推移，城市建设的成就通常有助于在新国家与新公民之间确立一种不同于以往的关系纽带。莎伦·纳吉在《城市与社会》期刊中的文章表明，当国家为城市规划工程设定工作优先次序时，上述"筑造国家和民族"的考虑可能成为一项明确的工作目标；她同时指出，如果把"国家"视为铁板一块的单一整体，就会忽视其下众多的公共利益相关方，也会看不到他们各自动机的复杂性，看不到他们在充当城市规划过程中的行动者时，自身内部存在的权力不平等。[8]实际上，即便是在一个极端专制的社会中，众多存在竞争关系的利益集团（可能是公共的、准公共的或私人的）都可以对全新建立的民族国家中的城市环境塑造产生影响。

具有讽刺意味的是，在筑造新的民族、国家时，有些当权者会利用国际权威人士的专业知识，亚历山德拉·耶洛林波斯（Alexandra Yerolympos）的文章介绍了在 20 世纪初新兴的巴尔干国家在建设塞萨洛尼基等城市时的案例，正属于这种情况。然而，"筑造民族"的过程却可能反过来让本地人质疑"外国"专家角色的合法性。阿拉·艾尔-哈巴希（Alaa El-Habashi）的文章解释了埃及专家委员会中的欧洲专家受到阿拉伯同事质疑的根本原因；表面上这些质疑出自新兴的民族主义思潮，实际上它们体现的则是个人和专业利益的冲突。文章以纳赛尔总统当权之前的年代里各国专家参与开罗历史建筑保护项目为案例，考察了在多元文化背

xvii

景下的"外来"与"本土"的定义。然而，创建新的国家、创造全新的民族认同和建设新的建筑环境并不一定是意图明确、充分整合的过程。罗兰·施特罗贝尔（Roland Strobel）的文章介绍了半个世纪之前年轻的民主德国形成民族美学的案例：当地建筑师与苏联对话者之间就此展开了悖论式的斗争，苏联专家强调建筑物要有一望即知的"德国风格"，而德国建筑师反倒主张采取国际主义的设计方式。

## 协商谈判空间：权力的"主体"（subjects）[*]

前面概述的两个主题表明，建筑环境（尤其是城市环境）的形成是一个非常动态的过程，其中存在持续的张力、争辩、颠覆和讨论——这些可以统称为"协商谈判"。很多不同的行动者都会参与这一过程（或至少试图参与）。多个行动者从各自的个人和集体利益与愿景出发，就城市空间开展协商谈判，其间呈现出可能是高度多样化的权力关系。一些项目得以实现，一些方案不得不改变，一些提案最终被拒绝，这些都体现了利益和愿景的冲突。特定项目上遇到的阻力往往可以通过各方愿景的分歧来得到解释。西比尔·赞迪－沙耶克（Sibel Zandi-Sayek）在《城市与社会》期刊的文章中介绍了奥斯曼帝国晚期的伊兹密尔市的改造案例：多方人士就是否，以及如何改造海滨地带展开论争，这也正是"愿景分歧"的鲜活例子。[9] 在一个社会中，如何看待社会本身、如何看待居住在城市环境中的各身份阶层，往往存在着更加广泛、更为根本的认知冲突，而城市化层面的愿景冲突可能与此紧密关联；在同一期刊中，雪莉·麦凯（Sherry McKay）的文章对独立前阿尔及利亚建筑中存在的多种"地中海主义"概念（以及这些概念的主张者）之间的差异进行了阐述。[10]

权力关系有两种典型类型，其中内在的权力平衡可能并不像初看上去那样简单，因此这二者值得特别加以考察。首先是城市空间塑造过程中的掌控者和受掌控者之间的关系。要么是出于自主选择、要么是出于必需，掌权者会对外部引入的和本土的概念模型进行重新诠释，并将各种来源的概念组合使用；而掌权者与被统治者之间的对接过程决定了城市改造的最终效果。约翰·阿切尔（John Archer）发表在《城市与社会》中的文章展示了在两个世纪前的印度加尔各答，由不同英国人推行的一系列城市改造尝试，作者把改造的效果放置于殖民者和被殖民者群体的不同利益语境中加以审视。[11]

xviii

---

[*] 此处"subject"一词有行为主体、帝国臣民两个含义，作者给这个词加上引号，意在突出"subject"身份的双重性。——译者注

虽然人们常常认为被统治阶级无权无力，但实际上他们拥有诸多手段，能够塑造、影响或利用他们所处的环境。他们由此能够效力于创造全新的建筑形式以及新兴的城市机构。梅·戴维（May Davie）描述了贝鲁特人（特别是当地精英）是如何接纳并影响了奥斯曼帝国与法国统治者先后强行推动的新城市格局改造的。诺拉·拉菲(Nora Lafi)则介绍了 19 世纪下半叶利比亚出现的一种新型行政建制"自治市"，它建立在以往治理形式的基础之上，并通过地方行动者与来自伊斯坦布尔中央政权的代表之间的融合协作来起作用。

本书通篇都很明确的一点是：摆在"主体"面前的选择可能会不断变化，因为一方面，他们自身的优先选项与信念会发生频繁的组合变换；另一方面，这也取决于统治阶级对他们施加的压力。即使是考察在非殖民地环境时——甚至是在研究同一国家的中心地区与外围地区的动态联系时，关于统治者与被统治者之间关系的讨论也有其重要意义。正是出于这个原因，本书收录了乔·纳斯尔关于 20 世纪 40 年代法国中央政府接管法国本土城市规划权力的文章；该文作者表明，中央政府在行使规划权力的时候，仍然要顾及城市中占传统主导地位的本地势力所制定的既有优先方针。

## 外来专家，本地专业人士

现代社会有一批经过专业教育培训，执业塑造人类定居环境，从事城市规划的专业人士。第二种需要特别关注的权力关系，就是在这些专业规划人员内部的权力关系——更准确地说，是土生土长的专业人士与外来（可能来自其他城市、国家或地区）人士之间的关系。最明显的情况是成名大师从远方到来，与本地专业人士接触；即便在这种情形下，二者的关系也可能相当微妙。由于本地专业人士的居中作用，外来专家的思路本身也可能发生演化。有时候，本地专家原本就自有一套打算，把外来专家当成实现自身抱负的傀儡，这样外来大师的影响力就不是通过主导方案制定，而是通过被人借用名义来起作用。邀请外来专家的活动有助于强化当地专业力量的形成。实际上，邀请有可能正是本地专业人士发起的。艾丽西亚·诺维克关于 20 世纪上半叶陆续前往布宜诺斯艾利斯的欧洲专家的文章 [12]，充分展示了外国人成为"受邀外国专家"的过程——这是规划史研究中一个饱受忽视的问题。在另一些情况下，来自外部专家的干预可能会限制本地人士 xix 的规划工作，并可能受到本地专业人员的极大抵制。埃里克·韦代伊讲述了 20 世纪 50 年代末至 60 年代初的改良主义时期，两位著名的法国专家在黎巴嫩的经历，可以与艾尔－哈巴希的文章形成呼应；韦代伊的文章表明，外来专家将自身融入当地城市文化的能力，可能会决定他们是否会遭遇本土专业人士对外来干预的抵制，同时也会决定一旦这种抵制出现，它是否能取得成功。

即使外来专家和本地专家在表面上是平等的同事，各方之间的关系也总会变得很复杂。事实上，对于某些专业人士来说，"外来"和"本地"的区别相当含混，无论是为了争取工作合，还是为了取得与客户更顺畅的互动，这些人士都会充分利用自己模糊身份左右逢源（跨国身份、外围特性和地方根源能在不同方面构成优势）。在本书结尾的文章中，雷·布罗姆利介绍了康斯坦丁诺斯·道萨亚迪斯（Constantinos Doxiadis）的事迹。道萨亚迪斯可能是本书中最著名的人物，但他在城市主义史册中的确切地位还没有定论。文章表明，道萨亚迪斯之所以能在职业生涯中获得可观声望，是因为他善于运用自己在多重世界之间的居间地位——虽然也正是由于这种居间地位，从长时段考虑，道萨亚迪斯对塑造人类定居环境的城市规划观念的影响毕竟有限。

## 立场定位

在本书首章安东尼·金的文章中，作者恰如其分地提示我们，随着时间的推移，一种研究主题可能的构成方式会发生巨大变化，有时是因为学术界的主导研究范式的变迁——我们还想在此补充，有时也是因为学者个人关注点和自身经验的不断演化发展。金在同一文章中提到，在城市规划历史研究的最初几十年中，推动研究发展的主要动力在于评估"城市规划（在社会进步意义上）的有效性"，以及"分析规划决策对社会的积极或消极影响"。

正如我们已经指出的那样，本书源于一种特殊的关注：我们力求在完整的社会文化与政治复杂性中，理解现代城市（特别是"外围"地区的城市）的形成过程。这一研究视角特别关心的一个重要方面，就是在城市形成的动态过程中的"本地化"维度，亦即各种"本地"元素（人物、方案、实践行动、情境等）与"外来"元素之间的相互作用影响、塑造乃至颠覆其建筑环境的种种方式——无论其中各种力量与流动在表面上显得多么矛盾或不协调。在大多数相关的近期文献中，上述问题似乎较受忽视；研究的主要关注点集中于西方规划领域的重要人物、规划形式和若干规划实施地（无论是在西方国家内部还是在海外），即使主题涉及西方以外的国家，研究仍会侧重观念输出的方面。这种关注方向确实有助于阐明欧洲殖民进程在城市空间中展开的多个维度。然而，对于规划方案的最终实施情况，对于规划师的意图

xx

是否以及如何在实地得到"转译",以及在更广泛的意义上,对于殖民城市是如何日复一日经由各方行动者的共同工作建造起来的——以往的研究基本上很少提及。

本书提出的思路也源于我们对本质化概念范畴的不满。在现今的城市研究中,这类本质化范畴仍然大行其道,尽管不少人已经对此提出过批评。珍妮特·阿布-卢赫德(Janet Abu-Lughod)[13] 考察过的"阿拉伯城市"概念就是一个例子,而"地中海城市"或"殖民地城市"等说法其实也如出一辙。比如,在"殖民地城市"这个概念之下就遮盖了多种未经充分考虑的实践和现实:研究者往往把关注重点放在较大的"布景单元"上,对行政中央和殖民权力指定的规划更感兴趣,而牺牲了更微观、下级的细分结构:建筑公司兴建的小型区域、采矿公司创立的新城镇、宗教团体创办的社区、不知名企业家建造的项目等。换句话说,殖民地城市的日常肌理——或至少是其中的相当一部分——被研究者忽视了。

此外,本书的思路中包含着对于过度泛化和全局性解释的根深蒂固的警惕。比如有些研究者将法国哲学家福柯的修辞论证方式过度简化,他们主张,人们审视和解释现实,总是要经过规训权力、框架式机制以及控制策略的"独特"棱镜的折射,在帝国主义霸权的语境中就尤其如此。当研究分析主要依赖于二手的、来源单一的、立场片面的、从根本上说是不完整的证据时,对上述论证方式的警惕或许就最为必要。事实上,关于殖民地城市化的大部分研究文献都出自国际都市的资料为信息来源,而没有(充分地)运用殖民地本土档案的原始材料。材料运用上的局限性让研究带有某些与生俱来的偏见,犹如用一个破碎的棱镜过滤城市建设过程的实情,并对城市的形成产生了不必要的片面理解。因此,尽管这些研究让人们能够从国际都市角度洞悉了殖民者事业中诸多的微妙情形——很多研究包含殖民者规划方案对殖民地本土历史和文化的回应,根据格温多琳·赖特(Gwendolyn Wright)[14] 的分析,这明显是将殖民地的城市化发展视为现代主义城市化运动的一个特定版本——但城市化进程的本地元素还是几乎彻底被忽略了。

我们选择采用的认识论立场主张以下原则:针对加以研究的具体情况,应该查阅更广泛的文献记录,并且在不同来源的文档之间进行比照核查;应该大范围考虑解释性因素;应该视具体案例需要,将各类利益相关方尽可能包括在研究视野中;应该在各种诠释可能性之间保持不偏不倚,不预设结论。"必须扩大视角"绝非新主张。即便只是在殖民地城市化的研究领域,罗伯特·罗斯(Robert Ross)和杰拉德·特尔坎普(Gerard Telkamp)1985 年就已经在一系列案例研究的基础上率先提出:"在殖民地国家的首都,帝国主义强权并非所有事务背后的主要推动者。"[15] 各种西方的(或看起来像西方的)规划形式和学说也并非只能经过殖民统治这个唯

xxi

一的渠道才能在殖民地形成传播与转化。

我们关注原产于西方的规划思想在全球各地经过中介环节转化而落地的复杂过程，更一般地说，我们的这个关注方向，以及我们主张研究这类问题的方式，其实与城市规划史学科之外的其他历史研究领域的前沿发展有着明确的联系。例如，区域研究领域强调所研究的各类现象的本地因素——用术语称为"内部历史"（history from within），长期以来这一直是该学科的核心。在对奥斯曼帝国的研究中（这也是本书充分介绍的地域和历史时期），越来越多的文献关注"西方化"和"现代化"的本地化形式与过程，这些形式和过程是从 19 世纪早期在"坦志麦特"（Tanzîmât）大规模改革运动的名义下在整个帝国发展起来的；历史研究者目前已经开始关注这一时期的奥斯曼帝国在城市规划领域的影响和观念转译工作。[16] 对殖民地城市历史感兴趣的非洲研究专家对所谓的"白人城"（White City）概念提出了质疑（这种事物几乎从没有实际存在过）；他们还指出，在殖民者建立的城镇中，当地居民与城镇中的各种法规、建筑形式以及不同族裔的民众开展了复杂的互动，形成了一种"文化杂交"（cultural hybridization）过程。[17] 在其他一些案例中，学者们考察了本地精英人士在所谓的"殖民地城市"的建设与转型过程中做出的贡献[18]，其中特别表现了一些居中群体（例如在宗教信仰或族裔上的弱势阶层）扮演的重要角色。爱德华·萨义德（Edward Said）在回忆录中讲述了第二次世界大战前他在开罗度过的青年时代[19]，这些记述表明"殖民地城市"能够以或多或少彼此交叠的方式，将多元的社会、复数的身份认同和"错综交织的多重历史"汇聚在一起。

另一个与本书研究明确相关的趋势，是最近学术界对"行动者"的重新发现：学者们越来越强调行动者能够超越社会、政治或经济等方面的全局性决定性因素，对自身的历史施加影响。当代社会科学中的一个宏观趋势是"个体"的作用（重新）兴起，当前的研究者们热衷书写"微观历史"（micro-history），为具体个人以及小规模的行为者群体（特别是属于底层或边缘社群的行为者）发声，其中体现的正是对"个体"和"行动者"的重视。[20] 以往的研究更注重结构化的解释，而当代研究对行动主体的关注并没有把研究重点放在伟人和著名人物上，而是聚焦于普通民众、不知名的个人、"史书上不记载的人民"，以充分表现他们对外界冲击进行回应、抵制、抗争与改造的能力。[21] 我们甚至可以主张，从这个观点看，城市里的所有居民都值得研究。[22]

如果研究者缺乏对行动者和小人物的关注，本书后文中提到的大多数本地专业人士、城市缔造者、活动家及房地产开发商可能永远不会摆脱无名状态。我们当然不是要贬损宏大趋势、结构框架和宏观运动的意义，也不是要否定伟人与著名人物的重要性——比如本书收录的多篇文章都提到了布卢门菲尔德（Blumenfeld）、道萨亚迪斯、埃科沙尔（Ecochard）和勒·柯布西耶等大师。相反，我们的目的是，一方面把大人物放在众多其他行动者的坐标系中，体现小人物们对大师的设计作品、规划方案和行为举措的促成、推进、阻碍和影响；另一方面展示抽象结构中的人性成分，让宏观的趋势和运动显得更加有血有肉，"露出人性的面容"。[23] 以这种方式，"青史留名的伟人和被历史遮盖的小人物都能作为同一段历史进程的参与者而浮现出来。"[24] 说到底，结构和行动者之间并非对立关系，而是相互纠缠、整合在一起的。[25]

究竟如何看待本书讨论的各类情况和现象，同样也取决于我们怎么处理"观念接受与观念挪用"等相关问题。"当代城市形态既是（对外来观念）吸收和改造的产物，也是彼此融合与相互抵抗的产物"[26]，而合作很可能正是发生在对峙之中。"既定的本地环境（以及政治环境）情况决定了观念挪用的过程。在一个共同的行动场域之内，总会有本地特色的变体形式出现。"由于对观念的接受和倡导，通常会基于片面的、选择性的理解或诠释，所以观念转译总会是一个主动而非被动的过程；转译的形式、机制、范围和动因各不相同，并且"转译会选择性地与特定的一些旋律相协调，而抑制另一些旋律"。[27] 所以对外来观念的接纳过程中没有什么必然性可言："哪怕是最有异国起源的观念，也会很快采取具有本地民族－国家特色的形式。如果观念不能以这种方式入乡随俗，那么它们不久后就会褪色淡出，失去任何影响力。"[28]

在规划史领域，规划观念和实践的国际传播问题，以及跨国和跨区域交叉影响问题赢得了一些学者长期而不断升温的关注，本书正是这种关注的产物。[29] 正如沃德强调的那样，对这些问题的关注并非当前全球化范式的简单副产品，而是一个重要的历史现象导致的结果：19世纪以来，城市规划领域发生了广泛的国际观念流通与交流。[30] 自安东尼·撒特克里夫的开创性著作《走向规划城市》[31] 问世以来，有大量研究都探讨了规划师如何在不同的地理环境和历史语境下"向其他国家学习"[32]；正是针对这种现象，沃德提议创立一种规划观念传播的类型学，以"创立规划概念模型的国家和输入这些模型的国家之间的权力关系"为重要素材。[33] 在这些著作的基础上，本书提供了一批鲜为人知的案例和很多未发表的材料，可以有助于对这种类型学加以深入阐发，并最终修正、丰富它；我们希望它能提升我们对规划观念传播的动力机制的理解。

最后，我们要坦承，本书也是作者们个人生平经历的产物。本书中大多数文 <sup>xxiii</sup> 章的作者都有多元化的出身背景，掌握多种语言，曾经越过大西洋（或者其他地理区隔）求学工作，而且具有在多个国家（甚至多个大洲）的不同文化环境中生活的经验。对于我们在本书中的提问方式设定而言，上述个人经历背景是一种不应忽视的因素。若不是我们自身独特的经验与身份让我们对多元化、多重化、复杂性和混杂性等现象具有特殊的敏感（也许是有点儿过于敏感？），那么我们还会提出同样的问题吗？也许不会吧。正如所有的叙事方式一样，我们的叙事带有潜在的倾向性，在这里必须开诚布公地承认下来。

## 方法论的选择与挑战

不少研究者着手考察"引入的城市形态观念与输出的此类观念之间存在的紧张关系"以及"在外部或外来权力主导城市规划实践时，本地与本土力量的贡献"等问题；在《城市与社会》期刊专辑的导言中，安东尼·金已经指出上述研究引发的一些方法论问题：

> 关于本土或外来力量贡献的程度，在不同背景下存在哪些证据？在研究中使用"本土－外来"对立的二元模型，是否会让我们忽略考察来自第三方或第四方力量的贡献的存在（或缺席）情况？……本土力量产生贡献的证据，是否可以在城市自身的空间、建成形式或建筑文化找到，还是说只存在于档案文件中？如果是后一种情况，那么这些文本是由谁、以何种形式和语言，以及在什么政治或文化条件下写作的？对我们这些研究人员和学者来说，上述证据如何对我们的考察敞开？在阅读特定文本时，需要哪些语言技能，何种意识形态或理论预设？[34]

本节讨论的，正是城市规划研究者面对的这些（以及其他）方法论挑战。

如果按照前文提出的思路开展城市规划研究，那么研究者遇到的最基本挑战在于这方面研究需要的那类证据难以获取——在后殖民社会的环境中就尤其如此。造成这种困难的原因往往是多方面的。对于研究的特定主题、时段和地域来说，可能不具备扎实而全面的档案，即使这样的档案存在，也有可能未经充分保管维护。对于某些类型的文献（例如参与城市规划的普通本地专业人员的单篇论文）来说，或许当地在传统上就不加以收集存档。在前殖民地社会，即便材料充分，但也可能有一部分材料保存在新独立的国家的档案中，有一部分则是由前殖民者存档，而在许多情况下，有些（通常数量较少的）档案由地方政府保存，另一些又由国家级机构保管，这样一来，研究者需要在多个地点、用两种以上语言进行（代价昂贵的）工作。[35] 这可能会促使研究人员主要留意那些最便于获取的资料，导致研究结论不够完整，隐含偏见。如果选择的研究对象是城市化概念和技术[36]，或者是传播这些概念和技术的专业人士的网络，那么挑战还会成倍增加。

即便是在能找到相关资料的情况下，这些资料也有可能片面强调某些权力关系，而对其他权力关系隐匿不提。依靠法庭记录和其他司法或争议解决机制，或许可以听到一些本地人的声音（除此之外，本地人几乎无法发声）；而这些仅仅是冲突时的声音，在非冲突情况下很难了解本地人的运作实情。这意味着研究会偏重发生对抗的情形，而日常进行的协商与达成的共识在此就容易被忽略了。

更一般地说，让历史上的"无声者"（这不一定意味着"无力者"）发声是很难做到的事，对开明的历史学家来说是一个永远存在的挑战。在"理解城市建设过程"的具体语境中，上述问题的挑战在于如何获取本土视角，并在此过程中确定当地行动者的优先目标、动机和方法。例如，对于一个外来势力主导的城市规划项目来说，怎么判断其中本土力量的贡献？——即使确实还能找到这些项目的档案，由于撰写者大都属于外来势力，所以未必会记录本土人士的工作。最终，这可能意味着，研究者只能基于其他历史学家判断为边缘、零星的证据来做出诠释，因为关于本土行动者的文献资料只留下这样一些东鳞西爪的片段。所以结论或许只能是勉强得出的；即便如此，也还是优于那种貌似言之有据，但其实是从充满偏见、挂一漏万的记录得出的结论。

其实，研究者能找到的最丰富的资源可能是关于城市规划观念输出者的文献（往往也是这些人自己收集整理的）；这种资料不仅有助于让我们了解观念输出者本人的情况[37]，而且从中也能看到"本地人士"的身影：外来专家的邀请方、合作者、方案的修改者、遇到问题时的抗议者、给行动制造障碍的人……但尽管这些资料可能包含大量信息，但过度依赖观念输出方的文献可能也有隐患。与参与城市建设本地化进程的其他人相比，"外来专家"往往不仅受到过更多的学术研究，而且研究者通常从他们的经历、生平故事、联络通信等角度来展开传记式的叙述（那种极有名望的规划大师尤其是这类传记热衷介绍的对象）。名人传记成了研究任务的主要着力点、描述城市化进程的主导线索，也成了反映本地行动者对外来观念和外来势力行动接受过程的一面镜子。所以，哪怕这些大师因为对本地环境的不敏感或无知、因为把自己的方案强加于人而饱受批评时，批评者还是会把大师们放在关注的中心，让他们像避雷针一样聚集了各类争议，韦代伊的文章介绍的米歇尔·埃科沙尔与勒布雷神父(Father Lebret)案例就是明证。即便本地人能够发声，也往往是通过了外来渠道的中转。事实上，当研究者着力考察本地人在城市建设过程中角色与反应时，"外来专家"撰写的文献反而是最容易获得的资料，而他们

xxv

的记述必然会存在一种额外的"过滤"。因此，对于城市规划研究者来说，更重要和最困难的挑战在于不仅仅是如何理解文献中的"过滤"，而是如何确定文献在何处存在"过滤"，又如何通过综合不同出处的文献来避开"过滤"带来的影响。

本节至此的论述有可能强化了本地/外来的二分模型，并因此产生隐患。此外，集中关注"本地"情形，似乎还会助长把特殊事物仅仅当成普遍事物之案例的趋势。但我们当然不打算将"本地人"固化成一种既定的本质。我们反倒是要指出：区分本地人的多种形态是十分必要的——哪怕也很困难。事实上，描摹出本地行动者各自的个性，确定其特有的行动范围、逻辑、动机，尤其是确定本地行动者与其他本地个人和群体的关系（这种关系可能是冲突的、矛盾的、含混的、微妙的、多面的），本身就是必要而困难的任务。从某种意义上说，最终可能需要把"独特性"而非"本地性"当成我们的思考工具。[38]

在寻求在城市化研究中更多地考虑本地人时，一项更具体的挑战是：即便我们能找到有文献记录了当地利益相关者对外来力量行动的反应和贡献，那也只表明若干特定的本地人能够发声——基本上是那些有机会和能力与外界人士互动的人。这些人大多属于社会精英、知识分子、"城市缔造者"或专业团体成员之类。其实我们可以把"不能发声"再分为多种程度。即使是精英内部也存在不平等；他们的权势大小、他们对城市化的兴趣、他们与外国专家和外来观念的联系各不相同。其他领域中对底层民众历史的研究，可以为如何应对这一挑战提供示范。构建底层民众的历史，具有与生俱来的难度；出于同样的原因，让规划史关注底层民众，也是一项艰巨但必需的任务。

为了写出城市建设的历史，为了能够将这个过程置于整体语境中并说清它形成并以其特有的方式演化的过程，往往就要出一部关于行动者和观念之流动的历史。举例来说，我们不仅要研究被派往国外学习的规划师，还要调研他们访问过的地方、他们在当地的联系人、他们听过的课程以及他们订阅的期刊。一个需要特别关注的观念传输渠道是规划教育。对于许多国家的规划师来说，赴海外接受专业培训相当普遍。[39] 著名的案例包括 20 世纪 20 年代和 30 年代利物浦大学的城市设计课程，或者今天若干美国大学的新城市主义课程；从这些课程中，学习者都会掌握一整套规划原则和学说，并最终通过国际咨询公司或者其他机构将学到的东西传播到海外各地。即便有些国家能在本国开展规划教育，课程设置也可能是与国外学者或国外专门机构合作确定的。[40] 通过这些方式，某些特有的规划知识和实践方法在研习者中间代代相传，而在城市规划领域里，这一类专业和技术文化的形成就特别值得关注。[41] 不过，对西方国家来说，研究者想要梳理这种教学网络

xvi

就已经相当困难——对于传统上不怎么保留文献档案的一些欠发达国家，这方面研究就更有挑战性。事实上，与基于档案/书面文献的历史学相比，也许注重口头交流和田野调查访谈的民族志方法更适合还原城市规划行业内部复杂的互动网络。[42]然而，民族志调研也很难理清人员和观念交流的实际过程，如果调研对象是鲜为人知的本地规划者，那就尤其如此。

在中东或北非等地区，整个区域内各国之间的城市规划观念交往特别频繁，我们要理解这些地区规划观念传播的全景，就要把区域内各国观念交流的效果，叠加在邻国之间的常规交流、前殖民地和它的"母国"之间的交流，以及当时国际层面的全球观念交流的几重效果之上。中东地区城市规划观念流动之所以重要，是因为阿拉伯各国的规划师、建筑师和建设者常常在其他阿拉伯国家工作。这些区域内的流动跨越国界，但其资料往往不易收集，因此其意义可能被大大低估。例如来自若干非石油生产国（约旦、黎巴嫩、巴勒斯坦、埃及等国）的设计师前往海湾石油国家工作，然后又把新的建筑设计形式带回本国的"反哺效应"就在很大程度上被忽视了。而对在某区域内部的从业者工作的研究只体现了研究范围的局部扩大；对全球从业者的研究的复杂度当然又要高一个层次。几十年前，只有少数规划师和建筑师能够真正在全球从业，但在今天，城市设计专业人士在全球范围的从业和教育活动[43]变得越来越重要——而且也异常复杂。

我们最终在这里建议的是：用阿切尔的话来讲，要采用"把城市视为一个碎片化的或不连续的领域"的思路来研究城市化的历史。[44]这个思路充满了困难，正如我们已经在阐明的那样，尤其是因为城市中各种"碎片式知识"的来源非常不均衡。"对强调城市生活的碎片化特征的强调，还有可能在当代城市设计话语中产生与早期范式类似的缺陷。具体来说，'本质化'是一种很难避免的缺陷。我们很容易通过话语，将观念、概念、物质商品和权力等因素本质化，让它们显得好像是从全球空间的空隙中穿过的离散粒子一样彼此孤立、互不通气。"[45]

此外在撰写一段规划史时，通常会存在一种困境：究竟构建什么类型的叙事。 xxvii究竟是把关注点聚焦在"场所地点"，还是聚焦在"行动者"身上，这往往是个很大的问题。如果研究者不仅要关注无法发声的行动者，而且还要关注被遗忘的场所地点，那么挑战必然就会加倍出现。而历史写作的困境还远不止在上述两个焦点之间的取舍：每个行动者在每个地点都要面对或使用许多法规、程序、工具、参与者、宣言、图像、资金流、设计风格等因素，这些都是研究者需要考虑的重要内容。在讲述这样的城市建设史时，如何描绘这些复杂场景中的全部微妙之处，而又不迷失在烦琐细节中，这是研究者必须面对的问题。

我们意识到，本书讨论的很多城市之所以成为其现在的样子，因为这些城市本身就像是大熔炉，是多种来源的因素之间高度"混合杂交"（hybridization）、多种模型反复"演化改造"（adaptation）、各类图像不断"消化反刍"（regurgitation）、各类理想沦入"腐化变形"（corruption）之后的结果。我们承认，可能有其他不少城市的规划过程中并未吸收如此多元的观念来源、模型、图像和理想。但显而易见的是，无论是现在还是过去，没有哪个城市会是一个孤岛，没有哪个行动者（本地人也好、外来人也罢）生活在密闭的蚕茧之中。因此我们认为，即使对于不那么多元混杂的地方，研究者也要充分考虑多方面因素对城市建设过程产生的影响，以及这些影响在成为现实时发生的转化。事实上在这种"貌似并不混杂的"情况下，确定何为影响、何为影响者、何为受影响者，可能是更微妙的任务。追溯影响的踪迹同样重要，但可能是一种更加艰辛的历险。

到目前为止，我们还没有对城市空间生产中的大量影响因素进行详细区分。当然，并非所有因素都同等重要，如果我们更充分地考虑行动者并把握观念流动的复杂情形，那么我们可能会在一些关键因素上找到新的亮点。我们能更宏观地理解权力，并且借此对城市产生更好认知基础。我们可以把国家（或者多个国家）置于在城市场所和空间生产的语境之中。正如安东尼·金在他的文章中主张的那样，对于国家在城市空间生产中的作用，研究者既可以赋予更多、也可以赋予更少的重要性。最终，可以重新评估"行动者/结构"这个经典概念对立的意义和重要性。权力、国家和民族——我们暂时就讨论这几种影响因素——究竟是应该视为城市生成中的行动者因素，还是说，它们构成了定义行动者运作环境的结构性因素？发展一个用来理解城市模式生成的分析框架显然是一项艰巨的任务；如果我们追求充分实现这种理解，而不只是对选定的若干角落进行解释性考察，却把其他角落留在黑暗之中，那么搭建分析框架的概念工作就必须完成。

权力问题值得进一步考察。在本书中我们倡导采用类似的方法，在各种权力关系的背景下分析城市形态的产生过程。这些权力关系背景可以是专制的殖民主义，可以是以非殖民形式形成国家联盟，甚至也可以是单个国家内部的政治条件。在所有这些情况下，城市转型的基础（例如现代化策略）或对这种转型的抵抗（例如本地地产业主的惯性[46]）可能是共通的，但权力关系在根本上是明显不同的。面对这样的两难困境，研究者应该怎么办？这是一个棘手的问题，而且可能充满争议。例如，本书收录了一篇文章，介绍了两个法国省级城市和中央当局之间关系（我们带着明确目的选择了该文），相关问题引发过激烈争论。因特定研究课题的选择而引发问题的另一个例子可以在迪佩什·查克拉巴蒂（Dipesh Chakrabarty）的《边

xxviii

缘化欧洲》一书中找到，正如该书标题暗示的那样，后殖民主义历史编纂中的欧洲中心主义是有争议的。[47] 而在权力关系中的各方力量非常不均衡的情况下，对背景中的各方都做出如实评价确实极富挑战性，需要研究者具备高度敏感。

如果我们需要进一步考虑权力问题，鉴于殖民主义对这里讨论的内容具有中心地位，也肯定有必要回到殖民主义问题上来。我们之前故意没有把殖民主义放在本书论域中心，但无论如何迟早还是要回到这个问题上，确认它作为一项建构对本书论域具有的本质相关性。城市规划领域各元素的输入、输出，恰恰就发生在殖民主义的重要语境中。所以我们应该把殖民主义重置到这项讨论的哪个节点上？应该如何重新认知它的各个具体特征？我们需要衡量作为独特概念和历史现象的广义殖民主义以及在城市化方面的狭义殖民主义与我们的论题关联的方式。殖民主义是在各个主体、观念、结构和行动者之间的一种可识别的关系，而我们在本书中讨论的城市化的输入输出过程则具有一种由语境驱动的动态特性，可能会改变殖民关系。这种联系如何随着时间的推移而演变？各种殖民背景下的本地人是如何介入城市化问题的？研究者应该如何处理本地人这些不同形式的参与？[48] 这里，我们对殖民地（以及后殖民、准殖民和伪殖民地）环境中的城市化研究提出了一种参照系转换，而上述棘手问题正是随着转换而必然产生的。[49]

关于殖民者的意图、本地人的动机、全球化的趋势[50]乃至规划干预等方面当然有种种讨论；但盘旋在这些讨论之上的是"现代性"问题。实现现代化的意愿与"想变得现代"的意愿不易分开，它们都是"在生活和空间中走向更好"的愿望的一部分。后者确实是现代性的根本规范性要素；为实现这些目标而采取的措施在几个层面上产生了喜忧参半的复杂效果。而本书的研究已经清楚地表明，现代性不是单一的，可以说存在多种彼此独立又相互关联的现代性。[51] 如果是这样，那又该如何弥补某些特定现代性的不足[52]，换而言之，该如何将现代性的各个主要元素分解开来？在考察改善公共卫生之类的因素时，研究人员如何从结果中剖析出现代化的规范性意图？我们能不能——该不该——在坚持规范本身的同时质疑规范的认识论基础？当我们通过本地人、个体化的棱镜来考虑现代性和现代化的城市规划与建筑时，就会遇到这些难题。[53]

在另一方面，遗产的"发明"和"传承"的过程——也就是现有建筑区域确定为"历史保护区域"的过程以及因这种认知和标记机制而发生的变化——值得仔细考察。实际上，未建成区域绝不是城市规划唯一的行动领域。在城市建设和规划实践过程中如何处理（程度不同的）旧城区是一个重要问题，无论这类城区是已被认定历史价值，还是正在逐渐形成历史价值。以特定标签标记城市肌理（而非其他地方）的方式、通过遗产保护项目或保遗活动来传达出的对历史的表征、这些环节在空间上的无数种转译（从重度改造到大规模保护）——都值得以历史的、比较的方式加以考察。[54] 城市中最古老的那些区域受到了怎样的对待，这是很有趣的问题；但像 20 世纪 30 年代的地中海殖民建筑、20 世纪 50 年代西欧城市中心的战后重建工作，以及 20 世纪 70 年代东欧住宅区这些形形色色的案例，也与那些古老建筑遗产保护项目一样引人入胜。此外值得我们仔细考察的是各种组织机构的个性和政治学——从摩洛哥的非营利机构"卡萨布兰卡记忆"（Casamémoire）、巴西的"我爱欧鲁普雷图"（AMO Ouro Preto）这类本地项目，到国际传统环境研究协会（IASTE）或现代主义运动记录与保护国际组织（DOCOMOMO）等全球组织[55]，这些组织的成立是为了通过研究、倡议保护、立法等方式担负起对这些历史区域的责任。

在本节中，我们的讨论不仅一再提及研究的内容和方法，而且还提及一些研究者。实际上，可以提出若干与研究者自身特性和立场定位相关的问题。我们将在这里集中讨论两个方面。首先是研究者的身份认同、特别是国籍问题。研究者自身是否属于被研究的"社群"？说得更明确一些：他或她是本地人还是外国人？提出这个问题，不是要陷进"身份认同"问题的沼泽之中。我们在此并不想重复提出本书多篇文章已经讨论过的实质性疑难，也没法回应几十年来人类学和其他学科关于研究者与被研究社群之间关系的争论。毋宁说，我们想指出作为一个来自"本地"的研究者，毕竟会与"外来"研究者存在某些差异。笼统地讲，两方面都各自有优势和劣势。外来研究者的常见问题是在进入一个异域文化环境时，研究者必然会遇到自身固有的局限性。例如由于受语言限制，研究者很可能只能获得非常局部的信息来源，也可能忽略行动者之间关系的微妙之处，还可能过于沉溺在"精英的历史"中，错失那些研究者无力与之沟通的团体和个人。[56] 安东尼·金在本书第 1 章中开头的自白段落中谈到了上述局限性的影响。另一方面，作为一个局外人也可以为研究者带来多种便利：受访者可能更畅所欲言，而外来研究者在打破各种本地习俗惯例时往往也比本地人更容易。

我们想要讨论的另一个方面，是研究者究竟有多大能力去诚实、充分地考虑本土人士的策略及其行为特性。对于分析者的挑战是，他们敢不敢说：本地人也未必完全清白无辜，未必完全只是受压迫，未必完全无能为力。而且本地人可能还充满了阶级考虑，有宗教偏见，有虚荣心[57]，无论精英还是平民都是如此。此外，本地势力可能会对城市形态造成一些今天（由我们）看来相当负面的变化。由此产生了双重挑战。对于来自本地的研究者来说，最大的问题可能是因为"土生土长"

的身份而缺乏超脱感。对于外国研究者而言，能够坦率地描述城市建设过程以及它所属的整个社会状况，也许是他们作为局外人做研究的特长能力与理据。而所谓的"政治正确"已经对研究产生了不小影响，也带来了特殊的困难："这种话你不能讲，只有我能讲！"

当我们强化"本地 / 外国"这样的术语使用时，我们似乎还是回到了二元对立的视角。同样，本书的标题向我们提出了关于城市化及其生成方式的问题，但也是用二元化术语表达的。关键在于，要超越这种二元化的输入 / 输出模型。所以在我们结束本节的讨论时，还应该提出这样的方法论问题：研究者如何能够对城市建设过程形成更复杂的认知图景，将所有的中间环节、对规划方案实施改动的人、跨国公民、"超本地的"（supra-local）[58]利益相关者、流动的自由职业者以及影响传播途径上的各种迂回、过滤和合并机制都整合到一起？

## 规划研究的各个视角：城市化发展史的变革方向

更加扩展的兴趣面和更加复杂化的理解认知会对历史编纂形成多元化的影响。它将改变城市化发展史研究者的研究领域，无论他们是建筑史学家、历史地理学家、城市形态学家、城市史学家还是规划史学家。在这最后一节中，我们将讨论这种变化的愿景会如何改变规划史的面貌。

首先是研究视角必然会发生转变：从城市规划的历史转向了城市建设的历史。　xxxi
研究者的目光超越了概念方案和规划，而更多地关注城市建设的全程——而当我们研究规划项目的不同方面时，必须要强调规划方案的实施以及它的多种模态。可以进一步考察人们通过规划来将城市的空间与实践行动据为己有的历史。规划史已经部分地是规划观念流动传播的历史，而我们主张有必要在这个方向上更加系统化和深入地发展。应该更加明晰地考察传播过程中的各项关键因素的作用：人、机制、权力关系。

在前文中，我们已经强调了有必要在规划史中考察更多行动者（包括那些沉默的行动者）以及更多地方（包括那些被忽略的场所）——由此我们主张撰写更具包容性的规划史。事实上，这种视角转换也会将改变研究的对象。最终会形成一部囊括规划过程中的各种利益、策略、行动、结盟等方面的更综合完整的历史。编纂规划史的基础原则必须改变：城市及其建设过程中的所有利益相关者都必须被视为某种行动力量，而不是仅仅将选中的少数人当成"行动者"。

这些变化中蕴涵的一些方法论意义已在上文中详述。规划史应该将更多不同来源的信息组合在一起，以便讲述更多不同的故事。这既不会拒斥规划史常用的一些经典信息源，也不会反对标准人物在规划史中的作用，而是将其放在规划史更广泛的工具与主题阵列中。正如安东尼·金在文章中讨论的，这样的规划史将充分利用各种其他历史研究方法（从底层研究到世界体系研究）的优势，并力求避免其局限性。

前殖民地、殖民地和后殖民地的规划史可能尤其需要改写，特别是应该重新考虑将这三者如此区分、并从所谓的"非殖民地区的规划史"孤立出来的决定。可以把所有这些故事结合起来，看成一部"越来越多的专业知识和技术集合"以及"技术人员队伍"的形成史，其中既包括来自欧洲和其他西方国家，"也包括来自其他地区的本地知识和专家技能"。[59]

## 注释

1. 对于不同的读者，"现代"和"城市化"这两个概念都可能有不同理解，取决于读者自身的学科、语言背景甚至年龄时代。我们对此有充分认识，也不准备在这里给出二者的严格定义。我们希望在导言的后续部分中能够逐渐表明本书对这两个概念的实际用法。

2. 我们认识到，有些观念史学家批评过"传播"（diffusion）或者"播散"（dissemination）这两个术语，因为它们将本地行动者和原创性与传播过程孤立开来。这样的做法把传播当成了一种简单的搬家，忽略了在观念运用于实地的时候需要的力量与规范性。比如人们常说，法国大革命中诞生的各种观念通过某种"传播"成为行遍世界、改变一切的理想的出发点。虽然这两个术语有上述缺陷，我们也并没有要完全放弃它们（或者其他术语）的意思。我们在与"传输"（transfer）、"传送"（transmission）等词基本可以互换的意义上使用这两个术语。我们当然没有忽视术语使用过程中的复杂性和选择性——恰恰相反，这种复杂性和选择性事实上正处于本书论题的核心。感谢延斯·汉森让我们留意到术语方面的问题。

3. 'Pourquoi un colloque de géopolitique urbaine?,' in call for papers for International Conference on Urban Geopolitics, Libreville, Gabon, 6–10 May 2003. Our translation.

4. Anthony King (2000) 'Introductory comments: The dialectics of dual development', *City and Society*, Vol. 12, No. 1, p. 9.

5. 当影响风尚的转变发生时，其他国家会一边采取旁观态度，一边从多个方面捕捉风向。2000 年 9 月阿道托·卢西奥·卡多索和玛格丽特·达·席尔瓦·佩雷拉在 H-Urban 邮件列表中就 20 世纪巴西城市化的思想根源展开讨论时涉及上述"影响转变"的主题。

6. Brenda Yeoh (2000) 'From colonial neglect to post-independence heritage: The housing landscape in the central area of Singapore', *City and Society*, Vol. 12, No. 1, pp. 103 - 124. 杨的文章集中讨论了商住房屋（shophouse）这种特殊的住房形式。在20世纪60年代和70年代，规划进程的主调是建设国家的紧迫任务与快速开发的需要，所以"拆除重建"哲学占了上风，为给装备了现代设施的高层建筑群让路，很多店屋都被清拆了。从20世纪80年代开始，对历史遗留城区进行了重新评估，旧式城区既是旅游资源，又是重新发现城市根源的途径，所以城市再开发的方向也发生了扭转，幸存的店屋区被当成历史街区和族群特色区保存下来。这种转变是新加坡重新产生的"住房问题"中的一部分。该论文也以此为主题。

7. 关于摩洛哥殖民经验对法国的影响，参见 Hélène Vacher (1997), *Projection coloniale et ville rationalisée: Le rôle de l'espace colonial dans la constitution de l'urbanisme en France, 1900 - 1931*, Aalborg, Denmark: Aalborg University Press. 上述影响不应与殖民主义对欧洲和其他西方城市的广义影响混为一谈。关于对后者的讨论，参见 Felix Driver and David Gilbert (eds) (1999), *Imperial Cities: Landscape, Display and Identity*, Studies in Imperialism, Manchester and New York: Manchester University Press.

8. Sharon Nagy (2000) 'Dressing up Downtown: Urban development and government public image in Qatar', *City and Society*, Vol. 12, No. 1, pp. 125 - 147. 纳吉的文章探讨了本地行动者如何通过使用国外规划与建筑合作方以及国外概念来达成自己的目标。它分析了卡塔尔地方当局是如何委托不同的西方规划公司设计了两套总体规划方案，然后对二者都没有正式批准，而是选择了双方的设计元素，形成了自己的规划决策，并由此塑造了首都多哈及其中的城市生活。其中一个影响是，国家的影响以空前的方式扩展到国内领域。国家成功承担起了多哈城市设计与施工这样一个影响大、规模大的项目，也自然在多哈的城市美学与空间表征中占据了重要位置；与此同时，本文还描述了某些行动者如何以牺牲其他行动者的利益为代价从这一过程中获益。

9. Sibel Zandi-Sayek (2000) 'Struggles over the shore: Building the quay of Izmir, 1867 - 1875', *City and Society*, Vol. 12, No. 1, pp. 55 - 78. 本文分析了围绕伊兹密尔新港口设施建设的争论，伊兹密尔是奥斯曼帝国最国际化的海港之一，奥斯曼帝国的各种臣民／主体（subjects）——亚美尼亚人、犹太人、穆斯林和东正教希腊人，以及来自各国的海外商人都被吸引到这里，寻求各自的商机。港口建设项目从早期构想到实施的全程都面临重要的法律和财务困难，而伊兹密尔本地人和外来人士在公共利益和城市政治问题上的不同看法也加剧了项目的困境。本文侧重于讨论公私领域之间界限的划分、新码头和周围空间的外观，以及对上述空间的使用与赋予意义等问题。

xxxiii

10. Sherry McKay (2000) 'Mediterraneanism: The politics of architectural production in Algiers during the 1930s', *City and Society*, Vol. 12, No. 1, pp. 79 - 102. 在整个 20 世纪 20 至 30 年代，越来越多在阿尔及利亚工作的建筑师主张采用区域主义的设计方法。而同时存在多个相互竞争的风格体系，一方面有阿尔及利亚本土建筑风格，另一方面则有更具包容性的地中海建筑风格。该文章比较了在阿尔及利亚风格建筑和地中海风格建筑的形成中各自所采取的战略，以及建筑师们为了倡议这些风格而使用的措辞。作者考察了在区域主义诞生中的政治因素，以及区域主义与现代主义建筑的普遍主义抱负之间的紧张关系，尤其是在富于争议的殖民地区的情况。

11. John Archer (2000) 'Paras, palaces, pathogens: Frameworks for the growth of Calcutta, 1800 - 1850', *City and Society*, Vol. 12, No. 1, pp. 19 - 54. 在英国统治加尔各答的起初几十年中，相继输入了 4 种不同的规划模型，反映了英国对不断变化的当地与外部环境的反应：商业化的"宫殿之城"，英帝国在印度统治当局的首府，健康而经济繁荣的民众家园，在医学和社会两方面都病入膏肓而急需医治的城市环境。这些模型与许多本土模型展开了复杂的空间互动，特别是围绕本地邻里社区（当地语言中称为"para"，指同阶层民众修建的房屋群落）与特定商品集市而出现的空间互动。根据这篇文章的描述，在殖民时期的加尔各答，人们对各类规划模型产生了协商、无视乃至对抗等不同反应，而基于这些反应，通过许多彼此有别甚至互相对立的方式，形成了城市中连贯而有时互相重叠的空间。

12. 关于欧洲规划专家在拉丁美洲的工作，参见 Arturo Almandoz (1997), *Urbanismo Europeo en Caracas (1870 - 1940)*, Caracas: Fundarte, Equinoccio, Ediciones de la Universidad Simón Bolívar; and Arturo Almandoz (ed.) (2002), *Planning Latin America's Capital Cities 1850 - 1950*, London: Spon.

13. Janet Abu-Lughod (1987) 'The Islamic city: Historic myth, Islamic essence and contemporary relevance', *International Journal of Middle East Studies*, No. 19, pp. 155 - 176.

14. Gwendolyn Wright (1991), *The Politics of Design in French Colonial Urbanism*, Chicago, IL: University of Chicago Press. European architecture in the Middle East followed a somewhat similar pattern; 参见 Catherine Bruant, Sylviane Leprun and Mercedes Volait (guest eds) (1996) 'Figures de l'orientalisme en architecture', special issue of *Revue du Monde musulman et de la Méditerranée*, No. 73/74, 391 pp.

15. Robert Ross and Gerard J. Telkamp (eds) (1985), *Colonial Cities: Essays on Urbanism in a Colonial Context*, Dordrecht, The Netherlands: Martinus Nijhoff Publishers, p. 5.

xxxiv

16. 参见 Hans Chr. Korsholm Nielsen and Jakob Skovgaard–Petersen (eds) (2001), *Middle Eastern Cities 1900 – 1950: Public Spaces and Public Spheres in Transformation*, Proceedings of the Danish Institute in Damascus, I, Damascus: Danish Institute; and Jens Hanssen, Thomas Philipp and Stefan Weber (eds) (2002), *The Empire in the City: Arab Provincial Capitals in the Late Ottoman Empire*, BTS 88, Beirut: Orient Institute.

17. Catherine Coquery–Vidrovitch (1983) 'La ville coloniale, "lieu de colonisation" et métissage culturel', *Afrique contemporaine*, 4^ème trimestre special issue, pp. 11 – 22; 以及同一作者的其他著作。

18. 比如参见以下讨论各地区的近期文献：加尔各答 [Pierre Couté (1996) 'Calcutta: An imperial trading counter', *Le Courrier du CNRS*, No. 82, May, pp. 196 – 198]; 突尼斯 [Christophe Giudice (2002) 'La construction de Tunis, "ville européenne", et ses acteurs de 1860 à 1945', *Correspondances*, No. 70, March–April, pp. 11 – 17, on line at www.irmcmaghreb.org/corres/index.htm]; 开罗 [Mercedes Volait et al. (2003) 'Héliopolis Création et assimilation d'une ville européenne en Egypte au XXe siècle', in Denise Turrel (ed.) *Villes rattachées, villes reconfigurées*, XVI$_e$ – XX$_e$ siècles, Collection 'Perspectives histouriques', Tours: Presses universitaires François–Rabelais, pp 335 – 366; 锡兰 / 斯里兰卡 [Nihal Perera (1998) *Society and Space: Colonialism, Nationalism, and Postcolonial Identity in Sri Lanka*, Boulder, CO: Westview Press].

19. Edward W. Said (1999), *Out of Place: A Memoir*, London: Granta.

20. Giovanni Levi (1991) 'On microhistory', in Peter Burke (ed.), *New Perspectives on Historical Writing*, Cambridge: Polity Press, pp. 93 – 113.

21. 比如参见 Wayne Te Brake (1998), *Shaping History: Ordinary People in European Politics, 1500 – 1700*, Berkeley and Los Angeles, CA: University of California Press.

22. Isabelle Berry and Agnès Deboulet (eds) (2000), *Les compétences des citadins dans le Monde arabe: penser, faire et transformer la ville*, Paris: Karthala.

23. 在 20 世纪规划史上，有些城市的规划是外国设计师应邀完成的作品，印度旁遮普邦的首府昌迪加尔就是其中最著名的之一。一本新书介绍了这个规划方案的制定和调整实施过程中本地规划师、建筑师和官员们的作用：Vikramaditya Prakash (2002), *Chandigarh's Le Corbusier: The Struggle for Modernity in Postcolonial India*, Seattle, WA: University of Washington Press. 但是我们应该注意到，标题的醒目位置还是留给了那位外国名人勒·柯布西耶。

24. Eric R. Wolf (1982), *Europe and the People without History*, Berkeley, CA:

University of California Press, p. 23, quoted in Brenda S. A. Yeoh (1996), *Contesting Space: Power Relations and the Urban Built Environment in Colonial Singapore*, Kuala Lumpur: Oxford University Press, p. 312.

25. 参见以下作品导言：Harvey Molotch et al. (2000) 'History repeats itself, but how?: City character, urban tradition, and the accomplishment of place', *American Sociological Review*, Vol. 65, pp. 791 – 823; and Joe Nasr (1996) 'Beirut/Berlin: Choices in planning for the suture of two divided cities', *Journal of Planning Education and Research*, Vol. 16, No. 1, Fall, pp. 27 – 40.

26. Frank Spaulding (1998) 'The politics of planning Islamabad: An anthropological reading of the master plan of a new capital', unpublished paper presented to the seminar 'Imported and Exported Urbanism?', Beirut, December 1998, p. 4.

27. Harry M. Marks, 'Social politics across the Great Pond: A summary of Daniel T. Rodgers, *Atlantic Crossings*', posted on the H-Urban listserv, 10 October 1999.

28. Anthony Sutcliffe (1998) 'Modern urban planning and international transfer', in *The History of International Exchange of Planning Systems*, proceedings of the third conference of the International Planning Historical Society, Tokyo: City Planning Institute of Japan/Planning History Group, pp. 10 – 11. 关于观念传播失败的案例，可参见巴塔鞋业在美国修建的厂区小镇：Eric J. Jenkins (1997) 'Bata colonies: Modern global architecture and urban planning', in *Building as a Political Act*, proceedings of the 1997 ACSA International Conference, Berlin, June, Washington DC: Association of Collegiate Schools of Architecture, pp. 199 – 202.

29. 比如参见Stephen V. Ward (2002) *Planning the Twentieth-Century City: The Advanced Capitalist World*, Chichester: Wiley; Peter Hall (2002) *Cities of Tomorrow: An Intellectual History of Urban Planning and Design in the Twentieth Century*, 3rd edn, Oxford: Blackwell; Anthony King (1995) *The Bungalow: The Production of a Global Culture*, 2nd edn, Oxford: Oxford University Press; and the above-cited Proceedings of the third conference of the International Planning Historical Society. 许多学科领域都对这些问题很有兴趣；尤其是历史社会学和文化史方面的研究者最近对此非常关注。在一些专业人士之间（特别是社会改革的进步倡议者之间）的复杂互动，以及由此创生的各种社会机构，成为研究者考察的主题。特别参见Christian Topalov (ed.) (1999) *Laboratoires du Nouveau Siècle: La nébuleuse réformatrice et ses réseaux en France, 1880 – 1914*, Paris: Editions de l'Ecole des Hautes Etudes en Sciences Sociales; Daniel

xxxv

Rodgers (1998) *Atlantic Crossings: Social Politics in a Progressive Age*, Cambridge, MA and London: Belknap Press; and *Contemporary European History*, special issue on 'Municipal Connections: Co-operation, Links and Transfers among European Cities in the Twentieth Century', guest ed. Pierre-Yves Saunier, Vol. 11, No. 4, 2002.

跨越国家和地区边界的知识、经济、文化和其他方面的交流日益成为学术界研究的热点领域。值得一提的是，在本文撰写的一年时间中，就有两种全新的期刊正在创办：《跨大西洋研究学刊》（*The Journal of Transatlantic Studies*）和《全球网络：跨国事务研究学刊》（*Global Networks: A Journal of Transnational Affairs*）；此外学界还举行了和筹备了如下学术会议：拉丁美洲跨文化建筑研讨会（2001年9月9-11日，伦敦）；跨大西洋研究学术会议（2012年7月8-11日，苏格兰邓迪）；海洋景观、沿海文化、跨洋交流学术会议（2003年2月13-15日，华盛顿）；全球化、海外思想与跨国家主义学术会议（2003年3月6-7日，纽约州亨普斯特德）；"地中海研究：身份认同与张力"学术会议（2003年6月19-21日，贝鲁特）。（最后这个会议的征稿函这样说："地中海是一个地理、文化和历史上的构建物：一些国家由共通的社会和文化历史碎片联系在一起，又因文化和政治上的差异而彼此分裂……学者们关注这个国界彼此交叠的区域，这个内部地理与政治边界还在变化的滨海区域，致力于在强制的政治与学术隔阂发生崩溃的区域和时代中激活自己的工作。"）

30. Stephen V. Ward (1999) 'The international diffusion of planning: A review and a Canadian case study', *International Planning Studies*, Vol. 4, No. 1, pp. 53 – 77.

31. Anthony Sutcliffe (1981) *Towards the planned city: Germany, Britain, the United States and France 1780 - 1914*, Comparative Studies in Social and Economic History, No. 3, Oxford: Basil Blackwell.

32. Ian Masser and Richard Williams (eds) (1986) *Learning from Other Countries: The Cross-National Dimension in Urban Policy-Making*, Norwich: Geo Books.

33. Stephen V. Ward (2000) 'Re-examining the international diffusion of planning', in Robert Freestone (ed.) *Urban Planning in a Changing World: The TwentiethCentury Experience*, London: Spon, pp. 40 – 60. 沃德在本书第1章中简要地总结了这个类型学。

34. King, *City and Society*, 前引, p. 8.

35. 按这些标准进行扎实的研究可能需要勇气和毅力。目前正在进行一个研究案例是法国年轻学者德·奥蒂格（Pauline Lavagne d'Ortigue）关于20世纪上半叶由英伊石油公司（AIOC）建造和管理的工厂城镇的博士论文。她发现进行这项研究需要：研究这家半国有性质的公司在英国的股权结构；查找分散在伊朗国家档案馆、国家石油公司和几个部委之间的材料；追踪该公司所在的伊朗南部相关城市当局和地区当局的记录（材料很难搜集，

xxxvi

因为这些主管部门在英伊石油公司经营的时代刚刚诞生）；寻找留存在胡齐斯坦等城镇的物质证据，这个地区有着伊朗最恶劣的气候，以及寻访城镇规划和建设的参与者的后代——而研究者无论是在伊朗还是英国都属于外国人。这项研究的结果似乎非常丰富，但没有多少学者会具备承担这样一个大胆项目的决心和能力。

36. 研究概念传播的代表作是 Stephen Ward (1992) *The Garden City: Past, Present and Future*, Studies in History, Planning and the Environment, No. 15, London: Spon. 研究技术传播与应用的代表作是 Ian Masser and Harlan J. Onsrud (1993) *Diffusion and Use of Geographic Information Technologies*, Dordrecht, The Netherlands, and Boston: Kluwer Academic.

37. 最近数年内出版了一些对若干国家的规划专家工作的翔实研究，其考察范围远远超过了少数几个"领军专家"。其中包括 Jeffrey W. Cody (ed.) (2003) *Exporting American Architecture 1870 - 2000*, London: Spon; 以及 Robert Home (1997) *Of Planting and Planning: The Making of British Colonial Cities*, London: Spon.

38. In a review of David Prochaska's *Making Algeria French: Colonialism in Bône, 1870 - 1920* (Cambridge and New York: Cambridge University Press, and Paris: Edition de la Maison des Sciences de l'Homme, 1990) Zeynep Çelik 赞扬该书 "在基于文献资料的论述中加入了法国定居者和阿尔及利亚本地人的个人回忆与家庭故事。原本的学术风格受到这种人性化笔触的有意干扰，却有助于让读者从个人视角理解殖民制度。" Zeynep Çelik (1997) 'French colonial cities', *Design Book Review*, No. 29/30, p. 55.

39. 关于规划师的海外教育，参见 Bishwapriya Sanyal (ed.) *Breaking the Boundaries: A One-World Approach to Planning Education*, New York: Plenum Press.

40. 例如，在宾夕法尼亚大学的帮助下，中东技术大学成立了地中海东部一个最成熟的规划教学项目。20世纪90年代初期，美国和欧洲的规划教研机构和教师获得了西方国家和多边发展机构的大力支持，帮助东欧院校"改革"城市规划教学。

41. 最近有两个研究项目正在考察规划文化的特性与构成方式。其中一个属于法语文化圈，由苏亚米主持，研究主题为"地中海南部地区的文化与城市化环境"（Cultures et milieux urbanistiques dans le Sud de la Méditerranée）；另一个属于英语文化圈，由比什·桑亚尔（Bish Sanyal）主持，考察"比较规划文化"。亦参见 Eric Verdeil (ed.) (forthcoming) *Cultures professionnelles des urbanistes au Moyen-Orient*, Cahiers du CERMOC, Beirut: CERMOC.

42. 一个例子是 Fuad K. Malkawi (1996) 'Hidden Structures: An Ethnographic Account of the Planning of Greater Amman', PhD. dissertation, University of Pennsylvania,

Philadelphia.

43. 以下介绍这方面体现发展的 3 个标志性事件。20 世纪 90 年代中期，美国规划院校联合会（Association of Collegiate Schools of Planning）成立了一个全球规划教育者兴趣组。1999 年 1 月 29—30 日，亚利桑那大学举办了一次"关于建筑、规划与景观设计全球化发展的研讨会"。美国规划协会的国际部最近出版了一个关于国际规划行业就职情况的报告：*International Careers in Urban Planning*, ed. Sarah Bowen and Christina Delius, New York: International Division of APA, December 2001.

44. Archer, *City and Society*, 前引, p. 19.

45. Spaulding, 前引, p. 3.

46. 关于惯性，参见 Robert A. Dodgshon (1998) *Society in Time and Space: A Geographical Perspective on Change*, Cambridge and New York: Cambridge University Press.

47. Dipesh Chakrabarty (2000) *Provincializing Europe: Postcolonial Thought and Historical Difference*, Princeton Studies in Culture/Power/History, Princeton, NJ, and Oxford: Princeton University Press.

48. 应该指出的是，研究者是否会关注本地人在特定地区的参与情况，可能取决于西方帝国主义在当地的重要程度。巴苏（Dilip K. Basu）观察到东亚研究与南亚、东南亚研究之间有趣的二元区别。"东亚研究以系统的方式强调本地社会的结构、等级或网络，但却低估了殖民/半殖民地因素，而殖民主义则是南亚、东南亚研究的主要分析驱动力。""Perspectives on the colonial port city in Asia,' in Dilip K. Basu (1985) *The Rise and Growth of the Colonial Port Cities in Asia*, Lanham, MD: University Press of America, p. xx.

49. 本段基于在于法西尔·泽乌杜讨论时产生的观点。

50. 对于我们处理的这些问题来说，全球化当然也是一个无法回避的概念。我们决定在这里不涉及这个难以估量的问题，部分地似乎因为安东尼·金在本书第 1 章中对此提出了一些考虑。亦参见 Peter Marcuse and Ronald van Kempen (eds) *Globalizing Cities: A New Spatial Order?*, London and Cambridge: Blackwell Publishers; 以及 Hemalata C. Dandekar (ed.) (1998) *City Space + Globalization: An International Perspective*, Proceedings of an International Symposium, Ann Arbor, MI: University of Michigan.

51. 一个直接考察了现代性和城市化问题的研究案例就是"宣礼塔阴影下的现代性：巴黎与地中海城市：1830—1900"，研究项目正在进行中，研究者是圣路易斯华盛顿大学的塞思·格雷布纳（Seth Graebner）。格雷布纳同时聚焦于巴黎和另外三个以多种方式与它形成对照的城市（阿尔及尔、埃及和马赛），他力求"考察某个城市的城市肌理变化是如何对其他城市产生影响的，并表明这种交互影响如何生成了对现代性的意识"，并因此"扭转殖民中心与边缘的二元对立"。参见其研究方案，2002 年。

52. 哪怕是现代主义建筑风格，在 20 世纪 30 年代后传播到了美国，也按照文化语境经历了改造。"这种本土化、因地制宜的风格与正统现代主义的普遍主义理念相去甚远，经常被人批评为情感泛滥、开历史倒车。但正是地方特色（正如所有其他情况下的因地制宜一样），才是对上述批评的实用主义回应。这个手法既包含变化的可能性，又符合人们对熟悉事物的需求。"Gwendolyn Wright (1996) 'Modernism and the specifics of place', in Patricia Yeager (ed.) *The Geography of Identity*, Ann Arbor, MI: The University of Michigan Press, p. 332.

53. 本段内容基于一次与威尔·格洛弗（Will Glover）的讨论。最后一句话的出处是以下著作的标题：Daniel Miller (ed.) (1995) *Worlds Apart: Modernity through the Prism of the Local*, London and New York: Routledge.

54. 梅赛德斯·沃莱领导的一个研究项目正在尝试考察这些问题：'Patrimoines partagés: savoirs et savoir-faire appliqués au patrimoine architectural et urbain des XIXe-XXe siècles en Méditerranée.' 网站参见: www.patrimoinespartages.org.

55. IASTE: 国际传统环境研究协会（International Association for the Study of Traditional Environments），DOCOMOMO: 现代主义运动建筑、场地及社区记录与保护国际组织（DOcumentation and COnservation of buildings, sites and neighborhoods of the MOdern Movement）

56. 有一本已出版期刊专辑专门探讨了这个问题。它的目标是"批判地考察后殖民研究中的殖民语言霸权，并且……分析非殖民语言（也就是各种本土语言或者'受教育程度不高的民众的语言'）能够怎样丰富、批判、区分或是暴露后殖民理论……经过非殖民语言文本和传统的视角，会让后殖民理论中的哪些'盲点'曝光？"*Comparative Studies of South Asia, Africa, and the Middle East*, posted by Michael Benton, English Department, Illinois State University, on H-Urban listserv, 25 March 2002.

57. 关于摩天大楼建设的全球竞赛，参见 Anthony King (1996) 'Worlds in the city: Manhattan transfer and the ascendance of spectacular space', *Planning Perspectives*, Vol. 11, No. 2, April, pp. 97 - 114.

58. "超本地"是延斯·汉森提出的说法，用来形容"跨国专业人士"中的一种微妙但重要的变体；这类人经常在超出本地的层面运作，但又深深植根在本地背景中，他们的权力也主要从本地背景获取。

59. King, *City and Society*, 前引, p. 8. 这句话在该书中又是作者对以下著作的引用：Paul Rabinow (1989) *French Modern: Norms and Forms of the Social Environment*, Cambridge, MA: MIT Press.

# 第 1 章
# 撰写跨国规划史

安东尼·D·金，纽约州立大学宾厄姆顿分校

## 写作的立场定位和文化政治

本书始自一次学术研讨会，会议的题目促使我以自白的方式开始本章，讨论我在 25 年前写的两个作品：1976 年出版的一本书《殖民城市开发》[1]；1977 年首次发表的一篇文章"输出规划：殖民地和新殖民经验"。[2]

在那本书中，我的一项（再）发现是一种不仅可以称为"文化现象"，而且是一种特定"殖民"文化和空间环境的东西：貌似有英国味，但又不完全是英国的。[3] 在 20 世纪 60 年代后期，仍然可以在一些后殖民地环境（例如新德里的外交飞地或印度各处的山区避暑小镇）中找到并体验这种文化与这种环境的痕迹（以及与之相伴的社会实践和行为实践）。正如该书一开始就明确定位的那样，它是一部立意鲜明的政治研究著作。[4] 虽然书中专注于分析英国殖民地的城市空间和建筑环境，但对于"印度"[5]建成环境的社会和文化生产方式，以及本土"印度人"在殖民地空间建造与使用过程中的贡献，我都有意未多阐发，只在论证必要时才稍加提及。

虽然这项研究因此而有缺陷，但我选择这么安排论述至少有两个原因。首先是因为我对"印度"空间的社会、政治和文化建构认识不足，包括缺乏对印地语或乌尔都语的充分掌握。而更重要的一个原因是，在 20 世纪 60 年代后期，印度人民党的前身"印度人民同盟"（Jan Sangh）高扬民族主义纲领，对外国人大加排斥抨击；在此背景下，我不得不对以下事实产生了高度自觉：虽然我在政治上和文化上有权对英国殖民空间问题发言和撰文，但我既没有能力也没有资格为印度本土人的观点代言或者充当代表。1965—1970 年间，我在印度作为"援印人员"度过了享受特权的 5 年，也是这个身份让我采取了这样的决定。[6]

该书同样打算成为一项"文化批评"[7]：首先，通过一种陌生化的过程（使熟悉的东西变得陌生），来确定所谓"英国风景品位"的社会和文化价值[8]，尤其是它在经济、社会、意识形态和政治方面的底层基础；其次，是要考察城市研究和城

市史学科中的一种传统，我在去印度之前在英国就对它很熟悉。我称之为"以国家为中心"[9]的维多利亚式研究框架，这种分析方式在时间方面局限于研究以往的历史时期，在空间方面局限于研究西方社会；但直到 20 世纪 70 年代初乃至更晚的时期，它在英国和美国都很流行。当然我的研究也部分地源于后殖民主义思想家斯皮瓦克（Gayatri Spivak）所谓的"殖民者的内疚"。尽管在后续年代中，斯皮瓦克的术语（以及与之相关的研究模式）在人文学科中没有获得广泛反响，但我的著作仍可以看作对德里城市空间性质的"后殖民主义批评"——哪怕是它在立场定位方面存在上面提到的含混之处。

促使我撰写关于"输出规划"文章的理由，与前面提到的想法有点类似，但也有不同。从文章开头略带掩饰的愤怒情绪可以看出，1977 年 9 月在伦敦举行的第一届"国际规划历史会议"[10]存在的欧洲中心主义，或者说"欧美主义"观点，激起了我的批判思考，这是写作该文的一个重要动机。在这种背景下，该文章的立场定位也是对国际大都市的后殖民批判。就像斯皮瓦克对名著《简·爱》的解读一样，"帝国主义"是我文章中未加言明的潜文本。用法国哲学家德里达的术语说，帝国主义和殖民主义一直是大都市（规划）在场存在中的构成性缺席者（constitutive absence）。[11]

以上自述恐怕有些顾影自怜[12]，为了不让读者感到莫名其妙，我必须解释一下讲这番话的目的。首先我是想让大家关注我们自己，关注我们这些研究者和写作者，关注我们正在做的事情；我想以这种方式考察作者在文本中的位置和立场定位。我想了解知识生产在经济、社会、空间，尤其是在政治等方面的条件，以及知识生产受到的各项影响和制约。因此我倡导不仅要研究知识生产的社会学，还要研究它的历史学和地理学。知识从何处，由谁，在何时、为哪些目的而产生？

其次，我想让大家关注最近 20 年在我们学科的理论范式、历史范式以及研究前提方面发生的巨变。比如，我们在 1976 年对一个主题制定的研究框架与 2000 年会完全不同，而到了 2020 年，当我们的写作目标（或者志向）面向更具"全球性"的读者时，研究框架肯定还会更加不同。

再次，我想向最近 25 年来在城市史与规划史领域出现的大量经验研究和理论研究表达敬意。我们可以从罗伯特·霍姆在 1997 年发表的关于"打造英国殖民地城市"[13]的研究中找到例证。虽然霍姆在书中也从费尔南·布罗代尔（Fernand Braudel）、米歇尔·福柯（Michel Foucault）、约翰·弗里德曼（John Friedmann）等人的经典理论中选择性地吸收了一些观念，但是在全书 550 条引文中，有 2/3（约 350 条）引用的是该书出版之前 20 年内的作品（1/3 是 10 年内的作品）。

## 什么东西、什么人能算"本地的"？

在"输入规划"这个主题的语境中，为了"纠正大部分文献中对本地因素的忽视"，我们当然也可以问问，在霍姆书中那 350 条引文中，有多少条体现了"本地因素"，充分反映了本地情况和本地人物的实际。打开霍姆著作的参考书目部分，从里面挑选"非英式姓名"，那恐怕是没有用的。尽管"本地"学者很可能具有大都市学者所没有的语言能力，但这并不像他们的政治文化立场定位那么重要。正如我在其他地方所阐述的那样[14]，更重要的是进行研究所需的资源和时间以及获得必要档案的问题。布兰达·杨、玛丽亚姆·多萨尔（Mariam Dossal）等人也指出过了解本地人观点的难度。[15] 是否存在真正可供研究者使用的档案文献，这会对研究结果产生重要影响。换句话说，即使研究者积极努力地解读文献，但有些信息来源却总要讲述自己的故事。这体现了表征与写作的文化政治，也正是我论述的核心内容。

但是关于我们用来理解"规划输出与输入"行为的总体理论框架，尤其是关于我们特别关注的"本地人"的影响方面，还存在着一个进一步的问题。布兰达·杨在对新加坡殖民地时期规划的研究中主张"应该用城市自己的语汇来理解城市"，她也表明了，城市景观中的各种元素都充斥着各式各样不同的意义和目的，所以对"城市日常生活的实际本质"的理解，恰恰就活生生地存在于殖民地城市自身内部。殖民地的城市景观是殖民者群体与被殖民的民众群体双方"实施规训与反抗的战场"，我们必须把被殖民的民众"看成是具有知识与技能的行动者，他们自觉地为了争取控制权而斗争，并不仅是殖民统治的被动接受者"。在新加坡，"华人劳工阶层参与了社会空间的生成"。[16]

更近些时候，阿比丁·库斯诺（Abidin Kusno）在关于苏哈托统治时期（1966—1998 年）"新秩序时代的印度尼西亚"的后殖民社会城市与空间开发的研究中提出，当研究者把关注重点放在东方与西方之间、后殖民者与被后殖民者之间的关系时，他们常常忽视了那种既非"他者"又非"相同者的"历史主体的实质性角色。在构建后殖民身份认同的过程中，那些并肩生活在本地的民众也发挥着重要作用。[17] 这里或许应该提到爱德华·萨义德意味深长的隐喻，他提到过"多种相互覆盖的领土，多种彼此交织的历史"。[18]

虽然杨、库斯诺、萨义德等人的研究是表明如何呈现"本地人的贡献"的出色案例，但从长远视角考虑，我们关注这种"本地"元素，最终目的究竟何在？

从地区的、族群的、性别的、阶级等立场来剖析，"本地人"这个群体究竟是谁构成的？我们在这里指出的这一切有何更广泛的意义？当然，我们给以往被噤声的人赋予了声音。我们通过自己的研究承认了，甚至创造出一种以往被否弃的身份认同，但这符合谁或什么的利益？无论是输出的规划，还是输入的规划，抑或是这两种过程共同作用的结果也罢，都不会是自足、自为的存在。规划决策的真正成果取决于对它们的诠释和实现。

我们可以把规划看成一个必然的更加宏观（也许甚至是更加微观）进程中的一部分；它用一种构建于一组权力关系之上的新型社会与空间秩序取代了原有秩序，而新旧两种秩序都在与某些势力的"法则与形式"相互作用。[19] 检验规划（在社会进步方面的）效果的标准，就是看规划实施的成果是否符合受到其影响的绝大多数民众的期望。正如库斯诺表明的那样，"后殖民时代"雅加达在苏加诺和苏哈托的"本地"政权下实行的城市规划政策，并未废除"非本地的"荷兰殖民者造成的殖民化不平等状态，反而在实际上强化、加剧了这种状态。[20] 所以在类似的情况下，用"本地"与"非本地"概念本身来解释规划决策的正面或负面社会效果，既不必要，亦不充分。规划产生的条件既可能是殖民的，也可能是非殖民的；既可能是完全本地的，但同时也可能看成是依赖外部的。以下我再提出两三个假说。

## 国家的与跨国的

本文的标题提到"跨国规划"，其目的是将空间的生产作为跨国过程的结果，"这是一种在国家间发生，但又超越它们的过程"。[21] 如果我们把这句话放到规划的语境中，它突出的不仅仅是意识形态与实践在当代各个民族国家之间（到 20 世纪 90 年代，全球有近 200 个国家）的传播和移植，而且也指明了在作为这种传播而产生的各种不可预见的，或许纯属偶然的创新过程和实践。而且，由于规划在大多数——如果不是所有的——情况下都是本地政府主导的（立法则通常是在国家层面进行），移植过程也使我们注意到民族国家与城市规划之间互相构建的双向形式。

例如在一片特定的领土上，历史、文化、社会和空间实践的一种结合在由一组特定的人（行动者）、社会和政治机构聚集在一起，从国家的"想象共同体"[22] 中把城市、城镇或任何其他类型的定居点构建出来。而与此同时（或者较此稍后），民族国家通过"本国的"规划传统（以及文学，音乐或法律等方面的本国传统）进一步发展自身的国家认同。在这种语境中，城市规划一方面是迈向"国家"（亦即人民）的社会构建的一步，另一方面也是迈向强化国家观念的一步。

　　这个问题也让我们注意到穆罕默德·巴姆耶(Mohammad Bamyeh)提出的观点。他考察了过去两个世纪（欧洲中心主义的）民族国家观念作为全球治理的主要形式的发展和传播的过程。[23]他发现，随着国家作为标准治理形式的兴起，标准的统治结构和政治行为模型也制定了出来，城市规划就是一个重要的例子。

　　因此在多元化的过程中，国家获得其作为一个国家、作为一个特定国家以及作为一个现代国家的身份，它在空间中表征自身，标记自身的边界，以城市化的方式将自身铭刻在本国的领土上。国家通过各种国家机器——政府、法院、行政和专业实践、学校和大学，并借助各类特定的"法则与形式"，空间化地、建筑化地、话语化地、文本化地表现自身。在此过程中，这些法则与形式充当了规训的参量——也就是成为对公民心灵与身体的社会化塑造机制。我们受到规训要在道路的左侧或右侧行驶；我们根据自身定位将各类现象打上"野性"、"乡村"、"环境"等标签，借此体现我们的文化态度。作为控制系统的一部分（或者作为控制体系缺席的一部分），国家和地方当局（县、自治市或市政府）创造出本地特有的城市认同身份。然后，构建这种认同身份的社会、空间和建筑维度，对于将城市和民族国家认同身份赋予国家和城市中的主体，就变得至关重要，无论这种身份是作为莫斯科的、开罗的、巴黎的，还是俄罗斯的、埃及的和法国的，男人还是女人。

　　然而对于在殖民主义条件下引入外国的规划观念来说，"跨国规划"严格地讲是个不恰当的术语，因为我们讨论的显然不是一种"中性的"跨国关系，它并非发生在两个或多个彼此独立的、平等国家之间。而我们考察"本地"元素，是否要借此推动构建原初国家或原初地方的身份认同呢？这里有两个层次：第一个层次在于确定输入性规划中的"本地"要素——无论这是指空间被占用和使用的方式，法规和规章被忽略或解释的方式，还是指领土被象征性标记的方式；第二个层次则在于历史的"写作"行动本身，从历史上解释和表征原初国家或原初本地空间的发展（本书中的文章就是这种情况）。由于所有知识都是具有政治立场的、都是辩证地生成的——换言之，知识要么是在与此前的叙述的关系（或反应）中生成的，要么是在与以往叙述的缺席的关系（或反应）中生成 的，我们甚至可以对原初国家空间的建构加以肯定。如果确实是这种情况，那么哪些地方身份——族裔的、区域的、宗教的、阶级的、性别的，职业的、政治的和文化身份——会被这个过程包括或排除呢？[24]

　　所以我们在这里主张的是，这种对"更正历史记录，让无声者发声"的关注、这种对在空间生成中——特别是"输出与输入式"规划的语境下的场所生成中——识别"本地"元素的关注，本质上事关对城市与市民身份认同的转化。它也事关

6

对一些城市居民存在的认可，无论他们是原住民族群、专业人士、工人、妇女、儿童还是身体或经济上处于边缘地位的群体，在以往的殖民城市或其他类型城市中，他们的存在被排除在外，无人为之代言也无人加以承认。[25]

在下一节中，我们将在对社会和空间世界的当代理解以及相关理论语境中，考察城市身份认同的重要问题。过去 25 年间，我们的观点之所以出现了很大变化，不仅是因为规划史领域出现了许多新的实证研究。我们还应该认识到，近来兴起了多种所谓的"宏观理论"，其目的是解释现代世界中的经济、政治、社会、文化和空间变革，其中包括后现代主义、世界体系理论、跨国主义理论、后殖民理论和批评等互相竞争又彼此互补的理论。其中一些理论可能有助于揭示身份认同的意义和重要性，对于当代城市和未来的 21 世纪城市皆然。但我相信我们会发现，这些理论缺乏对地域和历史的具体情形的关注，不仅关系到当代资本主义的"全球化状况"时是如此，而且关系到全球城市化状况的未来时也是如此。论述会简要涉及其中 4 种主要理论：世界体系理论、全球化理论、后殖民主义和后现代主义。但我没有直接与这些理论展开对话，而是要首先解决任何理论框架在处理规划史的"跨国空间"时必须考虑的问题。

## 7　将身份认同置于空间框架中——在世界中、属于世界

我们在这里的主要兴趣在于"现代城市化的传播"，既与城市化的快速增长有关，也与"资本的城市化"有关[26]（尽管这并未涵盖或包容城市化一词的所有内涵）。无论是在殖民地还是非殖民地的情况下，城市规划的观念和实践在不同民族国家之间的改造、修饰与否弃[27]需要一个空间框架加以分析，这个框架可以扩展超出一个，甚至两个或三个民族国家的范围，同时也要承认国家之间的权力分配不均衡。我们需要一个模型来理解跨国经济和政治过程，在历史的不同点，有一些民族国家对多个国家或地区形成的世界体系产生了霸权影响。例如 17 世纪的荷兰、19 世纪的英国、20 世纪的美国或苏联对全球施加的主导影响。而分析框架不仅要能认识这些经济和政治过程，同时还要能分析城市生活的社会和文化维度，以及上述维度一起产生空间和物质变化的方式。例如随着城市化进程的推进，这些维度可能包括新技术的采用（如蒸汽动力、铁路、电信），当地资源的再分配，社会和政治机构的转型或引入，以及与此同时在城市结构中引入新的（或者经过修改的）建筑类型和空间组织形式。[28]

认识到这些过程应视为"多种彼此交织的历史、多种相互覆盖的领土"的一

部分，分析框架也需要认知各种本地影响的性质、规模和程度。这就要求我们对历史和地理差异的问题、个人与社会行动者的重要性保持敏感，尤其是对个人行动者从世界上的一个地方来到另一个地方时，在特定的时空节点上产生的观念与技术交流保持敏感。在社会和政治权力分配不公的背景下（比如在殖民地情况中），我们不仅仅要意识到对实施殖民的"法则与形式"的"抵制"，而且还要意识到在特定殖民地情况下发生的接纳与"文化转译"过程。[29]

　　分析框架还应该认识到在个人、社群、城市和民族国家的层面上，现有的空间环境、建成的环境或记忆中的环境在身份认同形成中的作用。部分身份认同可能源于具有社会进步性的规划政策，这些政策使所有人都能享有住房、教育和社会设施，而不论其背景如何。而另外的一部分身份认同可能是由特定空间环境和感知环境的无心或有心的社会后果形成的，这些后果有助于增强族群化、阶级化、种族化、年龄化、性别化以及其他具有地方特性的主体性。这里的明显例子包括空间隔离对促进种族和阶级意识建构的作用，以及公共空间的特性以及对其进出的控制对性别主体和性化主体（sexualized subjects）的建构。我们还需要知道，这些主体性是如何以示威、社会运动或暴动的方式在历史上的特定时刻被政治动员起来的。关于物质和空间环境如何有助于构建人类主体性，我们还有更多东西需要了解。[30]

## 各种宏观理论及其局限

　　有哪些现成的宏观理论观念能帮助我们理解"跨国空间"？首先可以考虑一下世界体系理论。我们可以考虑沃勒斯坦（Wallerstein）的一些预设，而不必接受其包含的所有不同维度：

> 现代世界体系采取了源于 16 世纪和 17 世纪的资本主义世界经济形式，……它涉及对生产成果的特定（也就是封建欧洲的）再分配或进贡方式的转变……转化为一个性质上不同的社会系统。从那时起，资本主义世界经济在地理上扩展到覆盖全球，并呈现出一种周期性模式，其中包含技术进步、工业化、无产阶级化以及对该体系的结构化政治抵制的出现——这种过程至今仍在继续。[31]

虽然采取上述考察路线的分析框架会表明现代城市化的传播可能与资本主义世界经济的扩张有关，而特定的"核心"区域能产生出强大的政治、经济和意识形态影响（可能包括规划的意识形态和实践），但关于不同形式的资本主义在不同文化和空间中运作的方式，我们从这一分析框架中仍然所得甚少。正如阿什克罗夫特（Ashcroft）等人所说，世界系统理论：

> 对于以下方面既不加以解释、也不感兴趣：人类主体性、殖民化的政治、某一类帝国修辞的话语形式的持续统治，乃至殖民主义在具体社会中留下的特定的、持久的物质后果。在世界体系理论中没有个体行动者的位置，它对文化变革的地方动力毫不关心，甚至也不关心"社会"的运作机制，所有这些都从属于世界体系的宏观结构力量。[32]

阿什克罗夫特等人采取的是方兴未艾的后殖民理论和批评方式，自20世纪80年代中期以来，它为多个学科带来了重要的全新视角。它也给城市规划史研究做出了不少贡献。后殖民批评在其最佳形态中是一种对抗性的知识形式，它批判欧洲中心主义的世界观。用查克拉巴蒂的话说，后殖民批评要"把欧洲本身边缘化"[33]，并以此来"重新思考构建知识的条件"。[34] 后殖民批评运用到城市研究领域，就会在前景中关注各种本土发展，而成为一种解放形式的话语。

但是，也有一种严肃的批评意见，认为后殖民批评特定的学术视角（直到最近）还具有局限性，因为它关注的是殖民化过程对于文化与社会产生的后果，主要考察的是文本领域，也就是说，它"留意关注殖民化在文学生产、人类学叙述、历史记载、行政管理与科学写作等方面产生的深刻而无法逃避的效果"[35]，但总体上对城市、建筑、规划和建成环境的后殖民批判研究则采取了一种临床式的疏远、隔离态度。[36]

这里不多谈后现代主义，虽然后现代主义不像前面几种宏观理论一样不注意空间和建筑，作为一种范式，它（至少是在其最受欢迎的若干形式中）既有空间和建筑形式的作品，也留意对空间和建筑形式的分析。我们在此不多加讨论，部分原因在于，所谓的"后现代主义"由欧洲中心主义定义的各项特征——反讽、拼贴、对不同历史的混用、文本间性、碎片化、不连贯、文化断裂和文化冲突、对"前现代"文化的拆毁——根据哈维的观点，当今欧洲和北美这些"我们后现代时代"的特征[37]，其实在它们出现于欧美地区中的几十年，甚至几百年之前，就已经是所谓的"全球外围地区"的殖民社会、文化和环境中的典型特征了。

孟买的当地居民是如何阅读19世纪70年代的"现代"城市文本的？同时代的英国殖民者又是如何阅读古吉拉特村庄定居点的文本的？[38] 在更严格的建筑和规划意义上，G·赖特（Gwen Wright）、梅特卡尔夫（Tom Metcalf）、克林森（Mark Crinson）和库斯诺等人[39] 已经表明，早在"现代派运动"这个术语出现之前，作为一种有意识的混杂实践（将不同的历史和文化混搭在一起）、作为一种有意识的跨文化互文性的后现代主义，就已经是殖民地建筑和城市设计中的成熟实践方式了。在这种语境中我们可以说，后现代主义的社会、经济和文化特征早于、而不是晚于所谓的"现代主义"。

如果关注焦点在于身份认同问题，具体说，就是"在与他者的关系中构建并维持个体与集体的身份认同"问题，那么全球化理论——罗伯斯顿（Roberston）对它的定义是"对作为整体的世界日趋增长的意识"——也会对我们的分析有所帮助。罗伯斯顿提出：

> 当代对于文明、社会乃至族群层面的独特性的关注，往往通过身份认同、传统和本地化等主题表达出来，但这些讨论主要仍然依赖于若干全球传播的观念。在一个日益全球化的世界中……文明、社会和族群方面的自我意识不断强化。身份认同、传统和本地化都只在整体语境中才具有意义。[40]

当罗伯斯顿指出身份认同是通过语境方式建立的时，他当然说得没错（虽然"语境"往往被简单地约化为多种状态形成的一个系统）；但是把对身份认同和传统的日益增长的关注看成"全球化"的后果，这只在特别笼统的层面上才说得通，因为所谓"世界作为一个整体"意义上的"全球化"对具体情况未加细致分辨。而身份认同通常是在更加具体、微观、历史化、社会性和空间性的语境中得以建构的。

## 走向更微观的理论化？

上述关于现代世界中社会、政治和空间变化的宏观理论的问题在于：它们考察的社会和空间单元往往太大，而无法在城市、定居点、邻里社区或住宅等本地层面上，理解具体的身份认同与场所。人依靠许多范畴而生活，其中包括国籍、族裔、阶级、宗教、地区、种姓、血统、身体健康程度、血缘关系、种族、性别、职业、年龄等；这些范畴都是形成人的多元身份认同的因素，但在身份认同的建构中，调用到的空间因素要远小于国家、地区与城市这个级别的单元。不同规模的各种空间承载着其中居住者的身份认同：不仅是城市，还有村庄和社区；不仅是村庄，还有集市和节庆；不仅是街道，还有地块，飞地和交通工具；不仅是住宅，还有房间和衣服。[41]

对这样的微观尺度而言，当前的概念语言和跨国理论化还处于严重未开发的阶段。在一个日益以流动性和互动式文化交流为特征的世界中，我们如何呈现身份认同在本地"微观"层面上的空间构建？例如，最近一些研究文章讨论了跨国主义和移民现象，这些现象创造了跨越多个种族、国家和族裔界限的流动化、多重化身份认同。跨国移民在异乡和家乡之间的家庭网络之间流动，维持着多种不同的种族、国籍和族裔身份。[42] 人们以这种形式向正在吞噬他们的全球政治和经济局势表达了抵制，而同时也可能让自己沉浸在这种局势之中。

这也就是为什么讨论"本地"实际上是很难的。阿尔君·阿帕杜莱（Arjun Appadurai）把"本地性"定义为"一个非空间概念……一种复杂的现象学性质……由社会直接意义、互动技术与语境相对性之间的一系列连接而构成。"他把"本地性"与"邻里"做了区分，认为"邻里是本地性作为一种价值的维度而得以实现的既定社会形式"。[43]

11　　除了跨国之外，我们还需要认识跨城市（transurban）、跨城市性（transurbanity），甚至是跨城市化（transurbanization）现象。借用当代通信的术语来说，我们需要重新思考"城际系统"（intercity system）中真实存在的互连性（connectivities）。持续的混杂过程发生在比城市更小的尺度上，尤其是在郊区、街区、公寓或单体住宅层面。华人学者李唯在考察"洛杉矶新族裔定居区的解剖学"时，创造了"华人族裔区"（Chinese ethnoburb）的术语。[44] 如果这个说法听起来有些不熟悉，请记住一个多世纪前（1895 年），"郊区人"（suburbia）这个词刚开始出现时，也听起来很陌生。在 2025 年，如果听到巴黎、伦敦或纽约的"全球区"（globurbs，指全球移民在当地的居住区），还会有人挑起眉毛觉得难懂吗？

住宅的设计形式也出现了"跨国化"（transnationalization），也就是根据本土居住习惯对住宅和建筑形式进行跨文化改造的现象，而我们还没有对此实施概念化的工具。所谓"剪刀加糨糊"方式设计出的住房，是从一个社会和文化的历史、社会和生产方式中把建筑形式剪切下来，再粘贴到另一个社会和文化中，尽管通常在此过程中进行了大量的编辑。[45] 以英语为母语的人借助拉丁词根的构词便利，可以发明"跨住"（transdomification）或者住宅形式的"跨文化发展"（transculturization）等术语。考虑到最近伊斯坦布尔和北京等城市大规模引入欧式别墅的情况，我甚至有意考察"别墅化"（villafication）的国际进程。[46] 鉴于其多样性，在我们开始解释和理解 21 世纪的大都市（就像最近的和更远的过去一样）之前，需要先制造更多样化的理论工具。

## 致谢

感谢乔·纳斯尔和梅赛德斯·沃莱在本文的几个早期版本编辑中提出的建议，感谢阿比丁·库斯诺提出的若干初步评论。关于这个主题的进一步考虑，请参见 Anthony D King (2000) 'Introductory comments: The dialectics of dual development', *City and Society* 12, 1, pp. 5–18.

## 注释

1. Anthony D. King (1976) *Colonial Urban Development: Culture, Social Power and Environment*, London and Boston: Routledge & Kegan Paul.

2. Anthony D. King (1977) 'Exporting planning: The colonial and neo-colonial experience', *Urbanism Past and Present*, 5, Winter, pp. 12 - 22. 该文的一个修订版本发表在 Gordon Cherry (1980) (ed.) *Shaping an Urban World: Planning in the 20th Century*, London: Mansell, pp. 203 - 26, 一个大幅修订、更换标题的版本是 'Incorporating the periphery (2): Urban planning in the colonies', in Anthony D. King (1990) *Urbanism, Colonialism and the World-Economy: Cultural and Spatial Foundations of the World Urban System*, London and New York: Routledge, pp. 44 - 67.

3. Homi K. Bhabha (1994) 'Of mimicry and man: The ambivalence of colonial discourse', in *The Location of Culture*, London and New York: Routledge, p. 86.

4. "在以往，'殖民地人类学'在很多情况下都是对非西方的、相对小规模的社群研究（Asad, 1973）。为了平衡这种倾向，本书运用了一种西方的、相对小规模的人类学方法，研究殖民社群本身。"(Anthony D. King (1976) *Colonial Urban Development: Culture, Social Power and Environment*, London and Boston: Routledge & Kegan Paul, p. xvi; see also p. 288) 其中援引的参考书是 Talal Asad (1973) *Anthropology and the Colonial Encounter*, London: Ithaca Press.

5. 此处的引号是为了表明，当人们把印度贴上"他者"标签时，它就被当成了铁板一块，但实际上讨论中应该强调其在宗教、种姓、阶级、地理、时间等方面的多样性。

6. 关于"印度贡献的缺席"，参见 Sidartha Raychaudhuri (2001) 'Colonialism, indigenous elites, and the transformation of cities in the non-Western world: Ahmedabad (Western India) 1890 - 1947', *Modern Asian Studies*, 35, 3, pp. 677 - 726.

7. 关于相关问题，参见 George E. Marcus and Michael J. Fischer (1986) *Anthropology as Cultural Critique: An Experimental Moment in the Human Sciences*, Chicago: University of Chicago Press.

8. 这个说法的出处是 David Lowenthal and Hugh C. Prince (1965) 'English landscape tastes', *Geographical Review*, 55, 186 - 122.

9. 参见 Peter Taylor (1996) 'Embedded statism and the social sciences: opening up to new spaces', *Environment and Planning A*, 28, 11, pp. 1917 - 1928.

10. 在英国，规划史的学科专业化始自 1974 年。

11. Gayatri C. Spivak (1985) 'Three women's texts and a critique of imperialism',

*Critical Inquiry,* 12, 1, pp. 243 - 261. Alicia Novick's chapter addresses similar issues.

12. 如果读者还对具体情况感兴趣，那我就必须再多解释一下：我当时属于工党政府的海外发展部，在 1965 年至 1970 年间在德里的印度理工学院工作 5 年，由英联邦发展亚太地区的科伦坡计划（Colombo Plan）提供资金。之后，由英国城市历史学科的第一个系主任《维多利亚城市》（*The Victorian City*）（London and Boston: Routledge & Kegan Paul, 2 vols., 1972）一书的编辑戴奥斯（HJ Dyos）推荐，我在莱斯特大学担任了两年研究员，同时还与伦敦大学学院的发展规划组（DPU）保持着非正式联系。DPU 是 1970 年由热带建筑研究所转化而来，后者是已故的奥托·柯尼希贝格教授（Otto Koenigsberger，一位从纳粹德国流亡的学者，也曾担任印度迈索尔政府的规划顾问，直到 20 世纪 40 年代末）在伦敦建筑协会建筑学院成立的。DPU 过去是，现在仍然是一个国际规划教育中心，学生来自世界各地。

13. Robert Home (1997) *Of Planting and Planning: The Making of British Colonial Cities*, London: Spon.

14. 参见 Anthony D. King (1992) 'Rethinking colonialism: An epilogue', in Nezar AlSayyad (ed.) *Forms of Dominance. On the Architecture and Urbanism of the Colonial Enterprise*, Aldershot: Avebury, pp. 339 - 355.

15. Brenda S.A. Yeoh (1996) *Contesting Space: Power Relations and the Urban Built Environment in Colonial Singapore*, Oxford: Oxford University Press; MariamDossal (1991) *Imperial Designs and Indian Realities: The Planning of Bombay City 1855 - 1875*, Delhi: Oxford University Press.

16. Yeoh, 前引, pp. 9 - 11.

17. Abidin Kusno (2000) *Behind the Postcolonial: Architecture, Urban Space and Political Cultures in Indonesia*, London and New York: Routledge.

18. Edward Said (1994) *Culture and Imperialism*, London: Vintage.

19. Paul Rabinow (1989) *French Modern. Norms and Forms of the Social Environment*, Cambridge, Mass.: MIT Press.

20. 参见 Kusno, 前引。

21. Sarah J. Mahler (1998) 'Theoretical and empirical contributions toward a research agenda for transnationalism', in Michael P. Smith and Luis Eduardo Guarnizo (1998) *Transnationalism from Below. Comparative Urban and Community Research*, vol. 6, New Brunswick: Transaction Publishers, p. 66.

22. "想象的共同体"是本尼迪克特·安德森的说法，参见 Benedict Anderson (1983) *Imagined Communities: Reflections on the Origin and Spread of Nationalism*, London: Verso.

23. Mohammed Bamyeh (2000) *The End of Globalization*, Minneapolis: University of Minnesota Press.

24. 对这个问题的讨论参见 Lawrence Vale in *Architecture, Power, and National Identity* (New Haven and London: Yale University Press, 1992). 库斯诺也指出，在杨的论述中忽略了新加坡多元社会中的其他族裔／文化主体，比如印度裔和马来裔的民众（资料来源：私人通信）。

25. 关于这些问题，参见 Leonie Sandercock (1995) *Towards Cosmopolis: Planning for Multicultural Cities*, Cambridge, Mass.: MIT Press; Doreen Massey and P. Jess (eds) (1995) *A Place in the World? Places, Cultures, Globalization*, Oxford: Oxford University Press.

26. David Harvey (1985) *The Urbanization of Capital: Studies in the History and Theory of Capitalist Urbanization*, Baltimore, MD: The Johns Hopkins University Press.

27. 我在现代意义上使用"城市规划"这个术语，指正式的规划实践，其中包括对土地用途的控制、对法规的设立与实施、对城市开发的引导等方面，而不仅仅是根据现成的文化传统对区域开发制度的管理。

28. 关于此问题，参见 Stephen Graham and Simon Marvin (2001) *Splintering Urbanism: Networked Infrastructures, Technological Mobilities and the Urban Condition*, London and New York: Routledge.

29. 迈尔斯（Garth Myers）在介绍阿吉特·辛格（Ajit Singh）在殖民地桑给巴尔设计的建筑时，出色地描述了在"殖民统治"和"本地抵抗"的对立之间出现的"接纳包容"情形。参见 Garth Myers (1999) 'Colonial discourse and Africa's colonized middle: Ajit Singh's architecture', *Historical Geography*, 27, pp. 27 - 55.

30. 关于对雅加达村落在印度尼西亚主体性构建中作用的讨论参见 Kusno, 前引。

31. Immanuel Wallerstein (1980) *The Modern World System II. Mercantilism and the Consolidation of the European World-Economy 1600 - 1750*, New York, San Francisco and London: Academic Press, pp. 7 - 8.

32. Bill Ashcroft, Gareth Griffiths and Helen Tiffin (1998) *Postcolonial Studies: The Key Concepts*, London and New York: Routledge, p. 280. 出于对世界体系理论公平起见，我们应该说明，虽然做出了以上批评，但阿什克罗夫特等人同样也没有关注场所、空间、建筑和建成环境对构建"人类主体性"、"具体社会"、"个人行动者"乃至"世界体系"以及与上述这些方面相关联的身份认同所起的作用。

33. Dipesh Chakrabarty (1992) 'Postcoloniality and the artifice of history: Who speaks for "Indian" pasts?', *Representations*, 37, Winter, pp. 1 - 27.

14

34. P. Mongia (1995) 'Introduction' to *Contemporary Postcolonial Theory: A Reader*, London: Edward Arnold, p. 2.

35. Ashcroft *et al.*, 前引 , pp. 186 and 192.

36. 关于人文学科中的后殖民理论和批评的谱系、它与先前社会科学领域殖民研究的关系，以及空间、建筑和城市地理研究在这个领域中的重要性，参见 Anthony D. King (1999) 'Cultures and spaces of postcolonial knowledges', in M. Domosh, S. Pile and N. Thrift (eds) *Handbook of Cultural Geography*, London, Thousand Oaks, New Delhi: Sage, pp. 381 – 398. 也参见 G.B. Nalbantoglu and C.T. Wong (1996) *Postcolonial Space(s)*, New York: Princeton University Press.

37. David Harvey (1989) *The Condition of Postmodernity*, Oxford: Blackwell.

38. 参见 Anthony D. King (1995), 'The times and spaces of modernity: (Or who needs "postmodernism" ?)', in Mike Featherstone, Scott Lash and Roland Robertson (eds) *Global Modernities*, Newbury Park and London: Sage, pp. l08 – 123.

39. Gwendolyn Wright (1991) *The Politics of Design in French Colonial Urbanism*, Chicago: University of Chicago Press; Thomas J. Metcalf (1989) *An Imperial Vision: Indian Architecture and Britain' s Raj*, Berkeley, CA: University of California Press; Mark Crinson (1996) *Empire Building*, London and New York: Routledge; Abidin Kusno, op. cit.

40. Roland Robertson (1992) *Globalization: Social Theory and Global Culture*, Thousand Oaks, CA, London and Delhi: Sage, p. 130.

41. 关于对此问题的一种富于创造性的研究思路，参见 Christopher Breward (1999) 'Sartorial spectacle: clothing and masculine identities in the imperial city, 1860 – 1914', in Felix Driver and David Gilbert (eds) *Imperial Cities: Landscape, Display, Identity*, Manchester: Manchester University Press, pp. 239 – 253.

42. 见注 20。

43. Arjun Appadurai (1996) 'The production of locality', in *Modernity at Large: Cultural Dimensions of Globalization*, Minneapolis: University of Minnesota Press, 1996, p. 178.

44. Wei Li (1998) 'Anatomy of a new ethnic settlement: The ethnoburb in Los Angeles', *Urban Studies*, 35, 3, pp. 470 – 501.

45. 这方面还有什么比"孟加拉式平房"（bungalow）更贴切的例子？

46. 参见 Anthony D. King (2000) 'Suburb/ethnoburb/globurb: the construction of transnational space in Asia', in World Academy for Local Democracy (WALD) *Global Flows/Local Fissures: Urban Antagonisms Revisited*, Istanbul: World Academy for Local Democracy.

第一部分
引入最新的模型

# 第 2 章
# 打造现代开罗（1870—1950 年）：“欧洲风格城市化”的多种模型

梅赛德斯·沃莱
法国国家科学研究中心 / 阿拉伯世界城市规划学术研究中心，图尔大学

在阿拉伯地区的城市中，开罗代表了城市空间迅猛扩张和激进变革的早期案例，这个过程与欧洲殖民化进程并不同步。开罗的城市化属于埃及内部改革运动的一部分，该运动始自 19 世纪初埃及作为奥斯曼帝国一个省份的时期，并得益于后来兴起的赫迪夫王朝，该王朝直到 1952 年才告终结。

埃及国内的改革由穆罕默德·阿里（Muhammad Alî, 1805—1848 年当政）发起，并由其继任者继续推动，这个过程当然受到了奥斯曼帝国几乎同时进行的坦志麦特改革所左右，而它又绝非仅是坦志麦特改革的副产品。虽然这两个运动都有共同的政治体制典范（均来自欧洲），也有类似的政治基础（对于奥斯曼帝国来说是要重新确立中央权威，对于埃及来说是要提高它自身相对于伊斯坦布尔的自主权），但它们在许多方面也有所不同。埃及现代化进程的早期目标是相当具体的：不仅要建立现代化的军队和官僚机构（这两方面与伊斯坦布尔的改革类似），另外还要优先开发耕地、确立雄心勃勃的工业化计划；而奥斯曼帝国的改革从本质说上则更针对政府机构和法制体系。

从一开始，埃及独立展开的（甚至带有一定竞争性的）现代化运动就与伊斯坦布尔产生了严重冲突，甚至导致刀兵相见。自 19 世纪 30 年代起，埃及统治者自主推行政策时，只是部分地顾及奥斯曼帝国苏丹的愿望。[1] 对于坦志麦特改革，他们开始时颇为抵触；1839 年苏丹在《花庭御诏》中颁布的法律改革，埃及并不买账，直到后来才接受了一个修订后的版本，从中不难看出埃及相对于奥斯曼帝国的自主性。[2]

在城市规划层面，埃及政治进程的自主性反映在改革（首先是行政改革）的节奏和程度上。早在 1834 年（比伊斯坦布尔设置类似机构要早几年）[3]，埃及亚历山大市就设立了主管城建的行政部门（当时该市人口增长率超过每年 10%）。[4] 英国人把这个部门称为“市容美化委员会”（Commission of Ornament），官方名称则是意大利语“Commissione di Ornato”，在阿拉伯语文献中更有“maglîsal-ûrnâtû”

等多种写法。这一名称来自 1807 年意大利在拿破仑占领期间设立的机构，最早的原型则是法国大革命期间的艺术委员会（Commission des Arts）。

然而，亚历山大市的市容美化委员会的人员构成与功能与法国、意大利的同名机构完全不同；埃及设立的这个部门成员包括政府官员和外籍社群的代表（而非像法国、意大利先例一样主要是艺术家和建筑师组成），其权力不仅限于提出建议。[5]它本身也是埃及现实的产物：专制传统、中央集权推进的政治进程以及对法典权限的限制在此都有体现。[6]而这个案例也并非独一无二的：虽然穆罕默德·阿里经常在受西方影响的改革中寻求欧洲的专家指点，但据说他总要调整专家的建议，使其适应本国需要[7]——这个模式在未来还会持续出现。

1843 年开罗也设立了类似的委员会，文献里称为"maglîstanzîmal-mahrûsa"或"maglîsal-ûrnâtû"，赋予它的职责是"依照亚历山大市的先例，美化城市，改善和整饬街道"。[8]当时，亚历山大的市容美化委员会已经实施了若干重大的举措，比如搬迁公墓，在旧城区开通新街道，修建滨海广场，并对城市区划进行进一步细分，[9]开罗照搬了其中的大部分举措。开罗的另一些改造反映了来自法国的直接影响，例如 1846 年"新街"（New Street）大道的开通，其路线恰好就与半个世纪前（1798—1801 年）拿破仑派遣的法国工程师所构想而未实现的规划相一致（图2-1）。[10]这些早期建设项目清楚地表明，开罗在城市改造方面选取了多元化的、混搭式的概念模型，规划者效法的路径多种多样，有时候还是间接影响。

整体而言，现代开罗的规划历史似乎采取了相当自相矛盾、始料未及的路线，至少与"外围地区"的其他城市相比是如此。为了确定这个路线，本文将主要考虑20 世纪 40 年代后期美国式规划观念大行其道之前，开罗采取欧洲风格建设城市的主要发展历程。与建筑历程相应的政局变化分为三个时期：伊斯梅尔帕夏（Khedive Ismâîl）统治时代（1863—1879 年），英国占领时代（1882—1922 年）和所谓的"自由年代"（1922—1952 年）。

开罗自 1868 年开始实施了一大批建设改造工程，部分地以著名的巴黎城市建设为范本，这代表着该市的城建发展史上第一次重大的变革。这些工程的发起者是伊斯梅尔帕夏，这位统治者让自己的国家"脱非入欧"的意愿远近皆知。在不到 10 年的时间里，老城的周边建起了新的街区；很多全新的花园和步道得以兴建；旧城的肌理中开通了多条新道路；城南还修建了一座巨大的温泉浴池。[11]这些改造比同期伊斯坦布尔实施的任何项目都宏大得多，也给开罗市中心的风貌带来了无法逆转的改变。

1882 年后，殖民当局继续把发展农业资源当成优先政策，派驻各地的第一批

19

17

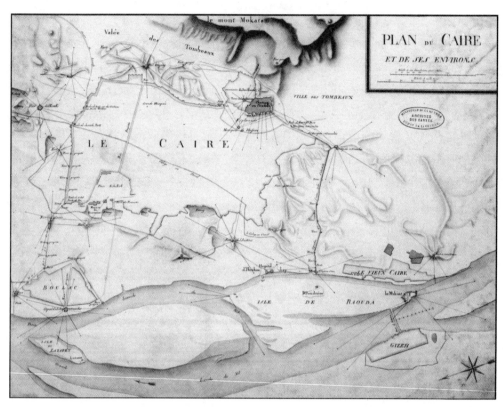

图 2-1　1799 年法国工程师为开罗市区及近郊绘制的城建规划图
资料来源：法国万塞讷，法国陆军历史档案中心

殖民总督在全国范围内推行水利灌溉基础设施建设。然而，与以前伊斯梅尔帕夏的政策形成鲜明对比的是，英国统治的中央当局基本上不太顾及城市规划，这也成了殖民政权的一大特色。[12] 当时唯一重要的公共设施的改造，是在开罗铺设了下水道和排水系统（1907—1915 年）。在该时期，其他大型市政规划工程活动都是由私有部门（包括本地和外国力量）发起的，其中包括田园城市和库贝花园（Koubbeh Gardens）的改造、马迪（Maeâdi）田园郊区及新城镇赫利奥波利斯（Heliopolis）的建设。因此在殖民时期，开罗市区经历了持续的扩张，这反映出当时房地产和建筑市场的活力，但政府不再是工程业主，也无法控制城市的这种扩张。[13]

　　直到 1922 年埃及宣布独立，国家才开始表明控制和引导城市建设的意愿，从而重新掌握发起城建项目的主导权。这种新的趋势早在 1923 年就体现出来，当时政府发起了不少公共设施的建设，随后若干曾在英国受训的埃及规划师制定了一项全面的城镇规划。[14] 这种规划在当时尚属首次制定，最终也只是部分地、落后于计划时间地实现，但它肯定为战后开罗的发展作出了贡献。

虽然现代开罗的形成早于英国对埃及的殖民，而从公共政策角度考虑（与"自由时代"开罗的经历相比），殖民化也并不是这时期最重大的事件，但正是通过直接参考各种欧洲规划模型并借助了来自欧洲的丰富经验（无论是欧洲专家还是经过欧洲培训的埃及专业人员），埃及首都的城市规划才得以构思和实施。在这个时期对欧洲模型的早期借用，使得现代开罗成为"欧洲式"城市化的一个有趣案例[15]，这个城市化风格源自本土政策对欧洲建筑形式和技术的自觉引进和挪用，而非源自殖民统治者的强力输出。

但这并不意味着殖民者没有间或使用殖民统治的手段和技术。吊诡的一点是：在英国殖民占领的整个时期，城市建设的主要参照物本质上反倒是法国的城市建设传统；而直到殖民统治结束的 1922 年之后，英式美学才得以兴起。即便开罗的城市化过程一开始时是"从上向下"强加的，但仍然有证据表明，很多本地人还是将之视为一种机会而不是一种限制；而且随着时间的推移，促进规划观念传播的本地行动者群体也越来越多元化。目前关于这个主题只遗留下相当零星的材料，而通过考察前殖民地时期、殖民地时期和后殖民时期开罗实施的大型城市建设项目，我们至少可以得出上述结论。

## 赫迪夫王朝统治时代的开罗：法国灵感激发的宏大城市化改造？

虽然早在 1863 年，伊斯梅尔帕夏就表达出对美化开罗市容的强烈兴趣[16]，但直到 1867 年 6 月参观巴黎世界博览会（Paris Universal Exhibition）之后，他这种"建筑兴趣"[17]才转化为"按照巴黎的榜样改造埃及首都"的决心。[18] 在这次访问法国过程中，伊斯梅尔帕夏也有机会拜访了塞纳省省长，著名的奥斯曼男爵，并参观了巴黎当时兴建的一些工程项目。随后，伊斯梅尔帕夏曾经请过法国建筑师埃克托·奥洛（Hector Horeau，1801—1872 年）担任顾问[19]，甚至在 1869 年考虑过邀请奥斯曼男爵与建筑师雅克·德莱维（Jacques Drevet，1832—1900 年）一起到开罗，"实现城市的奥斯曼男爵式改造"。[20] 当时的人也都说伊斯梅尔帕夏对开罗实施了"奥斯曼男爵式的改造"，但是现在看来，这么讲似乎有点不恰当，因为这个时期城市建设的重点是城市近郊周边地带的扩建，而非重建中心城区既有的建成区域。

### 城市扩展的逻辑

在开罗市区的西部近郊，政府分步骤兴建了若干新区（5 年内完成了超过 200

21

公顷的城市化改造）[21]，这些建筑遗产极能体现统治者实现现代化/欧洲化的雄心。首先开工的是艾兹拜基耶区（Azbakiyya quarter）[22]，原址是一座湖，1848 年排掉湖水后改造成了公园（图 2-2）。本次兴建在区域中心保留了一座小公园，样式重新设计成八角形花园；花园北侧是住宅区域，沿街有拱廊商业街，南部、东部则是部委和大型娱乐建筑，其中包括歌剧院、马戏场、法国剧院和一个大饭店，其中大多数建筑都在 1869 年的几个月间兴建完成。[23]

在这个以娱乐和商业建筑为主体的中心区旁边，兴建了第二个区域，这是绿化率极高的豪华住宅区，随伊斯梅尔帕夏的名字称为伊斯梅利亚区（Ismâîliyya），区域的边界半沿袭、半改造了这一带原有的果园边界。街道网络由一个棋盘格形状的部分和一个星形部分拼合组成，两者都以圆形广场为中心。沿街道设有大小不一的地块（面积从 2000—5000 平方米），这些地块预留出来，用于建造带花园的大型联排式住宅（town houses）。唯一的例外是中央区块，该地块用于赛马，这是该地区最初规划中的唯一公共设施。在 1879 年的巴黎人眼中，这个规划显然是帕西区（Passy，当时巴黎城郊的富人新区）和布洛涅林苑（Bois de Boulogne）周边区域的翻版。[24]

艾兹拜基耶区和伊斯梅利亚区的规划和实施实际上是两位法国工程师让-安托万·科迪埃（Jean-Antoine Cordier, 1810—1873 年）以及他的外甥与助手阿尔丰斯·德洛尔·德·格雷翁（Alphonse Delort de Gléon, 1843—1899 年）的作品。[25] 科迪埃的父亲是一位著名的工程师，负责法国许多外省城镇的早期供水工程建设，科迪埃本人在埃及开始了他的职业生涯。他首先充任父亲助手，然后单独负责了亚历山大水市的供水工程，在当地被称为"Cordier bey"，即科迪埃老爷。1865 年他在开罗获得了开展类似业务的特许权。[26] 伊斯梅尔帕夏在启动开罗改造时，找的就是这么一家私人企业（开罗水务公司，Société des Eaux du Caire）的负责人，虽然他在城市规划方面缺乏实力，但由于多个项目历练，对埃及有着丰富的经验和知识。

从 1871 年开始，在艾兹拜基耶区和伊斯梅利亚区的南边又修建了两座住宅区，巴布-阿尔-鲁克区（Bâb-al-Lûq）和查赫·里汗区（Chaykh Rihân，又称 Nasriyya），二者也各具形态（图 2-3）。巴布-阿尔-鲁克区中心是两条正交道路交叉处形成的长条形滨水广场。这里的住宅密度比伊斯梅利亚区高一些，街区地块面积在 400—3000 平方米之间。查赫·里汗区则完全是棋盘格形状，其中的地块更狭小，面积大概在 50—300 平方米。与完全新建的艾兹拜基耶区和伊斯梅利亚区不同，巴布-阿尔-鲁克区和查赫·里汗区都部分地修建在既有郊区原址上，在兴建之前先要完成拆迁。[27]

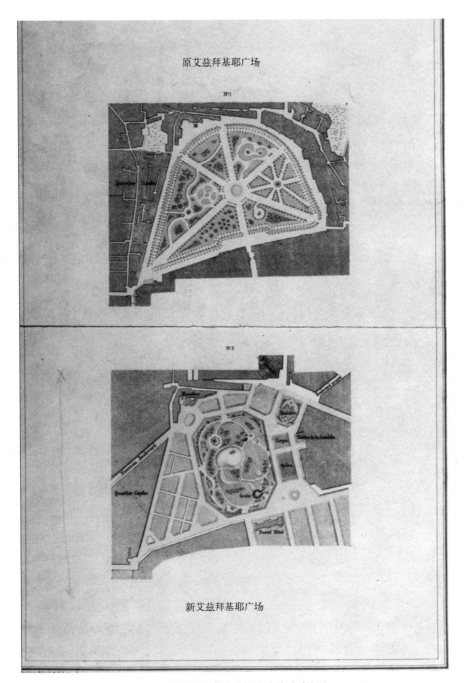

原艾兹拜基耶广场

新艾兹拜基耶广场

图 2-2　艾兹拜基耶广场改建前后对比图

资料来源：利南·德·贝尔封（Linant de Bellefonds）著：《从古代早期到当代埃及实施的主要公用事业工程》（Mémoire sur les principaux travaux d'utilité publique exécutés en Egypte depuis la plus haute Antiquité jusqu'à nos jours），巴黎：Arthus-Bertrand，1872—1873 年，图版第 9 页

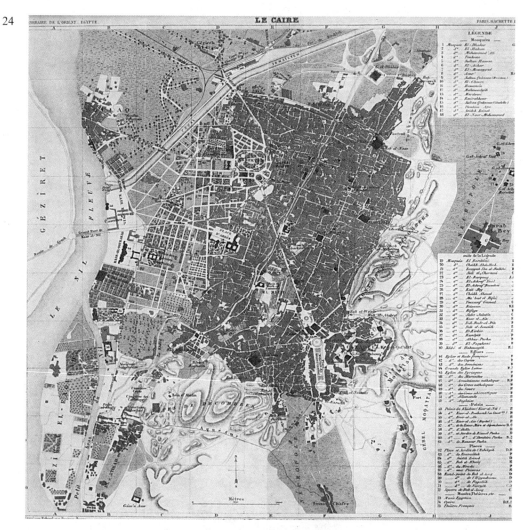

图 2-3 蒂利耶（L. Thuillier）绘制的开罗地图
资料来源：开罗法国东方考古学院

　　这次主持施工的还是一位法国工程师皮埃尔-路易·格朗（Pierre-Louis Grand，1839—1918 年），但负责监管的则是开罗的市容美化委员会。格朗从 1868 年起在开罗水务公司任职，1871 年取代科迪埃和德洛尔·德·格雷翁成为道路管理局（Administration de la Voirie）的负责人，这个部门是同年新成立的，从属于市容美化委员会，负责新区的建设。当时，市容美化委员会的负责人是建筑师侯赛因·法赫米（Husayn Fahmî），1872 年由工程师阿里·法赫米（Alî Fahmî）继任；这个任命似乎表明政府想要让本地人以及政府人员控制工程情况。但是，1873 年格朗还是当上了市容美化委员会的负责人，所以他担任埃及官员下属的时期相当短暂。[28]

如果对这些城郊新区整体考虑，就能看出一种强烈的等级色彩。从艾兹拜基耶到查赫·里汗区，功能的单一性逐步增加（从混合用地到纯住宅区），设计形式趋于贫乏（地标式的格局让位给棋盘格），地块则趋于缩小——这是否可视为规划分区的早期实例？[29]

尤为出人意料的是地块的分配方式。艾兹拜基耶的地块公开发售，但除此之外，其他几个新区的土地则在特定条件下免费供给：必须在一年半时间内修建完毕，有最低造价指标，房屋必须是两层，并按照指定规格与其他物业区隔开来。[30] 这种免费土地供应方式是法国殖民者在阿尔及利亚常用的，可以说是一种殖民思维的产物，与来自法国本土——更不必说巴黎——的灵感相去甚远。但是在规划中采取的其他措施中，确实存在对同时期巴黎城市改造的参照。[31]

无论是从政治上、还是从法律上来说，这种土地出让制度都有明显的优点。在政治方面，这形成了促进开罗城市转型的强劲需求刺激，通过这个举措，统治者向西方世界和本国民众展现出自身强大的政治支配力。在法律方面，无偿提供土地，会缓和因为给私宅建筑强加限制而造成的立法缺失问题。[32]

这一制度最终取得了成功，但在一开始时也不乏隐忧。例如，直到 1872 年新区的土地都鲜有问津，伊斯梅利亚区的地块就尤其如此；而且一些取得了土地的业主也没有遵守限制条件，后来不得不按照法令放弃土地。[33] 但是在之后的几年中，几个新区的地块逐渐迎来了越来越多的申请者，虽然完整数据还待梳理，但我们能从现有资料中看出，相当多的申请者都按照标准建起了住宅，从而确保土地归其所有。[34]

从社会学角度一望即知：不同区域的土地申请者形成了不同的公共社区人群，对应于上文提到的社会功能与形式等级。根据目前收集到的资料判断，这样产生的公共社区人群可分为几类。在伊斯梅利亚区，土地获得者主要是原籍欧洲的人士（这一区域的部分地段原本就是明确预留给欧洲人的）[35]，但也有"旧有少数民族"的成员（亚美尼亚和叙利亚籍官员、犹太银行家、希腊商人等），此外还有一些王室亲族（大多是土耳其血统）。这些人最重要的一个共同点，就是他们要么在赫迪夫宫廷任职，要么与宫廷有密切关系。

在巴布–阿尔–鲁克区和查赫·里汗区，土地获得者完全是"埃及人"——从其姓名就可以判断出，他们是奥斯曼帝国的本土臣民，部分是埃及土著科普特人，部分是穆斯林。[36] 最大的一批地块的获得者中有若干位"贝伊老爷（bey，奥斯曼

25

帝国对长官的尊称）"，后来还有少数"帕夏大人"（pacha，对高官的尊称），此外就是宗教人士、行会首领；中等大小地块的获得者名字里大都有"阁下"（effendi，亦译阿凡提）称号，用这个头衔称呼的主要是有学识的人，不少担任公务员。最后，最窄小的地块获得者基本上没有头衔。[37]

开罗的本土精英与中产阶级出色地参与了新区建设，对此可以提出多种解释：可能是土地出让制度的吸引力，或是对变革的抱负，也可能（按照比较庸俗的解释）完全是出于投机策略。无论采取何种解释，新的城市规划形式终归是产生了一种在族裔和社会功能两方面区隔人口的系统，这也反映了当时殖民地的环境。

### 林苑与步行大道

赫迪夫王朝时期，开罗城市改造的下一章节进行的是城市景观化，其中包括一个雄心勃勃的计划，要在城市外围地带（大约 350 公顷）修建林苑、休闲场地和步行大道。[38] 早在 1867 年 12 月，伊斯梅尔帕夏就调阅了巴黎林苑的规划图。[39] 首先是改造了艾兹拜基耶花园，形状设计为八角形，设有多座岩质小亭作为装饰；此外在加济拉岛（Island of Gazîra）上开辟了 60 公顷的大型公共林苑，其中有大量珍稀物种、一条蜿蜒的人工河、很多亭子、一座非洲动物园以及一座水族馆；另外更兴建了多条林荫步道（其中一条通往金字塔群）。在王宫区域也建起了多座花园，其中包括尼罗河左岸吉萨宫的花园，现在是开罗动物园所在地，该处有古斯塔夫·埃菲尔（Gustave Eiffel）设计的一座小型人行桥，这是他为巴黎肖蒙山丘公园（Buttes-Chaumont park）设计的小桥的精确复制品，至今尚存。[40]

上面提到的这些工程大多由欧洲景观建筑师和园艺家建造，其中几人，包括法国人皮埃尔·巴里埃－德尚（Pierre Barillet-Deschamps）和比利时人古斯塔夫·德尔舍瓦勒里（Gustave Delchevalerie）过去曾与阿道尔夫·阿尔方（Adolphe Alphand，奥斯曼男爵手下的主要景观设计师，也是他的继任者）合作，埃及方面在 1868 年后邀请他们参与工程，正是因为奥斯曼本人的推荐。[41] 在这方面，赫迪夫王朝的改造项目中对巴黎的参照无疑是最为直接和明显的。

### "被切开"的城市

经过若干次尝试和纠错，开罗城市改造规划中的最后一环——新道路的开通——终于得以实施。在 1869 年 6 月 7 日颁布的敕令中，道路工程的主体部分（5 条新路）其实已经确定了。[42] 可是 1869 年 12 月，奥洛为苏伊士运河开通仪式到访开罗时，伊斯梅尔帕夏又请他为改造工程出谋划策。不久之后，奥洛就向伊斯梅尔帕夏提交了一个道路改造方案，其中为所有旧城区都设计了对角线式的长街。但这个方案需要的拆迁量太大，引发了尖锐的反对意见。奥洛记述说：

> 在我为开罗改造提出的所有建议中，这是遭到最多、最强烈反对的一项。人们对我说：怎么，你想让开罗“奥斯曼男爵化”？……想把这座最东方化的城市变成欧洲城市，难道这不是野蛮人的做法（vandalism）吗？

他的主要对手来头不小，就是埃及的亚美尼亚裔的外交部长努巴尔帕夏（Nubar Pacha，1825—1899 年），这个人“珍爱老开罗的一砖一石，乃至城中的各处废墟”。[43] 1870 年 2 月，努巴尔请法国考古学家奥古斯特·萨尔兹曼（Auguste Salzmann，1824—1872 年）为保护和修复开罗各处的“阿拉伯纪念碑”撰写了专文，随即亲自提交给伊斯梅尔帕夏。伊斯梅尔帕夏于是委任萨尔兹曼在三年内负责相关工程，并建造一座博物馆。[44] 不过，在伊斯梅尔帕夏的亲信中，也有一些人真正支持奥洛的提议。其中一位就是工程师阿里·穆巴拉克（Alî Mubârak，1823—1893 年），他当时负责一些部委项目，包括若干公共工程。后来，由穆巴拉克手下提出的改造方案甚至比奥洛的提议更加雄心勃勃。[45]

几方提议的方案最后都没有实施，实际采取的是一个折中方案。穿过旧城区的道路加起来也仅长 4 公里，由两条长街构成，两条街都很有地标气派，以艾兹拜基耶为起点：一条通往火车站，在 1870 年动工，名为克罗特老爷大街（Clot-bey Street）；另一条通往政府所在地开罗大城堡，名为穆罕默德·阿里大街（Muhammad Alî Street，1872 年动工）。这个过程很有启示意义，它表明，虽然本地的文化保护主义者尽力发声，但统治者无意完全放弃改造旧城区交通路线的想法。道路的选址也体现出改造工程的首要目标：让常常在火车站、艾兹拜基耶区和大城堡三者之间通行的“用户”能够便捷地穿过老城区——这些“用户”无疑是特殊群体，工程几乎专门为他们而实施。

两条道路修筑的方式同样很特别。为了确保沿街全程都是整齐划一的拱廊，对路旁新建建筑的立面样式制定了一个强制性指导原则，这几乎带来了一个全新的建筑项目。在实践中，指导原则并没有完全被遵循，因此构想中的整齐划一也只是部分地实现了（图 2-4）。所以很难看出，为什么巴黎的里沃利大街（Rue de Rivoli）会经常被当成这两条道路的范本，其实阿尔及尔的悲伤之门大街（Bab-Azoun Street）反而更像是两条街效仿的对象。在当时的法国城市中，街道路线规划原则采取严格的几何线条，而克罗特老爷大街和穆罕默德·阿里大街的线条则远非那么严格：前者为了避开科普特教区的一座建筑，在中间一度中断，而后者则为了保护开罗最古老、最受崇拜的一座清真寺而在一端采取了弯曲路径，并且由此产生

图 2-4　19 世纪 80 年代早期的穆罕默德·阿里大街，可看出风格各异的沿街拱廊
资料来源：私人收藏

了让人印象深刻的建筑效果。[46]

　　与同期其他城市改造的情况比较，赫迪夫王朝主政时期对开罗的规划似乎只能得到"重要性不高"的评价，因为改造的主要方向集中在交通方面，而没有围绕着对历史遗迹众多的市中心改造而重塑整个城市（这方面的例子还是巴黎）。从

这个角度说，虽然开罗城市化的灵感来源是 17 世纪中叶的法国，但其改造效果还是与奥斯曼男爵的业绩相去甚远。[47]

　　虽然整个过程中有很多法国专家参与，而且巴黎的若干建设项目也给了开罗带来借鉴的范例，但似乎伊斯梅尔帕夏向阿尔及利亚的殖民地城市改造学习到的法国规划思路，与他从奥斯曼男爵的巴黎学到的一样多。事实上，很多在埃及活跃的法国工程师原先就有在阿尔及利亚工作的经历。一个有趣的例子是巴泰勒米·加利斯 (Barthélemy Gallice，1790—1863 年)，他在法国军事学校执教时培训过多位埃及工程师，其中就包括穆巴拉克、侯塞因和阿里·法赫米，也许阿尔及利亚的殖民地城市规划风格就是通过这样的渠道影响埃及的。[48] 此外，也许伊斯梅尔帕夏 1867 年访问巴黎时，给他留下最主要、最生动印象的其实是当时的世界博览会，那种强调休闲娱乐的全新城市景观确实令人难忘。回过头来再看这个时期开罗的改造：伊斯梅尔帕夏重视带有节日和娱乐色彩的建筑物，并让它们在艾兹拜基耶集中亮相，修建速度也类似于博览会的场馆——这一切似乎都支持上面的假说，这也让我们发现了赫迪夫王朝主政时期开罗城市改造的更多参照模型。

## 英国殖民统治时代的 "奥斯曼男爵化" 与 "田园城市"

　　经过了上一节描述的宏大的 "城市化" 改造时期，开罗的城市建设政策在 1882 年后变得缓和得多。由于埃及政府遇到了不可解决的财政问题[49]，英国殖民者控制了政局，把执政的优先目标设定为持续缩减国家债务。为了实现这个目标，他们大力扩充国家的资源（尤其是农业资源），而大幅减少没有立竿见影效果的公共开支。[50] 从短期效果来看，城市的规划和建设（以及改善卫生条件和公共教育）花费太大，在财政上回报不高，因此要让位于水务、道路及铁道基础设施的开发。1883 年后，殖民当局从印度调来了最优秀的灌溉专家，但却让法国工程师皮埃尔 - 路易·格朗在 1897 年之前一直担任城镇建设局局长，这说明当时注重的主要方面是灌溉而非城建。更能说明问题的是 1899 年殖民当局拒绝拨款给开罗街道修补路面时的措辞。执政者决定：

　　　　开罗街道的维护只具有次要意义，至关重要的，则是把所有可用经费都投入立刻能提升国家耕地面积的各项服务改造中。[51]

　　不过，接替格朗职位的是英国工程师阿诺德·H·佩里 (Arnold H. Perry)，他推进的第一批工程就包括修补开罗街道路面，这说明殖民当局上下全员未必都会贯彻顶层统治者的决策。

### 城市的"改造"和"卫生化"

看上去，哪怕是在改造开罗的技术设施方面经费投入有限，也不意味着主管事务的英国官员放弃了所有做事的意愿。我们考察这一时期实施的项目时发现，他们重点关注的是改造开罗的旧城区，"以达到卫生与交通标准"，在佩里负责时期（1897—1910 年）尤其如此。[52] 英国当局的第一步措施，是按照 1881 年颁布的"市容整顿法"（Tanzîm Law），推进了对城市街道和道路的建筑红线制定。[53] 到 1890 年 10 月，这项工作执行完毕：针对开罗的每条街道和每块国有土地，一共确定了 1200 个详细的红线规划。[54] 到 1887 年，市容整顿法对外国居民生效，1889 年还进行了扩充。[55]

1902 年，整个城市街道网络按照红线重新整顿和拓宽的花费被预估出来，此外还包括开通新街道，在"老区"打通 350 条断头路的开支。要启动这个项目，还要获得政府特别拨款，征用拆迁 64 公顷已建城的区域土地。佩里说，没有特别拨款，在目前的资金条件下，"如果每年按现在的水平持续投入，需要 145 年才能完成对开罗的'奥斯曼男爵式改造'，让城市拥有与之相匹配的通衢大道。"[56] 佩里的请求再一次被驳回，在后续的几年中，佩里始终努力保证每年的征地拨款不断增加，这意味着让道路网络变宽、变直的工程能够按照可持续的步伐进行。

但是开罗的道路网络还是让关心这项事务的官员们很不满意。1911 年，佩里的继任者绘制了一个表格，列出了开罗各区中道路面积的占比。平均占比是 23%，在最拥挤的一些区划内，比如布拉克区（Bûlâq），道路占比甚至低至 11%，但哪怕是"城镇规划的**总体**原则也不允许道路占比低于 30%[ 黑体为引用者所加 ]"。[57] 根据官员们的计算，为了把城市的大多数下属区划从目前不满足卫生标准、不符合需要的状况中解救出来，为了达到 30% 的最低道路占比，需要征用 230 公顷土地。但这也意味着要花一大笔费用。一种解决方案是修订 1906 年的征地法，让改造计划通过地产开发而自负盈亏。[58] 但是直到 1931 年，才通过了允许公共部门征用额外地产并开发成房地产项目的法律。[59]

第二种提议是，设立新的建筑法规，至少避免狭窄道路上再增修新的建筑。[60] 当时并没有任何街道管理或建筑管理方面的法规制约私人产业的设计和开发。"市容整顿法"只适用于现有的公共街道上的建成区域或者公共小区。在非建成区域，业主和土地开发公司就可以随意设置自己的（通常是很低的）标准，而政府举措只限于国有土地的直接开发，对这些区域施加建筑限制具有法律基础，可以在所属单个地块的销售契约上写明。[61] 工作人员起草了一部新的建筑法，"符合当代空间分配和公共卫生方面的最佳实践"[62]，但是新法直到 1940 年才得以颁布（"Law n° 52/1940"）。根据英国当局的解释，之所以通过新法如此困难，主要是欧洲其他国家势力从中作梗，新法的实施会影响这些国家在埃及的公民，所以根据当时的治外法权，立法也必须取得这些国家的同意。[63]

尽管有上述限制，尽管其全部影响还待充分估量[64]，但是开罗真正的"奥斯曼男爵式改造"正是在英国占领期间，通过英国工程师们的推动才得以展现的。除了规划中的道路系统改造之外，1907 年开始还进行了雄心勃勃的公共卫生系统改造，这也是英国殖民统治上述趋势的另一个标志。[65] 在这方面，与奥斯曼男爵主持项目的相似性也非常引人注目：巴黎的公共卫生系统也是由奥斯曼男爵推动修建，今天被视为他最重要的遗产，并且是他在城市改造策略上的一个核心环节。[66]

英国城市规划师 W·H·麦克莱恩（W.H. McLean，1877—1967 年）在中东工作了 20 年，其中 1913—1926 年在埃及工作，他在即将离开这里时表达了如下总体看法[67]：

> [在英国统治下] 城镇规划工作最显著的特征在于，为了规划和实施建成区域的改造和再开发项目，往往需要一代人的时间，而非建成区域的规划实施则相对来说只需要更短时间；在英国，两方面耗费时间的情况正好与此相反。

之所以出现这种情况，是因为城市改造工程会遇到极大阻力，而这方面又缺乏立法支持。[68] 其实开罗并非孤例，但与其他殖民地国家相比，埃及的情况却有点特别。从法国统治下的阿尔及利亚，到英帝国统治的印度，殖民化往往成为城市规划实验的良机，而且也往往形成都市规划形式与观念的跨国传播。在埃及，英国人似乎不太寻求把本土发展起来的城市化观念和经验强加或推行给当地城市；在同时代的英国（以及其他国家），"田园城市"运动方兴未艾，而在世纪之交，开罗的市郊建设也参照了"田园城市"模型。其遭遇可以作为英国殖民者前述倾向又一个例证。

### "田园城市"的本土化

由于上面已经提到的原因，在英国统治时期，几乎所有的开罗郊区开发项目（从设计于 1906 年的"田园城市"郊区项目，到次年开工的著名卫星城赫利奥波利斯）都是由土地开发公司的发起进行的，未经英国殖民当局的任何操控。这些公司在 1904—1908 年间在埃及蓬勃发展，其中一些公司使用来自欧洲的资本。实际上，从 20 世纪初开始，埃及是一个热门投资地。英国殖民势力的存在被认为是国家政治稳定和自由经济制度的保证，所以欧洲资本持续大规模涌入。

31

输入资本的 10% 流向了土地和房地产开发，其中比利时投资者占据着主导地位[69]，特别是在赫利奥波利斯项目（其出资方是比利时人爱德华·昂潘 Edouard Empain）和库贝花园的住宅区（赫利奥波利斯公司的下属项目，启动于 1908 年）中。其他项目吸引了混合资本，例如马迪的郊区花园项目（埃及的三角洲土地投资公司开发，这家公司又是在埃及持有铁路特许经营权的公司合资的产物，其中一家由英国人出资，另一家是当地人出资）。还有一些其他项目是纯粹的本地资本投资，例如尼罗河左岸吉萨的小区，罗达岛（Rawda）上的小区（占地 500 公顷，由来自亚历山大市的希腊裔企业家泽乌达奇 Zervudachi 兄弟开发）[70]，以及郊区的花园城市项目 [ 由查尔斯·巴科斯（Charles Bacos）开发，他是来自亚历山大另一位富商和地主，叙利亚裔，投资的企业称为 "尼罗河土地和农业公司"，成立于 1904 年 ]。[71]

　　上述最后一个项目是一个有趣的事例，代表了埃及对 "田园城市" 模型的本地化诠释。这个项目坐落于河边，紧挨着伊斯梅尔帕夏开发的区域，占地 28 公顷，原本规划为单一的住宅用途。1906 年 5 月，一位本地土地测量师约瑟夫·兰巴（Joseph Lamba，同为叙利亚裔）制定了方案，着重突出了如画风光，路网整体都设计成弧线（图 2-5）。这个奇特的设计可能是为了吸引厌烦了棋盘状格局的富人阶层。但在这项设计中，路网的弧线算是唯一有创意的部分。整个区域按照经典模式划分成 272 个建筑地块，

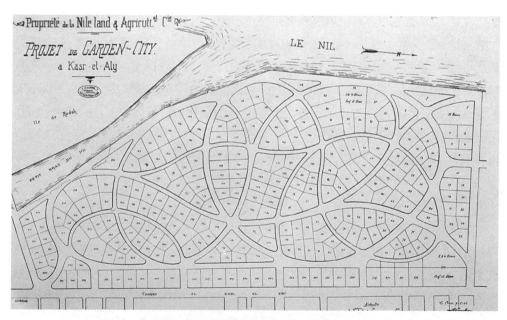

图 2-5　田园城市的最初分区规划（1906 年 5 月）

资料来源：本文作者收藏

为了满足利润的最大化，没有设计任何中心区域，也没有社区公共设施。

地块（平均面积为 800—900 平方米）作为未建设土地对外出售。但是巴科斯自留了 12 个地块，请一位法国建筑师瓦尔特 - 安德烈·德塔耶尔（Walter-André Destailleur，1867—1940 年，出身建筑世家，专门为上流社会设计城堡、度假地和私人宅邸）设计成若干栋公寓楼以及他自己的宅邸（当然是在最好的地段），务求大气堂皇。[72] 为了达到整个项目的统一性，巴科斯采取了通行做法，在每个地块的销售契约上写明限制要求。主要的限制条件包括：建成面积不得超过地块总面积的三分之二，房屋至少距道路退后 2 米，房屋高度不得超过 18 米，以及沿街一面的围栏必须要加装饰等。[73]

在开始阶段，巴科斯的项目相当成功：1906 年一年内就售出了超过半数地块。但是在 1907 年，埃及发生了经济危机[74]，剩下的地块多年滞销，公司在 1906 年后没法分红。巴科斯本人也遇到了财务困难（如果不是破产的话），因此德塔耶尔的高端设计显然没有实施。但项目中若干最早建成的建筑仍然有清晰可辨的法式风格，比如在第一次世界大战之前竣工的新奥斯曼男爵风格的公寓街区，以及在 10 年后建成的华美的装饰派艺术风格（Art Deco）的别墅和套房；其他一些建筑具有明显的意大利情调，首先就是 1908 年建成的让人印象深刻的意大利宫殿式建筑（图 2-6）。[75] 从规划标准、功能、社会目标和美学趣味等方面来说，这个高密度的

图 2-6　夏尔·贝耶雷（Charles Beyerlé）在田园城市的宫殿式建筑，由卡洛·普兰波里尼在 1908 年前后设计
资料来源：伦敦皇家建筑师协会图书馆"美国建筑师"图片藏品

投资开发项目都远非英国"田园城市"的翻版。

34 　　库贝花园（占地 44 公顷）的情况与此类似，开发方式非常相近，只是多留了些开放空间，可能是因为这个地段距开罗市中心远一些，所以地价相对便宜。这个项目的建筑限制是：建成面积不能超过总面积的三分之一至二分之一，从道路退后 6 米；其中一部分地块用于商业或工业建筑。[76]

　　至于赫利奥波利斯新城在 1909—1910 年修建的"田园城市"，这个名字可谓富含修辞意味：实际上是 2—3 层的带阳台的高密度出租公寓住宅，多栋平行排列（图 2-7、图 2-8）。[77] 从整体上说，赫利奥波利斯（1922 年时建成面积共 240 公顷）与霍华德和昂温提出的"田园城市"理想很不相符。当然，赫利奥波利斯是一个独立区域，绿色植物在其中作用很大，而且它的布局与英国的田园城市范例莱奇沃思小镇（Letchworth）也有一定相似度。[78] 但是在街区层面，建筑布局极其生硬，毫无景观意味，建筑密度也比英国的田园城市运动倡导的高出太多，沿着宽阔的林荫大道，修建的是地标式的公寓楼街区，附带沿街拱廊（其中有一些拱廊具有巴黎式的体块，又混合了摩尔式甚或是印度—撒拉逊风格的立面），这与英国田园城市田园小屋式的建筑风格迥然不同。虽然也有区别，但赫利奥波利斯的城镇景

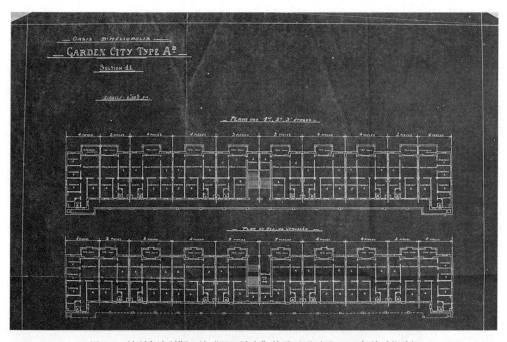

图 2-7　赫利奥波利斯一处"田园城市"的总平面（于 1921 年前后修建）

资料来源：开罗赫利奥波利斯绿洲公司档案

图 2-8　赫利奥波利斯的一处"田园城市"的外立面（建成于 1921 年前后）

资料来源：本文作者拍摄

观更像巴黎美院派的宏大设计风格（grand designs），而并未借鉴英国田园城市在处理私密空间和大自然之间关系时的常用手法。

　　在开罗，真正英国观念体现得最为鲜明的项目是市郊的马迪区（图 2-9），它可以说是具备了真正的"'田园城市'外观"。[79] 这个项目的基址（开罗南部一片俯瞰尼罗河的荒漠平原）是 1905 年接收的，第二年参照喀土穆新城的规划形式（1898年两个英国工程师制定）设计了布局。在马迪的基址上修建一个花园式郊区的创意最早来自一位本地金融家费利克斯·苏亚雷斯（Felix Suārès，1843—1906 年），他祖上是西班牙人，本人则以城市开发方面的高瞻远瞩闻名。[80] 为开发这个项目成立了公司，负责人以英国人为主，他们决定把基址分为 1000 平方米大小的地块，整体最高密度不超过"每英亩 4 座房子（相当于每公顷 10 座房子）"。另外项目还坚持单体建筑不得高于 15 米，并留出足够的间距。最后还要求每处物业的边界上用篱笆而不是石艺或铁制围栏隔开。在建筑施工的同时也展开了大规模绿化种植，这确保了小区不受沙漠侵蚀（由桉树和木麻黄组成了防风沙林带），建成后所有的街道都有行道树。树种经过精心选择，既考虑了树荫效果，也考虑到了花期长短和开花的颜色。

35

图 2-9　马迪区规划（1929 年 8 月）

资料来源：私人收藏

马迪区的规划立刻吸引了开罗英国殖民者群体的注意，他们是这个区域的第一批业主（往往会一下子买四个地块，以增大花园面积）。[81] 这不仅造就了项目的成功，也让这个区域成为英国在开罗一块长期“飞地”。因此，马迪区是殖民地时期最体现英式规划原则的一个项目——虽然该项目的土地所有形式是经典的地块私人所有制，而非田园城市倡导的社区共有。 36

总而言之，在殖民统治时期，开罗只实施了有限的公共城市化项目，主要集中于对现有城区的改造，而私有企业推动的城市外围扩建项目则很多。大体说来，与英帝国的其他属地相比，英国城市规划概念对这个时期的开罗只有较为微弱的影响。[82]

## 城市规划的年代

到了 1922 年后的“自由时代”，情况与上文所述相比几乎发生了彻头彻尾的逆转。埃及城市发展方面出现了以下总体趋势：国家干预与日俱增，日益强调对城市扩张的控制，越来越注重参照英式经验。1922 年的埃及独立创造出全新的政治环境，这正是上述转变的根本原因。当然，独立也完全不意味着英国不再干涉埃及事务；事实上直到 1956 年，英国军队才完全撤出埃及领土。但在国内事务方面，埃及当局的权限还是充分扩大了：不仅有了议会制度，而且 1922 年国家还收回了财政自主权。[83] 新政府能够完全掌控公共开支，因此得以把目标优先级放在前一阶段始终忽视和牺牲的方面，其中尤其显著的一个领域就是城市规划。

### 向城市总体规划进发

在开罗，这个变化首先体现在 1923 年，政府启动了一批雄心勃勃的改造项目：穿过旧城区，开通若干交通大动脉，其中包括爱资哈尔大街（al-Azhar）和盖什大街（al-Gaysh），二者都于 1929 年竣工；对一条主干道海湾大街（Khalîg Street）全面拓宽；若干古老清真寺的整顿，其中包括 1925—1926 年对图伦清真寺（Ibn Tûlûn）的整顿；此外还有一些大规模公共建筑建设（议会大厦、混合法院大楼、艾尔艾尼宫医院和医学院，以及开罗大学校园）。[84]

下一步，这种公共干预政策体现为对城市演化和扩张的控制意志。首先是在1929 年成立了一个负责规划的核心管理机构：市容整顿高级顾问委员会，有权在多个管理“城市事务”（或者用当时的说法，叫“市政事务”）的部门之间协调行动。 38
直到 1949 年，开罗都没有独立的城市政府，所以在这个阶段中，整个城市由多个互不隶属的部门直接管理，其中包括市容整顿局（行使大多数市政管理功能）、城市警察、公共卫生局、排水管理局和国家建筑局。[85] 新成立的部门应这个需求产生，它由上述部门的负责人和若干独立专家组成，每年会面 10 次，负责向所有城市改造和美化项目提供指导意见。[86]

接下来就是与大型房地产开发公司谈判，引导他们在缺乏立法的情况下，在未来的开发项目中采取措施，更好地服从"现代城镇规划的原则"。新成立的委员会要求赫利奥波利斯的开发公司"在开罗城市中的一个大型区域中实现现代规划、分区以及其他总体市政建设方面的理想观念"。虽然当时赫利奥波利斯仍被视为"埃及现代城镇开发进程中最突出、最重要的项目"，但委员会认为，它最初制定的那些建筑限制指标已经相当过时。批评意见尤其针对"公共花园和内部开放空间的不足、很多区域内建筑过度集中、住宅建筑街区在高度上的无限制和不统一及分区混乱"等问题。[87] 经过几年的谈判，双方终于在 1931 年达成一致。赫利奥波利斯开发公司对未来项目制定的新指标相当复杂，其中规定：地块中 48% 的面积要用于道路、公园和儿童游戏场地。[88]

最终达成了重要的一步：在对城市进行"综合调研"之后，上述规划新思路形成了开罗城市改造和扩建的总体规划（图 2-10）。马哈茂德·萨布里·马赫布卜（Mahmûd Sabrî Mahbûb，一位曾在英国受训的工程师，1924 年起成为皇家城市

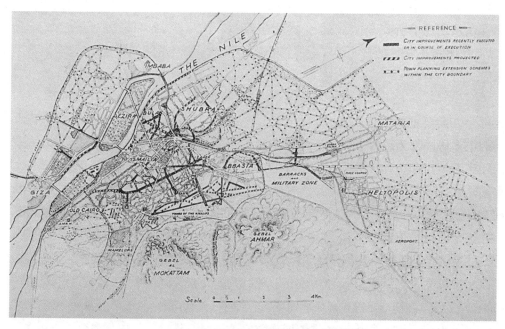

图 2-10　马赫布卜制定的城市规划

资料来源：大英图书馆，PP. 1092.K

规划协会会员）主持了规划制定工作，其中既对现有的街道布局提出了修改意见，也提出了在城市北部、西部的农耕区域实施扩建的方案。[89] 对于北部扩展区域，方案主要制定了主干道路的布局。对于尼罗河西岸制定的方案则更为详细，因为相应的土地所有权单一，很容易收归国有。方案提议在此建设一片新的住宅区（680 公顷），围绕一个巨大的中心公园修建，外层再由一圈公园带环绕。[90] 1930 年，这项规划提交给市容整顿高级顾问委员会，然后又提交给部长会议，最终在 1932 年 9 月得到批准通过，成为埃及城市规划史上特殊的一章。[91]

### 对城市与工人阶级住房的改造

同时，国家在立法层面采取了措施。上文已经提到，1931 年修订了 1906 年的土地征用法——虽然各国的治外法权对法律的实施仍制造了障碍，直到 1937 年才废除了这些治外法权。这部法律既允许将新开辟的街道、道路旁边的大型地块收归国有（并在建筑限制条件下实行转售），也允许国家征收整片区域用于重新规划。[92] 如此一来，就为政府当局的公共干预开辟了一个全新的工作领域：贫民区的重新规划和改建。第一个尝试性方案在布拉克区（Bûlâq）实施，面积为 200 公顷。按照马赫布卜的原话，考虑到这个地块紧邻尼罗河、靠近市中心的绝佳位置，规划方案是要把贫民区改造成"现代商业区和优质住宅区域"。为达到这个目标，方案提出拆迁该处几乎所有建筑物（除了清真寺和教堂），形成全新的道路格局（街道、广场、花园和开放空间占比达到 40%），并且严格按照"健全的建筑与公共卫生规范"来完成整个重建工程。

该处当时有 14 万居民，其中很大一部分是低收入群体；受到改造工程的影响，大部分人需要重新安置，这也在方案中提上了日程。一项初步调查表明，布拉克区的很多居民都为政府单位工作（国家铁路、国家印刷局、兵工厂等），这些机构搬迁到开罗市郊，要么已有方案，要么已经开始实施。单位新址附近的地价便宜得多，工人住房可以随之安置。对于剩下的住户，改造方案的第一步就是在尼罗河对岸修建拆迁住宅区，可供 5000 个工人家庭居住。

整个改造方案的财务收支经过了精心考虑。根据初步估计，虽然项目需要大笔公共投资，但征得的土地可修建多层商业、住宅建筑街区，因此能创造很高价值，足以实现总体收支平衡。[93]

### 推迟的实施

像在其他地方一样，埃及城市规划的最初发展是中央集权政府 [ 比如穆罕默

40

德·马哈茂德(Muhammad Mahmûd)在 1928-1929 年领导的政府 ]，甚至专制政府 [ 伊斯梅尔·西德基 (Ismâîl Sidqî) 在 1930-1933 年组建的内阁 ] 下实现的。这几届政府推行的整体政策是"革新与改良"(siyasat al-tagdîd wa al-îslâh)，主张只有这样才能收回国家的完整主权[94]；但是，还有一些对立的民族主义派别更受群众欢迎（尤其是在农村），他们认为国内改革只有次要意义，首先要解决的是英 - 埃关系问题。政府成了少数派（相应政党的选民基础相当薄弱），我们可以推测，面对在农村地区具有压倒优势的民族主义政治浪潮，少数派政府在改革纲领中加入城市改造的内容，也是为了赢得城市选民青睐。[95]

虽然提出的方案不少，但真正实现的却很有限。主要得到推进的方案是制度和法规层面的改革。事实上，西德基内阁之后的几届过渡性政府都是短期执政，无力推动大规模举措。1924—1928 年民族主义者掌握了权力，1936 年又卷土重来，他们的优先政策是"改变埃及的农村面貌"。[96] 对于一个农业人口占到总人口 75% 的国家来说，这种定位是很符合逻辑的，从政党政治的角度来讲，这也无疑是在对投票选出民族主义政府的农民给予恰当回报。在第二次世界大战的整个过程中，建筑业基本上陷入了瘫痪，直到战后，马赫布卜提出的两项主要方案才有可能实施：尼罗河西岸的城市扩建和"工人住房计划"的建造工程。

在最早做规划的时候，尼罗河西岸新区项目业主是公共事业部。但 1944 年慈善捐献部 (ministry of Waqfs) 作为土地的所有者，提出它有意接手新区建设。该部的总工程师是建筑师马哈茂德·利亚德(Mahmûd Ryâd，1905—？ 年）承担了为新区制定方案的任务。这样一来，战后开罗的一项主要城市规划实施最终落到了一位也曾在英国受训的埃及工程师手中。[97] 利亚德保留了马赫布卜方案中的大型中心开放空间，但是在其他方面采取了自己的设计，其中半环状的街道路线、大型绿化道路、U 形的住宅院落围绕中心绿地等特征都反映了同时代英国城市规划的影响（图 2-11）。1948 年新区的地块开始销售，广告将之宣传为"国际样板城，兼具维也纳之美与巴黎之雅"，但在 1955 年前完全没有买主。[98] 现在这个新区称为"工程师区"(Muhandisîn)，已经是开罗的一个时尚区域。

至于工人住房项目，也在 1947—1950 年间，在原先规划的基址上建设完成（140 公顷面积上修建了 1100 个住宅单元，图 2-12）。设计师是阿里 - 马利吉·马萨乌德 (1898—？ 年），也是一位曾在英国受训的工程师，当时是公共卫生部城市与地方项目处的首席规划师。[99] 这个项目中的住宅类型、布局和多种立面材料的选型都体现出英国风格的影响，不过也没有参照同时代英国住房设计采取的大多数应用形式。显然是为了适合本地需要，这个项目采取了当时评价不高的背靠背双层联排

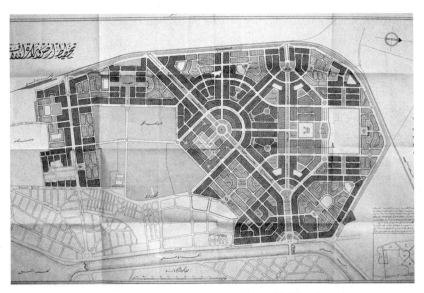

图 2-11　利亚德为尼罗河西岸新区制定的规划

资料来源：本文作者收藏

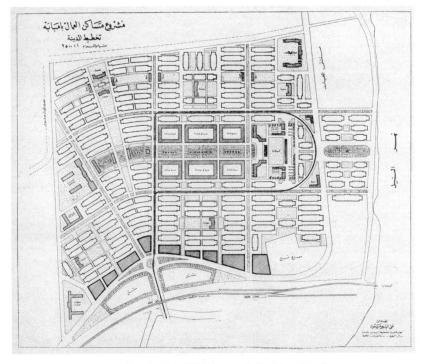

图 2-12a　马萨乌德设计的工人住房项目，总平面

资料来源：Magalla al-imâra 杂志，5/6，1947，本文作者收藏

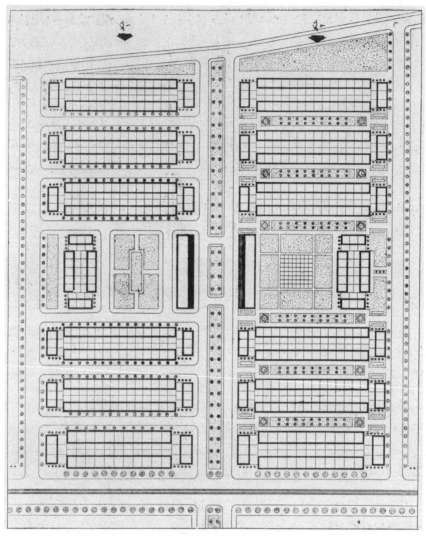

图 2-12b，马萨乌德设计的工人住房项目，联排布局

资料来源：Magalla al-imâra 杂志，5/6，1947，本文作者收藏

42  住宅形式，密度也比当时主流提倡的要高（每公顷 140 个居民，超过《达德利报告》中倡导在英格兰实施的每公顷最多 100 人的标准）。[100]

不考虑实施推迟的情况，上面两个案例表明，恰恰是埃及从英国殖民统治中独立之后，英国城市规划对埃及的影响最为显著，而推行英式风格的也正是一批埃及城市规划师。有趣的是，在 20 世纪 50 年代，埃及规划师已经开始将自己的本领输出到这个地区的其他国家，从阿尔及利亚一直到阿拉伯海湾。[101]

## 结论

总而言之,实际情况远比人们可能预想的要复杂。这里存在双重反讽:欧洲(尤其是法国和英国)城市规划模型引入埃及(包括在殖民时期)主要是本地行动者完成的,其中有统治者,有地产开发商,也有规划专业人士。而在实现"欧洲化"需克服的一项主要障碍,居然是欧洲人的惰性(如果不说是抗拒的话),因为城市化改造必然会影响到欧洲人根据治外法权制度在埃及享受到的特权地位。从上述论述和分析中,我们可以得出多个结论。研究者可以质疑殖民化、西方化和城市化之间假想的同步性,质疑文化霸权与政治统治之间假想的一致性。在另一个层面,上述介绍也有助于我们理解关于"规划方案在长时期中的时效性"的持续争论。

使用沃德最近提出的对规划观念国际传播类型学的分类术语,我们可以说开罗属于"选择性借用"类型(虽然研究者认为这一类型的传播主要发生在西方国家之间)。[102] 上面列举的几个例子表明,在开罗的案例中,教育和职业方面的联系是规划观念传播的主导渠道。所以,如此产生的规划成果也与参照的原型有很大差异:游戏的操控者是本地人士,引入观念的一方(对他们而言,提升埃及首都的国际形象是一个重要工作动力)对规划观念进行了各种各样的杂交和混搭,并且对不同的概念模型实施了复杂的修补改造,有些借鉴的对象是处于国际大都市的原产地形态,有些则借鉴了其殖民地(海外)变体。看上去,开罗的"建造者"(市政官员们)从各种规划模型的宝库中,选取了最适合他们当时雄心与需求的那些模型(或者也可以说得俗气一点儿,是他们最容易接受的那些模型)——哪怕有时候组合产生的结果对于模型原产地来说是一种"时空错乱",但放在埃及的语境下,还是显得让人满意。这就是选择性观念挪用和本土化的具体机制,我们今后对此应能更好地加以理解。

**注释**

1. 参见 Afaf Lutfi al-Sayyid Marsot (1984) *Egypt in the Reign of Muhammad Alî*, Cambridge: Cambridge University Press; Fred Lawson (1992) *The Social Origins of Egyptian Expansionism during the Muhammad Alî Period*, New York: Columbia University Press; 对此问题的新评价,参见 Khaled Fahmy (1998) 'The era of Muhammad Alî Pasha', in M.W. Daly (ed.) *Modern Egypt*, Cambridge: Cambridge University Press, Vol. 2, pp. 139 - 179.

2. 参见 Joan Wucher King（1984）*Historical Dictionary of Egypt*，London: The Scarecrow Press, pp. 604 - 605.

3. 对于伊斯坦布尔早期市政管理机构和建筑法规的研究（以及文献索引），详见 Stéphane Yerasimos（1989）'Réglementation urbaine et municipale（1839 - 1869）'，in Alain Borie et al., *L'occidentalisation d'Istanbul au XIXe siècle*，Paris: École d'Architecture de ParisLa Défense, pp. 1 - 97.

4. 在 1821—1848 年之间，居民人口从 12000 增长至 104000；参见 Michael Reimer（1997）*Colonial Bridgehead, Government and Society in Alexandria（1807 - 1882）*，Cairo: The American University in Cairo Press, pp. 89 - 90.

5. 关于这一机构的意大利－法国起源，参见 G. Romanelli（1980）'La Commissione d'Ornato: da Napoleone al Lombardo-Veneto'，in P. Morachiello and Georges Teyssot（eds）*Le Macchine Imperfette*，Rome: Officina, pp. 129 - 145. 关于其实际组织和运作方式，参见 Reimer 前引，pp. 73 - 76.

6. 治外法权原本是奥斯曼土耳其苏丹对若干欧洲强权让步妥协的结果，始于 16 世纪。得益于此，这些国家的公民可以在埃及享有特权，基本上不受任何当地法律制约，也不需要交税。因此，任何影响他们特权的新措施都需要相应国家领事馆的同意——这也就是为什么市容美化委员会中要有领事代表。

7. 举例来说，1847 年有一位法国专家提议按照法国制度成立议会，确保政府职能的充分实施并对之加以有效控制，他的提议以"不适合埃及当时情况"为由被搁置了。参见 Raouf Abbas Hamed（1995）'The *Siyasatname* and the institutionalization of central administration under Muhammad Alî'，in Nelly Hanna（ed.）*The State and its Servants, Administration in Egypt from Ottoman Times to the Present*，Cairo: The American University in Cairo Press, pp. 75 - 87.

8. 1843 年 12 月 30 日的敕令，转引自 Helmy Ahmed Chalabi（1987）*Al-hukm al-mahallî wa al-magâlis al-baladiyya fî misr* [Local Government and Municipal Councils in Egypt]，Cairo: Alam al-kitab, p. 35.

9. Reimer 前引，pp. 123 - 135.

10. Plan du Caire avec ses environs immédiats avec les ouvrages construits ou projetés par les ingénieurs géographes français en 1799（Service historique de l'Armée de Terre, Vincennes, 6. C. 19）. 感谢 P. Tsakopoulos 提示我注意到这个文献。

11. 关于这个温泉参见 Elke Pflugradt（1996）'La cité thermale d'Helwan en Egypte et son fondateur, Wilhelm Reil-bey'，in Catherine Bruant, Sylviane Leprun and

Mercedes Volait（eds）*Figures de l'orientalisme en architecture*，Special Issue of *Revue du Monde musulman et de la Méditerranée*，73/74，pp. 259 - 280.

12. 我在博士论文中表明了这一点，参见 Mercedes Volait（1993）*Architectes et architectures de l'Egypte moderne（1820 - 1950），Emergence et constitution d'une expertise technique locale*，Doctoral dissertation，Université de Provence，chapter 5 passim. 应该记住的一点是，英国统治埃及，却没有把它当成输出英国侨民到那里定居的殖民地。

13. 主要是法律工具的缺失使然，详见下文。

14. 见规划制定者本人的文章 Mahmoud Sabry Mahboub（1934/1935）'Cairo, some notes on its history, characteristics and town plan'，*Journal of the Town Planning Institute* XXI，pp. 288 - 302.

15. 现代开罗的规划史是一个饱受忽视的研究领域，目前研究还特别依赖二手文献，因为第一手资料很难获取。一个显著的例外是伊斯梅尔帕夏统治时期的文献；H. Rivlin 为开罗国家档案（以下简称 CNA）的外文收藏部分编制了索引（其中包括“伊斯梅尔文献”，这是来自伊斯梅尔帕夏内阁的一部分文稿，主要是法语）；参见 Helen Rivlin（1970）*The Dâr al-Wathâ'iq in 'Abdîn Palace at Cairo as a Source for the Study of the Modernization of Egypt in the 19th Century*，Leyden: Brill，pp. 74 - 98），另外埃及学者们对该时期未加整理的文献资源的深刻了解也对研究很有帮助。特别感谢 Khaled Fahmy 和 Mohamed Aboul Amayem 让我注意到本文引用的若干未出版的资料。关于现代开罗的建筑，参见 Cynthia Myntti（1999）*Paris Along the Nile: Architecture in Cairo from the Belle Epoque*，Cairo: The American University in Cairo Press; and Ghislaine Alleaume and Mercedes Volait（2002）'The age of transition: the nineteenth and twentieth centuries'，in A. Raymond（ed.）*The Glory of Cairo: An Illustrated History*，Cairo: The American University in Cairo Press，pp. 361 - 464.

16. Mirrit Boutros Ghali（1983）*Mémoires de Nubar Pacha*，Beirut: Librairie du Liban，p. 211.

17. 这是 Gabriel Charmes 的说法，见 *Revue des Deux Mondes*，1879，p. 776.

18. Gustave Delchevalerie（1897）*Le parc public de L'Ezbékieh au Caire*，Gand: Annoot-Braeckman，p. 5.

19. Pierre Larousse（1874）*Dictionnaire universel du XIX° siècle*，Paris: Administration du grand dictionnaire universel，Vol. IX，p. 391.

20. 德莱维 1892 年 3 月 19 日手写记录（巴黎，私人收藏）。

46

21. 数据来源：Alî Pacha Mubârak（1969）in *Al-khitat al-tawfîqiyya al-gadîda li-misr al-qâhira* [New Guide to the Districts Ruled by Tawfiq], Cairo: Al-hayya al-misriyya al-âmma lil-kitâb, 2nd edn（1st edn 1888－1889），Vol. I, p. 207. 这位工程师的职级很高，所以信息应该比较灵通，但也正因为其职级高，可能存在一定偏见。

22. 根据当时对这一区域工程进展的评估：12 March 1868 in CNA, *'Asr Ismâ'îl* series, file no 82/4.

23. Volait，前引，pp. 154－156，关于这个区域1873年工程的详细描述，见Léon Hugonnet（1882）*En Egypte*. Paris: Calmann Lévy, pp. 280－320.

24. Gabriel Charmes（1880）*Cinq mois au Caire et dans la Basse-Egypte*, Cairo: Jules Barbier, p. 58.

25. Pierre Giffard（1883）*Les Français en Egypte*, Paris: Victor Havard, pp. 67 and 69; CNA, *'Asr Ismâ'îl* series, file nos 81/1 and 79/3.

26. 1869年，项目的规划和实施交给了德洛尔·德·格雷翁；关于这几个人物，参见 Marie-Laure Crosnier Leconte and Mercedes Volait（1998a）*L'Egypte d'un architecte: Ambroise Baudry（1838－1906）*, Paris: Somogy, pp. 59－61.

27. 关于这几个新区建设的记录文献，参见CAN的另一组文献，题名*Muhâfaza Misr, Mahâfîz* sub-series（boxes 1871 to 1876）.

28. 关于格朗的职业生涯，见*Résumé des travaux de la Société des Ingénieurs civils de France*, 1918, p. 38 and CNA, *Muhâfaza Misr* series, *Mahâfîz* sub-series, box 1873; 关于H.Fahmî和'A. Fàhmî，两人都曾在法国接受训练，参见Volait前引, pp. 90－94.

29. 参见Richard Dennis（2000）'"Zoning" before zoning: the regulation of apartment housing in early twentieth century Winnipeg and Toronto', *Planning Perspectives*, 15, no. 3, pp. 267－299.

30. 这是地块申请者需要签署的官方文件上列出的条件。最早的记录可追溯到1869年（CNA, *Asr Ismâ'îl* series, file no. 79/3）；这个制度似乎直到1876年才废止，当时决定出售所有无人申请的地块（Cairo's Governor order, dated 3 January 1876, in CNA, *Muhâfaza Misr* series, *Mahâfîz* subseries, box 1870）.

31. 伊斯梅利亚强制使用的围栏——"下面的部分砖砌，上面装木制或铁制格栏"（见 CNA, *Muhâfaza Misr* series, *Mahâfîz* subseries, box 1873）——是当时巴黎西部新建的几条大街上使用的样式。

32. 市容美化委员会的法规主要涉及建成区域的建筑红线，其中有若干条款对建筑的前立面的外挑部分作了规定，参见 Volait 前引，pp. 120 and 206 - 207.

33. 实例可见 CNA，*'Asr Ismâ'îl* series，file no. 79/3 and *Muhâfaza Misr* series，*Mahâfiz* subseries，boxes 1871 - 6.

34. 根据以下档案中保存的申请书：CNA，*Muhâfaza Misr* series，*Mahâfiz* subseries，boxes 1871 - 1876. 由于只有档案中只保留了部分申请书，整体评估还无法做出。同样难以判断的还有土地所有权实际的归属情况（授予业主产权，需要根据强制条款的符合情况，由开罗长官与赫迪夫双重许可，再由伊斯兰法庭发放地契），不过档案中确实包括这类许可的样本。

35. 档案中一封日期为 1871 年 11 月 19 日的信件谈到，伊斯梅利亚的一个地块"位于陛下赐予欧洲人的区域"（CNA，*Muhâfaza Misr* series，*Mahâfiz* subseries，box 1872B）.

36. 关于族裔认定问题，参见 Fréderic Abecassis and Anne Le GallKazazian（1992）'L' identité au miroir du droit: le statut des personnes en Egypte（fin XIXe-milieu XXe siècle）'，*Egypte-Monde Arabe*，11，pp. 11 - 38.

37. 根据申请书中提供的数据（CNA，*Muhâfaza Misr* series，*Mahâfiz* subseries，boxes 1871 - 1876）.

38. Gustave Delchevalerie（1899）*Les Promenades et les Jardins du Caire*，Chaumes，p. 45.

39. CNA，*'Asr Ismâ'îl* series，file no. 62/1.

40. Marie-Laure Crosnier Leconte and Mercedes Volait（1998b）'Les architectes français ou la tentation de l'Egypte'，in Jean-Marcel Humbert（ed.）*France-Egypte, dialogues de deux civilisations*，Paris: AFAA/Gallimard/Paris-Musées，pp. 102 - 115.

41. CNA，*'Asr Ismâ'îl* series，file no. 39/22.

42. Amîn Samî（1936）*Taqwîm al-Nîl* [The Nile Almanach]，Cairo: Matba' Dâr al-Kutub al-Misriyya bil-Qâhira，Vol. III，p. 813.

43. Hector Horeau（c.1870）*L'avenir du Caire au point de vue de l'édilité et de la civilisation*，Paris，pp. 10 - 12.

44. CNA，*'Asr Ismâ'îl* series，file no. 7/2. 关于这个轶事以及此后若干年内欧洲人主张的遗产保护对埃及造成的压力，参见 Crosnier Leconte 和 Volait（1998a）前引，pp. 100 - 102.

45. 参见 Mubârak 前引，Vol. I，p. 210; Vol. III，pp. 253 - 254 and 353; Vol. IX，p. 142; 根据文字描述，有学者用图纸还原了这项提案，参见 Janet Abu-Lughod（1971）*Cairo*，Princeton，NJ: Princeton University Press，p. 110.

46. Michael Darin and Mercedes Volait（1993）*La percée exportée: le cas du Caire*，Paris: LAREE/Plan Urbain.

47. 对"奥斯曼男爵式规划模型"的批评意见，参见 Michael Darin（1995）'L'art de la percée: les boulevards d'Haussmann', in André Lortie（ed.）*Paris s'exporte, Modèles d'architecture ou Architectures modèles*，Paris: Picard, pp. 197–204.

48. 参见 Volait，前引，pp. 52 - 53 and 209.

49. 伊斯梅尔帕夏的现代化雄心让他向英国和法国银行家大笔贷款；到 1875 年时，他已经无法支付利息。1876 年，法国和英国出面控制了埃及财政；1879 年伊斯梅尔帕夏不得不退位，由其子陶菲克继位。民众对英法干预国家经济与行政的不满，引发了政治风波，导致 1882 年英国出兵占领埃及。

50. Robert Tignor（1966）*Modernization and British Colonial Rule in Egypt, 1882 - 1914*，Princeton, NJ: Princeton University Press, p. 214.

51.《埃及证券》（*La Bourse Égyptienne*）1899 年 11 月 11 日对公共事业部次长 William E. Garstin 的访谈。

52. Ministry of Public Works（1912）*Report on the Department of Towns and State Buildings for 1910*，Cairo: National Printing Department, p. 16.

53. 1881 年 3 月 12 日作为"关于城市整顿事务的法律"（*Règlement sur le service du Tanzîm*）颁布。这项法律意在将此前所有涉及城市建设的法规整合起来，并且重组原有的市容美化委员会，形成"市容整顿局"，参见 Soubhi bey Ghali（1897）*Tanzim ou voirie urbaine en Egypte*. Paris: Delagrave, p. 11.

54. 参见埃及政府的各期公告: Gouvernement Egyptien（1886 - 1890）*Bulletin des Lois et décrets*. Cairo: Imprimerie Nationale. 现存最早的一批街道整治方案，年代都是 1882 年（Cairo Governorate Archive Department: unclassified maps），但它们还引述了更早的方案，参见 Ministère des Travaux Publics（1882）*Compte rendu de l'exercice 1881 - 1882*. Cairo: Imprimerie Nationale, pp. 71 - 72.

55. Soubhi bey Ghali, op. cit., pp. 10 - 11; Mahboub, op. cit., p. 289. 1889 年的颁布的法律部分沿袭了法国和比利时的立法（Ministry of Public Works（1912），op. cit., p. 17）. 值得一提的是，埃及借鉴的是法国很久以前的立法（尤其是 1796 年巴黎出台的一个条例，以及 1807 年 9 月 16 日颁布的整治法案），而非近期的法规。

56. Public Works Ministry（1903）*Report on the Administration of the Public Works Department in Egypt for 1902*. Cairo: National Printing Department, pp. 296 - 298 and 311 - 314.

48

57. Ministry of Public Works（1913）*Report of the Ministry of Public Works for the Year 1911*, Cairo: Government Press, pp. 355 and 454.

58. 同上，pp. 30 and 355.

59. Mahboub，前引，p. 292.

60. Ministry of Public Works（1913）前引，pp. 355 - 356.

61. 参见 Mahboub，前引，pp. 288 - 302.

62. Ministry of Public Works（1912）前引，p. 15.

63. 如果我们相信一位富有批评精神的观察者的话，那么上述理由无非是托词，因为所谓治外法权是"一件大斗篷，遮住了官方的所有弊端"；参见 John M. Robertson（ed.）（1908）*Letters From an Egyptian to an English Politician on the Affairs of Egypt*, London: Routledge, p. 106.

64. 公共事业部的年度报告中有"旧城区"道路拓宽工程的描述，例如参见 Ministry of Public Works（1914）*Report of the Ministry of Public Works for the Year 1912*, Cairo: Government Press, p. 12. 但是，在英国殖民统治时期具体多少条、哪些条道路实施了改造，并没有确切统计。

65. 改造方案迎来了强烈批评，埃及人认为它太局限，英国人认为它太大胆，参见 Volait，前引，pp. 402 - 422.

66. 参见 Pierre Pinon（1991）'Les réseaux techniques: de l'eau salubre, limpide et fraîche … et des égouts', in Jean Des Cars and Pierre Pinon（eds）*ParisHaussmann*, Paris: Picard/Pavillon de l'Arsenal, pp. 150 - 161.

67. 关于这位规划师的传记资料，参见 Robert Home（1990）'British colonial town planning in the Middle East: the work of W. H. McLean', *Planning History*, XII, no. 1, pp. 4 - 9.

68. William H. McLean（1930）*Regional and Town Planning in Principle and Practice*, London: Lockwood & Son, pp. 71 and 122.

69. 参见 Charles Issawi（1947）*Egypt: An Economic and Social Analysis*, London: Oxford University Press; Henri de Saint-Omer（1907）*Les entreprises belges en Egypte*, Brussels: G. Piquart.

70. 这家公司当时业务昌盛，从事各种银行与投资业务，房地产开发只是其中一项，参见 Wright, Arnold（ed.）（1909）*Twentieth Century Impressions of Egypt*, London: Lloyd's Greater Britain Publishing Cy, p. 440.

71. 关于该公司的早期历史，参见 P. Taylor（1911）*African World Egyptian Companies*

49

*Manual*, London, p. 59.

72. 巴科斯给德塔耶尔的指示，让我们得以了解他心目中的上层社会房屋是什么样。比如，在一个地块上，他要求修建一栋每层不少于 300 平方米的住宅，包括六个卧室，两个客厅，一个餐厅，层高不低于 4 米。他本人府邸的设计体现了奢华的法国－文艺复兴府邸风格（Archives Nationales [hereafter AN], Paris, CP, 536 AP/70, no. 105 and nos 82－94）. On the Destailleurs, see Pauline Prevost-Marcilhacy（1995）*Les Rothschild, bâtisseurs et mécènes*, Paris: Flammarion, p. 564.

73. Contrat-type pour l'acquisition de terrains à Garden-City, in AN, Paris, CP, 536 AP/70, no.16. 在田园城市的大部分街道上，最初的金属围栏至今尚存。

74. 近十年密集投资之后的"市场调整"，同时也是全球经济危机引发的，参见 Issawi, 前引, p. 31.

75. A Palace in Cairo, *The American Architect*, 9 February 1910, no. 1781, pp. 69－71, and plates. 该项目由一个德国银行家委托开发，竣工几年后被一位富有的埃及地主 Sarag al-Din Chahin Pacha 购得。

76. Mahboub, 前引, p. 298.

77. Robert Ilbert（1981）*Héliopolis, genèse d'une ville（1905－1922）*, Marseille: CNRS, p. 82.

78. 同上, p. 77.

79. Mahboub, 前引, p. 298.

80. Samir Raafat（1994）*Maadi 1904－1962, Society and History in a Cairo Suburb*, Cairo: The Palm Press, pp. 11－18 ; Pflugradt, op. cit., pp. 268－269.

81. Raafat, 前引, pp. 23－24.

82. 其他英国殖民地的例证可见 Robert Home（1997）*Of Planting and Planning: The Making of British Colonial Cities*, London: E & FN Spon.

83. 参见 Arthur Goldschmidt（1990）*Modern Egypt, The Formation of a Nation-State*, Cairo: The American University in Cairo Press, ch. 6 passim.

84. 关于这些项目参见 Volait, op. cit., pp. 455－469.

85. Sirry Hussein（1933）'City and town development: Egypt's municipal systems', *The Manchester Guradian Commercial*, 25 March, p. 12. 关于开罗市政事务管理的特殊情况，也可参见 Abu-Lughod, 前引, pp. 147－150.

86. 参见 1929 年 7 月 23 日设立市容整顿高级顾问委员会的部委公告：*Journal officiel du Gouvernement égyptien*, no. 67, pp. 3－4.

87. 转引自 Mahboub，前引，p. 296.

88. Règlement pour la création et le développement de nouveaux quartiers dans le périmètre du domaine d'Héliopolis, dated 1 March 1931, in *Journal officiel du Gouvernement égyptien*, no. 45, pp. 4 - 9.

89. 对这个方案的详细分析，参见 Mercedes Volait（2001）'Town planning schemes for Cairo conceived by Egyptian planners in the "Liberal Experiment" period', in Hans Chr. Nielsen and Jakob Skovgaard-Petersen（eds）*Middle Eastern Cities 1900 - 1950: Public Spaces and Public Spheres in Transformation*, Aarhus: Aarhus University Press, pp. 44 - 71.

90. Mahboub，前引，p. 298 and plate VI.

91. Ministry of Public Works（1939）*Annual Report of the Ministry of Public Works for 1930/31*, Cairo: National Printing Press, p. 120; *al-Musawwar*, no. 413 of 9 September 1932.

92. Law no. 94 of 15 June 1931, *Journal officiel du Gouvernement égyptien*, no. 65 （no. extraordinaire）.

93. Mahboub，前引，pp. 300 - 302 and plate VII.

94. Muhammad Mahmûd（1929）*La dictature libératrice*, Alexandria: Alexandria Printing Press, p. 197.

95. 参见 Afarf Lutfi al-Sayyid Marsot（1977）*Egypt's Liberal Experiment: 1922–1936*, Berkeley, CA: University of California Press, pp. 118 - 119.

96. 关于埃及社会住房项目产生的公众关注，参见 Mercedes Volait（1995）'Réforme sociale et habitat populaire: acteurs et formes（1848 - 1946）', in Alain Roussillon （ed.）*Entre réforme sociale et mouvement national: identité et modernisation en Egypte（1882 - 1962）*, Cairo: CEDEJ, pp. 379 - 409.

97. 利亚德曾在利物浦大学参加著名的城市设计课程，当时帕特里克·阿伯克龙比正在那里执教，参见 Volait（1993），前引，pp. 487 - 490.

98. 同上，pp. 595 - 597.

99. 1924 年，马萨乌德被派往英格兰参加"海外教学计划"，学习城市规划。在伦敦卫生部的城市规划处工作一年之后，他在伊拉克的类似机构工作了三年，然后成为皇家城市规划协会会员。同上书，p. 530.

100. 同上书，pp. 588 - 591，另见 The Earl of Dudley（1944）*The Design of Dwellings*, London: HMSO, p. 23.

50

101. Tawfîq Abd al-Gawwâd（1989）*Misr al-'imâra fil-qarn al-'ishrîn* [Eǵyptian Architecture in the Twentieth Century], Cairo: The Anglo-Egyptian Bookshop, pp. 160 and 165 - 167.

102. Stephen Ward（2000）'Re-examining the international diffusion of planning', in Robert Freestone（ed.）*Urban Planning in a Changing World: The Twentieth Century Experience*, London: Spon, pp. 40 - 60.

# 第3章
# 规划观念在日本和其殖民地的转化

*卡罗拉·海恩，布林茅尔学院*

在规划观念的国际传播中，日本扮演了多面角色。从 19 世纪中叶开始，日本就开始（尤其是从欧洲和美国）引进建筑与城市设计的概念和技术，并且将其按照自身需求加以挪用。在同一时期，日本还把一些规划方法论输出到它殖民的亚洲邻国，在这种输出中，西方原产内容和日本自身的实践经验结合到了一起。这个交换和转化的过程发生在日本及其国际地位快速变化的时期，而国家的发展既影响了日本对外国规划模型的实施与转化程度，也影响了其输出规划观念的可能方式。

从 1868 年明治维新开始，日本的政治与经济体制发生了巨变，原本是一个孤立的、采取封建制的、社会阶层关系非常严格的岛国，转化成了一个军国主义殖民强权，最后又变成了一个民主的工业化国家。在西方发展多年的现代城市规划，原本是为了应对当地的工业化和城市化发展，现在伴随着日本的总体现代化转变进程来到这个国家。人们把规划视为确保经济发展最重要元素的一种手段：建设基础设施和工业化基地，创建政治与商业中心。日本的规划专业领域由一小群主要在政府部门工作的专家缓慢地发展起来。这些"新"技能的专家专注于两项任务：让特定的城市和区域加入整个国家的现代化进程，开创一种日本式的规划体系。

在日本近 150 年的变迁中，规划专业的角色与兴趣也发生了转变。在明治早期，人们热衷于引入西方模型。后来，军事强权让日本规划师能够把自己刚刚掌握的知识运用于新攫取的殖民地，他们基于所学知识在海外实现规划观念，有时甚至早于这些规划观念在日本本土的确立。回到日本后，很多规划师又尝试把在殖民地获得的经验重新引入本土；往往这个过程没法快速实现，但也种下了未来创新的种子。

20 世纪初，日本确立了自身的国际地位；而在规划领域也结合本国传统和外国观念，发展出自己的规划系统；规划师们在采取西方规划模型时开始越来越具有选择性，因为观念上的创新必须与日本城市形式和社会组织的特殊性相呼应。传

52

统的土地所有制和土地分配模式对变革存在相当大的抵触。而一些突发灾难，比如 1923 年的关东大地震，则需要规划师们作出快速的、有针对性的反应，而纯之又纯的西方概念自身是无法提供这种反应的。在第二次世界大战中的军事失败再一次改变了日本社会以及它与西方和亚洲国家的关系。日本失去了殖民地，它在满洲[*]和亚洲其他很多地区制定的城市规划因此被废弃，原本在外国殖民的占领势力回到日本，成为战后重建中的一支新军。[1] 从 20 世纪 60 年代开始，经济的迅猛增长进一步改变了日本的全球地位，日本作为规划观念接受者与传播者的角色也相应发生了变化。

在"日本在规划观念的国际交流中的定位"这个大主题中[2]，本文聚焦于从明治维新到战后早期的时代里，外国专家与日本规划专家在日本现代规划发展中扮演的角色。我们把 1919 年（也就是日本城市规划法颁布的一年）当成两个时期之间的分界点。第一个时期，1868—1919 年，基本上与明治时代重合，是日本规划实践方式确立的阶段。第二个时期，从 1919 年到第二次世界大战结束后的早期阶段，以一些全新规划工具的确定作为标志。[3] 用斯蒂芬·沃德的术语来说，第一个阶段的特征是"选择性借鉴"，日本人热衷于通过广泛的借鉴和不太靠谱的运用来尝试各类外国规划概念。第二个阶段的特征则是典型的"综合创新"，按照沃德的定义来说，这个阶段不仅从事观念的引入改造，而且还会把多种观念和实践方式结合起来，形成进一步创新。[4]

第一个阶段中，日本在教育、政治和法律执行等领域的组织架构都为外国范本所塑造。政府专门聘请了来自欧洲与美国的专家到日本参与建设、规划和教学[5]，也有一些专家未经邀请，出于自身目的赴日。这些专家的工作基本上因袭国外的范本案例，因此往往不适合日本的特殊语境，托马斯·J·沃特斯（Thomas J. Waters）设计的银座炼瓦街和伯克曼与恩德（Böckmann and Ende）规划的东京政府新区是这方面的典型例子。

日本政府也一直在选派一些个人和部委工作人员前往欧美。这些留学生中包括很多未来的名人，其中两个突出的名字是军医森鸥外和未来的大阪市长关一，他们两人会对日本规划系统的创生产生重要影响。留学生在海外学得的内容，通过各种委员会的制度和法律文本传播到日本国内的规划专业人群中，在地块征用、建筑红线制定和土地重整等方面直接影响了日本规划技术与法律的发展。随着时

53

---

[*] 所谓满洲，指中国东北地区，由日本军国主义控制下的傀儡皇帝成立的伪满洲国。后同，不再一一标注。——编者注

间推移，有些方法成功地融入了日本城市文化语境中，有些方法则被废弃，两方面效果都取决于各自的实践经验。

虽然这些规划师对日本的实践经验具有深刻认识，但他们在欧美规划方法与文化方面的研究往往流于肤浅。所以他们也很少能够原汁原味地运用引入的观念，而是将之与日本实践方式相结合，或者干脆将之转化，以求适应日本生活方式。这就形成了建筑、规划与宏观文化中的杂交形式[6]，而这些形式经常在明治时代受到前来考察建筑环境变化的外国访问者的批评。但实际上这种批评与外国专家在日本推行的规划方案一样，都体现出了对日本特殊需求与历史背景的无知。从这些方面讲，第一阶段可以被称为一个"试错时期"。

在第二阶段中，日本规划实践体系得到了确立，所以政府不再赋予外国专家高度权威。一些国际知名专家，比如曾任纽约城市研究局主任、作为城市科学规划领域国际著名学者的查尔斯·比尔德（Charles Beard）以及欧洲现代派领军人物、多个公共住房项目的设计者布鲁诺·陶特（Bruno Taut），来日本后发现，听众对他们没有什么热烈反响。就连一些日本本国的重要专业人士也发现自己很难影响规划过程。此时，他们创造的各种法律工具必须要证明自身的价值，让使用者可以借助法律武器来对付土地所有者和各种既得利益方。哪怕是后藤新平这样强有力的领导人物（他在本土和殖民地都担任过行政长官，曾出任南满铁道公司首任总裁、内务省卫生局局长、内务大臣和东京市长）也未必能始终实现自己的理念。

当时，日本专家在从西方国家选取规划模型和参考文献时，以适用性、重要性等指标作为评判标准。日本期刊会挑选一些规划作品加以讨论，一些外国文章和著作会被选中翻译。这样一来，若干日本专家——比如京都大学的城市规划学教授西山夘三、长期担任东京总规划师的石川荣耀——成为西方规划概念传播的主要人物，他们对外国作品的诠释是后辈规划师的重要参照物。

本文第一部分主要关注日本本土的规划情况，第二部分则表明，日本规划师不仅从国外引入规划概念，而且同时也在几处东亚殖民地对各种城市规划观念及技术进行试验，用沃德的术语说，以"极权实施"的方式推行自己的实践。[7]日本此时扮演的是规划观念的转化者和诠释者的角色，将受西方影响演化而来的规划实践体系输出到朝鲜、中国的台湾和东北地区以及中国大陆其他地区。

殖民时期又可以分为两个阶段。第一个阶段将许多先进规划技术运用到殖民地，这成了规划师和设计师们的重要试验场。例如，很多建筑方面的立法和土地重整措施都首先在殖民地实施，然后才在日本本土确立或得到应用。

54

殖民经验不只局限于从日本输出规划观念，也包括将一些观念引入（或重新引入）到日本。在一些地区沦为日本殖民地之前就已经接受了欧美的规划技术和概念，日本殖民者从中国东北的一些城市学习到那里已经引入的西方规划法则和设计形式。例如，大连在 1899—1904 年间成为沙俄租界 [ 当时名为达里尼(Dalny)]；当日本占领大连后，也从沙俄手中接过了相当宏伟的城市规划方案，并且决定沿用和完善这个规划。大连规划方案的宏大格局和设计思路为后来一些前瞻性的城市规划开创了先例。[8] 青岛 1897 年成为德国租界，名称为"Tsingtau"，1914 年被日本占领后也成为"日本从殖民地引入规划观念"的案例。日本人仔细研究和沿用了青岛的建筑法规，获得了德国规划立法应用方式的第一手知识。[9]

1919 年后，日本的各处殖民地仍然是规划实践的重要"训练场"。规划师可以为殖民地制定大规模规划方案，验证他们从国际学术讨论中学到的东西。在第二次世界大战之前、之中和之后，都有一些规划师从殖民地回到日本，成为城市规划界的重要人物。虽然有些综合规划项目在日本遭遇惨败，但是在殖民地实施却成为可能。日本规划师渴望实现总体规划和三维设计，一批建筑师 - 规划师（包括未来的规划教育家高山英华）为中国大同制定了规划方案，充分反映出他们在这方面的志向。不过殖民时期过于短促，没能让这些方案落地。而日本当时的土地法和土地所有制模式也抗拒变革，所以直到几十年后，殖民地实践中产生的许多规划观念才有可能在日本得以运用。

55 本文介绍了现代日本规划发展的两大阶段，展示了规划师在规划观念的输入和输出中扮演的角色，根据前瞻性的方案图及实现效果，分析了他们在设计形式、规划方法和技术等方面的影响，并且对他们引入的规划概念的实际运用情况作出了评价。最后，本文对比了日本和西方语境中规划师角色的异同，讨论了在城市规划观念引入和输出过程中的意识形态问题。

## 西方渊源与日本传统：在日本引入规划概念

西方规划实践对日本的城市规划产生了多年影响，而日本人对欧美的概念模型的理解通常也会被观念传播过程"染色"。本节专注讨论开创日本城市规划传统的若干个人在此过程中扮演的角色，考察外国专家对西方规划观念的介绍，以及日本专业人士在海外留学生涯中获得的认识。我们同时也分析规划观念被转译、各种认识被应用的方式。正是通过这类过程，日本特有的一些规划工具才得以问世。

### 对西方的总体模仿与借鉴：1868—1919 年

19 世纪中期，美国势力的到来终结了日本的孤岛状态。当时，欧洲国家已经把多个东亚国家变成了殖民地，它们与美国一起通过一系列"不平等条约"实现了对日本的控制。为了取得与诸强平起平坐的国际地位，日本新兴的精英阶层走上了快速工业化的道路。他们用议会民主制改造了政治制度，把德川幕府的所在地江户改造成了国家的新首都东京，并且立志将其打造成能与欧洲各大中心城市匹敌的大都市。为了获得进入"西方"的入场券，日本试图把欧美的文化、技术和语言都整合到本土的城市景观中，因此欧洲传统的城市设计形式在日本主要城市中也大行其道。而明治时期的一项最深刻的变革，其实是作为土地税收制度的基础，确立了土地私有制。[10]

欧洲和北美国家的建筑与城市设计具有悠久的历史传统和深厚的共同根基，而日本也有一个完全与之不同的——但同样强大的——传统。古典设计形式的欧洲传统反映了自身的政治与经济权力结构，在日本却找不到其等价物。例如，欧洲城市多有宏伟的广场，其中装饰得富丽堂皇的建筑面向街道，形成重要的公共空间，这类空间形式在传统日本并不存在；日本的公共建筑经常是由高墙阻隔，屏蔽在公共空间之外，而人们相会的地点则常选在桥头之类的非正式场所。就连城市的整体形式也与西方大都市有很大区别。欧洲大陆的城市大多采取同心圆 – 放射性的街道布局，外轮廓是中世纪遗留下来的城堡外墙；而传统日本城市则更像是各种不同的街区邻里拼凑起来的一块补丁布，大型的贵族军事要塞与普通城市居民的寒酸民居往往在一地共存。很多欧洲城市中，住宅是多层建筑或者城市公寓，与江户日本低矮的排屋式民居恰成对照。此外，在当时的日本，建筑师的社会地位尚未确立，因为作为专业的建筑学引入较晚，城市规划形式也还是二维平面式的传统方法占主导地位。由于日本城市与欧美城市之间具有上述根本差异，当"规划师"这个行业在日本终于开始兴起的时候，他们必须审慎选择，究竟哪些西方模型最适合日本的需求。

#### 由外国规划师输入

日本人最早感知的西方城市形象，大多是由欧洲的测量员、建造者和建筑师传递而来，其中一些人在另一些亚洲国家的殖民城镇、区域工作过。以很多欧式范本，打造统一的街道景观并将不同交通形式隔离开来，这样的城市设计形式在日本最初是在东京的银座区实现的。1872 年，一场火灾烧毁了这个区域中的 3000 座房屋。在英国工程师托马斯·J·沃特斯的主持下，首先划定了整体布局，然后

56

一条中央大街和周边部分街区以砖砌建筑形式重建出来（图 3-1）。传统上，银座区是平民居住区的中心地段，靠近西方人集中居住的筑地和新桥车站（由此可以坐火车前往横滨）。从位置来说，这是个重要地段，因此根据最新引入的设计原则来重建该区域似乎是相当合适的。

作为抵达城市的一个全新的入口区域，银座的重建项目成为一个有力的城市宣言。砖砌建筑，林荫大道，步行道和车道分开，路边的拱廊，煤气灯以及行道树——这些在日本都是首次出现。这个项目为东京打造了一条西方风格的都市大道，体现了与其他东亚殖民地类似项目的共性：这类项目都在参照一些著名的欧洲城市街道，比如伦敦的摄政街以及巴黎的里沃利大街。而银座项目也不仅是一个将东京与欧洲大都会相提并论的美学宣言，采取目前的规划和建筑形式，更是意在提升城市的防火灾能力——火灾在江户／东京是一种常见灾害。虽然拓宽了街道，重新安排了若干街区地块，但项目还是基本上保留了这个区域的整体布局，因为当时的规划者还缺乏土地重整之类的现代规划工具。最终，项目远谈不上成功：东京人认为这些建筑又昂贵、又潮湿，而且不能抗地震。其中很多建筑多年空置，改造项目于 1877 年结束，其范围始终停留在银座区域，未再扩展。[11]

让东京变成一座在审美上效法欧洲大城市的大都市——银座项目在这方面进行了最初的、也是最后的尝试。经历了 1923 年的大地震和 1945 年的战争后，这

图 3-1　1873 年东京银座区沿林荫大道修建的砖砌建筑

资料来源：神奈川县立历史博物馆［根据"东京，一座现代城市：1870—1966 年（Tokyo, La ville moderne, 1870–1996）"展览目录复制］

个区域被摧毁殆尽，足以证明批评家当年的意见正确。最初规划的痕迹消失在了典型日本城市那种混杂的街道景观中[12]（虽然其后的一些改造，比如拓宽街道和修建防火建筑，都像这次规划一样注重公共安全问题）。在城市中打造整齐划一的街道景观，这种做法在日本缺乏历史根基。即便有人尝试，也不会在这里留下持久的影响。

　　虽然还提出过若干东京市的总体城市设计方案，但是这些方案却从来没有得到实施。最著名的一个提案，是柏林的伯克曼与恩德事务所为东京日比谷地区改造制定的方案，其中包括政府办公区、中央火车站的修建以及主要基础设施的改造。明治政府要为新成立的部委以及其他行政机构修建办公楼。为了展现全新的议会体制以及日本经历的巨大变革，政府希望办公楼成为具有西方特色的公共建筑，并能够融入整个区域的宏观环境。起码，这是负责该项目的外务大臣井上馨的想法。考虑到法国有设计宏伟建筑的传统，奥斯曼男爵对巴黎的改造又闻名天下，所以选择法国作为项目参照的样板似乎理所当然。但是，井上馨却转而向新近成立的德意志国征询意见。与日本一样，德国也刚刚跻身强权之列。它最近刚刚在"欧洲列强"中取得一席之地，首都柏林也正在经历重新规划。东京的首都改造大可以把它当成参照模型。

　　1886 年，应日本政府要求，伯克曼–恩德事务所的合伙人威廉·伯克曼（Wilhelm Böckmann，也是德国建筑杂志《德意志建筑杂志》的一位创始成员）提交了一个规划方案，其中包括若干条林荫大道，把东京的几个部委和公共机构连接在一起（图 3-2）。大型街道也将把新建的议会大厦和皇宫与规划中的中央车站连通，道路两旁矗立着一座座重要建筑。[13] 这样一个大规模、长时段的宏大工程，不符合东京当时快速兴建现代化基础设施、政府大楼和公司总部的具体需求，而且对现有的土地所属情况和地块区划未予必要尊重。另一方面，规划者也没有考虑到日本缺乏地标性城市规划的传统。虽然按照德国建筑师的方案修建了若干建筑，但这个项目只对日本城市产生了有限的影响。由于西方建筑师的规划很大程度上无视日本的文化、社会经济乃至政治背景，所以宏大的整体规划从未实际实施——哪怕它确实反映了日本政府把东京改造为政治经济权力中心的意愿。

　　在内务省的压力下，日比谷政府区的规划不得不废止，转而采用 1889 年提交的"东京市区改正"第一稿方案。这个方案是若干政府官员、军队首脑和东京府主管人员共同参与制定的，他们在东京府前知事芳川显正的领导下成立了"东京市区改正委员会"，试图实现市区的全面改造（图 3-3）。[14] 虽然规模与奥斯曼男爵对巴黎的改造相仿，但东京改造的主要着眼点是道路和公园的改善，而不是像巴

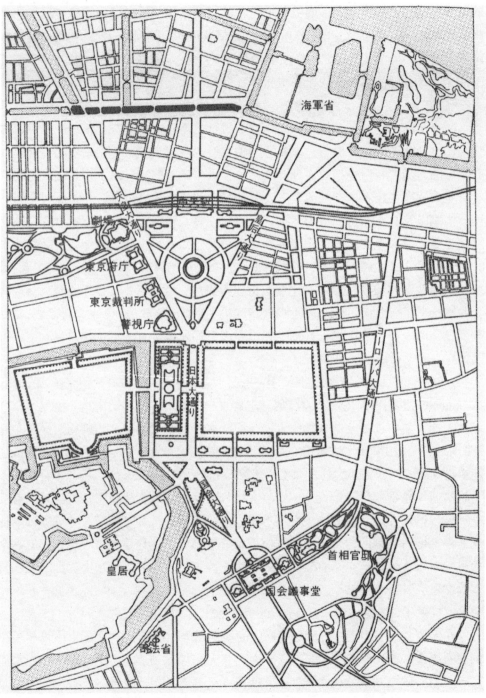

图 3-2　伯克曼和恩德，日比谷政府中心方案（1886 年）

资料来源：石田赖房，日本近代都市计画的百年（东京，自治体研究社，1992 年），p.45

图 3-3　"东京市区改正"的第一稿方案（1889 年）

资料来源：石冢裕道、石田赖房，东京：市区扩展与规划 1868—1988 年（东京：城市研究中心，东京都立大学，

1988 年）

黎规划一样，始终追求创造都市美景。

　　这样说来，明治政府（或者说其中的若干官员）考察了把东京改造为翻版西方大都市的可能性。但政府迅速意识到这样的城市规划不符合其现代化需要，而且由外国规划师提交的方案不符合日本循序开发的传统。与此同时，在日本行政机构内部也涌现出一些规划专家。这些专家对西方城市规划技术的兴趣要高于他们对西方城市设计方式的兴趣。其中很多专家在海外留学，对国外规划实践有一定了解，其关注点集中在规划的技术和行政管理方面。与外国专家相比，他们对日本城市改造的需求具有更好的认知，尤其是认识到创造适用的规划工具的必要性。

　　**由日本规划师输入**

　　日本政府把效法外国当成一项系统性任务。1871 年，由 48 人组成的岩仓使节团出访欧美国家，成员中包括若干重要政府官员。[15] 在建筑与城市规划方面，使节团的成员们对巴黎印象深刻：一个混乱不堪的中世纪城市经过改造，变成一座广泛铺设基础设施网络的现代化大都市。这次出访经验，与另外几位从欧美返日的日本规划师学来的知识加在一起，对日本城市规划概念与立法产生了深刻影响，特别反映在日本规划对西方建成环境的效仿与借用上。

61 　　除这些短期考察之外，19世纪晚期的整个过程中，政府一直把一些部委工作人员和年轻人送往欧美国家，学习专门领域的知识，其中就包括当时刚刚起步的城市规划学科。不少日本人通过对西方文献大量阅览，对关于西方城市规划问题的一些最前沿的讨论形成了深入了解。森鸥外就是这样一个例子。在西方，他以《舞女》和《雁》等小说闻名；而他曾在1884—1888年在德国求学。他和研习卫生学的中浜东一郎（1885—1889年在德国生活）经常一起讨论公共卫生与健康方面的话题，而森鸥外对日本建筑规范的确立产生了很大影响。正如石田赖房介绍的那样，森鸥外曾经翻译过若干德国文本，并且把它们放进自己关于日本建筑立法的提议一起提交。[16] 其他重要的日本规划师包括山口半六（他在1889年制定了大阪扩建规划）和关一（他推动修建了大阪的主干道御堂筋）[17]，这两人分别曾在法国和比利时留学。而他们关于欧洲的知识其实相当肤浅，对一些规划概念出现了误解、错误选择或片面运用的情况。

　　需要注意的是：把新观念引入日本法律，并不一定意味着这些观念就能实施。在德国、法国和其他欧洲国家成功的那些城市规划技术未必在日本行得通，有些法律很少真正执行，因为土地所有者对之抵触，民众也不支持。下文我们讨论的一些城市规划技术，其中包括区块征地、建筑红线以及土地重整，都是日本专家从欧洲学到，然后引入日本的城市规划中的。

　　前文提到的岩仓使节团高度评价了奥斯曼男爵的巴黎改造项目，其中就采取了区块征地。这个技术在日语中被称为"超过收用"，指的是征收新建街道的沿街及相连地块。由于多位著名日本规划师的强烈支持，所以1888年的东京市区改正条例中收入了这类措施。[18] 但是内务省因为涉及的投入太高所以对此抵触不小，这个方法实际上也很少实行。[19] 在1919年颁布的城市规划法中明文包括了"超过收用"，但即便是在20世纪20年代，虽然有多位城市规划专业权威支持，这个方法在实践中也没有得到多少认可。后藤新平和池田宏（后藤手下的城市规划负责人，他们两人都是1919年规划与建筑法的起草者）推动进行区块征地，但未见成效。后来（1926—1937年）关一在建设大阪的御堂筋时，不得不采取划定所谓"审美区域"的办法来解决相关问题。

　　早期日本规划中采用的另一项主要工具是建筑红线。最早将这个概念引入日

本的是前来讲学的普鲁士警监威廉·霍恩（Friedrich Wilhelm Hoehn），他在 1885
年 4 月至 1886 年 3 月的授课中介绍了德国对建筑红线的操作方法：规定建筑与街
道红线之间的距离，从而对建筑用地边界进行明确界定。1913 年，在为东京起草
新的建筑法规时，日本建筑学会转而采取英国或法国对建筑红线的界定"街道红
线就是建筑前缘"。1918 年成立的都市计画调查会在起草 1919 年的城市规划法与
市区建筑法（日语为"都市计画法"和"市街地建筑物法"）时，研究者们也都同
意采取英法模式。这种方式可以无须在街道红线之外另行设定建筑红线，而且可
以对建筑物的挑出部分进行限定。虽然池田宏、关一等专家还是按照德国方式理
解建筑红线，但是在辰野金吾（一位受到英国教育影响的著名建筑师和教授）[20] 的
学生片冈安率领之下，都市计画调查会的建筑师们都支持英式建筑红线。1919 年，
建筑红线被引入日本的建筑法规，这令日本各地的市内区域可以在火灾或其他灾
害之后能够高密度重建。法律允许对两种红线进行区分。法律规定，只要官方规
划中的两条平行的建筑红线界定了建筑之间的通道，业主就有权在道旁的地块修
建建筑，即使相应的街道一直没有铺设。[21] 这是日本规划师灵活使用西方规划工具
的一个特别有趣的案例。

　　对于日本城市规划来说，当时和现在最重要的一项工具始终是土地重整，这
也就是对地块进行统一调整、重新划分的工具（图 3-4）。这个体系有多重起源；其
中最重要的一个源头（特别是涉及郊区土地时），是日本传统的耕地重整措施（日
语称为"田区改良"或者"耕地整理"）。即便是在参照德国耕地重整法规制定的
日本耕地整理法在 1899 年出台之前，19 世纪 90 年代初就有过郊区土地重新调整
的早期案例。由于《耕地整理法》最早没有考虑到灌溉需要，所以在 1909 年不得
不加以修订。修订后的很多条文与后来 1919 年城市规划法中城市土地重整部分的
条文非常相像。1902 年，德国通过了俗称"阿迪克斯法"（Lex Adickes，因政治家
Frank Adicks 得名）的规划法，日本规划师们对这个先例有所了解。[22] 这部规划法
的 1893 年版本虽然被德国议会否决了，但却翻译成了日语。先前日本规划师参照它，
主要是因为其中的"过度征地"部分而非土地重整部分。事实上，日本关于郊区
土地重整的法律规定与 1902 年的阿迪克斯法之所以相近，是因为二者具有同样的
耕地法源头。明治时期就存在的耕地调整技术，1899 年的耕地整理法将之明文确
定下来，成为日本的土地整理技术的基础；日本关于耕地调整的立法参照了德国的
耕地重整立法，后者正也是阿迪克斯法关于城市土地重整措施的来源。[23]

　　按这样的方式，日本规划师学习了国外的规划工具，并按照本地用途对之加
以改造。他们根据自身的知识经验，对西方城市规划的一些思路进行快速的取舍，

62

63

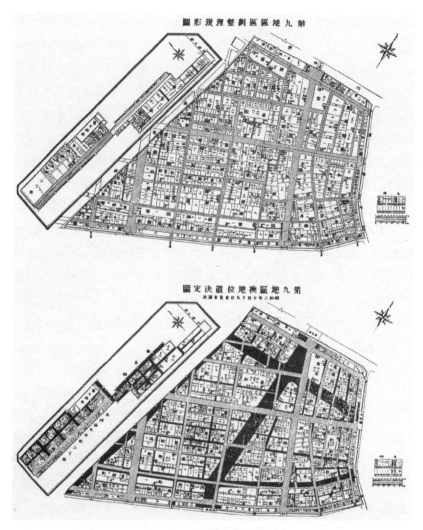

图 3-4　土地重整技术的图解

资料来源：石原赖房，日本近代都市计画的百年（东京，自治体研究社，1992），P.165

创造出自己的工具体系，这套工具对于推动急速变迁中的日本城市的转型改造，对于把东京打造为现代化大都市，对于 1919 年建筑与规划方面法规的推行，都起到了重要作用。

### 选择性借鉴：1919—1945 年

1919 年城市规划法和市区建筑法通过后，日本城市规划的基础得以确立，外国模型就变得没那么重要。政府不再邀请西方专家参与日本城市的项目，西方人对日本规划的批评也往往被弃之不顾，虽然在一些特定情况下还会有个人规划师向外国专家征求建议。比如说，石川荣耀（他是名古屋及后来东京城市规划中的重要人物）在 1923 年访问欧洲时曾向雷蒙德·昂温请教名古屋规划中的问题。[24] 1918 年新东京规划的制定者福田重义在访问汉堡时也曾与弗里茨·舒马赫会面，探讨过关东大地震后东京重建等问题。[25]

　　虽然日本规划师对西方观念的选择性变得更强，但对于那些适用于本国的观念，他们仍然非常留意。英国的花园城市运动就是这方面的一个例子。正如其他案例一样，只有一部分与花园城市相关的设计样式在日本得以采用，而内在于英国概念中的主要社会、经济观念却被丢在一旁。但是 1923 年在东京大田区开发的"田园调布"项目却是个例外：这个规划布局中，从车站伸出三条放射性的道路，与半环形的道路相交，这是田园城市概念在日本的一次直接运用。[26]

　　在东京和横滨的大片城市区域被 1923 年的关东大地震摧毁后，新颁布的城市规划法受到了检验。很多规划师原本希望对城市进行综合重建或完全改造，但这种愿望迅速被打消了，因为重建任务非常紧急，容不得从容规划。中村顺平曾在巴黎美院学习建筑设计，他认为很多重建方案不够完善，尤其是未考虑到城市的三维形态以及街道与建筑之间的关系。他提交了一项宏伟的"复兴计划案"，但内心却深知，由于灾后重建阶段的准备时间、资金、公共支持乃至法律工具都不到位，所以自己的设计没有任何实施可能。此外，土地所有者也排斥大规模变革，所以主事者不得不否决了综合规划和城市设计方案。[27]

　　其他重要的公众人物提出了一些不太宏大的综合方案，但也没有成功。后藤新平接受了福田重义的想法，把重建项目扩展到了地震没有波及的区域。虽然后藤位高权重，而且还有曾任纽约城市研究局主任的国际规划权威查尔斯·比尔德的支持，但他的方案同样没被采用。规划师们最终根据情况，尽可能采取土地重整作为拓宽街道的主要工具。划定 3000 公顷土地需要重整，其中 2000 公顷在 1923—1930 年间重整完毕。土地重整会将土地重新分组和分割，因此减小了单个地块的面积[28]，但是土地所有者可以保留相当于原有面积的土地。这个工具允许规划师介入操作具体基址，而且可以集中关注主要公共基础设施的修建，无须过问建筑设计问题，由此土地重整成为日本城市规划的一项主要工具。

　　在 20 世纪 30 年代，日本规划师还一直在研究西方的样板案例，尤其是当时著名的一些区域研究、绿带规划和邻里社区设计项目。这几个概念原本是在第二次世界大战前为改善城市生活质量而提出的，但在战争开始后也被用于军事用途（其中绿带规划最为突出）。在 1937—1941 年的防空法颁布后，只有在军事上有重

65

要性的项目才能实施，这个时期输入日本的若干规划概念也属于这个范畴。

关于日本对外国文献的了解，戈特弗里德·弗德尔（Gottfried Feder）的著作《新城市》（Die neue Stadt）在日本的接受和传播情况可以视为一个典型案例。[29] 弗德尔对现存的各类城市进行了充分调研，然后列出了一个小城镇所需的所有机构，并且形成了一部城市规划指导手册。基于这项技术性很强的研究，他提出一个居民在 2 万人的城镇应该划分为 9 个独立的区域单元，周围是农业区域。书中详尽列出了城镇里为日常生活所必需的机构，因此可以作为城市建设的一本指南。弗德尔希望在书中把城市规划的技术与艺术结合在一起，全书的副标题"论基于居民的社会结构创造城市的新艺术"（Versuch der Begründung einer neuen Stadtplanungskunst aus der sozialen Struktur der Bevölkerung）充分表明了这一点。但是他研究中的美学部分以及他对中世纪城市形式的参照都不符合当时日本的实际需求。

但无论如何，该书论及技术的内容还是吸引了日本规划师的注意。原书在 1939 年 1 月出版，到了当年 6 月，它就登上了东京政府部门的图书馆的书架。我们没法验证是否所有规划师都阅读并理解了《新城市》一书，但是显然它激发了部分读者的足够兴趣，1942 年 3 月东京的商工会议所节译出版了该书。与此同时，多位日本规划师都在多篇文章中对该书进行了评议。伊东五郎当时是东京都警视厅的建筑课长[*]，在讨论纳粹德国城市规划的文章中提到了该书。[30] 其他一些介绍、讨论过该书的重要规划师包括石川荣耀（他在 1943 年提到该书）以及西山夘三（他在自己关于"生活单元"的研究中参考了该书）。[31] 时至今日，《新城市》仍然是日本城市规划学教科书中的重要参考资料[32]，而在德国，关于弗德尔的研究集中于他作为希特勒支持者扮演的角色以及他在纳粹党中的作用。

虽然弗德尔的著作成为很多日本规划师的核心参考书，但是外国专家——比如德国建筑师布鲁诺·陶特——提出的建议或方案却很少有人支持，因为这些提案常常太过专注建筑细节。[33] 在德国，陶特尊为现代主义运动的一位创始人，而且是多座著名现代主义住宅建筑的设计者，他在 1933—1936 年间住在日本。1934 年 4 月，他在日本杂志《改造》第四期发表了文章，对日本城市规划提出了严厉批判，并且自诩为在日本唯一胜任城市规划的人。陶特对日本现代城市规划的严厉批评让时人感到傲慢无礼，引发了石川荣耀以及兼岩传一（一位市政工程师和规划师，在日本共产党中富有名望）的反驳。石川荣耀找出了陶特 20 世纪 20 年代出版的著作《通向阿尔卑斯建筑之路》（Der Weg zur Alpinen Architektur）[34]，其中提出了

---

[*] 此处有误，根据日文研究资料，伊东五郎当时系内务省计画局技师，东京都警视厅建筑课长则是小林隆德。——译者注

不少不现实的规划愿景，石川荣耀用陶特在书中绘制的表现主义的图画来反驳他自己对日本规划的批评，这充分表现出德日之间的观念差异。20 世纪 20 年代早期的德国处于失业高峰期，德国建筑师那个阶段的论著主要是创造建筑愿景，对全新的设计观念和全新的社会进行预告。而这一类富有预见性的方案在日本则不那么流行。西山夘三评论说，陶特仍然把城市规划当成建筑专业的一部分；但日本规划师们则不会这么想，他们会认为城市规划更接近于工程和工业需要。[35]

无论是弗德尔还是陶特，他们著作的诠释很大程度要依赖于寥寥几位规划师的分析研究，这些人时常评论西方的文献和案例，乃至就其发表著述。通过在规划杂志上发表评论，日本城市规划发展历程中的一些重要人物，比如西山夘三和石川荣耀，为对外国规划师和海外规划实践的理解和诠释提供了认知框架。由此日本有意识地向西方技术与文化开放了窗口。而一个适合日本特殊情况的规划体系也这样逐渐形成，规划界总体上提倡能够根据项目特性快速运用，无须长时段综合规划的实用规划技术，在此发展历程中个人规划师的作用非常重要。

让人吃惊的是，在这个早期阶段，很多极有权势的个人规划师（像后藤新平和关一都曾担任城市长官）却不能像西方的贵族规划师一样完全实现自己的想法。虽然这些人很有政治资源，但他们不能像西方同行一样将强有力的象征性宣言付诸实践。对于总体性、综合性规划方案来说，政府和公众都不支持，必要资金无法筹措，而日本也没有进行宏大规划的传统。日本的规划师首先是一些行政管理人员；他们在规划观念的传播中扮演着中介者的角色，而他们创造的很多规划工具，需要由更广泛的规划人员群体来实际使用。

## 在殖民地制定规划 [36]

日本规划师中的很多领军人物深入参与了日本规划体系的创造过程，因此也对外国规划概念的潜力与局限具有深刻认识。但在日本本土，他们却不得不面对本地传统的制约，往往无权使用他们自己创造的法律工具，无法完全施展实现自己的创意观念。而在殖民地，情况就大为不同，行政管理人员背后是军事力量的支持。几乎与从西方输入规划观念的过程同步，日本也有机会将新学到的规划知识运用于（至少是提议运用于）它在亚洲的各处殖民地和占领领土。

格温多琳·赖特在《法国殖民地城市化的设计政治学》、保罗·拉比诺（Paul Rabinow）在《法国现代性》等著作中都总结了西方殖民主义的特征。日本的殖民机制在几方面与这些作者描述的西方殖民实践有所不同。[37] 欧洲国家的政府，尤其是法国政府，有着长达几个世纪的殖民实践经验，一直试图通过社会技术机制、建筑及城市规划来输出本国的文化；而日本自身除了北海道（1873—1883 年实现殖民）之外并无殖民统治的传统，就连北海道，更多地也只是一种定居点式的拓土殖民而已。[38] 正如前文所述，日本也缺乏通过城市规划将政治权力语言转译为建成环境的历史传统，而这在很多欧洲殖民地城市却清晰可辨。结果是，在殖民地究竟应该采取哪些建筑形式或规划形式，就成了一个未决的开放问题。

日本殖民地城市设计中一个让人惊讶之处在于——除了在所有占领城市都要建起象征日本神道信仰的神社之外，没有其他特别的民族性形式表现日本的殖民者地位。日本殖民者经常把从西方输入的一些规划形式施加于殖民地城市，他们在此过程中也会加入自己近期发展出的一些工具，尤其是土地重整机制。明治时期日本从西方输入观念时，否弃了一些西方建筑和城市规划形式，却在新兴的规划体系中保留了不少西方规划技术；与此类似，当日本殖民统治结束后，殖民者强加的建筑形式大多遭到否弃，而后殖民时期的行政管理制度却会保留一些很多日本殖民者引入的规划方法。

### 对新近发展出的技术的"极权实施"

日本殖民者在殖民地使用的殖民化方式和规划方法因地而异。[39] 在殖民化早期阶段，日本当局注重在殖民地实现优秀的本地行政管理，因此就连一些在日本本土还没来得及使用的最新城镇规划概念，都会输出到殖民地使用。对于几个殖民统治时间最长的地方，比如中国台湾（1895—1945 年）、朝鲜（1919—1945 年），日本当局愿意把它们当成展示成就和殖民实力的窗口。对于很多规划师来说，在殖民地的实践经验成为他们职业生涯中的重要中间阶段，殖民地让他们得以精炼、验证自身的观念，也让他们为日后在日本本土的工作做好准备。举例来说，后藤新平在参与起草 1919 年的建筑及规划立法，并对 1923 年的关东大地震重建工作施加影响之前，曾在 1898—1906 年担任台湾[*]民政长官，此后又担任过南满铁道公司总裁。

很多创新规划概念首先是在殖民地得到了创造与运用。比如，1895 年在台湾颁布了临时建筑条例，1900 年实施了《关于市区计划及建筑限制之规定》，1912年又加以修订。[40] 20 世纪 30 年代，在各殖民地使用了土地重整技术，虽然没有与

---

[*] 甲午战争（1894 年）后，台湾被日本占领、控制，至 1945 年，日本战败后，中国才收复台湾。后同，不再一一标注。——编者注

土地所有者进行协商，也没有付出补偿。这个技术即便有殖民根源，但是还是被中国台湾和南朝鲜当局在第二次世界大战后（尤其是在 20 世纪 60 年代后）长期使用，正如娜塔莎·艾弗林指出的那样。[41] 对于解决人口增长造成的土地问题，这可能是最方便适宜的工具。后殖民地社会否弃了日本殖民者留下的各种建筑形式和规划形式，但是却毫无阻碍地沿用了土地重整技术，这两种态度之间形成了鲜明的对照。

　　在设计方面，日本规划师也尝试像西方殖民者一样，在殖民地的城市景观中留下自己的印记：无论是英国殖民者在中国香港，法国殖民者在从中国的广州湾（湛江旧称）到云南的地区，还是俄国殖民者在中国哈尔滨、大连等东北城市，都有这类案例。与德国人在中国青岛修建的建筑类似，日本殖民者也在汉城（今首尔）的城市主干道上修建了一座宏伟的朝鲜总督府（图 3-5）。总督府修建在原先的皇宫正门位置，相当于把新政府的丰碑放置在了传统的权力宝座之前。而它的建筑形式却是西方式的，并未将日本殖民者的权力象征化。虽然这座建筑采取了德国风格，但 1997 年韩国还是拆毁了朝鲜总督府，因为它毕竟象征着日本的殖民占领。[42]由此可见，一些纯粹的规划技术手法没那么容易被追溯到殖民者，在后殖民社会

图 3-5　首尔的朝鲜总督府，拆除前的照片（摄影：藤森照信）

的城市规划中留存下来的机会毕竟会大一些。

### 大规模规划的未竟之梦：中国满洲案例

到 1919 年，日本人已经建立了城市规划的技术体系，并在日本大部分城市的规划中加以应用，按照这种体系，没有给综合的、大规模的规划方案留下什么空间。而很多个人规划师对当时在欧美的一些规划争论仍然有所了解，所以仍然会制定整个城市规模的前瞻性总体规划方案，并且把殖民地当成在本土无机会实施的方案抱负的实现场所。只是当日本规划师在本土和部分殖民地确立巩固了自己的规划知识体系，并且把土地重整确立为主要的规划工具之后，他们才开始推动这些总体方案。下文聚焦于日本在中国满洲的殖民过程，在此期间，日本规划师尝试运用了他们关于西方方式、大规模、长时段规划项目的知识，对西方概念和他们借来的理论都做出了自己的诠释。

对于中国当时的满洲城市的规划，日本规划师颇为投入精力。对于中国大连，日本规划师沿用了俄国人制定的宏大规划；在这之后他们为多个新城市精心制订了规划，其中最著名的是中国当时伪满洲国的首都新京（今长春）的设计。[43] 方案中包括宽阔的大道，宏大的环形公共空间，还采用了最新的公共卫生技术、电力和电话系统——这些都是中国"现代化"的象征，这也是日本当局所着力表现的[44]（图3-6）。

如前所述，20 世纪 30 年代的日本规划师对区域规划、绿带和社区邻里设计等问题很感兴趣。1933 年，德国地理学家瓦尔特·克里斯塔勒（Walter Christaller，他后来在日本成为一个著名人物）出版了关于等级式区域规划的里程碑式研究著作《南德意志的中心地带》（Die zentralen Orte in Süddeutschland）。同年，一群日本建筑 – 规划师提出在中国满洲修建村庄的定居规划模型，每村大约 150 座房屋（图3-7）。这群人中包括两位著名建筑师：内田祥三[45]（1921—1945 年任东京大学教授，1943—1945 年担任该校校长）和岸田日出刀（当时也是东京大学教师，在 1923—1955 年间曾担任多个不同教职），他们在建筑学界很有影响力。

71　　这个颇具前瞻性的规划提出要把整个区域按网格划分，将田地归属到相应村庄。三个村庄共同协作；其中的一个村庄是各类主要机构的所在地，这样在村庄之间就形成了一种等级。也许是为了呼应中国传统的带城墙的城市形式，内田祥三提出每 150 户形成一个方形村庄，每村外分配 10 公顷土地，距村子 30—40 分钟步行距离。制定这个方案的主要目的之一，就是要表明城市规划的概念也可以用于农村规划。当时在德国也进行着类似的讨论，纳粹把克里斯塔勒等人著作中的

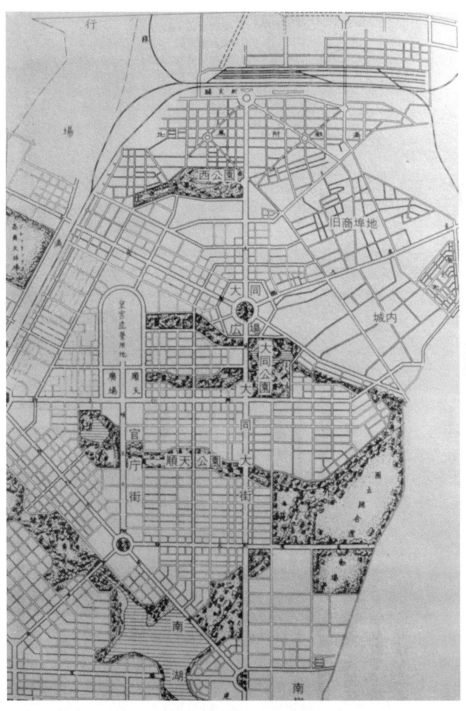

图 3-6　日本当局为长春（新京）制定的规划（1937 年）

资料来源：满洲国（中国）的首都计画（东京：日本经济评论社，1991），P.177

观念运用到他们占领的一些邻国土地上。

图 3-7　内田祥三，中国满洲农业定居区域规划（1933 年）

资料来源：内田祥三先生眉寿祝贺纪念作品集刊行会，内田祥三先生作品集，鹿岛研究所出版会，(1969)，p.166

　　在整个 20 世纪 30 年代，日本规划师们始终追踪研究西方在规划理论和实践方面的发展情况。很多规划师把殖民地看作一块可以任意书写的白板；他们在殖民地制定的各个规划项目，体现出日本人对西方规划实践的认知与理解，也表明他们相对缺乏教条主义的信念。最精心创制的一个城市规划方案是 1939 年内田祥三和一群年轻规划师提出的中国大同规划，当时内田祥三受邀为中国大同制定规划和建筑法规。这群年轻人中有一位是高山英华，他 1962 年在东京大学工学部创立了日本第一个独立的"都市工学科"（城市规划学科）。[46] 在前往大同之前，他编撰了一部住宅区规划案例集，1936 年刊行，在日本规划师中间产生了很大影响。[47] 即使是在前往大同途中，高山英华也带上了很多书籍，这些论著的内容和学理反映在了提交的规划方案中。可以说，大同项目是"同时进行规划观念输入与输出"的重要案例。

　　大同规划方案在几个方面都值得注意。首先，这是一个区域级别的规划方案。为了限制城市的过度扩张，规划师提议将大同与其他既存城市联系在一起，并在周围建设卫星城。规划团队借鉴了 1920 年以来保罗·沃尔夫（Paul Wolf）和雷蒙德·昂温等人的新城市建造观念（当时日本业界对这些观念很有兴趣），制定了两座非中心化的卫星工业城市规划方案，总人口为 3 万人。第一座城市是工业中心，南部用于工业，北部则是住宅区，二者之间由绿化带和公路主干道分开。第二座城市是矿业城镇，通过公路主干道与前一座城市相连，围绕车站呈半环形布局——这种形式多见于俄国人规划的日本殖民地城市（图 3-8）。

整体城市规划方案容纳人口为 18 万人，从方案看，规划师们已经将之视为定稿。城市的实际形态由北部的铁路和南部的河流而限定。一条绿带横贯城市，既是铁路、公路的用地，又将它们与城市社区隔开。1928 年拉德本（Radburn）规划中就运用了这样的观念，而大同规划的制定者们也提到了拉德本的方案。同时代的日本规划师对绿带和公园等主题展开过讨论。但这些观念的实现更多地运用于军事而非社会用途。区域边界的多条河流并未与市区方案联系在一起，更多是充当了工业区、机场、公墓以及赛马场等设施的背景。若干重要行政机构大楼布置在一个全新的巴黎美院风格的宏大区域中，位置紧邻带城墙的旧城（图 3-9）。

保留现有城市中心的决策似乎反映了内田团队中的建筑史专家关野克对中国古代建筑的研究。规划团队显然是考虑把保护旧城区作为一个文化使命，让传统

图 3-8　内田祥三，满洲（中国）日本人定居村庄规划（1933 年）

资料来源：内田祥三先生眉寿祝贺纪念作品集刊行会，内田祥三先生作品集，鹿岛研究所出版会，(1969)，p.167

遗产与新开发区域形成对照，这也参照了法国殖民者让原住民区域与新开发的殖民地城市区域相对并存的做法。方案中唯一反映日本殖民者民族认同的元素，是城市东北侧的日本神道神社。虽然日本建筑具有悠久历史，但殖民者并不寻求输出自身的建筑传统，因为日式传统建筑形式较为低调，不像宏大的西方建筑那样具有盛气凌人的殖民色彩。专注于把神社作为城市表征的做法与日本本土的城市开发思路是一致的，这方面本土的突出案例是伊势神宫的规划。[48]

规划师们在社区单元设计方面投入了最大的关注。在一个城市社区单元中要居住 859 个家庭（大约 5000 人），该区域是一个 800 米宽，1000 米长的地块，又分为 5 部分。为了不干扰社区中的居民生活，没有贯穿社区的交通路径，大多数的下属单元都只有尽端式道路可以通达，由绿道连接至中心公园（图 3-10）。这个方案看上去与同时代其他的社区规划方案相比毫不逊色，堪称名作。但是如果我们仔细考察高山英华当时携带的住宅区规划图书，就会发现其实这基本上是对 1931 年美国底特律的田园城市社区规划的忠实复制（图 3-11）。大同的规划师只对原方案做了细微调整，比如改变了几座建筑的朝向，把公寓房改成了庭院建筑，

74

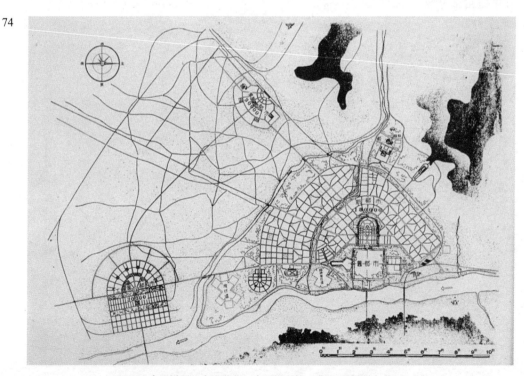

图 3-9　内田祥三、高山英华、内田祥文等，大同区域规划（1938 年）

资料来源：内田祥三先生眉寿祝贺纪念作品集刊行会，内田祥三先生作品集，鹿岛研究所出版会，(1969)，p. 168

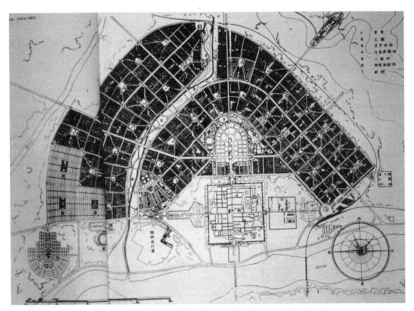

图 3-10　内田祥三、高山英华、内田祥文等，大同城市规划（1938 年）

资料来源：内田祥三先生眉寿祝贺纪念作品集刊行会，内田祥三先生作品集，鹿岛研究所出版会（1969），

pp. 170–171

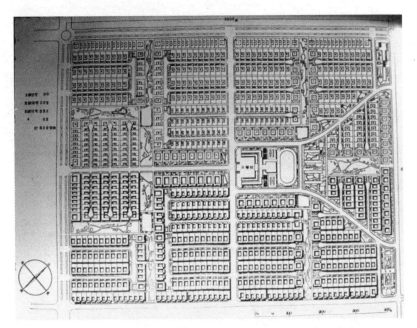

图 3-11　内田祥三、高山英华、内田祥文等，大同社区单元设计方案（1938 年）

资料来源：内田祥三先生眉寿祝贺纪念作品集刊行会，内田祥三先生作品集，鹿岛研究所出版会（1969），p. 172

另外删掉了原方案中坐落在对角线形道路尽头的教堂。[49]内田方案坚持给日本移民修建面积大的房子，这也与西方国家在殖民地的住房政策保持一致。至于房屋的建筑设计形式，规划师们采取了当地典型的中式庭院风格，因为这种形式最符合当地气候特征（图 3-12）。

大同的规划项目是运用西方规划观念的一个习作，同时也包含着内田祥三早期项目中的多种元素，比如他的田园城市规划、他对定居区域的规划方案等。但是作为日本规划师制定的一个前瞻性方案，这个规划的重要性在于它反映了日本人对从欧美输入的规划观念的理解与定位。对于日本规划发展来说，这个项目尤其重要的是高山英华在方案中包含了财务方面的概念。高山英华深信土地改造不应该为私利所影响，所以他奋力与投机行为抗争。他制定的财务收支方案设计了三阶段开发的步骤，用城市中心部分土地销售产生的收入来补贴外围区域的开发投资。

基于这些经验产生了很多新的规划观念，规划师们带着从殖民地获得的这些

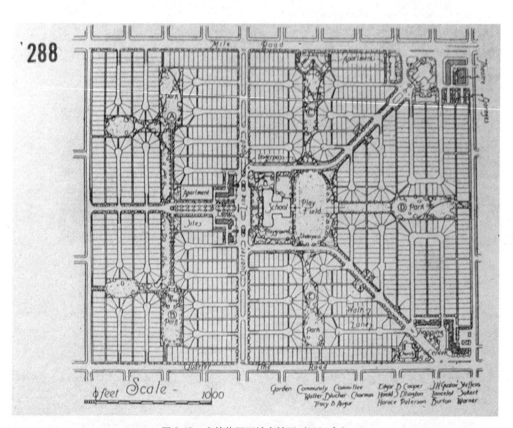

图 3-12　底特律田园城市社区（1931 年）

资料来源：高山英华，外国住宅用地规划案例集（外国に於ける住宅敷地割類例集），同润会（1936）

新观念回到了日本。但是往往要到几十年后，他们在殖民地规划法中实现的那些创新举措才能融入日本本土的规划法规和规划策略中。事实上在战后的早期重建阶段，建筑师们制定的很多方案都与大同城市规划有着类似的态度，因为战乱而遍地废墟的日本似乎也给规划师们提供了一个试验场，就像当初的殖民地一样。但是由于需要快速重建，而土地所有制及建筑规划法规又带来了重重限制，因此当时提倡基于实用的土地重整措施来实施快速建设，不鼓励大规模、前瞻性的总体规划。广岛设计竞赛可能是罕有的大规模规划付诸实施的最佳案例。

战后对东京的重建也提出了像大同方案这样大规模的规划，但是其中只有部分元素得以实施。石川荣耀之前在上海规划中扮演过重要角色，此时为东京制定了一个大规模重建规划，而且还提议在东京的主要城市区域和市中心的几个大学校区的建设项目上启动设计竞赛。竞赛的参与者中有不少是曾活跃在日本殖民地的规划师。1946 年，高山英华和这么一个团队参加了东京大学校园外围区域的重建方案设计。他们形成的方案包含着对西方设计的重要借鉴。事实上他们采用了勒·柯布西耶的多座建筑作为方案中主要建设项目的样板。另一个受到勒·柯布西耶建筑形式启发的案例是东京新宿区的方案，设计师是内田祥三的儿子内田祥文，他也是大同规划团队中的重要成员。但这些方案都未获实施，虽然它们大都聚焦于表征着日本政治经济中心的首都东京。

无论是在殖民地，还是在战后早期重建阶段，日本规划师的角色都很像是西方背景中典型的建筑师－规划师。他们过于追求总体、综合性规划，想把三维的建筑形式整合到当时日本二维的城市布局中，但在战后重建阶段，这些尝试都遭遇了失败，正如后藤新平回到日本后，也没法在本土实现他在殖民地完成的那种大规模规划方案。日本城市的特殊性质不允许实施大型综合方案[50]与强力规划改造，也很难容下建筑与规划两个领域完全整合行动——这是从明治时代就已经确立的趋势。

## 结论：规划观念输入与输出中的意识形态

日本城市规划发展的时期，正是国家实行快速的现代化与西方化的时期。日本从未沦为殖民地，所以西方观念并非强行施加到本土。相反，日本的领导人对规划模型进行了精心选择，加以引入和改造，然后在此基础上又实现了创新。外国人（比如沃特斯或伯克曼与恩德）的介入反而成了示范性的案例研究对象，日本人尝试过他们的方案之后，发现其中有些不奏效，就快速地加以否弃。"直接接受外国影响"大多是死胡同，因为在日本没有将建筑设计与城市规划整合在一起的传统，而政治格局也不允许规划人员将综合规划的观念强加给目标城市。

现代日本城市规划作为中央行政机构内部的一个专家领域得以发展，其关注点更多是规划工具和具体项目，而不是在大规模的规划方案、城市设计，也不在城市规划与建筑设计之间的整合。规划专家们对各类规划技术深感兴趣，热衷于采用霍恩、弗德尔之类"专家治国主义者"（technocrats）的观念。与西方同行不同的是，日本规划师的身份与其说是政治角色，不如说是组织角色；他们很少创造政治宣言式的宏大城市方案，而是低调地发展规划技术。正如前所述，一些位高权重的个人对新兴的现代日本城市规划学科产生了影响；但是他们的影响力主要在于创造规划工具，而不在于让规划得以实现。无论是作为政治家的规划师，还是作为建筑师的规划师，都斗不过中央政府中作为专家治国主义者的规划师。像后藤新平和关一等人虽然贵为行政长官，政治角色分量十足，但也没法实现自身综合规划的观念。令他们的方案最终搁浅的并不是民众的反对——正如安德烈·索伦森（André Sorensen）分析过的那样[51]，日本的中央集权体制并不鼓励民众参与政治，也没有强有力的市民社会与之对峙。但雄心勃勃的城市美化方案也没有获得广泛的公众支持；如果当时公众确实支持这些方案，那么本可能会有助于克服土地所有者对方案的抵触。

78　　无论是对于想在城市规划与建筑设计领域一展抱负的行政长官，还是对于应邀在殖民地或战后重建时期制定方案的建筑师 - 规划师来说，上述情况都差不多。他们的大部分方案都只能留在纸上，典型的例子就是高山英华制定的殖民地规划方案、石川荣耀为战后东京策划的建筑竞赛与重建规划。在第二次世界大战后，很多方案制定者转而去学校任教（比如高山英华），或者是回去做建筑设计——这方面最有名的是丹下健三，他的广岛和平中心是 1945 年后战后重建阶段非常独特的一个案例。[52] 其他规划师的战后影响力和工作延续性需要留待日后研究。举例来说，秀岛乾（1917—1973 年）在这方面就非常有意思。他曾在新京（今长春）担任规划师，参与过中国满洲的《都邑计画法》1942 年修订。在殖民地时期，他是一位很有前瞻性的规划师，在战后则作为规划顾问保持活跃，成为战后日本规划界一位重要的领路人。[53]

官僚阶层在塑造城市的过程中起到极大的作用，因为他们选择性地对西方知识加以借鉴，然后再将之运用于城市规划实践中。日本规划界的社会结构把个人规划师包裹在具有巨大权力的部委机构中。[54] 这些行政人员的影响力在他们彼此对峙时互相抵消，他们的姓名如今已难查考，他们的工作也很少被人研究。本书讨论了部分个人规划师在输入规划工具、创造日本规划体系过程中的作用。[55] 当官僚专家们使用规划工具塑造城市的时候，规划体系也就得到了发展。在日本，城市规划的延续性正体现于规划工具的延续性，而并非集中在具体的个人身上。[56]

日本的城市规划技术是通过整合、转化与接纳西方规划观念而逐步演化发展的，它们对于其他亚洲国家来说也具有吸引力。正如前文讨论的那样，与特定文化的视觉象征相比，规划工具在找到符合其运用的本地实践与需求时就更容易融入异国的语境之中。这种认识似乎能够支持高山英华对"日本规划师的前瞻性方案在殖民地和战后日本本土无法实施"这个情形的解释。高山论证说，当规划师的输出工作涉及意识形态和文化传播时，这种输出往往会出现问题，就像勒·柯布西耶在阿尔及利亚的案例遇到的那样；[57] 而规划技术的输出则简单得多，类似于没有意识形态背景的商人交易行为。所以实用的规划方案比综合性的城市设计方案常能作为一种技术手段，不受抵触而成功输出。我们可以把日本视为西方规划观念的一种"转换器"，率先输入转化西方的技术与概念，最终将之改造为适合日本和亚洲其他国家使用的形式。

## 注释

1. 关于美国占领对于日本城市战后重建的影响，参见 Carola Hein, Jeffry M. Diefendorf and Ishida Yorifusa (eds) (2003) *Rebuilding Urban Japan After 1945*, London: Palgrave/Macmillan. 关于美国将政治、经济与社会方面的观念植入日本的做法，参见 Olivier Zunz (1998) *Why the American Century?*, Chicago, London: University of Chicago Press. 除了土地改革和工业重构之外，后一论著中没有提到城市规划相关问题。

2. 作者还将继续"日本在国际规划观念传播中的地位"这个主题的研究。西山康雄最近关于日本城市规划特色的研究讨论了这个语境中的若干问题。参见西山康雄 (2002) 日本型都市計画とはなにか？，京都：学芸出版社.

3. 安德烈·索伦森认为，第二次世界大战后的重建是对 1919 年城市规划法的最佳应用，其侧重在街道和公园的兴建方面。参见 André Sorensen (2002) *The Making of Urban Japan: Cities and Planning from Edo to the Twenty-First Century*, London: Routledge, p. 159.

4. Stephen Ward (2000) 'Re-examining the international diffusion of planning', in Robert Freestone (ed.) *Urban Planning in a Changing World, The Twentieth Century Experience*, London: Spon, pp. 40 - 60.

5. 戴维·斯图亚特、达拉斯·芬恩和杰弗里·科迪（David Stewart, Dallas Finn and Jeffrey Cody）讨论了若干外国人在日本的工作和影响。Jeffrey W. Cody (1996) 'Erecting

monuments to the God of business and trade: The Fuller construction company of the Orient, 1919-1926', *Construction History*, Vol. 12; Dallas Finn (1995) *Meiji Revisited: The Sites of Victorian Japan*, New York, Tokyo: Weatherhill; David Stewart (1989) *The Making of A Modern Japanese Architecture*, New York: Kodansha International.

6. 以下文章讨论了德国规划观念接纳与反思的过程: Carola Hein and Ishida Yorifusa (1998) 'Japanische Stadtplanung und ihre deutschen Wurzeln', *Die alte Stadt,* March.

7. Ward, 前引

8. 参见 David Tucker (2003) 'Learning from Dairen, learning from Shinkyô: Japanese colonial city planning and postwar reconstruction', in Hein, Diefendorf and Ishida, 前引

9. Torsten Warner (1998) 'Der Aufbau der Kolonialstadt Tsingtau: Landordnung, Stadtplanung und Entwicklung', in Hans-Martin Hinz and Christoph Lind (eds) *Tsingtau. Ein Kapitel deutscher Kolonialgeschichte in China 1897-1914*, Berlin: Deutsches Historisches Museum.

10. Carola Hein (2000) 'Land development for the modern metropolis'. Paper given at a symposium on Architecture and Modern Japan, Columbia University.

11. 参见 Ishizuka Hiromichi and Ishida Yorifusa (eds) (1988) *Tokyo: Urban Growth and Planning 1868-1988*, Tokyo: Center for Urban Studies, Tokyo Metropolitan University.

12. 参见 Okamoto Satoshi (2000) 'Destruction and reconstruction of Ginza town', in Fukui Norihiko and Jinnai Hidenobu (eds) *Destruction and Rebirth of Urban Environment*, Tokyo: Sagami Shobo, pp. 51-84.

13. 参见藤森照信 (1982)，明治の東京計画，东京：岩波書店；又见石田頼房（编著）(1992)，未完の東京計画，东京：筑摩書房.

14. Ishizuka and Ishida, 前引, p. 12.

15. 参见 Ian Nish (ed.) (1998) *The Iwakura Mission in America and Europe: A New Assessment*, Richmond: Curzon, The Japan Library.

16. 石田頼房 (1988)，"森鴎外の「屋制新議」と東京市建築条例"，收录于石塚裕道、石田頼房（共編著）東京:成長と計画 1868-1988. 东京：東京都立大学都市研究センター.

17. Jeffrey E. Hanes (2002) *The City as Subject: Seki Hajime and the Reinvention of Modern Osaka*, Berkeley, CA and London: University of California Press.

18. 这个方法在法国尤为常用，同时也是德国规划体系中的一部分，在"阿迪克斯法"的一份 1893 的草案中被提到（见注 21）。

80

19. Hein and Ishida, 前引。

20. 辰野金吾是 1877 年指 1888 年在东京大学任教的英国建筑师乔赛亚·康德（Josiah Conder）的学生，1879 年从东京大学毕业。片冈是辰野的学生，1897 年从东京大学毕业。

21. Hein and Ishida, 前引。

22. 这部法律因法兰克福市长弗朗茨·阿迪克斯而得名；最初是用于在法兰克福城市扩建的规划，其中包含土地再分配与征用的技术措施。

23. 石田頼房等 (1987)，'日本における土地区画整理制度の成立とアヂケス法'（日本的土地重整制度立法与阿迪克斯法），昭和 62 年度〔日本都市計画学会〕学術研究論文集，no.22, pp.121‑126; 石田頼房 (1986)，'日本における土地区画整理制度史概説 1870—1980'（日本土地重整制度史概说 1870‑1980），総合都市研究，28, pp. 45‑87.

24. Shoji Sumie (1993) 'The life of Hideaki Ishikawa', in *City Planning Review*, 182, pp. 25‑30.

25. Carola Hein (2002) 'Visionary plans and planners', in Nicolas Fièvé and Paul Waley (eds) *Japanese Capitals in Historical Perspective: Place, Power and Memory in Kyoto, Edo and Tokyo*, Richmond: Curzon.

26. Watanabe Shun' ichi (1980) 'Garden city Japanese style: the case of Den-en Toshi Company Ltd, 1918‑1928', in Gordon E. Cherry (ed.) *Shaping an Urban World*, London: Mansell.

27. Watanabe Shun' ichi (1988) 'Japanese vs Western urban images: Western influences on the Japanese architectural profession, 1910s–1920s', in *The History of International Exchange of Planning Ideas*. Tokyo: The Third International Planning History Conference [IPHS], pp. 568‑599.

28. 之所以地块面积有所减少，是因为要为街道创造新的公共空间，要开辟绿地，并且还需要为补偿开发成本而预留部分土地用于出售。

29. Gottfried Feder (1939) *Die neue Stadt: Versuch der Begründung einer neuen Stadtplanungskunst aus der sozialen Struktur der Bevölkerung*, Berlin: Verlag von Julius Springer.

30. 伊東五郎 (1942/1943) ,'ナチス独逸の都市計画'（纳粹德国的城市规划），新建築，上篇：11/1942, pp. 835–841, 下篇：1/1943, pp. 25‑35.

31. 石川栄耀 (1943)，'百年後の都市'（百年后的城市），收录在:都市の生態，春秋社。西山夘三 (1942) ,'生活の構造と生活基地'（生活结构与生活基地），建築学研究，110 与 111，后来收入他在 1968 年出版的论著:地域空間論，東京，勁草書房。

32. 如见秋山政敬 (1980, 1985, 1993)，都市計画，东京：理工图书；日笠端 (1977, 1985, 1986, 1992, 1993, 1996)，都市計画，3rd vol.，东京：共立出版；桂久男 材野博司 足立和夫 (1975)，都市計画，东京：森北出版，1988 年重印；武居高四郎 (1958/1960)，都市計画，东京：共立出版；都市計画教育研究会 (1987, 1995, 1996)，都市計画教科書，tome 2，东京：彰国社.

33. Carola Hein (2000) 'Nishiyama Uzô and the spread of Western concepts in Japan', in *10+1* (Ten Plus One), 20 (in Japanese), pp. 143 – 148.

34. Bruno Taut (1920) *Die Auflösung der Städte or Die Erde eine gute Wohnung or Der Weg zur Alpinen Architektur*, Essen: Folkwang Verlag. 石川荣耀在前面提到的"百年后的城市"一文中批判了陶特的作品。

35. 与日本人在这方面的理解相近的是马丁·瓦格纳（Martin Wagner）的研究，他是柏林城市规划负责人 (1926—1933)。他的研究特别注重经济问题，在 1935 年翻译成日语。

36. 以下章节的一个先前版本在下述会议论文中首先刊出：Carola Hein (1998) 'Japan and the transformation of planning ideas – some examples of colonial plans', in Freestone, op. cit., pp. 352 – 357.

37. Gwendolyn Wright (1991) *The Politics of Design in French Colonial Urbanism*, Chicago and London: The University of Chicago Press; Paul Rabinow (1989) *French Modern: Norms and Forms of the Social Environment*, Chicago and London: University of Chicago Press.

38. 马克·皮蒂在关于日本对殖民主义的态度的讨论中指出了这一点：Ramon H. Myers and Mark R. Peattie (1984) *The Japanese Colonial Empire 1895 – 1945*, Princeton, NJ: Princeton University Press, pp. 80 – 127.

39. Ishida Yorifusa (1998) 'War, military affairs and urban planning', in Freestone, 前引, pp. 393 – 398.

40. 藤森照信、汪坦（监修）(1996)，全調査 東アジア近代の都市と建築（*A Comprehensive Study of East Asian Architecture and Urban Planning: 1840 – 1945*），东京：筑摩書房.

41. Natacha Aveline (1994) 'The Japanese land readjustment system: a model for Asian countries? The cases of Seoul and Taipei', Paper given at the EAJS conference in Copenhagen.

42. 在中国台湾的日本总督府目前仍然保留。

43. 参见：越沢明 (1991)，満州国の首都計画，日本経済評論社，以及 Tucker，前引.

44. Fujimori and Wan Tan, 前引。

45. 根据内田祥三家属的意愿，本文采用的是他本人在 20 世纪 20 年代对姓名的西文写法 "Utida Yosikazu"，通行的罗马字拼写方式是 Uchida Yoshikazu。内田祥三最完整的作品集是：内田祥三先生眉寿祝賀記念作品集刊行会編（1969），内田祥三先生作品集，东京：鹿島研究所出版会.

46. 高山英华 1934 年在毕业论文中设计了一个日本海岸的渔村。这个方案既包括建筑设计，也包括规划设计，这项工作反映了高山英华倾慕的法国规划师托尼·加尼埃（Tony Garnier）等人的影响。高山英华也表现出设计综合规划的志向，而这种形式在当时的日本较罕见。参见 Ishida Yorifusa (2000) 'Eika Takayama, the Greatest Figure in Japanese Urban and Regional Planning in the 20th Century', Paper given at the IPHS conference in Helsinki.

47. 高山英华 (1936)，外国に於ける住宅敷地割類例集（同潤会）。

48. 越沢明 (1997)，神都計画：神宮関係施設整備事業の特色と意義 [Planning of the Shrine City in Ise: Its Characteristics and Significance]，都市計画論文集，都市計画，別冊 .

82

49. 高山英华，前引，p. 188.

50. 关于这个问题，以及在殖民地担任重要职位的日本规划师日后的职业生涯问题，都值得后续研究。石丸纪兴在芬兰拉赫蒂召开的欧洲日本研究协会学术会议上提交的论文对此有所阐发，参见 2000: Ishimaru Norioki, 'On the Actual Conditions of Employment and Transference of City Planners in Japanese Local Government'.

51. 索伦森和渡边都主张，日本缺乏市民社会、去中心化规划和市民参与的传统；Sorensen, 前引；and Watanabe Shun'ichi in Freestone, 前引，pp. 947 - 952.

52. 正如塔克（Tucker）指出的那样，岸田日出刀等建筑师抱怨在重建规划中缺乏建筑学方面的兴趣，也缺少三维开发（Tucker 前引），这些建筑师虽然为殖民地设计过方案，但在战后日本的城市规划中并非领军人物。

53. 木村三郎 (1988)，'都市計画 who was who (8)：秀島乾'，都市計画，no.155, p. 69.
1946 年，秀岛设计了早稻田文教区规划方案，成为日后早稻田大学理工学部校区规划的基础概念。1955 年，他设计了千叶县松户市的常盘平住宅区，1962 年以此获得了日本都市计画学会的规划奖 ( 石川賞 )。他后来参与了多处重要开发项目，包括神户的 Port Island 项目。

54. 渡边俊一似乎支持这样的判断，他说："在决策过程方面，部委发出很多指令和通报，规定谁能够主持和实施什么事、怎么做这件事。这些指令在技术标准上都有严格规定。因此从表面上看，这些指令只留下了极小的政策和政治空间，相反制定决策的技术官僚实际上则具有特别大的权威性。" Watanabe Shun' ichi (1998) 'Changing paradigm of the Japanese urban planning system', in Freestone, op. cit., p. 950.

55. 虽然对于存在对早期阶段行政官僚作用的研究，但是后来的情形更难判断，因为日本体制下个人常常在不同岗位之间轮转。参见 Ishimaru, 前引。

56. Carola Hein (2003) 'Change and continuity in postwar urban Japan', ch. 11 in Hein, Diefendorf and Ishida, 前引

57. 高山英华与矶崎新的一次对谈，收录在"特集 近代都市計画史——人と思想．状况"，《都市住宅》杂志，7604(4/1976)。

# 第4章
# 向美国学习：西方城市规划的美国化影响

斯蒂芬·V·沃德，牛津布鲁克斯大学


> 拯救过世界之后，就很难设想还能从世界学到什么。[1]

这句话是历史学家丹尼尔·罗杰斯（Daniel Rodgers）实至名归的杰作《大西洋的跨越》（Atlantic Crossings）的结语。该书总结了欧洲对美国社会政治的影响，而这个有力的论断则概括了美国政治思想界的主流态度。根据罗杰斯的判断，美国遵从欧洲社会改造观念的时代随着第二次世界大战而结束。不提其在其他方面的贡献，对欧洲观念的开放态度至少构成了美国城市规划运动的思想基础。而用这句话结束全书后，罗杰斯或许是想让读者自行推断此后的发展——一个孤立而顾影自怜的美国，不信任外国思想，并且对本国生活方式的优越性有着极大的信心。这是一个与我们熟知的战后美国相匹配的形象。

但这个故事还有另一面，罗杰斯的读者中或许没有多少人熟悉上述重大变化对美国以外世界的影响。战后美国这个自我陶醉的西方超级大国，是怎样（有意或无意地）塑造了世界其他各国的思想与实践？用本书的术语说：当1945年以前的观念输入被1945年后的观念输出取代时，观念领域的"贸易平衡"在多大程度上发生了变化？

这是一个宏大而复杂的问题，值得写一本起码与《大西洋的跨越》篇幅相当的书来讲清楚。而本章相当受限的篇幅，只允许我们勾勒出整个故事的若干方面。我们的介绍专注于城市规划领域，而不是广义上的进步思想（那是罗杰斯的主题）。在地域方面，我们把讨论集中在西方的发达资本主义国家，这些国家的经济繁荣与美国紧密相连，也与其保持着战略上的进退一致。美国对发展中的后殖民世界的影响，美国（经过意识形态过滤后）对共产主义世界的影响，那是在很多方面都非常不同的故事，不在本文论述之列。

## 传播的类型学

把考察范围集中在相对发达富裕的国家有其必要性，其中一个重要原因，在于接受美国观念时各国自身的背景特性。在另一篇论文中，我提出了一种简单的、有点理想化的"规划观念国际传播类型学"，它主张输入国和输出国之间"权力关系"的首要地位。[2] 在此"权力关系"一词是一个缩略的术语，表示存在着观念交流的各国之间在经济、地缘政治、文化和技术等方面的平衡。在一类极端案例中，我们可以依据上述概念模型断言，一个国家如果在经济和地缘政治上都依赖于别国，那么它在城市规划的观念和实践上很可能也会依赖别国。而且在这种不得不输入的情况下，输入国很难对外来观念作出什么批判性的评估，也不太可能对其加以积极改造。传统上，这只会发生在观念输入国受到别国军事征服或殖民占领的案例中。换句话说，观念交流过程完全处于输出国的控制之下，它实际上将其意志强加于输入国。

在分类的另一端，则是彼此间权力关系更加平等的高度发达国家。这种情形下，观念和实践的输入输出很可能采取一种非常混杂的模式。而输入的观念本身很可能会在输入国的应用中经历严格的评估、解构和适应。因此输入国拥有对该进程的根本控制权。这类似于借贷过程，借款人可以决定借多少钱、向谁借钱。

当然在实践中，规划观念和实践"国际贸易"中的大多数往来——无论性质属于借贷还是强加——都会介于上述两个极端之间。即使在最极权的背景下，外来势力也很少能实现完全控制，本地力量常常能够以某种形式——即使不是对规划方案进行抵制或讨价还价，也可能以此来对付实施结果。另有许多国家的案例表明，由于输入国要么很小，要么在历史文化上与大国强国紧密联系在一起，所以在借鉴别国观念时会遵循某种可预测的、反复出现的模式。如果输入国的规划行业欠缺改造经验和专业能力，那么观念借鉴过程就可能是相当不加批判的，基本上会"克隆"别国的规划思路。（当然，这样的项目结果究竟如何，还要取决于输入国本地力量的作用。）

85　　此外我们还应该注意到，即使是具有最善于改造和综合的输入国，即便其具有高度发达的规划传统，观念输入的结果也很难完全还原为"权力关系"。最后，"权力关系"本身也可能会发生巨大变化。但总之，在广义上的"西方世界"的规划史进程中，来自美国的影响扮演着不断变化的角色，在我们对此加以考察时，上述一般性论断颇具重要性。

## 1945 年前：逐渐增长的兴趣

尽管罗杰斯的兴趣在于从欧洲到美国这个方向的观念传播，但实际上即便是在第二次世界大战之前从美国到欧洲的传播也在不断增长。自 19 世纪末以来，欧洲人越来越着迷于美国城市那种表面上丝毫不受约束的活力。例如科恩（Cohen）的著作就记录了两次世界大战之间欧洲大陆对美国城市的迷恋。[3]

欧洲人最明显的兴趣点是美国巨大的摩天大楼建筑。20 世纪初，摩天大楼尤其是在纽约和芝加哥等地不断"破土而出"。而美国各类巨型工业建筑，特别是巨大的筒式粮仓，以其朴素的功能设计启发了第一代欧洲现代主义者。美国人在城市规划和城市公共建筑设计方面非凡的技术创新格局也一直令人惊叹，这尤其体现在城市交通以及建筑设计与施工中。当然在欧洲人眼中，美国人无非是在大规模地照搬欧洲城市化的传统，用这种方式让自己平平无奇的城市显得文明一些，欧洲人虽然对美国有兴趣，但还是或多或少带着一种居高临下的屈尊态度。正在修建大道和主要的公共和文化建筑，以收藏越来越多的美国百万富翁捐赠的大部分欧洲艺术品。而欧洲人则羡慕财富允许美国社会扩大的部分居住在慷慨的住宅郊区。美国修建起宽阔大道，盖起了大型的公共建筑和文化建筑，其中陈列着（人数越来越多的）美国百万富翁捐赠的艺术品——其中大部分都是欧洲作品。此外还有一点也让欧洲人艳羡不已：美国社会中不断积聚财富，越来越多的家庭都能生活在面积宽裕的郊区住宅里。

欧洲人了解美国这些方面的情形，也有各种各样的途径。有些欧洲的建筑师、规划师等专业人士在美国工作或访问美国，回欧时向公众介绍了美国人做事的方式。1893 年在芝加哥举办的"大哥伦比亚博览会"（Great Columbian Exposition）让许多欧洲人首次感受到美国对世界各国城市施加重大影响的潜在力量。[4] 在 20 世纪，越来越多的欧洲访问者对美国城市规划产生了兴趣。[5] 例如，法国的"田园城市"改造家乔治·贝诺特 – 列维（Georges Benoît-Levy）于 1904 年访问了美国，并在第二年出版的著作中记录了他的心得。另一位早期访美者是德国建筑师维尔纳·黑格曼（Werner Hegemann）[6]，从 1909 年起，他就成为美国城市规划运动发展的积极参与者。然而在当时帝制德国的极权环境中，黑格曼访美经验的直接影响相当有限；而且直到第一次世界大战之后他才回到欧洲。

第一次世界大战让欧洲更加对来自美国的影响敞开大门，在法国这一点尤其明显，甚至当美国参战之前，美国的红十字会就资助了一批美国建筑师前往法国参与重建工作。在这批人中最重要的是福特（George B. Ford），他在 1920 年制定了法国兰斯市的重建方案，这是当时受战火大幅毁损的法国城市中最大的一个。[7] 1919 年法国刚刚通过新规划法，福特富于影响力的方案是第一个被该法认可的规划方案，它把美国城市规划的很多原则和技术引入了法国。不过，虽然这个项目影响巨大，但像这样的案例毕竟相对罕见。更符合观念传播一般情况的是法国城市规划师雅克·格雷伯（Jacques Gréber）的案例；他在 1917 年为费城设计了费尔蒙特公园路（Fairmount Parkway）[8]。1920 年，格雷伯向法国公众发表了他对美国建筑和城市规划的见解[9]；从书名就能看出全书的立意："美国的建筑：法国智慧无远弗届的明证"。[10] 和许多欧洲访美者一样，让格雷伯印象最深的是重现或印证了他熟知的法国事物的那些美国特色。

虽然来自英国的访美者肯定也无法避免这种观点，但是由于英美国家都说同一种语言。所以美国对英语世界的影响还是与它对其他欧洲国家的影响有所不同。美国的一些早期规划项目，尤其是丹尼尔·伯纳姆和爱德华·贝内特（Daniel Burnham and Edward Bennett）1909 年为芝加哥制订的宏大规划（这个方案本身就受到欧洲，特别是法国城市规划的强烈影响），在英国为人知晓的时间要早于欧洲大陆。而还有一些活跃的行动者充当了传播载体。比如说，英国规划师托马斯·亚当斯 1914 年移居加拿大，其后经常访问美国，1923 年更是领导一支其他成员都是美国人的团队，一起制定纽约区域规划。[11] 委任亚当斯这项任务，固然表明美国人对欧洲规划的博大精深尚有遵从之心，但这也让亚当斯（并且通过他让整个英语世界）更好地了解了城市规划领域的美国式思维方式。

在 20 世纪 20 年代，在加拿大、澳大利亚等国家就开始出现了城市规划的美国化趋势。这些国家的本地城市改造力量不足，技术储备也不够，所以接受国外观念就更加顺理成章。原先是英国帝国主义势力参与得多一些，但是美国作为"新世界"的移民国家样板，日益成为这些国家效法的对象。并不令人惊讶的是，这种借鉴过程在加拿大更加充分，20 世纪 20 年代，美国"高效城市"观念在加拿大成为城市规划界思想与实践的主导趋势。[12] 虽然这种潮流暂时在澳大利亚还没有太大反响，但是早在 1912—1913 年，澳大利亚的新首都堪培拉就已经是由一个美国人格里芬（Walter Burley Griffin）按照"城市美化运动"（city beautiful）的思路规划的了。[13] 除此之外，在墨尔本（1922 年）和珀斯（1928 年）都出现了按照美国风格进行城市规划的项目。[14]

欧洲各国的城市规划传统更为源远流长，所以美国的观念和影响——尤其是那些与各国固有方式差异较大的方面——会经过更具批判性的筛选。虽然如此，但

英国人对美式规划的兴趣还是在 20 世纪 30 年代末充分增长。所以 1940 年在由极
其重要的皇家城市规划调研委员会代表官方公布的《巴罗报告》(Barlow Report) 中，
美国案例得到了比任何其他外国案例都要多的关注。[15] 当时，纽约区域规划方案已
经全球闻名，也是人们的主要兴趣点。除此之外，美国其他大城市也提出了大量
让人印象深刻的规划方案，其中很多都在技术上和效果上让英国以及其他欧洲国
家的方案相形见绌。随着美国人关于规划与城市的论述增多，在理论界也产生了
越来越高的重要性。尤其是刘易斯·芒福德那些雄辩有力的作品开始为英国的城
市改造家和规划师们所阅读。[16] 这当然部分地是由于芒福德借鉴了霍华德(Ebenezer
Howard)、格迪斯（Patrick Geddes）等英国理论先驱的作品，但芒福德也在规模大
得多、技术发达得多的城市中验证并升级了他们的观念。[17]

在很多方面，那些年间最让英国人感兴趣的还是美国城市规划取得的巨大实
践成就。在当时的很多人眼中，欧洲的专制国家似乎在公共建设方面成为潮流引
领者。在这个背景下，欧洲似乎走向了冲突对抗，而在美国，罗斯福总统的新政
与各种城市规划项目紧密相连，对于英国追求进步的人士来说，似乎成了希望的
象征。20 世纪 30 年代，专制国家的城市规划一味大肆铺张，而欧洲主要民主国家
则无所作为，好像是在"混日子"，美国的规划思路对于很多人而言成了这两者之
间的一条"中间道路"。

田纳西河谷管理局（Tennessee Valley Authority，缩写为 TVA）在制定区域
开发规划时采取的综合性方式被英国同行们认真研究，虽然英国人后来在对之效
法的时候，冲淡了其中一些最富有雄心的规划思路。英国人还对受到"田园城市"
启发诞生的"绿带城镇"（greenbelt towns）等再安置措施，以及美国在和平时期实
施的第一批公共住房项目感兴趣。而英国人的兴趣并不仅仅限于进步政治党派主
持的社会工程。罗伯特·摩西在纽约主持修建的大规模公用事业项目也构成了对
希特勒、墨索里尼等人建设成就的反击。纽约市区附近修建了大型公园和休闲设
施，还包括封闭式的城市高速路网、巨大的未来主义风格立交桥和大型桥梁。这
是世界上最大的城市，它证明了民主社会也能完成像希特勒的"帝国高速公路" 88
(Reichautobahnen)或者墨索里尼的意大利高速公路 (autostrade) 这样的大规模项目。

在 20 世纪 30 年代，英国规划师对当时美国城市规划方面的创新形成了最为
充分的认识，但欧洲其他国家对此也并非一无所知。而他们观察美国规划的视角
与英国人有所区别。比如，如果极权国家中的规划师表现出对美国无保留的欣赏，
那恐怕是极不妥当的，所以在这些地方，美国的影响要经过意识形态方面的过滤
或者伪装。这一点在纳粹德国尤其如此，那里的反犹情绪特别高涨，而好几位美

国规划界的领军人物是犹太人，所以没法公开讨论他们的作品——除非是对之严厉抨击。但若干纳粹德国的著名规划师，比如汉堡的康斯坦蒂·古绍（Konstanty Gutschow），也访问过纽约，研究过当地的规划。[18] 另外，1928—1931 年赖特和斯坦因（Henry Wright and Clarence Stein）在新泽西的拉德本项目中采用的交通隔离住宅布局也吸引了德国人的兴趣。[19]

在法国，1933 年格雷伯制定的马赛规划方案、1934 年亨利·普罗斯特（Henri Prost）制定的巴黎规划都体现了鲜明的美国影响。[20] 更为明显的是莫里斯·勒鲁克斯（Môrice Leroux）在毗邻里昂的维勒班市设计的 Les Gratte-Ciel 项目（字面意思是摩天大楼），它模仿了纽约同时代的退台式高层建筑，而后者其实是纽约土地区划条例的产物。[21] 虽然法国的政治气候与德国大不相同，但两国也有一些共同点。法国人更多的是把美国规划的影响当成一系列脱离语境的城市化形象来接受，而不像英国人那样对美国规划有政治方面的深层共鸣。除了语言差异自然地延迟了更深层次的理解之外，这也与左派在 20 世纪 30 年代法国的政坛地位有关。当时法国政治观点普遍处于两极分化状态，一面是左派，一面则是强烈反对他们的民族主义右翼。这也意味着与英国相比，进步的中间派力量要弱得多。在法国左派看来，罗斯福美国的种种措施无非是临时的权宜之计，他们偏好更大胆、更具社会主义色彩的模式。勒·柯布西耶在 20 世纪 30 年代用法语发表了一些关于美国的文章，从中就可以发现这方面的问题。[22] 虽然他看到了很多令人钦佩的东西，但勒·柯布西耶也认为美国城市规划运动胆子太小，不愿意彻底扭转或重新定义资本主义城市变迁的粗陋机制。而右翼则对美国的案例既无特别兴趣，也无深刻印象。

## 第二次世界大战作为关键节点：马歇尔计划和欧洲重建

第二次世界大战戏剧性地改变了全世界与一切美国事物打交道的方式。如果说在 1939 年以前，大多数西方国家都会带着各自不同的观点和怀疑态度看待美国，那么 6 年之后的关系则更接近于一种"不加批判的依赖"。出现这种情况是因为美国的出兵、特别是它的生产能力很快使其在大战中成功发挥了主导作用。打动欧洲的不仅是跨越大西洋而来的美国食品、坦克、飞机、卡车和舰只。许多其他方面的美国文化和知识经验也起到了这种作用。以这样那样的途径，欧洲人发现自己迷上了美国的生活方式，在某种程度上，这也包括美国人修建城市并在其中生活的方式。而这些情形发生的过程并不像初看上去那么简单。

到了 1945 年，美国已经是大西洋和太平洋地区最强的军事力量。之前它的主要西方对手（或者说本来想充当对手的势力）要么是被打败了，要么就是因为战争而一贫如洗，没法再构成挑战。只有苏联才能挑战美国在全球的霸权地位，但苏联虽然领土广大、近来又有所扩张，却主要以东欧和亚洲大陆的大部分地区为当时和今后的控制范围。可想而知，1945 年时美国国内有一种不断滋长的情绪，认为美国已经为全世界尽到了责任。但是人们很快又看清：撤回到一种独善其身的状态会导致严重的风险。战后，共产主义在东欧和中国节节取胜，体现了资本主义和议会制民主的脆弱性，这提示美国：如果它想维持在欧洲的影响力的话，就必须持续对全球事务进行决定性的干预（从更长远一点的角度说，这还说明美国有必要设法在欧洲殖民者开始撤离的各国土地上遏制共产主义影响）。

出于这些动机，美国政府自 1946 年起就承担了更积极的角色，帮助西欧（后来又扩展到全球）实现经济与政治复苏。（美国的另一个动机是从欧洲——特别是德国——获取工业和军事方面的技术与实践经验，但这在城市规划领域似乎并非考虑的因素。）到 1948 年，美国最初提供的递增性系列贷款重新定名为欧洲经济复苏计划，通常被称为马歇尔计划。[23] 对于他们来说，被战火摧毁殆尽并且近乎财政破产的西欧国家非常渴望得到美国提供的物资援助与其他方面援助。"半个大陆都会被棒棒糖和尼龙丝袜诱惑"的说法是把现实漫画化了，但也肯定很大程度上代表着事实情况。

此时美国的地位极其有助于推行其主张的各种方案。在德国尤其如此，而在西欧其他各地也基本上是这种情况。哪怕是英国和法国，它们本身都出兵占领德国，但与美国也并非平等的伙伴；这两个国家都不得不寻求向美国大量借款，所以也非常依赖美国。而美国主要是借助这种控制权塑造了战后欧洲经济与政治的整体环境。根本的考虑，是要确立让资本主义繁荣昌盛、民主政府持续执政的前提条件。 90
换言之，是要创造一个倾向于对美国抱有广泛认同的西欧社会。在一些国家（比如意大利），围绕着马歇尔计划的宣传语特别直白地表达了"你们也能像我们一样"的意思。[24] 但除此之外，美国人对制定细化的公共政策（比如城市规划）相对兴趣不大。在工业厂房之外的城市物理空间重建方面，他们主要关注的是重大基础设施工程。

对上述一般举措，美国人最接近于做出真正的例外的地方是在德国，我们在后文中会对其详细研究。而即使是在德国，它的介入也不那么情愿，而且做起事来比较"粗线条"[25]（与英国、法国和苏联占领当局在各自占据区域对重建规划的密切关注以及有时是强硬粗暴的干涉形成了鲜明对比。[26]）在某种程度上，美国的方法体现了其占领当局做出的明智决定。例如在 1947 年，美国人向魏玛共和国期间的德国现代主义建筑师之一沃尔特·格罗皮乌斯（Walter Gropius，在纳粹时期经英国移民到美国）咨询建议。他提出了不少思路，其中最根本的是要把城市规划的任务交给技术上最胜任的德国人，同时提供机会让他们多接触美国专家。当时，关于柏林城市的规划存在很多争议；另外还有不少美国人强烈呼吁把法兰克福定为联邦德国首都。格罗皮乌斯这次回德时间不凑巧，正好卷入了这些争议。但总的来说，在美国占领当局对德国城市规划进程的有限参与中，格罗皮乌斯的这些建议可能对一些整体工作模式起到了强化作用。

　　1949 年，费城市民规划机构的负责人萨缪尔·齐斯曼（Samuel Zisman）受委托来为美国占领区的城市规划提出建议，这一次，占领当局收获了一些更具体详细的建议。[27] 齐斯曼不太会讲德语，所以请了一位当时在费城工作，并且有一定相关经验的（这一点研究界还有争议）规划师与他一道前往。这个人是汉斯·布卢门菲尔德（Hans Blumenfeld），他本是德国犹太人，从纳粹魔爪中逃脱后，首先在苏联工作了一段时间，然后在 1938 年到了美国。布卢门菲尔德曾经是德国共产党员，即便在战后也很同情共产主义——虽然他对斯大林制度没有好感。为了参加齐斯曼的德国项目，布卢门菲尔德首先要拿到美国护照；但是在战后美国反战氛围中，大家都不敢保证政府一定会给他发护照。好在他办理证件的那段时间审查不太严格，所以布卢门菲尔德最终加入团队，而且成为报告的主要执笔人之一。[28]

　　报告提出，不应该过分把美国式规划思路强加给战后德国，因为在作者们看来，美国的规划观念与（纳粹掌权之前的）德国规划传统相比还是有所逊色。他们也强调应该加强德国规划师与美国（乃至其他西方国家）同行的接触交流。这包括为德国官员赴美考察、德国学生赴美大学接受城市规划教育提供资助。

　　而齐斯曼 / 布卢门菲尔德报告最重要的一个方面，也许是他们（像格罗皮乌斯一样）倡议支持公共住房项目建设。美国占领当局原本对此兴趣不大，因为提高德国人的生活标准非其职责所在。当时用非传统方式修建了不少临时性的房屋，得知德国人不太愿意住在这种地方，美国占领当局相当不悦。可是齐斯曼和布卢门菲尔德的提议比格罗皮乌斯当初的建议来得更是时候，因为当时民主德国和联邦德国刚刚分家，美国当局发觉，如果两个德国之间哪一方的住房条件更佳，这可能会被外界从意识形态方面解读，而不是仅仅局限在住房领域的事。

　　由于出现了这样的情形，所以美国对德国建筑与规划界的话语产生了重要影响。当局组织了多次设计竞赛，并实施了若干示范项目，激发出大家对公共住房项目的兴趣。整体而言，提倡的是在住宅设计（以及在间接意义上的城市规划）方面重新确立现代主义的、标准化的、工业化的设计观念，这个传统在纳粹当政

91

时期基本上被连根拔除了。这也是美国人在 20 世纪 30 年代末到 40 年代期间从欧洲学到的思路和做法，现在又由他们重新引入了德国。原先被纳粹迫害不得不流亡海外的现代主义设计师，如今成了美国资助的样板住宅项目的评审团成员，这里的反讽意味当然很难忽略。但是这些项目的数量也不该高估，即便是在援助高峰期的 1950 年，美国的资助也只占到联邦德国住房项目开发总预算的 5%。

在西欧各国，马歇尔计划对城市重建规划方面的贡献都很小，这一点很让人惊讶。当然，像德国等地方的住房项目都受益于马歇尔计划。比如法国收到的美援中，有八分之一左右用于住房项目。[29] 而意大利的美援住房项目则最有雄心，其中 INA-CASA 方案广为人知。[30] 但把重点放在这方面的原因并非完全是为了解决住房问题，"通过刺激建筑行业复苏来减少失业人口"之类的经济效应是决策者的优先考虑。这表明马歇尔计划的大前提是：经济和政府重建至关重要。如果大型项目得以实施，那么重建的一些微观细节方面会自动跟进。

一种有趣的假设是：如果美国像英国或法国那样有着长久的帝国传统，那么 1945 年之后会出现什么情况？在这种情形下，城市规划大概会在战后发展中占据比较重要的位置。实际上，当时欧洲的另一个超级大国苏联就以与美国完全不同的方式在东欧确立了霸权。东欧的城市规划基本上是在苏联的直接指导实施的，它造就了这批全新共产主义国家的统一认同感。

## 美国对战后早期欧洲规划的影响

虽然美国并没有在真正意义上把自己的城市规划概念强加给西欧，但在 20 世纪 40 年代，整个欧洲的城市规划话语和实践领域呈现出显著的美国化趋势。美国人像在德国一样，增进了欧洲各国专业人士与美国规划领域的信息交流，因此可以说是在某种程度上促成了欧洲规划的美国化。但总的来讲，这是你情我愿的过程，主要是西欧政府和专业人士对美国主动借鉴。当时欧洲在整体上要仰赖美国，这个大环境当然塑造了规划方面借鉴的基本氛围，但这在任何意义上讲都不能算一种没有自由选择的机械决定。在欧洲，人人都对美国社会的成功感到钦慕，这比以往任何时候都更甚，大家当然还会衷心感谢美国在大战中和大战后对欧洲的帮助。这很快就转化为效法和运用美国做事方式的愿望。

比如可以考察一下与 20 世纪 30 年代相比，法国建筑师和规划师对美国态度的变化。正如科恩所说，30 年代时人们对美国的兴趣还是风格方面的，但是到了战后就彻底倒向了一种彻头彻尾的美国化。[31] 从纳粹占领中解放后，法国的重建规

92

划者及政治领袖们积极效法美国的典范案例。1945 年，重建和规划部在华盛顿特区设立了一个办公室，在政府的鼓励下，著名建筑师和规划人员的考察团很快访问了美国。[32] 赴美考察的有马塞尔·洛兹（Marcel Lods）、勒·柯布西耶、埃科沙尔和未来的战后重建部长欧仁·克劳迪乌斯–佩蒂特（Eugène Claudius-Petit）。此外，在第二次世界大战期间（至少是其间部分时间）法国建筑和规划界的几个重要人物就是在美国度过的，战后充分发挥着中间人的作用。在规划领域，其中最重要的人物可能是莫里斯·罗蒂瓦尔（Maurice Rotival），他是普罗斯特的前同事，曾在委内瑞拉工作，1939 年起在耶鲁大学任教。[33]

93 　　访美的法国规划者对新政项目、战时新安置点和住房计划印象特别深刻。他们的看法绝不是不加批判的，但整体印象是正面的。值得一提的是，1943 年美苏关系最好时，一些苏联规划师在本国也公开发表过正面看法。[34] 法国考察者热情评价了田纳西河谷的开发和对住房供应的工业化实施。这两者似乎都是城市重建和现代化的经典模式，可以方便地复制到法国社会。不久之后的 1946 年 6 至 7 月，在巴黎大皇宫举办了一次关于美国战时住房和规划技术的专题展览，这似乎预示着美国观念即将在法国登陆。[35]

　　20 世纪 40 年代后期开始，法国大力推动加速了住房建设。例如，政府采取了一些措施（虽然基本上没有结果），让主要的法国工业制造商参与建筑预制材料生产，模仿战时美国的福特和凯撒（Kaiser）等公司的经验。[36] 但最终这些措施的主要效果是刺激了建筑业产生变革。在 20 世纪 50 年代，区域开发规划也越来越具有重要意义，部分就是受到田纳西河谷开发案例的启发。

　　而在法国隔海的邻居英国那里，由于 20 世纪 30 年代晚期以来就对美国规划观念持续关注，所以在战后阶段英国规划界对美国经验给予高度评价，这也不足为奇。罗斯福新政推行的一些项目，尤其是田纳西河谷开发和绿带城镇项目（特别是这些项目的一些最激进阶段的做法），在英国被持续密切追踪报道和认真研究。[37] 关于美国在田纳西河谷项目和一些战时项目中使用预制材料建房的经验，英国人进行了相当热忱的报道。[38] 而英国本地的一些项目，比如战时应急住房计划就参照美国的案例，用预制材料修起了 15 万座平房。[39]

　　在战后早期英国规划中，另一种明显的美国影响体现在社区建设项目方面。克拉伦斯·佩里（Clarence Perry）在两次世界大战中间的年代关于社区邻里规划写过一些作品，这些认知 20 世纪 30 年代开始在英国得以应用，但直到接下来的十年才获得更广泛的接受。[40] 此时，刘易斯·芒福德越来越多的相关著作在英国的影响力与日俱增。官方的达德利委员会[41] 建议将"邻里单元"作为公共住房（战后早期住房供应中主要是公共住房）规划的标准模式；两年后，瑞思委员会[42]在新城镇规划中对此给予了类似的认可。两份报告的建议都得到了规划师的严格遵循。

然而正如可以预料的那样，英国采用的社区邻里单元观念与美国的样板案例相比存在重大差异。最后实施出来的单元规模更大，理想容纳人数达到9000人，而不是佩里原本考虑的5000人 [ 佩里的想法部分来自埃本尼泽·霍华德的"小区"（ward）概念 ]。[43] 而且这样的社区形式更具"内向性"，社区设施位于其中心，而不是边缘。最后，英国的社区理想也与"实现社会融合"这一雄心勃勃的目标联系在一起。这个意图反映了战时英国普遍存在的平等主义社会风气——社会的不同阶层的住处今后都是左邻右舍。

社区邻里单元的规划观念，部分地通过这些重要的英国变奏形式——比如在伦敦战时房屋规划和战后早期新城镇规划中形成的若干重要案例——而很快在西欧广为人知。在法国最早的一批战后大型住房项目的计划中就能发现其影响，典型案例是在里昂郊区的帕里利项目（Parilly），其首批住宅于1952年完工。邻里单元观念对联邦德国战后重建也有重大影响，部分原因是因为它与纳粹时期规划师所青睐的 Ortsgruppe als Siedlungzelle（字面意思是"地区党部作为住宅小区"）的概念有着惊人的相似之处。[44] 来自英美的"社区单元"概念给这种规划形式换上了可接受的意识形态标签，这样它可以在战后规划项目（尤其是汉堡的项目）中继续存在。

在20世纪40年代和50年代初期，社区邻里单元的概念在瑞典及其邻国也被广泛采用。这种观念的流动对美国规划在战后早期欧洲的传播方式产生了重要影响。瑞典在战争中是中立国，所以其领土上既不存在大规模美国驻军，也没有经历大规模的美国重建援助。瑞典规划从早期对德国的效法转向美国（和英国）的城市化模式，这种转变的首个迹象在第二次世界大战爆发的1939年之前就已经出现。在两次世界大战的年代，对瑞典建筑师和规划师来说最大的国外影响还是德国魏玛的现代主义，但斯德哥尔摩也建起了可能是欧洲最早的摩天大楼，即1924—1925年建造的国王双塔（Kungstornen）双子楼。几年后，它又在斯德哥尔摩斯鲁森地区（Slussen）建起了欧洲第一座苜蓿叶式立交桥在（1931—1934年），只比美国的第一个同类案例——新泽西州林肯高速公路立交桥晚一年。[45]

第二次世界大战让瑞典对德国思想更加反感，而对美国观念则有了更密切的接触，尤其是在社区规划方面。因此在1942年，瑞典极有影响力的合作社运动出版了刘易斯·芒福德《城市文化》一书的瑞典语译本。[46] 这个译本影响了北欧各国，尤其是丹麦和挪威的规划师（这两个国家原本就比瑞典更亲近英美一些）。然而最早实现这种观念的项目开发还是出现在瑞典，特别是 1943 年在斯德哥尔摩阿尔斯塔（Årsta）进行的社区单元项目。其他项目很快也跟进上来，等到美国社区规划师中的前辈人物克拉伦斯·斯坦因 1949 年和 1952 年访问斯德哥尔摩时，简直因为眼前看到的美国式规划景象着了迷。[47]

斯坦因的热情，部分是因为看到他自己的观念得以大规模实施而感到自豪。战后初期的瑞典，特别是斯德哥尔摩，成为美国式道路安全住宅区规划最早的（并且相对而言也是最热情的）推行者。这种规划模式就是 20 世纪 20 年代后期斯坦因和他的前合伙人亨利·赖特在拉德本项目中首创的[48]，后来还有其他几处地方也应用了该形式（比如马里兰州的格林贝尔特，这是新政建设的第一个新定居区）。这个规划形式在瑞典的广泛采用与美国本土对它普遍日趋冷漠的态度形成了鲜明对比。在某种程度上，这表明瑞典具有更悠久的规划文化，但也说明瑞典比战后早期的其他欧洲国家经济更繁荣、汽车普及程度更高。随着战时紧缩政策的消退，英国规划师们也开始采用相同的布局（主要是在新城镇中），因为在 20 世纪 50 年代人们预测汽车使用量开始增长；其他国家的情况也是如此，尽管规模略小一些。

拉德本规划观念在美国的遭际其实是一个时代大转变的缩影。在大萧条和第二次世界大战时期，美国政府信奉由中央政府实施强干预的做法。但到了 20 世纪 40 年代末和 50 年代，这在美国不再吃香。其实早在 20 世纪 30 年代后期就已经出现了一些转变迹象，但是新政的欧洲崇拜者对此却没有留意。而战争的集体化经验似乎全面扭转了反对政府干预的趋势。20 世纪 40 年代，似乎是一批更具社会主义色彩的规划师在美国占了上风，但这只是表面如此而已。美国很快又回到了它原有的惯常模式，让市场力量而非规划师行使塑造城市的职能。新政和战时举措要么被废止，要么也大幅缩水。

在这种背景下，其他西方国家的规划师特别追捧的一些规划案例在在美国本土反而成了非典型的特例，这不得不说有点反讽。一些来自欧洲的规划师也亲身体验到了美国不那么让人亲近的一面。汉斯·布卢门菲尔德来到美国后，原本很快就在罗斯福的美国找到了自己的定位；但参议员约瑟夫·麦卡锡发动歇斯底里的反共狂潮之后，布卢门菲尔德的职业生涯遭遇了挫折。同时，著名的英国规划师戈登·斯蒂芬森（Gordon Stephenson）也因为莫须有的"同情共产主义"罪名而被当局拒绝聘任为麻省理工学院教授。1955 年，这两个人都移居到政治环境更友好的加拿大。[49]

如果说，美国抛弃了那些欧洲左派推崇的规划观念以及孕育出它的整体意识形态思维方式，那么我们也应该看到，当时又形成了另一种悖论。尽管规划风气有所扭转，但是从 20 世纪 40 年代后期崭露头角的市场力量本身也引发了重大的规划创新。在一些情况下，市场力量直接创生了新形式的规划环境；在另一些情况下，则是由规划师找出办法来理解和回应无数市场主体的决策。无论是哪种情况，产生的规划创新都会被其他西方国家学习借鉴。　96

## 成熟的影响：为大众消费社会制定规划

市场力量对城市的塑造，使美国处于 20 世纪 50 年代和 60 年代西方城市规划的两个重要且彼此相关的方面的发展前沿。这两个方面就是购物中心的规划和为汽车交通而作的规划。前者对西欧的规划实践有更直接的影响。从 1949 年开始，美国出现了零售革命，各个城市的郊区都出现了大型购物中心的规划，主要就是面向驾车而来的消费者。[50] 最早的购物中心看上去设计成熟度不高；但很快，人们开始在各个商店之间开设纯粹的步行区域。越来越多的步行商场修建了遮风蔽日的设施，最终于 1956 年在明尼阿波利斯郊区的埃迪纳（Edina）建成了世界上第一家全空调商场。

战后欧洲很长一段时间物资短缺，采取配给制；这让大众消费在当地的发展要慢得多。但战争毕竟破坏了大量建筑物，重建规划的强劲需求，让规划师也有机会重新考虑零售商业设施的形式。因此，欧洲规划师们也始终密切关注着美国购物中心的发展。鹿特丹的莱班商业街（Lijnbaan）公认为世界上第一个专门建造的步行式购物中心，其规划师就是在研究了美国当时最新的案例后设计的方案。[51] 1950 年，克拉伦斯·斯坦因通过他的朋友戈登·斯蒂芬森在英国斯蒂夫尼奇新城（Stevenage New Town）的全步行式城镇中心的早期规划中发挥了重要作用[52]，这称得上是来自美国的直接贡献。

20 世纪 50 年代新型美国零售业建筑的开发受到了一些关注，但当时在欧洲几乎没有效仿者。瑞典和英国的关注兴趣最高，主要是新城镇中心的开发中采取了类似形式。以埃森（Essen）为首的德国城市则采取了不同的模式，把现有的中心区街道步行化。[53] 但在某些方面，最适合美国零售区模式的地方，是那些地域宽广、居民富足、开发了美式郊区的地区，加拿大就是典型。温哥华的皇家公园（Park Royal）是加拿大第一个郊外购物中心，建成于 1950 年，就在第一批美国案例形成之后不久。[54] 1955 年，斯蒂芬森在给澳大利亚城市珀斯的都市规划报告中推荐了这种规划形式[55]；而当时在墨尔本已经出现了实际案例。[56]

到了 20 世纪 60 年代，西欧已经结束了战后的物资匮乏和重建阶段，总体情况　97

更有利于零售业形式的大规模变革。英国又一次充当了美国观念登陆欧洲的桥头堡。1964 年，伯明翰的斗牛场购物中心（Bull Ring Centre）成为欧洲最早的全封闭购物中心。[57] 这个项目（最近被拆除了）的方案是在对美国实践进行广泛研究后设计的。另一个在英国实施的早期案例是伦敦的大象堡（Elephant and Castle），本文写作时（2002年）即将拆除重建。虽然非常遵循美国规划观念，但是英国的购物中心在一个重要方面与美国开发模式完全不同。这几个英国案例（20 世纪 60 年代后期和 70 年代还会开发更多）并不是修建在郊外的全新区域里。相反，它们是对现存购物区的重新开发和现代化改造，所以交通方式要兼顾私家汽车和公共交通。

巧合的是，同样是在 1964 年，英国兰开夏的海多克公园（Haydock Park）计划修建一座大型的、主要面向汽车的郊外零售商场，这也是英国第一个此类规划。[58] 但在进行公众意见调研后，方案被否决了。此后多年，英国在修建郊外零售中心的举措都停步不前。直到 1976 年，伦敦郊区的布伦特十字街才出现了第一家主要面向驾车消费者的大型购物中心。[59] 伦敦的规划师们长期以来都在为此纠结不已，只有当他们确信这种做法不会损坏现有的中心时，才敢于放手设计。事实上，要到 1986 年英国才出现了一个完全符合美国购物风格的项目——泰恩赛德盖茨黑德的都市中心（MetroCentre）。不过到了这个阶段，撒切尔夫人政府已经大大放松了对规划系统的把控，其主要影响之一是允许在传统城镇和城市中心以外的区域进行大规模商业开发。

尽管存在这些滞后，在欧洲国家中，还是要数英国在零售中心的规划方面最紧跟"美国式"道路。在一定程度上，英国是这种规划（以及其他美式规划观念）在欧洲的中转站。不过对于购物中心来说，英国各地积极吸收这种观念的行动者主要是商业地产开发商，而不是规划师或建筑师。在接下来的几十年里，也正是这些人把英国人对演化发展中的美式购物中心概念的诠释带到了其他各个国家和大陆的城市中。不过至少在 20 世纪 60 年代和 70 年代，有一个悖论再次显现出来。英国式的购物中心基本上是在中心区域而非一种市郊现象，这与美国购物区规划领域的领军人物维克多·格鲁恩（Victor Gruen）本心想在美国设计的那种东西非常接近。[60] 但格鲁恩规划直接产生的实际影响却是零售业的分散化，直到 20 世纪 70 年代和 80 年代后期，美国大城市的中心地段才开始出现大型的商业中心。[61]

## 98 成熟的影响：为私家车交通方式制订规划

在 20 世纪 50 年代和 60 年代，美国也成为大规模都市公路和交通规划方面的全球领先国家。[62] 在某种程度上，这反映了美国在公路工程领域积累的大量专业知识。当然，美国是世界上汽车化程度最高的社会，从 20 世纪 50 年代起，它开始围绕不受限制的汽车使用来重建城市。部分出于这种考虑，部分由于巨大的跨州高速公路建设项目，公路规划师们开始越来越多地使用电子计算机进行大规模数据处理。这样就可以对城市区域内的交通和土地使用方式进行预测和动态建模，而这又意味着可以预测新高速公路对活动模式的影响，并相应地制定有关路线和道路网络的决策。这方面的一个里程碑是 1955 年的底特律都市区交通研究，该研究与次年的芝加哥的同类研究一起，确立了美国在该领域的领先地位。

在短短几年内，这样不断积累深化的美国公路规划专业知识引发了国际兴趣。其中一个最值得注意的案例是 1963 年的奥斯陆交通研究，这是欧洲早期（并经过广泛研究的）运用了底特律方法的项目[63]；尽管在很多情形下是由美国专家直接应用研究技术的。到 20 世纪 60 年代初，美国高速公路规划领域的专业顾问发现，他们的专业知识是其他国家渴求的。借鉴美国专业知识的不仅有拉丁美洲等发展中地区，很多英语国家也受到了美国的直接影响。比如在 1961 年，芝加哥的德·鲁夫·凯瑟（De Leuw Cather）事务所就受委托向澳大利亚悉尼市提供关于高速公路规划的建议[64]，随后在 1964 年和 1967 年还为珀斯制作了类似的报告。加拿大的各个城市进行了类似的项目；1966 年，总部位于旧金山的柏诚集团（Parsons, Brinkerhoff, Quade and Douglas）受委托为温哥华制订了市级公路规划。[65]

同样的过程在英国也很明显，尽管当地机动车普及率较低，但城市面临着机动车辆使用增长造成的严重问题。从大约 1960 年开始，威尔伯·史密斯（Wilbur Smith）和艾伦·沃希斯（Alan Voorhees）等美国专家就在英国为汽车交通规划提供咨询。[66] 然而意义更为重大的是由科林·布坎南（Colin Buchanan）主持撰写并于 1963 年出版的关于城镇交通的官方报告，该报告作为美国交通规划方面的成就获得了广泛赞誉。[67] 各国都对报告产生了浓厚兴趣，它在 1964 年就翻译成德语[68]，其中一些关键部分也在次年翻译为法语。

虽然报告也考察了联邦德国城市、斯德哥尔摩和威尼斯的规划经验，但其大部分内容还是来自美国。像费城这样的美国城市的城市改造规划会事先考虑汽车通道，这符合布坎南所谓的"交通建筑"概念，报告中对此表示赞赏。城郊购物中心对驾车购物消费者的通行便利的考虑也获得了很高评价。而最重要的是报告对美国交通规划方法论的总体肯定（它所引用的大多数文献来自美国，这一点可以视为佐证）。

但对于汽车交通改变美国城市的几种方式，布坎南也表达了不赞成。他尤其

99

痛心疾首的是由于缺乏规划而造成的郊区蔓延现象，以及一些城市主干公路建设引发的破坏和枯萎效应。但该报告还表明，肯尼迪时代的美国正处于转变的节点上。1961 年的华盛顿规划为轨道交通和新社区的高密度开发等方面的重大投资制定了"增长走廊模型"，报告中对此给予了肯定。华盛顿规划参照了很多欧洲案例，尤其借鉴了 1947 年哥本哈根制定的"五指形"规划和 1952 年斯德哥尔摩规划中首创的概念。这也让英语国家（尤其是澳大利亚）的规划师们对都市走廊规划模型产生了日益浓厚的兴趣。[69] 对布坎南来说，这种借鉴支持了他的主张：将先进的美国交通规划技术与欧洲更悠久的城市规划传统相结合，就能够兼备众美。英国规划师当然努力遵循了这一方针，其他欧洲国家规划师也有所效法，不过程度较低。

20 世纪 60 年代的特点是越来越强调理性的"科学规划"方式。虽然这起源于交通规划，但很快就扩展到了其他领域。在 20 世纪 70 年代特别受到英语国家规划师欢迎的"系统方法"是科学规划趋势的顶峰。系统方法最初也源自美国，主要是为太空项目而开发的，但在英国规划学者的诠释下最全面地运用到了规划学科。[70]

## 日益增长的怀疑态度

现在我们回顾地看，布坎南对 20 世纪 60 年代美国突飞猛进的城市规划所抱的乐观态度缺乏长时段的根据。他在报告中对若干美国经验的批评，也可以看成国外对美国负面评价趋势的肇始。哪怕是那些最善于借鉴美国经验的欧洲国家，逐渐也产生了对美国规划的反面意见。20 世纪 60 年代中期以来发生的若干重大事件进一步引发了外部的批评，特别是因为民权运动、城市暴动和反对越南战争而出现的骚乱。对于许多批评者来说，美国城市不再值得效法。进一步讲，美国规划者虽然掌握了不少令人印象深刻的技术和方法，但可以说都是败军之将。他们手中权限太小，所以无法取得真正的成就。在 1965 年巴黎地区总体规划（Schéma directeur）项目完成后，法国派了一支团队前往世界各地考察新城镇规划的经验，考察团发现，他们能从美国学到的东西远少于预期。[71] 这与 20 年前的思维方式完全不同。

尽管有上面的情形，但又存在另一个悖论。20 世纪 60 年代后期，西方世界对城市规划日趋增长的不满，本身就受到了源自美国的批评话语的影响。简·雅各布斯（Jane Jacobs）在名著《美国大城市的死与生》对城市规划提出了尖锐批评，该书于 1961 年首次出版，在几年内获得了广泛的国际反响。[72] 而赫伯特·甘斯（Herbert Gans）更有条理的论述同样指出了城市规划对社会问题的盲目性，作为批评话语也具有至关重要的意义。[73] 无可否认的是，对规划更具理论性的批评是来自欧洲，但这些批评也部分地美国化了——因为戴维·哈维（David Harvey）和曼纽尔·卡斯特（Manuel Castells）等重要的欧洲城市理论家都经不住诱惑，还是前往美国任教了。[74]

除了对规划思想的重要贡献外，美国还是全球各种反对规划工程的"公民运动"的诞生地。反高速公路运动 20 世纪 50 年代后期从旧金山起步，在接下来的 10 年中发展到了大多数美国城市。[75] 这里的部分原因或许是，这种运动反映了美国人天生对政府不那么恭敬的态度（与典型的欧洲人恰恰相反），至少到 20 世纪 60 年代后期是如此。20 世纪 60 年代，国际环境运动起源于美国，其开山典籍中最早的就是蕾切尔·卡森（Rachel Carson）1962 年出版的《寂静的春天》。[76] 更为实际的举措是，地球之友组织于 1969 年在加利福尼亚成立，两年后绿色和平组织在温哥华成立，而其创立者也是若干拒绝参加越南战争的美国人。

## 结论

美国对于广义西方世界的城市规划的影响显然并未止步于 20 世纪 60 年代。另一方面，这种影响也并没有从"提供各类实证模型"，转向"仅仅为评论话语制造概念词汇"。比如在 20 世纪 80 年代，巴尔的摩在滨水区域改造的范例就对全球（尤其是英语国家，但也不限于此）产生了巨大影响。不过，我们已经看过足够多的 20 世纪案例，到了该提一些有效结论的时候。

如果我们考察广义上的西方世界理解美国城市规划并且受其影响的方式，会发现其中存在一个宏观演化过程。在两次世界大战之间的初始阶段，主导影响是美国城市的外在形象及其独特的视觉特征。在这个阶段，对美国城市规划师的工作、他们的项目对城市实际塑造过程的影响，欧洲人其实鲜有真正领会。20 世纪 30 年代后期，美国规划中的社会经济内涵不断扩大，因此产生了更广泛的意义；欧洲也开始对此形成更加深入的理解。但总的来说，这时其他西方国家采用美国式方法的动力并不强。在第二次世界大战期间，态度发生了根本性的变化，西方世界对学习和应用美国工作方式产生了前所未有的兴趣。

然而，随着规划在塑造城市发展中的作用下降，市场资本主义的力量从 20 世纪 40 年代后期开始在美国重新出现，对美国模式的广泛认知也随之发生了变化。美国城市的形象此时在人们心中预示着来自社会巨变的压力，大家感到这种压力很快也影响到整个西方世界。美国规划的某些方面仍然可以被欣赏和采用（通常

101

会经过有意识的修改），但美国还是带来了越来越多的负面教训，因为美国文化本身就崇尚批评性研究和评论，所以国内国外对规划采取批评反思的态度都顺理成章。而无论是哪个国家的规划师都没法安心忽视美国经验。

借用传播类型学术语考虑上述演化过程，我们可以找出一些常见的模式。在20世纪30年代后期之前，美国经验并没有得到特别好的理解，借鉴通常是以批评加改造的综合方式发生的。最不加批判的借鉴发生在加拿大以及程度较低的澳大利亚等国家，它们出于对美国日益依赖或者其他原因，所以对美国经验体现出了某种文化或技术上的尊重。在西方国家对美国规划的典型反应中，实质上体现了广义上的权力关系。当时的美国显然是一个大国，但还没有成为西方世界的超级霸权。因此那些欧洲大国并没有特别依赖或遵从美国，没有动力一定采用（甚至没有动力充分理解）其经验。

不言而喻的是，当20世纪40年代美国成为西方主导力量时，上述立场发生了根本性的变化。这种情况一直持续到20世纪80年代后期美国完全成为全球霸权时。而在20世纪40年代，曾经的或未来的西方列强国家都因大战而一落千丈、精疲力竭，此时各国对美国的依赖和尊重达到了顶点。欧洲及其他地区的小国、弱国也明显地改变了传统的借鉴模式。那些以往追随欧洲主要国家的规划传统的人，此时转而关注美国。而那些早已开始借鉴美国模式的人此时则提高了借鉴的程度。

如果没有战时和战后早期来自美国的支持援助，大多数西方国家（至少是欧洲国家）恐怕会崩溃，起码也会经历更严重的衰退。但正如我们所看到的那样，虽然很多国家都希望得到美国援助，美国却没有利用其主导地位把规划方案强加到这些国家的政策细节中。美国的考虑是粗线条的，主要是要打造一个资本主义的、民主的西方世界。而由于西方国家依赖美国的现实情况，让这些国家的规划师（特别是那些原本将信将疑的欧洲人）以一种相当不加批判的积极态度来看待美国的规划经验。欧洲人此时尤其未能预知，美国的政府干预式规划其实只是浅薄无根的一时风潮。

随着这个风潮在20世纪50年代的美国消失，西欧国家的社会经济基本恢复，其对美国的真正依赖感也随之下降。这些宏观现实让欧洲人开始用更具怀疑的眼光看待美国规划。但怀疑论从来无法贯彻到彻底忽视美国经验的地步。西方世界作为一个空间和意识形态结构仍然处于美国的羽翼之下。欧洲列强的衰落表明，它们战前的荣光一去不复返。正如美国在广泛的地缘政治和经济领域中不可忽视一样，在更具体的规划领域它也不可忽视。

当然上述视角具有结构主义和决定论的特点，其有效性也有其局限。这是一个充满悖论的故事，其中最大的悖论在于：美国从未发展出与其全球地位相匹配的城市规划传统。从长时段来看，美国为总体西方规划话语提供的实证模型要少于欧洲主要国家。不过也许我们本就不该期望国际地位和规划传统完全匹配。实际上，不同国家的城市规划运动与特定的历史经验之间存在更具自主性和反思性的关系。欧洲国家在前工业时代和老牌帝国主义时期的经验，无疑有助于形成比美国更雄心勃勃的现代主义规划意识形态和实践。与此同时，欧洲普遍强烈认同国家作为变革的积极推动者的角色。只有当美国也秉持类似信念时，欧洲才有可能广泛而不加批判地借鉴美国的规划经验。

## 注释

1. Daniel T. Rodgers (1998) *Atlantic Crossings: Social Politics in a Progressive Age*, Cambridge, Mass.: Harvard University Press, p. 508.

2. Stephen V. Ward (2000) 'Re-examining the international diffusion of planning', in Robert Freestone (ed.) *Urban Planning in a Changing World: the Twentieth Century Experience*, London: Spon, pp. 40 – 60; Stephen V. Ward (2002) *Planning the Twentieth-Century City: the Advanced Capitalist World*, Chichester: Wiley.

3. Jean-Louis Cohen (1995) *Scenes of the World to Come: European Architecture and the American Challenge 1893 – 1960*, Paris: Flammarion/Canadian Centre for Architecture.

4. Mel Scott (1969) *American City Planning Since 1890*, Berkeley, CA: University of California Press, pp. 31 – 37; William H. Wilson (1989) *The City Beautiful Movement*, Baltimore, MD: Johns Hopkins University Press.

5. Anthony Sutcliffe (1981) *Towards the Planned City: Germany, Britain, the United States and France 1780 – 1914*, Oxford: Basil Blackwell, pp. 149 – 150.

6. Christiane C. Collins (1996) 'Werner Hegemann (1881 – 1936): formative years in America', *Planning Perspectives*, 11, no. 1, pp. 1 – 22.

7. Marc Bédarida (1991) '1918: une modernisation urbaine frileuse', in Archives Nationales (ed.) *Reconstructions et modernisation: La France après les ruines 1918 ⋯ 1945⋯*, Paris: Archives Nationales, pp. 262 – 266; Gwendolyn Wright (1991) *The Politics of Design in French Colonial Urbanism*, Chicago: Chicago University Press, pp. 49 – 51.

8. Scott, 前引, pp. 57 – 60.

103

9. Isabelle Gournay (2000) 'Revisiting Jacques Gréber's *L'architecture aux ÉtatsUnis*: from city beautiful to cité-jardin', *Urban History Review*, Vol. XXIX, no. 2, pp. 6 - 19; Cohen, 前引, pp 49 - 56.

10. Jacques Gréber (1920) *L'architecture aux États-Unis: preuve de la force d'expansion du génie français*, Paris: Payot.

11. Michael Simpson (1985) *Thomas Adams and the Modern Planning Movement: Britain, Canada and the United States*, London: Mansell, pp. 122 - 167; David A. Johnson (1996) *Planning the Great Metropolis: the 1929 Regional Plan of New York and Its Environs*, London: Spon.

12. Walter Van Nus (1979) 'Toward the city efficient: the theory and practice of zoning, 1919 - 1939', in Alan Artibise and Gilbert Stelter (eds) *The Usable Urban Past*, Toronto: Carleton Library, pp. 226 - 246.

13. John W. Reps (1997) *Canberra 1912: Plans and Planners of the Australian Capital Competition*, Melbourne: Melbourne University Press.

14. Robert Freestone (2000), 'Master plans and planning commissions in the 1920s: the Australian experience', *Planning Perspectives*, Vol. 15, no. 3, pp. 301 - 322.

15. Barlow Commission (Royal Commission on the Distribution of the Industrial Population) (1940) *Report* (Cmd 6153), London: HMSO, pp. 288 - 316; Stephen V. Ward (2000) 'American and other international examples in British planning policy formation: a comparison of the Barlow, Buchanan and Rogers reports, 1940 - 1999', Paper presented at the International Planning History Society Seminar on Americanization and the British City in the 20th Century, University of Luton, 6 May.

16. Lewis Mumford (1938) *The Culture of Cities*, London: Secker & Warburg.

17. Peter Hall (1988) *Cities of Tomorrow: An Intellectual History of Urban Planning and Design in the Twentieth Century*, Oxford: Basil Blackwell, pp. 137 - 173.

18. Jeffry M. Diefendorf (1993) *In the Wake of War: The Reconstruction of German Cities after World War II*, New York: Oxford University Press, p. 163.

19. Carmen Hass-Klau (1990) *The Pedestrian and City Traffic*, London: Belhaven, pp. 77 - 82.

20. Marinke Steenhuis (1997) 'Paris 1934 Plan d'aménagement de la région parisienne', in Koos Bosma and Helma Hellinga (eds) *Mastering the City: North-European City Planning 1900 - 2000*, Rotterdam: NAI Publishers/EFL Publications, II, pp.

104

226 - 233; Norma Evenson (1979) *Paris: A Century of Change 1878 - 1978*, New Haven, CT: Yale University Press, pp. 332 - 336.

21. Alain Vollerin (2000) *Histoire de l'architecture et de l'urbanisme à Lyon au XXe siècle*, Lyon: Editions Mémoire des Arts, p. 54.

22. Le Corbusier (orig. 1937) *When the Cathedrals Were White*, New York: McGrawHill.

23. Michael J. Hogan (1987) *The Marshall Plan: America, Britain, and the Reconstruction of Western Europe*, Cambridge: Cambridge University Press.

24. Donald W. Ellswood (1993) 'The Marshall Plan', *Rassegna*, 54, pp. 84 - 88.

25. Jeffry M. Diefendorf (1993) 'America and the rebuilding of urban Germany', in Jeffry. M. Diefendorf, Axel Frohn and Hermann-Josef Repieper (eds) *American Policy and the Reconstruction of West Germany, 1945 - 1955*, New York: Cambridge University Press, pp. 331–351; Diefendorf, (1993) *In the Wake of War: The Reconstruction of German Cities after World War II*, New York: Oxford University Press, pp. 246–251.

26. 关于法国占领当局在德国的作为,参见: Jean-Louis Cohen and Hartmut Frank (eds) (n.d.) *Les relations franco-allemandes 1940 - 1950 et leurs effets sur l'architecture et la forme urbaine*, Paris: Ecole d'Architecture Paris-Villemin, Département de la Recherche, and Hamburg: Hochschule für bildende Künste Hamburg, Fachbereich Architektur. 本书收录的施特罗贝尔文章清晰地介绍了苏联占领当局在德国的情形。

27. Hans Blumenfeld (1987) *Life Begins at 65: The Not Entirely Candid Autobiography of a Drifter*, Montreal: Harvest House, pp. 208 - 220; Diefendorf (1993) 'America and the rebuilding of urban Germany', 前引, pp. 331 - 351.

28. City Planning in Germany, NA/RG 59/State Department Central Decimal Files/ Box 6778/no. 862.502/12 - 849. Reference cited from Diefendorf, (1993) *In the Wake of War*, 前引书, p. 324.

29. Gérard Bossuat (1991) 'L' aide américaine 1945 - 1955', in Archives Nationales, 前引, pp. 291 - 300.

30. Sergio Pace (1993) 'Solidarity on easy terms: the INA-Casa Plan 1948 - 1949', *Rassegna*, 54, pp. 20 - 27.

31. Cohen, 前引, p. 163.

32. 同上, pp. 162 - 177.

33. Carola Hein (2002) 'Maurice Rotival – French planning on a world scale' (in two parts), *Planning Perspectives*, 17, nos 3 and 4, pp. 247 - 266 and 325 - 344.

34. Alessandro de Magistris (1993) 'USSR, the other reconstruction', *Rassegna*, 54, pp. 76 – 83.

35. Cohen, 前引, p. 173.

36. Dominique Barjot (1991) 'Les entreprises du bâtiment et des travaux publics et la Reconstruction (1918 – 1945)', in Archives Nationales, 前引, pp. 231 – 44; Dominique Barjot (2002) 'Un âge d'or de la construction', *Urbanisme*, 322, pp. 42 – 74.

37. Julian Huxley (1943) *TVA: Adventure in Planning*, Cheam: The Architectural Press; David Lilienthal (1944) *TVA: Democracy on the March*, Harmondsworth: Penguin.

38. Hugh Casson (1946) *Homes by the Million: An Account of the Housing Methods of the USA 1940 – 1945*, Harmondworth: Penguin.

39. Brenda Vale (1995) *Prefabs: A History of the UK Temporary Housing Programme*, London: Spon, pp. 52 – 74.

40. Dirk Schubert (2000) 'The neighbourhood paradigm: from garden cities to gated communities', in Freestone (ed.), 前引, pp. 118 – 138.

41. Dudley Report (1944) *The Design of Dwellings: Report of the Sub-Committee of the Central Housing Advisory Committee*. London: HMSO.

42. Reith Committee (1946) *Final Report of the New Towns Committee* (Cmd 6876), London: HMSO.

43. Stephen V. Ward (2000) 'Re-examining the international diffusion of planning', 前引, pp. 46 – 47.

44. Schubert, 前引, pp. 127 – 132.

45. Olof Hultin (ed.) (1998) *The Complete Guide to Architecture in Stockholm*, Stockholm: Arkitektur Förlag; Blake McKelvey (1968) *The Emergence of Metropolitan America 1915 – 1966*, New Brunswick, NJ: Rutgers University Press, p. 106.

46. Thomas Hall (1991) 'Urban Planning in Sweden', in Thomas Hall (ed.) *Planning and Urban Growth in the Nordic Countries*, London: Spon, pp. 167 – 246.

47. Kermit C. Parsons (1992) 'American influence on Stockholm's post World War II suburban expansion', *Planning History*. 14, 1, pp. 3 – 14.

48. Clarence S. Stein (1958) *Toward New Towns for America*, 2nd edn, Liverpool: Liverpool University Press, pp. 37 – 69.

49. Gordon Stephenson (1992) *On a Human Scale: A Life in City Design*, ed. Christina de Marco, Fremantle Arts Centre/Liverpool University Press, pp. 154 – 156;

105

Blumenfeld, 前引书, pp. 221 - 222.

50. Victor Gruen and Larry Smith (1960) *Shopping Towns USA: The Planning of Shopping Centers*, New York: Van Nostrand Reinhold; Scott, 前引书, pp. 458 - 462.

51. R. M. Taverne (1990) 'The Lijnbaan (Rotterdam): a prototype of a postwar urban shopping centre', in Jeffry M. Diefendorf (ed.) *Rebuilding Europe's Blitzed Cities*, Basingstoke: Macmillan, pp. 145 - 154.

52. Stephenson, 前引, pp. 97 - 106.

53. Hass-Klau, 前引, pp. 194 - 196.

54. Robert N. North and Walter G. Hardwick (1992) 'Vancouver since the Second World War: An economic geography', in Graeme Wynn and Timothy Oke (eds) *Vancouver and Its Region*, Vancouver: UBC Press, pp. 206 - 207.

55. Gordon Stephenson and J. Alastair Hepburn (1955) *Plan for the Metropolitan Region Perth and Fremantle*, Perth: Western Australian Government Printing Office.

56. Ian Alexander (2000) 'The post-war city', in Stephen Hamnett and Robert Freestone (eds) *The Australian Metropolis: A Planning History*, London: Spon, p. 107.

57. Oliver Marriott (1969) *The Property Boom*, London: Pan, pp. 247 - 268.

58. Stephen V. Ward (1994) *Planning and Urban Change*, London: Paul Chapman, p. 186.

59. 同上, pp. 238 - 239.

60. Victor Gruen (1964) *The Heart of Our Cities*, New York: Simon & Schuster.

61. Bernard J. Frieden and Lynne B. Sagalyn (1989) *Downtown, Inc.: How America Rebuilds Cities*, Cambridge, Mass.: MIT Press.

62. Peter Hall, 前引, pp. 326 - 331.

63. Rolf H. Jensen (1997) 'Norwegian city planning - Oslo: from provincial to cosmopolitan capital', in Bosma and Hellinga (eds) 前引书, p. 35.

64. Paul Ashton (1993) *The Accidental City: Planning Sydney Since 1788*, Sydney: Hale and Iremonger, pp. 84 - 87; Peter Newman (1992) 'The re-birth of Perth's suburban railways', in David Hedgcock and Oren Yiftachel (eds) *Urban and Regional Planning in Western Australia*, Perth: Paradigm Press, p. 175.

65. D. Gutstein (1975) *Vancouver Ltd*, Toronto: James Lorimer, p. 154.

66. Ward (2000) 'American and other international examples', 出处见前引。

67. MT [Ministry of Transport, Great Britain] (1963) *Traffic in Towns: A Study of the Long Term Problems of Traffic in Urban Areas: Reports of the Steering Group and*

106

*Working Group appointed by the Minister of Transport*, London: HMSO.

68. Ward (2002), 前引, p. 241.

69. Ian Morison (2000) 'The corridor city: planning for growth in the 1960s', in Hamnett and Freestone (eds), 前引, pp. 113–130.

70. J. Brian McLoughlin (1969) *Urban and Regional Planning: A Systems Approach*, London: Faber; George Chadwick (1971) *A Systems View of Planning*, Oxford: Pergamon.

71. Pierre Merlin (1971) *New Towns: Regional Planning and Development*, London: Methuen, pp. 176–192.

72. Jane Jacobs (1964) *The Death and Life of Great American Cities: The Failure of Town Planning*, Harmondsworth: Penguin.

73. Herbert J. Gans (1962) *The Urban Villagers: Group and Class in the Life of Italian Americans*, New York: Free Press; Herbert J. Gans (1967) *The Levittowners: Ways of Life and Politics in a New Suburban Community*, London: Allen Lane.

74. David Harvey (1973) *Social Justice and the City*, London: Edward Arnold; Manuel Castells (1977) *The Urban Question: A Marxist Approach*, London: Edward Arnold.

75. Sally B. Woodbridge (1990) 'Visions of renewal and growth: 1945 to the present', in Paolo Polledri (ed.) *Visionary San Francisco*, Munich: Prestel, p. 122.

76. Rachel Carson (1962) *Silent Spring*, New York: Houghton Mifflin.

# 第二部分
# 筑造城市、筑造国家与筑造民族

# 第 5 章
## 作为社会工程的巴尔干城市化改造：塞萨洛尼基的改造愿景与实施难题

亚历山德拉·耶洛林波斯，塞萨洛尼基亚里士多德大学

## 巴尔干背景

人们对巴尔干各国城市在 1820—1920 年间发生的重大变化知之甚少。巴尔干处于在欧洲的边缘地区，它的名字似乎就已经表明了"地理上的局部动乱"，并且善于以国家名誉为代价换取独立。看上去巴尔干国家应该属于 19 世纪西方规划概念最热心的输入者。为了评估巴尔干在欧洲规划历史中的经验，需要对 19 世纪巴尔干国家所进行的城市重建的特殊过程进行讨论。确实，巴尔干城市的剧烈变化和由此产生的转变推动了筑造国家的艰巨进程。

虽然每次输入都以输出为前提，而输入并不总是意味着意愿自由、选择范围开放，但就巴尔干而言，输入的这一方似乎对观念传播过程影响更大。巴尔干国家被奥斯曼帝国统治了 5 个世纪，当时的民众心中现代化意愿十分强烈，而这其实又意味着对赶超欧洲发达国家（主要是法国和英国）的渴望。现代化涉及各级政府、行政、教育、文化表达（文学，音乐等）、生活方式、服装和日常行为等各方面。"西方化"不仅仅是一个政治目标——它是一个根深蒂固、广泛存在的愿望，被视为新国家的一项标志性指标，代表了它的存活能力、填补多个世纪差距的能力以及找回被强行剥夺的国家认同的能力。在巴尔干国家对历史的解释中，奥斯曼帝国的征服是他们与欧洲国家大家庭分离，并在进步道路上落后的主要原因

在 19 世纪 20 年代到 20 世纪 20 年代之间，与奥斯曼帝国的解体同步，新兴的巴尔干国家也不得不面对城市乡村大规模毁损、很多地区荒芜、数百万难民寻求新家的困境。在新划定的国界线之内要修建新的定居地网点；而对于各国而言，现代化进程的核心议题就是新城市的规划和已有城市的重建。[1]

这些工作背后既有实际的、功能性的原因，也有意识形态原因。新国家应该促进生产和经济活动，在国家领土内重新分配新老居民，在荒废地区修建定居区，同时通过创建自己的城市文化来强调其独有的国家认同感。因此各国都把城市化当

成一个载体，承载着各项普遍接受的原则、政治自由、经济发展和社会福祉，这些根本价值都将以塑造城市的形式得到实现。与此同时，奥斯曼帝国统治的痕迹(以社会和政治的落后为特征)必须从城市肌体和景观中消失。在争取政治解放与社会、经济和文化进步的奋斗中，"西化"和"去奥斯曼化"[2]成了两个相互交织的目标，由它们引发了很多重大的规划举措。当新的独立国家政府刚刚成立，第一批决策就包括为规划制定充分的立法以及一些具体的规划措施。在 19 世纪，在整个巴尔干地区都推出了水平不一的规划方案和城市规划立法，总体而言它们反映了同时代最先进的规划观念。

从奥斯曼帝国时代遗留下来的传统巴尔干城市，似乎与西欧城市截然不同：它没有政治自治权或法律身份，也没有任何直接负责城市的权力机构。从社会的角度来看，城市就是一些与国家和中央政府有关系的有产者的家。

关于巴尔干城市的物理结构和形式，虽然不容易用笼统的描述概括所有城市的风貌，但它们仍然具有一些共同特征：城市发展处于"无政府状态"，农业地区与城市界限混杂交错；如果城里有古代要塞，那么要塞也不具备专门的功能；多民族人口居住在彼此分离的区域里，每个族群都有自己内向的、严格控制的社群生活；若干区域专门留给市场和作坊；没有城市中心；低建筑密度，允许每家住宅有自己的花园；街道网络极其错综复杂，狭窄而缺乏维护；少数若干公共建筑用石头修建，而独栋房屋则用糟糕的非固化材料制成；完全不存在公共基础设施。[3]只要非穆斯林民众的财产和其他权利得不到国家的保障，城市生活就会支离破碎，资本也不会投资于不动产。

这些传统城市以缺乏视觉和结构秩序为根本特征，而这在以往年代曾经支撑着社会与经济关系的内在模式。从前，该特征并没有妨碍城市自身功能的正常运转，但是在新政权的环境中，它也无法应对社会的巨变。这种物理环境似乎触目惊心地表征着中世纪化的、落后的、令人痛恨的社会现状，并且似乎无法回应和支持新的国家政权在经济、社会组织、文化和政治行为等方面引入的根本变化。

在整个 19 世纪，年轻的巴尔干国家为改造和重建城市付出了巨大努力。来自各种族裔的人们，无论是本地人还是外国人——其中包括军事工程师、地理学家、技术人员，甚至还有教师——都加入城市重建过程中，不吝贡献他们的总体想法或专业技能。人们心目中的"理想城市"可以描述为传统城市的反面。大体上，它采取的是"殖民城市"模式，把 18 世纪在公共空间和建筑物修筑、技术基础设施建设，实用主义考量和环境美化等方面的丰富经验融合在一起。这是一个组织良好的城市，整齐有序，功能齐全，路网系统完善，性格外向，导向合理，充分维护，健康卫生。但最重要的是，人们明确定义了城市的"平等主义"的特征：这是一个反抗其过去的城市，充分体现着自由市民组成的全新社会风貌。

19世纪巴尔干国家对欧洲城市化运动的输入和诠释，涵盖了城市的几何秩序、对私人地块的平等主义对待、统一的法规监管、城市的增长潜力、明确定义的公共空间以及在城市中任何地方居住的自由等方面。从19世纪30年代开始，根据这种模型设计或重新设计了数百个城市，在中央政府的控制下，规划作为一个集中化的过程进行，其中通常有外国专家合作参与。哪怕存在地方当局，他们的意见也很少有人过问。[4] 无论如何，很多人对新规划持赞赏态度，因为新城市充分满足了他们对新生活环境的深切愿望。

## 塞萨洛尼基的新规划

多个新兴的巴尔干国家通过城市规划确定了其"西方化"定位，这是在19世纪20年代到20世纪20年代的百年之间形成的潮流；1917年塞萨洛尼基市进行了重新规划，这个项目可以当作上述潮流的凯旋式尾声。塞萨洛尼基市规划算得上一项前卫的行动，其效应远超出了本地积累的经验，也符合20世纪初规划的演变趋势。塞萨洛尼基项目的实施时间很特殊：结合了改革主义思想和城市空间控制理论的现代城市规划在20世纪初被引入希腊，与希腊第一次在战争与西方势力联合作战在时间上基本同步。[5] 多亏一系列巧合的帮助，这个规划不仅能为知情的政治家或开明的技术专家提供了全新的说辞，而且实际上也付诸了实施。除了19世纪流行的政治与意识形态考虑之外，塞萨洛尼基还确认了同时代的政治家和改革者们对"社会工程"信念：传统社会可以通过实施新的物理空间模式而得到改造。这也是20世纪60年代以前在巴尔干地区进行的最后一个激进的城市重新设计项目。

自公元前4世纪建立以来，塞萨洛尼基一直是个重要的沿海商业城市，这在当代希腊也是绝无仅有。它采取常规的棋盘式布局，在希腊化时期、罗马时期和拜占庭时期都修建了重要的城市建筑和公共空间。这座城市在1430年被奥斯曼帝国占领，原先的居民不少背井离乡，而不少来自西班牙的犹太难民则来此定居。到了17世纪中叶，它又成了一个人口密集的城市，也是巴尔干半岛的重要商业据点。这里有一个多语言、多宗教的社会，不同族裔的人群生活在不同的社区和居住环境中。基督教、犹太教和穆斯林等民族-宗教社群的居住地犬牙交错，既彼此区别又相互交织，其中犹太人是人口最多的群体。当这座城市在1912年第一次巴尔干战争结束后成为希腊领土，它展现出一种混合的面貌：半是"东方"，半是"欧洲"。

112

一方面，新形式的社会分层有打破区隔的趋势；另一方面，城市的古老中心则保留了几个世纪前形成的社会结构。希腊政府立即成立了一个委员会，为城市的美化改造做好准备，但第一次世界大战让所有这些项目都不得不终止。

这座拥有千百年悠久历史的城市，其古老的城市结构原本会对改造规划制造不小阻碍；但是在 1917 年的战争期间，一场大火摧毁了古老城市中心的大部分区域[6]，这倒也为城市改造清除了所有障碍，让城市加快了改造步伐，适应其作为现代希腊国家的地区性大都市的未来定位。在伟大的希腊政治家埃莱夫塞里奥斯·韦尼泽洛斯（Eleftherios Venizelos）领导下，当政的自由党立即决定重新设计城市，在其城市肌理中采用全新的空间模式。这意味着彻底推翻旧的土地所有制度，并且改变占据和使用空间的现有模式。

政府制定了新的城市规划，并推出了配套的立法措施，以改变原有的实践方式，推进规划的实施。规定的措施包括：

1. 改变原有的民族 – 宗教族群在居住空间中的隔离模式，按照现代居住区域的要求重新安排城市空间。

2. 确立一个政治和经济中心，其功能是直接组织社会经济生活，表达国家的统一权威。

3. 吸引来自希腊其他地区和海外侨民投资，集中资本，重建当地经济。

113

4. 突出若干的历史建筑，以记录城市历史中的部分阶段（主要是罗马和拜占庭时期）。

5. 规划还要以官方规定形式实现若干前沿理论，其中涉及城市规划的社会特征，规划项目产生的土地收益的社区归属，以及国家在组织城市空间过程中的角色界定等方面。

6. 政府规定在未来几年内对该地区及其经济进行中央控制，并在该市实现相当程度的公共行政，通过重建项目的宏大愿景吸引国际关注。[7]

在火灾发生后两个星期内，此后六七年间城市将遇到的所有主要问题都浮现了出来，并在原则上得到了处理。

规划方案的制定委托给了一个国际建筑师和工程师委员会，人选由希腊的英法盟国以及希腊政府本身共同确定。总规划师是法国人欧内斯特·埃布拉尔（Ernest Hébrard）和英国人托马斯·海顿·莫森（Thomas Hayton Mawson），委员会主席由塞萨洛尼基市长担任。

外国专家们立即将塞萨洛尼基的重新规划视为"一个最独特的机会，设计者能够参与重建一座曾经体现了城市规划天才技艺的伟大城市"，并主张"新萨洛尼卡（塞萨洛尼基的别名）应该充分展现出近年来城市规划在艺术和科学方面取得的进步"。[8]埃布拉尔抓住机会，想在这个真实城市中实现他在乌托邦式的概念项目"世界中心"（World Centre）中提出的规划原则和观念——正是这个项目让他在第一次世界大战前一举成名。

在整个规划方案中留下了印记的，主要是埃布拉尔和位高权重的内阁部长帕帕纳斯塔西欧（Alexandros Papanastassiou）。埃布拉尔热忱地相信，城市规划这个新学科可以极大地助推社会进程，促使不发达国家实现现代生活方式，当然它也产生了广阔的社会实验前景。[9]他在政治层面得到了帕帕纳斯塔西欧的支持。帕帕纳斯塔西欧是一位博学的社会学家、一个热情的社会民主党人，他在埃布拉尔的新规划观念中发现了社会主义特征。帕帕纳斯塔西欧认为，这些特征能够支持社区观念而非私人利益，有助于提升国家对社会的干预能力，并为推行实质上是改革主义的措施创造了机会。通过这种方式，他想将重建项目相关的立法工作作为真正社会改革的载体。城市规划师和政治家具有共同的热情，而他们对规划实施114可能产生的副作用又都缺乏远见，理解这两大方面，正是我们审视塞萨洛尼基项目的关键节点。

为塞萨洛尼基制定的规划方案在形式上是经典的，但其城市设计概念以及负责实施规划的立法则是最新的。该城市围绕一个主要中心而构成，外围绿化带面积达到 2400 公顷（比旧城高 8 倍），人口预估达到 35 万人（当时人口是 17 万人）。对各类土地用途进行了详尽的规定，其中包括工业、批发贸易、仓库、基本交通设施（货物和客运火车站，港口扩建）、工人住房、零售商业、商店和办公楼、中高收入住房和社区中心等，按照工业生产组织（泰勒主义）的序列排列出来。

工人住宅区按照田园城市的原则进行规划，并作为社会住房项目开发。在中央城区（特别是受灾区域）为行政和金融建筑（包括法院、市政办公、证券交易所和商会）分配了空间，其建造要符合特定的建筑限制（法规），而城东在 19 世纪 90 年代则是时尚资产阶级的休闲地，在规划中仅用于住宅和娱乐用途。这一区域沿海岸延伸 8 公里，包括海滨的高收入人群住房、沿主干道的购物区、内侧的中等收入人群社区，中间还有水道通向大海的公园、带学校和幼儿园的小型社区中心，以及体育和文化设施空间。

环绕城市的绿化带终止于海湾入口处东南岬角上一座规模宏大的海滨娱乐中心。城东区域和城中区域由一座占地宽广的公园隔开，该处有大型大学校园及娱乐区（其中包括剧院、音乐厅、时髦餐厅和咖啡馆）。

在城市的历史中心，规划师用若干条平行大道和对角线形大道丰富了古老的棋盘式格局，这些新建大道要么是把拜占庭时代的建筑物和其他标志性建筑物连接到一起；要么是打造出以大道自身为中心的城市景观。委员会提出的一项重大创新是市政大道（Civic Boulevard），该大道将两个大广场连接起来：第一个广场是宏大的市政中心，其中包括市政厅、法院和政府各部门建筑；第二个广场则面向海边。布局的严整通过面对广场的建筑的强制统一风格得到了加强。埃布拉尔和委员会要求建筑外立面采取新拜占庭式的风格，试图以此象征城市辉煌的历史（图 5-1 和图 5-2）。

再向东，另一条林荫大道与海滨形成了直角。它将罗马圆厅与加莱里乌斯拱门以及加莱里乌斯宫殿的可能遗址连接起来，最后一直延伸到海边。1945—1950年间在该处进行了考古发掘，确实发现了宏伟的宫殿建筑群遗迹，埃布拉尔的思路得到了证实，同时也让林荫大道融入了考古遗址的空间。

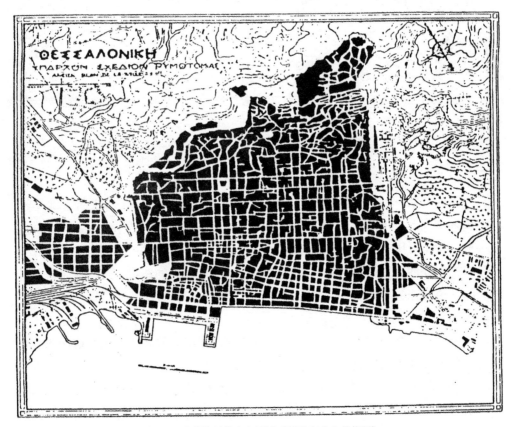

图 5-1　塞萨洛尼基中心区域（1917 年大火前状况）

图 5-2　火灾后的中心城区新规划（图里上方是未受火灾区域）

资料来源：以上两图为本文作者根据官方文献手绘的简化图示。为刊行国际规划委员会的工作成果，官方规划方案有多个版本

116　　为了部分保留城市传统特色（因为埃布拉尔认为这完全符合 20 世纪 20 年代的法国规划观念）他还提出对风景如画的上城区域（这个区域未遭火灾）实施整体保护，并以新拜占庭风格重建有顶集市。而上城区域的保护确实是一个例外；此外没有提出任何保留旧街道、邻里社区模式或建筑风格的建议，这些建筑风格让人想起城市的东方历史。必须消除 500 年的奥斯曼帝国统治历史，这是全城上下的一致意见。

　　但是如果没有为项目专门制定的立法支持，新规划就无法实施。这次改造没有考虑受灾区域内的旧建筑产权边界，为了统一建筑红线，也没有单独调整既有地块的界限，而这样妥协的做法以往和今天在希腊都很常见（图 5-3 和图 5-4）。

　　帕帕纳斯塔西欧的解决方案是成立业主协会，将受灾区域的所有土地业主都招纳进来。然后整个区域以协会的名义完整征用（第 1394/1918 号法案）。通过这

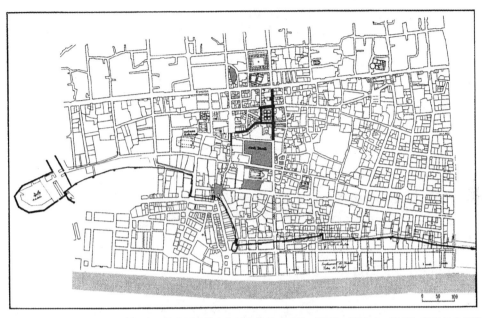

图 5-3 烧毁区域的商业地段原建筑的边界 [ 其中包括各类重要建筑（教堂、清真寺、浴室）以及后来拆除的海堤；阴影表示的是有顶市场 ]

资料来源：本文作者根据各地块文件（原比例 1:500）、建筑图纸和旧照片复原

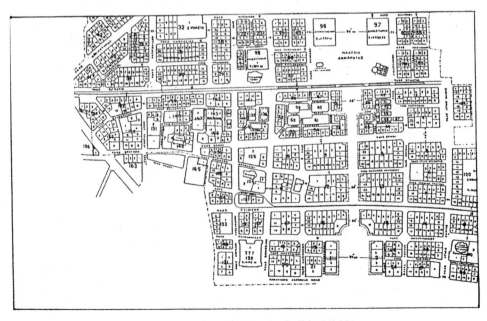

图 5-4 受灾后区域（位置同上图）的新地块划分

资料来源：业主协会绘制此方案后分发给所有潜在买家

种方式征地，不需要立即补偿，因为前业主不再拥有任何特定地块的产权，而是成为可用的整体建筑用地的股东。对以往建筑地块进行评估，并根据土地登记和以往3年的土地价值来确定价格。业主将以特别业权契约的形式获得产权证。该证书不可转让，但可用作银行贷款的担保（这是为了防止对产权的投机和垄断。简而言之，原有的土地价值并没有清空，而新产权也不会集中在少数人手中。）

在用地规划确定后，属于业主协会的私人建筑用地将细分为符合已核准的规划方案的新地块。新地块将根据其地段优劣进行评估，确定底价，并通过公开招标进行出售。控制溢价，如果出价相同，原始业主将享有优先权。禁止在3年内转售。产权出售后，收益由业主协会和塞萨洛尼基市政府平分（政府收入用来打造公共空间和完善基础设施）。

## 实施过程中的难题

不难预料，政治反对派对上述方案提出了抗议，此外对此不满的人中还有一些当地力量，包括前业主、地方当局和势力很大的犹太社群，土地业主中的大部分人属于犹太社群，他们认为方案削弱了自己在城市中的地位。

除了犹太社群之外（其论点将在后面讨论），各路反对者的异议并没有质疑重建项目的整体逻辑，而是关注以下问题。

在议会中，地方代表与反对派领导人（强大的人民党和一些左派代表）都认为，该规划在形式上的野心过大（"塞萨洛尼基不是巴黎"）[10]，把太多面积留给了公共空间（该规划方案中的公共空间占比为50%，而重建之前占比仅为23%）。他们提出，在雅典的城市规划中，街道更窄，广场数量更少、面积更小，为了保障私人土地，塞萨洛尼基应该参照雅典修改规划方案。考虑到建设和维护公共空间与基础设施产生的财务负担，地方当局也支持这些意见。

土地所有者和当地商人反对新地块的规模，认为当地经济承载不了大型房产（而且地块越大，购买土地投资的金额也越高）。政府希望商业人士一起合作投资，创造面积更大（也更有发展前途）的地块，但业主和商人却拒绝合作，他们系统地抵制拍卖，也反对与外部投资者进行竞争。[11]

地方当局（市议会）也支持进一步划分地块的产权，担心占地习惯中出现"集体主义模式"。[12]但在另一方面，他们对城市的现代化充满热情，并期望能通过修建高层建筑提高地方税收。他们认为，市政当局应该在重建过程中发挥主导作用，提议把"让人无法接受的"东方风格有顶集市改为现代化的市场大厅，而且要为穷人提供住房。

　　尽管后一种想法得到了认真考虑[13]，但是法国要求市议会买下城市东郊的东方远征军（第一次世界大战时期法国在近东地区筹组的远征军，战后已经撤走）的医院设施时，市政府只好放弃了积极参与重建的打算。当时法国银行向市政当局贷款 400 万德拉克马（希腊货币单位，于 2002 年由欧元所取代——译者注），以便该市修复火灾所造成的损害，而买下医院则是贷款的先决条件。城市当局为了贷款不得不让步。[14] 医院建筑物可供受灾的犹太人居住，市议会也不再考虑穷人的住房项目。

　　与此相比，犹太社群对城市重建的干预更值得深入考察。大多数受到火灾损毁的房产属于犹太人，而在议会中反对政府规划的意见，则是由与犹太社群中的若干名人渊源很深的反对党（与业主联合会一起）提出的[15]，这给局势带来了一种特殊的复杂性。此外，犹太社群还与巴黎的以色列联盟（AIU）和英国的英犹协会（Anglo-Jewish Organization）有密切联系，这两个国际机构会为本地同胞利益积极出面干预，这都让人感到，要发生点儿不寻常的事情。

　　有两个问题多次浮现：韦尼泽洛斯和政府是不是想通过城市的重新规划来打压塞萨洛尼基的犹太人？另一方面，由于犹太人的反对意见，原方案不得不做出（变动不大的）修改，那么犹太人是否要为"错失城市现代化机会"的著名指责（这在各类城市重建中是个常见的罪名）负责？

　　这两个问题从没有在公众场合下公开提出过，因为它们触及了历史的敏感点，其间发生了太多事件，有过不少悲剧（比如第二次世界大战中，几乎所有塞萨洛尼基犹太人都死于集中营）。值得注意的是，城市重建的主要人物在政治演讲中对这些问题只讲了寥寥数语。这样做的原因，究竟是因为他们对此根本不愿提及，还是因为他们认为这些问题已经包含在关于城市重建和经济复苏的普遍问题中，我们现在已经很难确知。

　　无论如何，帕帕纳斯塔西欧在议会中回避了直接讨论："指责政府通过实施城市重建措施来赶走塞萨洛尼基的人口，再换成另外一种居民，这是不公平的。"总理埃莱夫塞里奥斯·韦尼泽洛斯简要地解释说："我们肯定希望老业主仍然有产权，我们所有的努力都是为了实现这个目的，让信仰各种宗教的老业主在重建后都能重获产权。不要因为我在伦敦讨论几次这些问题就抗议。反对意见是针对政府……我们已经尽了一切努力，确保公众相信这是我们的真实意图。"[16]

　　巴黎的以色列联盟档案中保存了中间相关的不少数据和文档，有助于我们了解塞萨洛尼亚犹太人的要求和恐惧，以及他们与政府谈判的情况。[17] 主题涉及三大领域：一组文件描述了火灾、受损情况以及为照顾受灾民众而采取措施；另一组涉

118

119

120

及"反对"城市重新规划的讨论和干预，时间覆盖 1918 年至 1921 年初；第三部分是报道重建过程的报纸文章，与我们目前讨论的方案实施问题紧密相关。[18]

约瑟夫·内哈马（Joseph Nehama）是负责将塞萨洛尼基犹太社群的意见传达给巴黎的 AIU 总部和法国实力强大的犹太社群的人。从一开始，他就反对自由党政府指定的第 1394 号法案以及国际规划委员会的设计方案，相反赞成短期上台的人民党领袖古纳里斯（Gounaris）对方案做的修改。[19] 内哈马认为，原方案是狂妄自大的想法，而他的主要考虑是财务收支方面的。这种反应不难理解，但是事实证明内哈马等人惊人地缺乏远见。有趣的是，又过了一段时间，虽然重建工作仍未开始，塞萨洛尼基的经济精英就开始认识到了规划的合理性，并发现方案会提升土地价值。虽然人民党在竞选中承诺要取消重建项目，但实际上台后却并没有大幅修改规划方案，上述经济原因无疑是主要考虑。[20]

犹太社团主席米斯拉伊（J. Misrahi）信件中包含与政府进行的谈判情况、对重建的特别立法的摘录、关于立法的初步报告，以及宪法中关于征地条文的摘录，全部翻译成了法语。[21] 因为征地的关键问题向以色列联盟寻求法律援助[22]，米斯拉伊还提交了一些文件，其中涉及业主采取措施、他们的要求以及提出要求的方式等问题。这些文件有助于我们了解犹太社群是如何提出各方面问题的。

业主们的要求可以归纳如下[23]：

·首先，业主希望保留他们的土地，按照新方案则不得不按比例减少面积。尽管该问题已经讨论多次，但是业主们还是认为，最合理的解决方案是采取一个补偿制度，把地块面积的减少视同为部分或全部征收土地，一并加以补偿。

·如果经过认真严肃的调研，发现这种方式不可行，那么业主要求政府按照宪法征用土地。

业主们也明白政府不可能立刻买下整个市中心的土地，同意不要求立即支付所有补偿，而是逐步支付。最后，如果这些解决方案都不获接受，业主建议建立一个国家控制的合作社并自行分配土地，条件是对重建方案和市中心适用的建筑法规有决定权。

除了上述要求之外，他们还希望土地产权证可以自由买卖。

米斯拉伊在信件中提出了他自己的意见，他认为唯一可行的方式是征地："政府说重建就必须总体征用，业主也几乎完全接受。但是业主主张，没有立即补偿也就不能征地。"新的立法中涉及了今后由业主和政府共享土地出让的（未来）收益，米斯拉伊对此说："大家对这种收益没什么信心，在火灾中受损的业主很乐意让政府拿到全部收益，只要政府能够同意以 1917 年的价格补偿他们的土地就行。"

121

令人感兴趣并惊讶的是，塞萨洛尼亚犹太人的要求（征地和货币补偿，加上不受限制的产权交换）将导致塞萨洛尼基市中心的土地所有权完全转手；这恰恰是政府在协商中——谈判者中包括本地议员科恩（H. Cohen）和耶尔马诺斯（N. Yermanos），后者是规划方案的强烈反对者——提出的反对意见。政府拒绝这些要求是基于以下论点：

·谁能保证，拿到征地补偿款的业主不会离开城市？[24]

·如果产权证可以自由交易，怎能保证富有的业主不会强迫穷人把产权卖给他们（比如在出现经济困难、重建开发延期等情况下）？产权集中之后，又怎样才能避免地价飙升？

·无论是出现大量业主离开本市，还是出现地价飙升的情况，政府实施城市重建都会缺乏财政支持，到时候谁来出资？

研读这些材料，我们会发现争论沿着两条主线发生了对立。一方面，塞萨洛尼基本地的反对者们根本就不相信重建城市的项目在混乱的局面下能取得成功，这种缺乏信心的态度最终表达为与政府对着干。另一方面，也有对经济自由的要求，反对规划方案中那种包办一切的改革主义态度。这种经济上的自由最终会对富人有利——方案实施后的实际情况也正是如此。

自由党政府否决了犹太社群的所有提议，只是同意再进一步细分地块产权。业主们因此系统地抵制了土地的登记和招投标，重建工作停步不前。对规划方案的反对意见很快就政治化了，人民党用它来反对执政的自由党，并在 1920 年大选中胜出。上台的总理是保皇党人古纳里斯，马上对塞萨洛尼基民众承诺，政府会废止规划方案和 1918 年的法案。

但其实项目并没有如此大幅倒退。潜在的投资者们都能理解城市现代化的紧迫需求，也清楚地能看到新的开发地块和规划立法带来的投资机会，他们最后把反对意见集中在 1918 年立法中控制投机和保护小地块业主的条款。规划方案得以保留，只是公共空间占比有所减少（从 50% 减少到 42%），建筑用地细分成更小的地块（数量从 1300 块增至 2600 块）。 122

在实施重建的立法方面，新的修正案（第 2633/1921 号法案）主要修改了涉及新地块买卖的条款。立法前提是保护原业主，不受外来投资影响；而个人按自己意愿处置产权的自由也应保护。第 2633/1921 号法案规定：

·拍卖只对拥有产权证的买主开放。同时允许自由交易产权证。这样一来，很多原业主都抓紧机会卖掉了产权证，因为他们认为自己在火灾 5 年后买不起新地块的产权。

·拍卖公开进行，不设封顶价格，买主可以无限制竞价，这造成了地价飙升。

·拍卖收益被用来支持商业区中最昂贵的若干地块的重建，因为高昂的地价几乎要榨干原本用于建筑施工的投资。

第 2633/1921 号法案对帕帕纳斯塔西欧的第 1394/1918 号法案所作的修改基本上是鼓励了投机。当然，新法律不允许那些没有产权证的人竞标（这被称为"塞萨洛尼亚人的胜利"）；但它允许产权证自由买卖，土地公开拍卖、出价，并不设价格上限，最终导致了地价飙升。

立法修订案一经生效，业主们立刻停止了对拍卖和重建的抵制。塞萨洛尼亚人毫无怨言地接受了上述变化，在两年半之内（截至 1924 年中）竞争激烈的拍卖就告结束。虽然公众舆论（当然是受到政府操纵）一开始欢迎这些修订，但公众很快就认清，社群利益与私人投机之间的脆弱平衡（这是第 1394/1918 号法案原本在理论上努力维持的）已经被打破了。2400 次拍卖（产生了巨额收益）的记录表明，投机的步伐在不断加速。

以色列联盟档案中相关主题的最后一封信件是内哈马在 1921 年写的，他肯定了古纳里斯政府对帕帕纳斯塔西欧法案的修改。塞萨洛尼基城市规划局的土地销售记录表明，大量本地犹太人参与了拍卖，明显不再坚持最初的抵制态度。在土地购置的账簿中列出了直到 1923 年 4 月的所有买主姓名，3350 个买主中有 1931 个（57.6%）肯定是犹太人；980 个人（29%）是基督徒，405 个（12%）是穆斯林，另有 5 个亚美尼亚人和 29 个公司买主。[25]

许多人会引述内哈马的意见，以支持在重建塞萨洛尼基时犹太社群受到严重伤害的论点。内哈马是多卷本《萨洛尼卡以色列人史》的作者，在其最后一卷中[26]，他声称重建项目给犹太社群造成了沉重打击；而他接着解释说，这是因为，城市重建改变了千百年来存在的空间组织形式，新的空间安排引发或加速了社群的重组；社群的变革当然早已在内部酝酿了一段时间，但原本的物理空间布局带有阻碍社群变革的惯性，城市重建让一切发生了巨变。内哈马的这套历史著作是灾后重建很多年后才撰写的，直到 1978 年才出版，在书中他其实对重建项目有正面评价。从最初激烈地反对规划方案，到后来对空间巨变带来的社会影响给出清醒、敏锐的解释，内哈马这种态度转变也不算奇怪。早在 1923 年，原本支持古纳里斯的当地报纸在报道态度上就发生了类似变化。

自由党是代表新兴资产阶级的政党，它提出的城市重新规划方案旨在实现城市空间的现代化，这个方案确实会触动土地业主们（他们的政治喉舌是人民党），但不会损害劳动阶级的利益，因为他们只希望重建会给他们带来救济和工作。经济精英们最终认识到，重建方案会让土地增值，让城市空间布局更为合理，所以他们基本上还是接受了方案。对重建实施立法的根本反对意见集中在保护小地块业主的规定上，第 2633/1921 号法案废止的正是这些规定。在城市重建的整个过程中，赢家是高收入人群，其成分中有信仰各种宗教的人，犹太人占多数；而输家则是小地块业主，其中犹太人也占多数。那些原本在市中心租房，重建后不得不搬到市郊的人也是输家（其中约有 25000 人是犹太人）。

在 1918 年时，米斯拉伊写道："我不相信重建规划本意是要赶走犹太人，但是这个方案实际上会毁掉他们的家。"到了 1923 年，拍卖结果证明他的判断错了。塞萨洛尼基犹太人购置了大量地块，并且在建筑上投资甚多（这些项目的设计、施工大多也都是犹太人完成），这些都说明在 20 世纪 20 年代早期，塞萨洛尼基犹太人没有理由担心自己在城市中的地位受到威胁。[27]

124

## 结论

认真回顾了城市重新规划的过程之后，我们可以提出以下结论。

正如预期的那样，伴随着在城市的历史中心实行征地和重建，也出现了一些按照收入群体对社会的空间分层的迹象。[28] 与全新的空间分布模式一致的现代社会形态浮现出来。虽然现代城市的物理形态是新规划的产物，但是规划方案中对城市空间征用的改革主义特征，不得不让位给纯粹的逐利投机。

尽管出现了这一重大失败，但最初制定的目标获得了成功。例如，城市结构和形式实现了现代化，而只消耗了不多的政府开支，主要是通过本地和全国的私有资本投资实现了城市改造。原本的市中心建筑多为传统式带花园的两层楼房和有顶集市，改造后地块形态规整，市政设施完善，这才有机会盖起多至 5 层的高层建筑。重建规定强制使用混凝土材料；规划委员会向新业主提供现成的设计方案，根据规定的用途和最大限度利用土地的原则提出内部空间的最优布局设计。

受到现代风格城市规划和较高的土地利用率的吸引，从希腊各地和海外都有大量私人资本流向塞萨洛尼基，投资到城市建设中。[29] 历史遗留下来的城市空间布局经历了巨变：传统的民族 - 宗教聚居区被打散了。市民们按照经济状况和社会 - 职业地位（而非宗教信仰）来选择居住地。各个传统行业也按照创收能力重新配置了空间，要么在新的市中心地区找到了新场所，要么不得不迁出市中心。

大规模重建工作重振了当地经济，也为越来越多的失业流民提供了就业机会，尽管这并没有导致建筑行业的重组。城市空间的建设仍然掌握在小型资本手中，这些企业利用传统的技术和施工方法以及丰富的非专业化劳动力，在适于集中开发的小块土地上实施重建施工。这些利润由土地业主和企业家共享，这样一来，建筑行业和土地投机就成了城市经济增长的基石。从那时起，这一直是希腊城镇规划的主要特征，这说明外来影响遇到本地经济情况制约时，其潜力也会受到限制。

125

在1917年塞萨洛尼基重建项目中，输入的规划概念和规划工具最终的遭际，充分体现了本地社会的知识和物质条件与外来观念的差距。尽管如此，强有力的外来观念虽然只得到了部分实施，却彻底改变了城市景观，为了它推崇的"西方化"而将传统城市的所有特征一并抹去。

## 注释

1. 本文的前两部分大量参考了作者本人的著作：Alexandra Yerolympos (1996) *Urban Transformations in the Balkans, 1820 - 1920*, Thessaloniki: University Studio Press.

2. 值得一提的是，从19世纪50年代的改革开始，奥斯曼帝国内部也发生了类似转变。奥斯曼帝国的官员们认为，城市改造是表达国家现代化意愿的有效、直接的手段，为实现城市空间、活动和机构等方面的新政策，城市可谓是最合适的施展场所。

3. Traian Stoianovic (1970) 'Model and mirror of the premodern Balkan city', *Studia Balkanica*, 3, Sofia, pp. 83 - 110; Nicolai Todorov (1977) *La ville balkanique sous les Ottomans*, London: Variorum Reprints; Bernard Lory (1985) *Le sort de l'héritage ottoman en Bulgarie: L'exemple des villes bulgares 1878 - 1900*, Istanbul: Isis Editions; Alexandra Yerolympos (1997) *Between East and West: Cities in Northern Greece During the Ottoman Reforms Era*, Athens: Trohalia (in Greek).

4. 各个新兴国家的内部发展都采取了大体相近的模式，选择了中央集权官僚制的君主国家，政治主导控制权从地方社群转到首都的中央当局手中。参见 Barbara Jelavich (1983) *History of the Balkans, 18th and 19th Century*, Cambridge: Cambridge University Press, p. 298. 我们还必须考虑规划措施的紧迫性，以及其中极重的意识形态内涵，对新首都的建设就尤其如此：雅典、索菲亚和贝尔格莱德在19世纪初时都是人口少于1万人的次要城市。当时，奥斯曼帝国在大巴尔干地区的中心城市是君士坦丁堡/伊斯坦布尔、塞萨洛尼基和阿德里安堡/埃迪尔内。

5. 毫不夸张地说，塞萨洛尼基的重建是希腊实施过的最大的规划项目，而且用皮埃尔·拉夫当（Pierre Lavedan）的话说是"20世纪第一个重大的欧洲城市规划作品"；Pierre Lavedan (1933) 'L'oeuvre d'Ernest Hébrard en Grèce', *Urbanisme*, May, p. 159.

6. 包括繁华的商业区在内的全部市中心区域都被彻底摧毁：现代商店、传统集市、酒店、银行和仓库、邮局和电报局、市政厅、水务和天然气局、欧洲领事馆、3 座重要的拜占庭教堂、10 座清真寺，16 座犹太教堂，大拉比的住所，教会学校、外国学校和其他私立学校、报社以及 7 万居民的家园。128 公顷的土地变成了废墟。

7. 关于塞萨洛尼基的重新规划，参见 Yerolympos (1996)，前引书，以及 Alexandra Yerolympos (1988) 'Thessaloniki before and after 1917: 20th–century planning vs 20 centuries of urban evolution', *Planning Perspectives*, vol. 3, no. 2, pp. 141 – 166.

8. Thomas H. Mawson (1927) *The Life and Work of an English Landscape Architect*, London: Richards; and Thomas H. Mawson (1918) 'The New Salonika', *Balkan News*, 29, 30, 31 January.

9. G. Wright and P. Rabinow (1982) 'Savoir et pouvoir dans l'urbanisme moderne colonial d'Ernest Hébrard', *Cahiers de la recherche architecturale*, 9, January.

10. *Journal of Parliamentary Debates* 1919, Athens: edited by the Greek Parliament, pp. 149 – 161.

11. 参见报纸中相关的报道（*Efimeris ton Valkanion*［巴尔干日报］1918 至 1920 年），其中包含对塞萨洛尼基知名人士的采访，以及土地业主联合会指导委员会的声明。

12. 人们对近期发生的苏联革命记忆犹新，不免谈虎色变；参见 *Minutes of the Municipal Council of Thessaloniki*, 1919 and 1921, Thessaloniki City Hall.

13. Archive of the Municipality of Thessaloniki（以下简称为 "AMT"），Thessaloniki, *Minutes of the Meetings of the Municipal Council*, 24 April 1919 and 20 May 1919. 一个由建筑师和工程师组成的委员会制定了相关方案。

14. AMT, Thessaloniki, *Minutes of the Meetings of the Municipal Council*, 5 June 1919.

15. 业主联合会是 1914 年成立的私人团体。1918 年，土地业主联合会主要是犹太人，参见：Alliance Israélite Universelle (hereafter AIU), Paris, Archive AIU Grèce VII B 27 (Communauté de Salonique 1914 – 1935, see letter from Misrahi, 29 August 1918). 1921 年，联合会由一个 5 人委员会负责，其中有犹太人 2 人、基督徒 2 人、穆斯林 1 人。见 *Efimeris ton Valkanion*（巴尔干日报），1921 年 1 月 3 日。

16. *Journal of Parliamentary Debates*, 前引，p. 159（原文为希腊语），外交官和政府官员撰写的详细报告见 Historical Archive of the Greek Foreign Ministry, Athens, file 1918, A 5 (9) Jewish community.

17. 关于 1917 年大火和城市重建的资料，主要是在收录了联盟学校负责人约瑟夫·内哈马信件的文档中；此外关于在塞萨洛尼基犹太社群的文档也有不少资料——其中很多内

126

容，主要是关于火灾的记录，也是内哈马撰写的。

18. Paris, Archive AIU, Grèce XVII E 202 b, c, d (Nehama 1914 – 1915, 1915 – 1921, 1916 – 1917); Grèce VII B 27 (Communauté de Salonique 1914 – 35); Grèce II C 53 – 54 (Journaux de Salonique 1924 – 1925).

19. See Paris, Archive AIU Grèce VII B 27, letter 23 January 1919 and letter 16 January 1921: 'Le nouveau gouvernement a, d'un tour de main, jeté à bas les élucubrations juridiques de M. Venizelos ainsi que les plans fastueux et mirifiques élaborés par des ingénieurs en chambre, qui, rêvant de faire de Salonique une ville merveilleuse, ne s'étaient pas souciés de tenir en compte les ressources de la population et ses possibilités'.（新政府一举抛弃了韦尼泽洛斯先生制定的立法和闭门造车的工程师们提出的华而不实的规划，这些人只是做梦把塞萨洛尼基变成一个奇迹城市，却丝毫不考虑本地人的实际资源和能力。）

20. 见内哈马的前一封信，以及 1920 年 12 月的本地报纸。

21. Paris, Archive AIU Grèce VII B 27, documents 21 and 29 August 1918.

22. "征用"指整块土地的所有权转到业主协会手中。希腊宪法允许出于公共利益的合理原因由国家征用土地，条件是必须将全额补偿款支付给私人后，土地产权才能转手。

127

23. Paris, Archive AIU Grèce VII B 27, doc. no. 2, Solutions proposées par les propriétaires; doc. 29 August 1918.

24. 参见米斯拉伊的通信以及议会辩论记录，前引，pp. 152 – 159.

25. 参见塞萨洛尼基城市规划局档案（"火灾区域"部分，新买主账簿，拍卖记录）。调查显示，账簿列出了受灾地区 6 个区域中 4 个区域的土地购买者。对于另一个区域（该市的主要商业区），材料来自拍卖记录。可以肯定的是，炒作商业中心（Venizelou 街周围）和 Vlali、Vatikioti、Bezesten 等集市地块地价的人来自各种宗教信仰，这些人无论是在开始的地块拍卖中，还是在后续的持续转手交易中都特别活跃。商业区一个随机地块的合同样本显示，同一地块在两周内最多转手 4 次！到 1928 年，已经建成超过 1500 座建筑物，也就是市中心的三分之二。与此同时存在着可观的资金流动（投资流向住房、公共工程和促进就业增加等方面）。*Annual Report of the National Bank of Greece, 1930*.

26. Joseph Nehama (1978) *Histoire des Israélites de Salonique*, vols VI and VII, Thessaloniki: Publications of the Jewish Community of Thessaloniki.

27. Vassilis Kolonas (1995) 'The rebuilding of Thessaloniki after 1917: architectural implementation', in *The Jews in Greek Territory: Historical Questions in the Longue Durée*, Athens: Gavriilidis Publications (in Greek).

28. 业主协会的记录显示，只有 56％ 的原有产权用于购买新地块（这里并不清楚产权证是在原本业主手中还是归新投资者所有。）在剩余的 44％ 中，18.5％ 没有使用，并且在拍卖结束后转售给他人，还有 25.5％ 保留在原业主手中，因此失去了对原本产权或者补偿的所有权利。

29. 统计数据出处：*Annual Reports of the National Bank of Greece*, 1928 - 1936.

# 第6章
# 从"世界主义幻想"到"民族传统":社会主义现实主义在东柏林

罗兰·施特罗贝尔,独立学者

第二次世界大战结束时,德国沦为废墟。不仅是城市在战争期间摧毁殆尽,而且由于经历了战后重组,德国的大部分社会、政治和经济机构也被废除了。德国战败的那一天,"时钟归零"(Stunde Null),德国全国和首都柏林均分割为4个战胜国的占领区;而由此出现的民主德国与联邦德国两个国家都必须重建。正是在这一时期,斯大林主义通过所谓的"社会主义现实主义"在民主德国留下了不可磨灭的印记。社会主义思想改造不仅包含了新的建筑和城市设计美学,而且深入构建了新的文化观念和传统,对诸如艺术的内容和目的、体制行为乃至对社会主义和资本主义社会的普遍看法等方面,都形成了一套全新观点。[1]新的政治领导层也利用社会主义现实主义来实现对新兴国家发展和方向的牢固控制。它是巩固斯大林主义在民主德国社会统治的一种手段。

在纳粹帝国崩溃后的过渡时期,20世纪30年代和20世纪40年代前半期饱受打压的现代主义建筑和城市规划运动开始重振声势。而建筑和城市规划方面的社会主义现实主义原则,则体现了斯大林击垮死灰复燃的现代主义的意图,旨在用颂扬社会主义社会美德的新美学取代现代主义的遗产。民主德国主要是通过再教育运动来实现社会主义现实主义的接受和传播,这种运动不仅以学术和行业期刊中专业"讨论"和文章的形式针对建筑师和规划师展开,而且还通过大众印刷媒体进行公众再教育。

斯大林统治所到之处,社会主义现实主义也无处不在。东欧集团国家遵循社会主义现实主义的设计原则建造了一些住宅和工业综合体项目,在有些地方甚至据此建起了全新的城市。尽管如此,除了苏联自20世纪30年代以来一直推崇社会主义现实主义之外,在其他国家这个运动的持续时间相对短暂:民主德国引入它的时间是1949年,但等到1953年斯大林去世,运动也就结束了。

本文考察了民主德国领导人把社会主义者现实主义当成一种筑造国家工具来使用的方式,也讨论了这个运动在民主德国普通建筑师和城市规划师中传播的途径。文章首先描绘了 20 世纪 40 年代后期的历史背景、在柏林拉开的冷战大幕以及民主德国不稳定的政局；然后回顾了社会主义现实主义倡导的建筑和城市设计特色。文章考察了社会主义现实主义在柏林实施的首个项目案例腓特烈斯海因住宅小区 / 韦伯维泽高层住宅（Wohnzelle Friedrichshain / Hochhaus an der Weberwiese，详见下文），该项目立意引入新的文化美学和设计美学。这是一个有趣的案例，德国本地的建筑师一味遵从现代主义风格以及普遍主义的原则，而国内外主管方却向他们施压，责令他们重新找回原本要抛弃的本土传统。

## 历史背景

在战争期间，柏林市内的大片地区被摧毁。19 世纪下半叶工业革命快速增长时期，柏林城市盛行私人土地投机和开发，造成了超高的居住密度。1862 年的"柏林总体建设规划"创建出由市政府出资完成的骨干街道网络，但是私人开发商不愿意新修街道来实现大地块的细分，而是更乐于在街区深处大量修建廉租楼房，因此这类廉租区的建筑密度极高（图 6-1）。而过度的群租又让情况进一步恶化情况。

图 6-1　廉租房区域的典型结构 [ 从下右到上左贯通的是法兰克福大街（Frankfurter Allee）。图中间是旧的"裁缝草地"（韦伯维泽的意译）]

资料来源：柏林市建筑与住房调查局 [Senatsverwaltung für Bau-und Wohnungswesen V (Vermessung)]

由于人口密度过高、基本设施缺乏（有些楼房里没有自来水和厕所），廉租房刚刚建起时，城市改革者就一再要求应该拆毁这类房屋，对城市重新规划。而在战争结束后，大片城区都处于废墟之中，柏林新政府的领导和规划师们认为这是彻底改造城市的良机。[2] 当时柏林的街道网络和铁路交通都数量不足、设计过时，所以规划师设计出围绕着以高速公路和私人汽车为主要大众通行手段的新交通系统打造城区的重建计划。在住房方面，由于现有住宅建筑过于密集且缺乏卫生设施，许多规划师主张以现代主义风格重建城市。

德国战败后一年，东西柏林之间开始了封锁和分裂，美苏之间越来越多的对抗导致柏林首当其冲地受到冷战政治的影响。自由选举产生的亲西方政府取代了苏联最初任命的战后市政府，并将柏林纳入了联邦德国的货币改革，以此加强了柏林西部地区与联邦德国的联系。作为报复，苏联在 1948 年对西柏林实施了封锁，这个过程持续了 11 个月。[3] 当封锁于 1949 年结束时，柏林成为一个分裂的城市，两个独立的市政府都宣称自己是管理城市的唯一合法政府。[4]

出于上述原因，早先看到的重新规划柏林的良机似乎已经失去了。虽然各个政府和其他机构都制定了大量千差万别的重建方案，从非常保守的修修补补、到彻底的全城拆迁重建，但在基本问题上甚至都没有共识，这意味着没有任何方案能够实现。此外，私人土地业主已经在旧基础上开始重建，因此城市已经在慢慢重建恢复到战前的基本面貌。

131　　具有讽刺意味的是，虽然东柏林和西柏林分别制定了重建方案，但双方最终采用的方案却非常相似（虽说不能完全对接）。柏林的分裂迫使双方都要迅速应对民众要求实施重建的压力。因此双方都采用了融合现代主义的建筑与城市设计观念元素的方案，并没有要求采取极端的措施（比如对城区进行大面积拆迁）。

虽然两个市政府的重建项目实施都只限于本方的区域，但由于双方均认为城市分裂只是暂时的，所以竞争激发了它们加速采纳方案并予以实施的意愿。除了其他种种作用之外，封锁还把柏林搞成了一个冷战双方开展"政治秀"的橱窗。随着 1949 年联邦德国与民主德国分别成立国家，西柏林和东柏林在政治、经济和社会等方面也与各自的国家密切关联起来。令苏联人懊恼的是，由于封锁的出现，西柏林人突然不再把盟军（美国、法国和英国）部队当成占领军，而是视之为抵抗苏联侵略的保护盾。同样，联邦德国人也把美国当成了重振国家经济的友好伙伴。当然苏联和民主德国之间的关系也在加深，但封锁和后来的多次政治事件（如 1953 年 6 月 17 日[5] 对游行的军事干预、1961 年建造柏林墙等）表明，双方的关系主要建立在民主德国一方服从和逢迎的基础之上。

### 冷战的橱窗

柏林的分裂对城市的重建产生了一些影响。首先，如上所述，东柏林和西柏林采用了不同的重建方案。[6]西柏林采用的由卡尔·博纳茨（Karl Bonatz）制定的"1948 年方案"，而东柏林很快就扔下了这个方案，起草了"1949 年总体重建方案"。尽管各方案仅在各自的边界内部分实施，但方案之间的不一致和冲突在交界处尤其明显。由于东西柏林划界的基础是原有的柏林各区边界（这些边界是则在 1920 年城市的政区重组时，按照往往是很随机的方式制定出来的），新的"边疆"将有些社区一分两半，而且把一些工业区和相关的住宅区强行分隔开。因此东柏林和西柏林作为独立的实体，在工业、商业、财富和社会服务的分配方面是不平衡的，而双方的方案都没有扭转这些不平衡之处。

其次，出于展示各自社会制度优越性（并暴露另一方缺陷）的愿望，双方市政府展开了直接竞争。双方都把重建过程当成了一种理想的宣传工具，新的城市设计将反映其新的社会价值观。因此，东柏林和西柏林作为社会主义和资本主义各自的展示橱窗，都开始修建工人住房，并在这些住房项目的建筑设计与城市设计中体现自身社会的价值观。把价值观传达到整个城市民众中间至关重要，因为即使这个城市在政治上分裂了，但它在物理上仍然是整合的，市民至少（暂时）还可以穿越边境旅行（并移居到另一边）。

第三，民主德国与联邦德国国家政府（以及苏联和美国在不同程度上）也都参与了城市的重建。国家的大部分参与都是以资本和物质的形式输入的。然而东柏林又是民主德国首都，所以国家政府和苏联都对重建项目充分投入。

## 社会主义现实主义：宣传工具和设计原则

在建筑风格和城市规划概念上，社会主义现实主义与现代主义并不一定彼此对立，不如说，可以把它们视为致力于满足现代社会需求的两种不同思路。

现代主义在建筑和城市规划方面的纲领在 1933 年国际现代建筑大会（CIAM）的《雅典宪章》中得到了体现，它采用一种全新的审美观，从视觉上强调了它对历史先例的背离。现代主义规划拒绝既往的"城市"概念（这个概念是工业革命时期产生的，以黑暗和拥挤的街道、密集廉租屋、肮脏贫困的生活条件为实质），倡导一种全新的城市环境。现代主义规划的标志是严格区分土地用途，采取复杂的技术结构（比如由绿地空间隔开的高层塔楼），并修建高速城市公路。

132

相比之下，由斯大林定义和诠释的社会主义现实主义接受了工业革命前的城市形态：城市就是建筑与人口的高密度集合。它试图重塑城市，充分发挥其优势，避免其过度膨胀的弊端。例如，廉租房屋本身并不是坏事，但它在资本主义社会中的具体形式体现了贪婪的资本主义土地开发商对人民的剥削——在柏林就尤其如此，当地廉租房的后院往往要么让人和牲畜挤在一起，要么是从事铁铸造等污染严重的工业制造活动。密集的城市不是问题；但不应以居民生活水平为代价实现高密度。因此，社会主义现实主义力图"保留柏林的独特面貌，关注并批判地发展本国[在建筑和城市规划方面的]传统，同时整合体现[社会主义]社会制度的新建筑，将新元素引入城市环境。"[7]

社会主义现实主义是由"社会主义的内容，民族的形式"这个口号定义的。具体而言，"社会主义内容"意味着城市必须具有宏伟的体量，永恒的建筑风格，平等民主地实现无障碍通达（accessibility），对所有社会成员都功能完备。"民族的形式"意味着城市的建筑风格应该来自本地或本国的历史传统。这并不是要盲目复制以往的建筑风格，而是以适应现代社会主义社会的方式汲取或借鉴这些风格。通常而言，社会主义现实主义大量借鉴古典主义，在建筑物外墙上常采用装饰细节（而不像现代主义那样拒斥这一手法）。社会主义现实主义风格的其他特征包括借鉴巴洛克传统，比如在建筑立面、主要街道、城市广场或小广场中选择对称设计，以及采取封闭的围合式街区建筑（block-perimeter construction）等手法。[8]

从理论上讲，社会主义现实主义也要求城市不仅仅是一系列严格的功能元素。作为艺术品，城市也必须表达社会主义的政治意识形态。其中一个方式就是大力打造城市轮廓。例如，社会主义现实主义的"高层建筑"（或更恰当地说，中层建筑）被认为象征着社会主义社会的辉煌与奋发向上。根据这一观点，资本主义城市的摩天大楼缺乏人性化体量，缺乏与自然或周围建筑的和谐关系，体现了城市反社会和自大狂式的品质。因此，像纽约这样的城市表达了资本主义社会的过度剥削。而社会主义现实主义的高层建筑则与现有的城市景观和谐相处，尤其是在这些建筑置于整体环境中时并不会让周围建筑物黯然失色，而是充当了其环境的中心节点。

即便真正以社会主义现实主义风格实现民族化、地方化的实施案例很少，但借鉴历史先例的想法也不仅仅限于学术领域。当局把广泛宣传的公共辩论和基层讨论当成弘扬社会主义新社会观、奠定社会主义社会基石的途径。[9]作为教育和引导公众的工具，社会主义现实主义的建筑和城市设计成了一种公共艺术形式，它以这种方式复兴了20世纪以前的艺术观念：艺术存在的主要目的就是塑造、教育和提升社会。

133

## 从住宅小区到高层住宅：在民主德国强制实施的社会主义现实主义　134

### 现代主义先驱：腓特烈斯海因住宅小区

　　腓特烈斯海因住宅小区是东柏林的第一个官方重建项目，体现了20世纪20年代一度流行的现代主义观念在战后的复兴。重建项目与原有的廉租房迥然不同：战火毁损的建筑不会重建；留存下来的建筑也要拆毁；国有单位（要么是全民集体所有制的、要么是市属的承包方）取代了私人建造商，确保消灭从前柏林廉租房区域脏乱差的居住环境。

　　住宅小区坐落在绿化带和树丛中，体现了现代主义的建筑和城市设计观念。若干栋高度在3至6层不等的公寓楼按照南北和东西走向排列，保留了充分的楼间距以确保日照。6组"L"形带院子的住宅建筑，一共给180户有孩子的家庭提供了低密度住房。两个广场、一个市场、一所学校和一个"社会生活广场"是该小区中的主要元素。为了强调环境的田园风格，只在小区周边设置了街道和停车场，并且只能由人行道和自行车道进入小区内部。居民总数限制在5000人，这是根据其中10%是学龄儿童而推算出来的——有效运营一个学校最少也需要500名学生。

　　小区项目以狂飙般的速度展开。1949年10月4日，汉斯·夏隆（Hans Scharoun，柏林前建筑局长，接受了苏联成立的政府任命）绘制出小区规划的第一批草图的三天后，他的助手赫岑施泰因（Ludmilla Herzenstein）就完成了该项目一期方案（图6-2）。时间至关重要，因为东柏林政府希望充分利用其与西柏林相比在建材和供应方面的优势——因为遭到封锁，所以西柏林的物资供应已经濒于耗尽。但也许更重要的是，小区的奠基以及小区外邻街道的命名（从法兰克福大街改名为斯大林大街）都定在1949年12月21日——斯大林70岁生日那天。

　　可是当施工进展非常顺利的时候，当政的德国统一社会党（SED）副主席瓦尔特·乌布利希（Walter Ulbricht）却突然在1950年7月叫停了小区的建设。　135

### 政权的巩固和城市化的变革

　　虽然住宅小区的几座建筑已经开始施工，两个不相关的情况发展却让德国统一社会党领导层放弃了这个项目。首先，苏军在封锁期间的深度干预，让民意对苏联和柏林的德国统一社会党政权都产生了反感。很多东柏林居民以及德国东部省份的难民（包括统一社会党的一些成员）逃亡西柏林，其中很多人最终移居联邦德国。统一社会党领导层认为，建设一个基于包豪斯理念的住宅项目不足以重

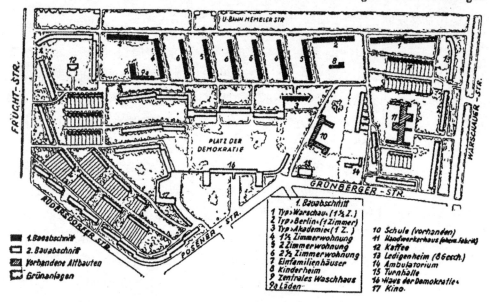

图 6-2 夏隆和赫岑施泰因设计的腓特烈斯海因住宅小区 [《柏林日报》1950 年 1 月 8 日正式介绍了这个方案]
资料来源：《柏林日报》1950 年 1 月 8 日

拾民心，所以考虑需要采取新的方式来制止民众大规模逃亡。

其次，不少第三帝国和战争期间流亡苏联的德国人回到了东柏林，他们对重建方案表达了震惊和失望。一个尤其突出的情况是：洛塔尔·波尔茨（Lothar Bolz）是一位从苏联返回德国的流亡者，被任命为民主德国重建部部长，他看到腓特烈斯海因住宅小区的设计吓了一跳。波尔茨深知斯大林鄙视现代主义建筑，因此劝说东柏林的建筑师和政府领导们对项目进行实质性调整。建筑师们不同意波尔茨的意见，他只好去找乌布利希来解决问题。波尔茨说，住宅小区的设计观念来自过时、反动的"田园城市"模式，其起源是英格兰和美国。与此相反，苏联风格的设计——也就是社会主义现实主义设计则代表了进步，因为它满足了人民群众的美学需要。因此这种设计原则才应该成为新德国建筑的基石。[10]

乌布利希马上就要在统一社会党和民主德国担任首要领导，利用庆祝斯大林 70 岁生日的时机扭转上述局面。他作为民主德国的官方代表访问了莫斯科，向斯大林介绍了东柏林面临的政治问题和重建问题，并征求斯大林的意见。[11] 斯大林回复了两点：首先，认可乌布利希作为统一社会党的官方领导地位；第二，给乌布利希上了一堂简明扼要的社会主义现实主义建筑与城市设计课。然后，斯大林建议乌布利希派一个建筑师与规划师考察团来莫斯科学习正宗的苏联建筑与规划的经验与原则。[12]

一回到德国，乌布利希立刻进行了部署；他调集了一批民主德国最重要的建筑师和规划师组成代表团，送往莫斯科在 1950 年 4 至 5 月间参加为期六周的学习。代表团向苏联同行们介绍了东柏林重建的方案——主要就是一系列的住宅小区设计。苏联建筑师听了大吃一惊，对他们说："我们当然更看重德国城市规划传统，而不是柏林正在进行的这个重建设计……不应该追求那种没有内在需求的新东西。"[13] 所谓"内在需求"，是指在现代主义于魏玛共和国时期兴起之前的建筑传统，尤其是柏林城里以辛克尔、朗汉斯和吉莱（Schinkel, Langhans and Gilley）等人作品为代表的 19 世纪早期新古典主义建筑。

苏联的建筑同行们举了一批实例，向代表团介绍了现代主义建筑和城市设计在苏联实施酿成的各种重大苦果，概述了这种风格中存在的问题。设计问题即便在社区层面没有显现出来，也会在更大尺度上一目了然。目前柏林的重建方案很可能会犯同样的错误：现代主义否认城市中心的土地价值高于周边地区（也就是说，否认城市中心区域的建筑应该更密集），导致城市建设的经济效益很低；千篇一律的住宅区建筑设计造成居民的抑郁、自杀和其他心理问题；最后，这种设计风格还完全无视各个城市自身在地形、文化或社会认同方面的特色。相反，苏联建筑师建议在柏林的重建方案中重视该城市传统的住房类型（也就是廉租公寓住房）和现有土地价值，尽可能在旧框架内、在卫生标准容许的限度内达到高密度，同时也改变目前城市的一些弊端，比如人畜混居、居民区中的铸钢厂等不兼容性质的土地用途混用情况。[14]

换句话说，苏联同行给民主德国建筑师的建议是来个 180° 大转弯：远离 20 世纪 20 年代的改革思想，根据苏联意识形态进行城市改造。这相当于行军命令，不容辩论，所以代表团在苏联停留了六个多星期，潜心研究社会主义现实主义的建筑风格、施工方法和城市设计原则，并与苏联人一起制定了"城市规划 16 条原则"。这是一个基于苏联榜样来制定重建民主德国方案的宣言。[15]

返国后，民主德国代表团成员们给自己的同事传达了全新的建筑原则，讲解时采取了与苏联人对他们使用的类似的策略——名为"讨论"，实为灌输。[16] 虽然许多民主德国建筑师对"16 条原则"抱强烈批评态度，但重建部长波尔茨却只允许在措辞上稍作调整。因此随着新原则在随着 1950 年中期颁布，乌布利希叫停了腓特烈斯海因住宅小区，并宣布要建设第一个新的示范项目：韦伯维泽高层住宅。这个项目就修建在腓特烈斯海因住宅小区原址上，象征着现代主义胎死腹中，并以全新的建筑风格明确标志着民主德国的新建筑方向。

137

### 紧跟德国统一社会党路线

在 1950 年的剩下的几个月里，民主德国建筑师和城市规划师们讨论了"16条原则"，通过了《重建法》（"Gesetz über den Aufbau der Städte in der DDR und der Hauptstadt, Berlin"，民主德国及其首都柏林的城市建设法，或简称"建设法 Aufbaugesetz"），将社会主义现实主义确立为东柏林重建的基础。1950 年 7 月 22日（也就是建筑工人庆祝腓特烈斯海因住宅小区首批建筑完工的同一天），在德国统一社会党的第三次党代会上，瓦尔特·乌布利希宣告了"蛋箱式建筑"（也就是现代主义建筑风格）的末日。他在讲话中这么说：

> 在被美帝国主义者摧毁的城市废墟中，比以往更加美丽的新城市正拔地而起，这是一项最重要的成就。对我们的首都柏林来说就尤其如此。城市规划岗位上的专家们要首先关心人民，要关心人民与工作、住所、文化和娱乐的关系。在魏玛时期，我们的许多城市建起了大批建筑，但那些建筑设计既不符合人民群众的需要，也不体现民族特色。那些建筑是一小撮建筑师的形式主义设计概念的产物，他们把工厂建筑的粗陋特征挪用到住宅建筑上。在希特勒的法西斯主义统治下，这种厂房风格得到了进一步发展。
>
> 某些建筑师，尤其是柏林市政府建筑部门的建筑师，希望把建筑修得小一些，淡化首都的重要意义，还想按照郊区的规划原则来重建我们的中心城区。这些建筑师犯下的根本错误是，他们没有扎根在柏林城市结构和建筑环境中，反倒是老幻想着充当"世界主义者"，以为在南非能用的建筑造型，就也能用在柏林。[17]

统一社会党的会议、建筑学会议和各种专业出版物、甚至大众媒体都被用来向建筑师和城市规划师宣传社会主义现实主义观念。民主德国的著名建筑师和政治领导们撰写了几十篇文章，特别是发表在民主德国的主要建筑月刊《德国建筑》（Deutsche Architektur）上。紧跟统一社会党的社会主义现实主义路线，不仅体现为设计和图纸，而且体现在社会主义改造形成的全新社会阶层安排中，因此异议和不服从路线的风险越来越大。

社会主义现实主义倡导者们的关注巨细靡遗，无论多小的细节也不会放过。比如，东柏林新创建的建筑学院（Bauakademie）领导人库尔特·李卜克内西（Kurt Liebknecht）在《新德意志报》（Neues Deutschland）[*]的一篇文章中讨论了窗户的正

138

---

\* 此处原文误为"Nedes Deutschland"，译者根据资料改正。——译者注

确形式究竟应该是水平方向还是垂直方向的问题,而该报则是德国统一社会党的机关报。[18]格雷弗拉特(Graefrath)博士私下提出了反对意见,这促使李卜克内西在《德国建筑》期刊上再次发表另一篇文章,明显意在向建筑界发话。李卜克内西写道:

重要的是要意识到,应该特别欢迎广大人民群众广泛参与讨论建筑领域的重要细节问题,因为这体现了我们工人的开放性以及他们对我们文化发展的责任感。他们的参与特别是给建筑师带来了开展全新的、生动的讨论的动力,从而促使我们更好地认识建筑学中的若干重要问题。与所有以前的时代——特别是帝国主义时代——相比,我们最好的建筑师奋力工作,让新时代的德国建筑具有全新的品质……我们的建筑与帝国主义的"建筑"形成了鲜明的对比,帝国主义建筑的目标是反动的,是在为金融界和工业界一小撮贪婪鬣狗的利益服务……

苏联的社会主义建筑,尤其是首都莫斯科的建筑,为我们重建城市提供了出色的范例。社会主义建筑的一个特征是,每个元素、每座建筑,都以有机的方式融入整体格局中,每座建筑都展现着艺术建筑的高度,让整座城市变得更美。在苏联建筑中,单体建筑与整体城市设计形成了不可分割的艺术统一体……

在制定[建筑和城市设计]解决方案时,我们不再受资本主义私有物业的产权界限阻碍,也不再被闭塞的观点、庸俗的私人利益束缚手脚。资本主义城市的主要街道,特别是无产者居住区的街道,通常由一排排千篇一律的窄小房屋组成,其外墙体现了资本主义社会的丑陋……

如果从街道的总体构成开始,就可以找到所有建筑问题的正确解决方案,其中包括窗户的形式。窗户是建筑物中最常重复的建筑元素,因此在大城市的公寓大楼中,它具有非常重要的作用……

在之前的文章中,我提出为窗口形式的问题并不是一个初级问题。但我同时也指出,高大的窗形能够引起人们的注意,因为它在技术方面和艺术方面都是一种令人满意的形式。指出这一点是必要的,因为在形式主义建筑中,宽形窗户发挥了至关重要的作用,我认为这绝非巧合。毫无疑问,这一事实造成了对高大窗形的放弃和不应有的诋毁,即使在普通公众中也是如此。格雷弗拉特博士建议我们采用低而宽的窗形。但他却完全拿不出令人信服的理由。魏玛时期的多层公寓楼,偏爱使用宽形窗户,却没能让人们感受到这种窗户的"美感"。恰恰相反:它们明显是丑得吓人。没有人会否认,在魏玛时期的悲观年代里,那种公寓就像

139

一个个冷酷无情的方盒子，而这种印象主要就来自丑陋的宽形窗户。是的，格雷弗拉特博士同志，由于这个原因，我们赞成高大的长方形窗户，因为它可以让更多的光进入我们层高充裕的房间，因为它符合我们优秀的、值得尊敬的传统，因为这种窗形再现了传统公寓的特色，还因为它是我们进取向上的建筑风格中的主要元素……[19]

本文在许多遵循基本公式的"指导文章"中很有代表性。这类文章和公开批判的影响是多方面的：第一，它们宣扬并解说了社会主义现实主义中所包含的价值观；第二，它们证明了始终可以依靠苏联提供正确的解决方案；第三，它们揭露了追随西方或现代主义榜样的谬误；第四，它们从技术和艺术双方面为眼下的问题提供了解释和解决方案；第五，对于一些知名、敢于毫不掩饰地发言的异议人士，这些文章常常加以羞辱嘲笑。当然，文章向苏联寻求正确的解决方案也就表明，谁质疑民主德国领导人所采取的方向，谁就是在间接地质疑斯大林本人的智慧和权威。

尽管如此，到 1950 年底，与现代主义建筑的斗争还远未结束。1951 年初，当住户搬进腓特烈斯海因住宅小区的首批（也是唯一一批）楼房时，民主德国的技术月刊《规划与建筑》（Planen und Bauen）的封面刊登了照片，并表示这个项目将成为新的"五年计划"的盛大开端。李卜克内西对期刊支持该项目大为诧异，于是《新德意志报》发表了一系列文章，毫不含糊地嘲笑了现代主义风格的"世界主义"建筑。[20] 在 1951 年 2 月 13 日的重要文章中，他附上了《规划与建筑》刊登过的那张腓特烈斯海因住宅小区照片并将社会主义现实主义风格的苏联公寓楼的照片（图6-3 和图 6-4）直接放在旁边。图片说明毫不含糊地表明了统一社会党的官方立场。

等到现代主义、功能主义、"世界主义"建筑风格的最后一批支持者看上去都被肃清了（或者说被强制教育转化了），乌布利希就委任建筑学院的 3 位建筑师亨泽尔曼、保利克和霍普（Hermann Henselmann, Richard Paulick and Hans Hopp）在腓特烈斯海因住宅小区原址上制定新的改建方案。要求这几位设计者根据社会主义现实主义原则制定新的城市规划和建筑设计。可是，1951 年 7 月 25 日"高层住宅项目"的方案初稿提交给中央委员会和几位权威建筑家时，却让大家大吃一惊：设计中完全没有消灭"形式主义"和"世界主义"特征，而是充斥着这些不合格的观念。领导们强烈批评了亨泽尔曼和保利克的工作，要求他们立刻紧跟社会主义现实主义原则重新设计。

但是批评采取的可不是简单、私下的形式，中央委员会委员赫伦施塔特（Rudolf Herrenstadt）在《新德意志报》上又发表了文章，把这件事在全民主德国公之于众。赫伦施塔特的文章算得上公开批判的样板，所以我们在此引用若干段落：

建筑师们听到了这一类 [ 关于形式主义、世界主义的 ] 批评。他们是

图 6-3　《新德意志报》1951 年 2 月 13 日刊登了新建成的腓特烈斯海因住宅小区建筑照片 [ 刊出时的图片说明是："柏林建设部门沿斯大林大街修建的这些住宅，具有典型的盒子风格（Baukastenstil），我们的工人阶级不会再原谅这样的设计了。"]

资料来源：《新德意志报》1951 年 2 月 13 日

怎么回应的？我们在这儿不马上揭晓最后的结果，免得让建筑师难堪。7
月 25 日的讨论是这么结束的：

中央委员会代表："我们需要尽快完成让人满意的设计。什么时候能拿到？"

"要两个月。"

"两个月太久了。"

"您给多少时间？"

"8 天。"

"8 天！那不可能。最多能给多久？"

"8 天。"沉默。他们互相看了看，然后说：

"行吧，8 天画完图纸。"（最后期限是 8 月 1 日星期三。《新德意志报》

图 6-4 《新德意志报》1951 年 2 月 13 日同期刊登的另一幅建筑图片，属于斯大林认可的社会主义现实主义风格 [ 刊出时的图片说明是："最近 15 年来，莫斯科主要街道上修建了很多栋公寓楼，这就是其中一座。它不仅满足功能需要，而且还符合人民群众的审美感受。"]

资料来源：《新德意志报》1951 年 2 月 13 日

还会跟踪报道。)

第二天，同样是这些人来到了建筑学院的工作室。没想到，保利克教授没用 8 天，而是只用了 24 小时，就画出了一套新的草图，虽然还需要调整，但准确无误地符合全新的、健康的设计原则。同时，一大批建筑师也开始成功地在新精神的指导下协助制定新设计。在保利克教授的工作室里，又发生了一次有代表性的对话：

中央委员会委员："您昨天给我们提交的还是'蛋箱式'的设计，今天就又能拿出这么进步的方案，为什么会有这么大差别？"

回答："并不是这样……"

"要是我们昨天通过了那个'蛋箱'方案，您真会把它盖起来吗？还是说，您会反对您自己拿出的设计？"

"如果统一社会党决定盖起来，那我就盖起来。"

"您觉不觉得自己前后做的事不一致?"

"我当然知道。但是您能不能理解,正确认识也是逐步发展出来的,去年一年里我学到了太多东西,需要慢慢消化,'蛋箱'也不是一下子就能全扔掉的?"

"您说得对。"[21]

这个情况不仅让民主德国建筑界的其他人感到不寒而栗,而且全国、全社会的各个部门都深受触动,尤其是给了所有不紧跟官方政策的人一次严重警告。公众接受了用建筑和其他社会主义现实主义作品开展的教育,每个民主德国公民都可以留意(并且从理论上也应该向统一社会党代表举报)那些不遵从官方政策路线的人。

至于新的高层住宅项目,5 天后全新的设计图纸就提交给中央委员会,亨泽尔曼的设计方案很快就批准开工(图 6-5)。1951 年 9 月 1 日,连全部施工图还未完成,就举办了破土仪式,封顶仪式则是在仅仅 141 天之后的 1952 年 1 月 19 日进行。

高层住宅项目的施工进展成了具有举国意义的标志性事件,《新德意志报》推出了系列文章介绍这个项目,始终宣扬社会主义现实主义作为建筑和城市设计全新基石的作用。1952 年 5 月 1 日的竣工仪式极为盛大,各方人士发表了政治讲话,东柏林市长弗里德里希·埃伯特在仪式中间将单套面积为 65 平方米的新公寓钥匙

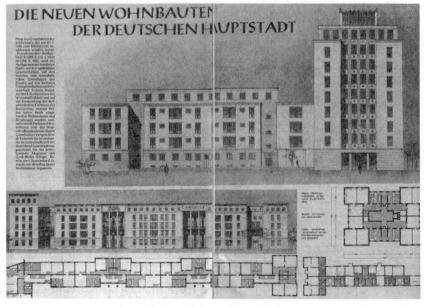

图 6-5 亨泽尔曼社会主义现实主义风格的韦伯维泽高层住宅设计方案

资料来源:《民主建筑》(Demokratischer Aufbau)期刊,1952 年 3 月号,p.76

交给了 30 个工人阶级家庭、一位建筑师、一位警察和一位教师。

　　社会主义现实主义的一大特色就是对传统建筑风格的借鉴利用；高层住宅项目直接参照了辛克尔的法伊尔纳住宅（Feilnerhaus）设计，但并不是简单的复制照抄，而是（亨泽尔曼的说法）"批判地发展了"法伊尔纳住宅的建筑立面处理方式，比如在窗户周围采用了瓷砖装饰（比较图 6-6 和图 6-7）。通过对传统建筑风格的借鉴改造，柏林灰暗的"普鲁士色调"变得更加多彩、明亮和积极向上。但是，新建筑要保持城市本色，"植根在城市传统的土壤之中，继承它缓慢发展而审慎有理的传统文化，在一些地方参照辛克尔，但不是奴隶式的复制照抄，而是呈现出大家都如此熟知的'柏林'韵味。"[22]

图 6-6　辛克尔设计的法伊尔纳住宅

资料来源：洛克著《辛克尔传》[Carl von Lorck, Karl Friedrich Schinkel (Berlin: n.p., 1939), p. 73]，转引自盖斯特和屈尔韦斯著《柏林的出租房屋：1945–1989 年》[Johann Friedrich Geist and Klaus Kürvers, Das Berliner Mietshaus: 1945–1989 (Munich: Prestel, 1989), p. 335]

图 6-7　韦伯维泽高层住宅外立面细部

资料来源：本文作者拍摄

# 从高层住宅到斯大林大街：社会主义现实主义的短暂辉煌

### 样板工程：韦伯维泽高层住宅

韦伯维泽高层住宅小区共包括一栋 9 层的中层塔楼和两栋翼楼，高度分别是 5 层、7 层（图 6-8）。该项目在 1951—1952 年间建成，整体呈"L"字形，融入了周边公寓房与腓特烈斯海因住宅小区形成的整体环境中。[23] 虽然塔楼的高度比周边建筑略高，但是建筑群的总体高度相对合理，因为翼楼跟这个区域里的绝大多数建筑一样都是 5 层。楼群从街道红线后退的距离、它们通向街道（以及旁边的公园）的通行路线形式，都跟周边的典型公寓楼保持了一致。

高层小区成为社会主义现实主义的范例项目，它采用了 19 世纪初古典主义时期的柏林建筑风格。比如，塔楼的立面同时使用了灰泥和精致的瓷砖。瓷砖覆盖在建筑中部的凹进部分，让塔楼具有了一种向上的运动感，而窗户的"直立"取向也加强了这种动感。塔楼顶部外缘的镶嵌贴面同样强化了竖直的视觉效果，让塔楼在公寓楼群之中既显得并不突兀，又展现出崭新的风格表达方式。翼楼与塔楼相比没有那么吸引人，虽然它们也有高达 4 层楼的柱子，支撑着其后描绘快乐儿童和魁梧工人的浮雕。

146

图 6-8　韦伯维泽高层住宅项目竣工后的环境

资料来源：柏林国土文献档案馆（Landesarchiv Berlin-Breitestraße）

这个地方周边的总体氛围是迷人、友好的。公园由建筑环绕，其中有池塘、树木、步行道和给散步者休息的长椅。这些景观布置让该地区的绿化覆盖率高于普通的公寓楼群，儿童能够在园内成人的照看下玩耍。这个建筑群的布局只对原先的街道格局作了轻微调整，该处的土地用途基本上属于住宅和休闲娱乐设施（塔楼首层有两个商店），与工业革命时代柏林廉租公寓区常见的混合土地使用方式形成了对照。

韦伯维泽高层住宅的建筑风格和城市设计形式与腓特烈斯海因住宅小区截然不同。举例来说，虽然腓特烈斯海因住宅小区的条形设计在城市中创造出了一种全新的秩序和视觉形态，但高层住宅则效法了附近的公寓楼外观。建筑注重装饰的外立面朝街，而与周边建筑和谐一体的布局则让这个建筑群与附近社区紧密融合，塔楼甚至为该地区的天际线增添了一个视觉参照点。

与项目同名的公园也很重要；公园设有长椅、步行道，作为一个读书、放松、玩耍或漫步的好去处，它完全对外开放，给居民带来了很好的城市体验。相比之下，相邻的腓特烈斯海因住宅小区的开放空间则断断续续、不吸引人，因为该处没有什么户外设施，而且看上去并不欢迎、也无法接纳外来的公众进入。

**宣传标志：高层住宅与斯大林大街**

由于高层住宅是斯大林大街的试点项目，而斯大林大街会进行规模更大、成本更高的住房工程，因此民主德国领导层宣布了一项"国家建设计划"（Nationales

Aufbauprogramm），以筹集资金并提高公众对建设项目的认识。计划鼓励市民在业余时间参加高层住宅项目的建设，或者捐献一部分日常工作收入给工程。为了鼓励自愿捐款，高层住宅小区的多个公寓按照抽奖方式分配，抽中的概率则取决于参加义务劳动的工作量或捐款金额。抽奖结果在《新德意志报》公布，该报也始终向东柏林和全国各地介绍项目进展。关于"工作场所的英雄"（Held der Arbeit）的先进人物事迹激发了公众的好奇心，让模范人物在全国范围内成为关注焦点，这些劳模往往参加大量班次的义务劳动，或者是为了给工程做贡献而付出了极大的艰辛。

韦伯维泽高层住宅的塔楼成了民主德国社会主义重建的国家级标志物。政府官员在讲话中每每嘲笑腓特烈斯海因住宅小区的"世界主义"风格，称赞在其原址上拔地而起的社会主义新建筑。很快，这座塔楼的形象就会在全国四处出现，附带的标语鼓励全国民众——哪怕是西柏林的民众——集聚资源，助力建造祖国的社会主义基础（图6-9）。哪怕是学校里的孩子也能为国家项目出力——每间教室都设有塔楼形状的储蓄罐，供学生把午餐钱拿出来捐献。

作为国家级标志物，塔楼建筑耗资巨大，为之曾举行多次献礼庆典。尽管施工成本已经超支，但市政府仍为塔楼封顶举办了联欢会，东柏林的两家歌剧院都派出演员前来助兴。[24]

高层住宅的宣传价值并不限于针对东柏林市民，而且还覆盖到西柏林人。东柏林市领导层认为，西柏林的各种传媒（广播、出版物）都在传播关于苏占区人民生活的恶意信息。东柏林针对这一情况兴办了建筑成就展，并用大巴车接送西柏林市民前来参观，让他们亲眼看到社会主义国家是如何重建城市的。[25]

虽然高层住宅项目被当作"蒸蒸日上的社会主义建设"（Aufbau des Sozialismus）的标志，但是很快，东柏林最大的社会主义现实主义示范项目——斯大林大街——既在比喻意义上，又在实际意义上把高层住宅遮盖下去了。正当高层住宅项目处于宣传高峰期的时候，斯大林大街沿线的建设项目转移了公众的注意力。虽然高层住宅的位置只在大街南侧100米，但斯大林大街总长近2公里，宏大的建筑规模很快就让高层住宅项目黯然失色（图6-10）。

与高层住宅相比，斯大林大街上的建筑不仅层高更高、外装更精美，而且这些建筑还根据社会主义现实主义特征赋予了更高的象征价值。斯大林大街（在纳粹崩溃前和两德统一后都称为"法兰克福大街"）是柏林东西方向上的贯通大道，也因为第二次世界大战中苏联军队由此进入柏林而知名。为了纪念这个历史事件，斯大林大街拓宽至90米，沿街住宅群（底层供商用）的建筑设计和城市设计也有着宏伟的尺度。

149

图 6-9　韦伯维泽高层住宅是 1952 年柏林国家建设计划的标志 [ 海报上的文字：黑熊说：没那么难，跟上我们，
　　　　一起来建设。4 月的胜利：回收利用 4376130 块砖，重复使用 702 吨瓦，处理 65557 立方米垃圾 ]
　　　　资料来源：普尔曼著《斯大林大街：国家建设计划》[Gerhard Puhlman, Die Stalinallee: Nationales
　　　　Aufbauprogramm 1952 (Berlin [DDR]: n.p., 1953)]

图 6-10　斯大林大街在字面意义上和实际意义上都把韦伯维泽高层住宅"遮盖下去"[ 图中正好包括了 3 个不同阶段的建筑物。右侧是最早的腓特烈斯海因住宅小区，中间是韦伯维泽高层住宅，左侧是正在施工中的斯大林大街局部 ]

资料来源：西柏林国土图片档案 [Landesbildstelle Berlin (West) II/3843, reproduced in Geist and Kürvers (1989), p. 348]

## 结语

150

　　即便在今天柏林（也包括德国东部）的城市肌理中，社会主义现实主义的建筑风格和城市规划风格也是一望即知，清晰易辨。大多数这类建筑物都被列入历史遗产，受到了保护。它们作为房地产的价格不菲，居民也偏爱这种住宅，这体现了建筑物的实际价值。

　　有趣的是，我们现在常讲社会主义现实主义设计是所有东欧社会主义国家共有的一种特色"风格"，但是这种设计原则的初衷却要发扬各国本地建筑传统，结合历史范例，形成本国家、甚至本地区独有的建筑和城市设计形式。之所以出现这种情况，可能是因为社会主义现实主义运动的持续时间太短：虽然民主德国官方没有否定它，但是 1953 年赫鲁晓夫在苏联上台不久后放弃了这个提法，大规模、高成本的建筑工程项目也纷纷叫停。赫鲁晓夫反而是很赞成现代主义建筑和现代施工技术的一些优势。他爱提"更大、更好、更便宜"之类的口号，倾向于以工业生产方式建设整个社区和城区（起初正是这类形式和风格产生的社会问题导致斯大林否定了现代主义），而修建社会主义现实主义建筑群则主要依靠手工劳动，周期长、价格高，所以不为赫鲁晓夫所喜。[26]

运动持续时间虽短暂，但社会主义现实主义却以物理形态在民主德国持续留存，在多个大城市都兴建了重大工程，而且还产生了不容错认的政治与社会效应。乌布利希利用社会主义现实主义来巩固政治权力，实现民主德国国家的社会主义改造。有了这些设计原则，就很容易判断谁在紧跟统一社会党路线，因为无论是官方认可的工作成果、还是官方倡导的工作作风（比如服从政策）都是众所皆知，一目了然。国家广泛推行"批评与自我批评"，并教育公众在日常生活中提高对社会主义现实主义的认识与应用，这些都让这种设计风格在全国的接受和传播大行其道。

最后，社会主义现实主义的传播方式特别值得一提。这种建筑风格强行确立了一种新的审美观，虽然它声称尊重民族传统（在许多方面，它确实如此），但它在判断"哪些民族传统值得尊重"时却非常挑剔。尽管斯大林毫不掩饰他对现代主义的嘲讽，但社会主义现实主义在民主德国普通建筑师和城市设计师中间成功传播的速度和彻底性还是令人惊讶。教育改造的普遍性、对不服从政策的个人行为受到公共批判的恐惧，或许可以部分地解释上述情况。在战争蹂躏之后，在民主德国战后动荡的政治和社会环境之中，对许多人来说简单地遵循新的设计原则大概也更舒服容易一些。无论出于何种原因，作为一种文化运动和建筑风格的社会主义现实主义在东柏林重建的早期阶段发挥了至关重要的作用——用一个有趣的说法，我们可以把这种作用称作"外部强加的本地主义"。

151

**注释**

1. 关于社会主义现实主义影响的全面讨论，参见 Thomas Lahusen and Evǵeni Dobrenko (1997) *Socialist Realism without Shores*, Durham, NC: University of North Carolina Press.

2. 值得注意的是，虽然损毁的规模巨大，但是在市区的大部分区域都远未达到完全破坏的程度。这一事实却没影响很多规划师按完全毁损制定重建方案。

3. 苏军封锁柏林的西部地区不完全是因为选举，这个决策还有其他多重考虑，最主要的（或者说，至少是最后的）一项考虑是，柏林西部地区的货币体系完全排除苏军占领的柏林东部地区和德国其他苏占区域。

4. 因为亲西方的议会经过民主方式进行的市政选举而上台，所以苏联对柏林的严密控制开始受到侵蚀。尽管苏联军政府阻止了恩斯特·罗伊特（属于社会民主党，简称SPD）

当选市长，但却无法让新成立的统一社会党的成员留在其他高级政府职位上。1948 年 3 月，西方盟国（法国、英国和美国）宣布在占领地区实施货币改革，建立经济联盟，苏占区被排除在外；苏联人担心西柏林会融入联邦德国并导致民主德国货币贬值。为了将西方盟军逐出柏林、重新控制城市，苏联军事当局关闭了陆上和水上进出柏林的通道。英美联军的回应是空投食品和其他物资，确保柏林西部地区的居民生存。苏联意识到封锁已经失败，于 1949 年 5 月 12 日（近 11 个月后）恢复了陆地和水上通道。

5. 1953 年 6 月 17 日是东柏林历史上的一个重要日子。当时柏林工人对工作和生活条件日趋不满，政府则对他们的意见无动于衷。随着事件升温，6 月 17 日开始了总罢工。苏联军队在东柏林的街道上部署坦克以恢复秩序，从而粉碎了罢工。

6. 规划师们认为，柏林空间拥挤问题的根源在于 1862 年总体建筑规划中设计的放射性和同心形街道系统；因此任何解决方案都必须重组（或者至少重新调整）街道网络。霍布莱希特（James Hobrecht）最早设计的街道网络从未完全实现。1945—1949 年间，规划师们设计了几个重组方案，其中有 4 个得到了认真的考虑：1）1946 年的"集体方案"（Kollektivplan），由汉斯·夏隆的建筑委员会制定；2）"策伦道夫（Zehlendorf）方案"；3）西柏林的"1948 年方案"；4）东柏林的"1949 年总体重建方案"。关于这些方案和其他一些方案的详细介绍，参见 Johann Friedrich Geist and Klaus Kürvers (1989) *Das Berliner Mietshaus: 1945 – 1989*, Munich: Prestel, pp. 222 – 271.

7. Edmund Collein (1952) 'Das Nationale Aufbauprogramm – Sache aller Deutschen!', *Deutsche Architektur*, 1, pp. 13 – 19. 民主德国的社会主义现实主义运动中，对资本主义城市实施社会主义改造是一项核心考虑。本文引用的一些文献经常提到要对城市的"资本主义遗产"进行社会主义改造。在这方面，社会主义现实主义也与现代主义有所不同：现代主义通过全新的建筑形式来重塑社会；社会主义现实主义则重塑传统的建筑和城市设计形式，让它们适应社会主义新社会。

8. 显然，斯大林的城市设计愿景与现代主义建筑师的观念截然不同，但他对现代主义的摒弃主要是由于现代主义建筑在苏联实施时发生的糟糕经历。1926—1939 年间，数百个新城建设和城市扩建的方案主要由现代主义学派的德国建筑师完成，其中代表人物包括梅、迈耶和陶特等人（Ernst May, Hannes Meyer and Bruno Taut）。有些城市设计问题（比如风格千篇一律、总体经济效率低下等）小规模项目未必会出现，但到了苏联的大型项目上却变得非常明显。斯大林对规划效果很不满意，因此也迁怒于现代主义建筑，他认为这种风格没有充分表达社会主义的政治思想。最终他叫停了苏联在建筑方面的先锋派运动，并迫使相关学科接受改造，以符合他的意识形态和审美路线。关于斯大林主政年代社会主义现实主义的发展，参见 Anders Åman (1992) *Architecture and Ideology in Eastern Europe*

152

*during the Stalin Era: An Aspect of Cold War History*, Cambridge, Mass.: MIT Press.

9. 在波兰这样的地方，曾经在长达几代人的时期都没有民族国家存在，所以谈"继承历史传统"就很成问题，因为所谓"传统"却不知是哪个清晰可辨的历史时代。要想主张有一种"波兰风格"建筑，要么就得回到中世纪，要么则要追溯到文艺复兴时期。

10. Lothar Bolz (1951) *Von Deutschem Bauen: Reden und Aufsätze*, Berlin: n.p, pp. 32 and 56.

11. 为了确保统一社会党领导层都了解苏联方面意见，乌布利希要求东柏林市长弗里德里希·埃伯特和统一社会党主席奥托·格罗提渥与他一起前往莫斯科。格罗提渥称病留在国内，也就退出了统一社会党内的权力角逐。详情参见 Simone Hain (1993) 'Reise nach Moskau: Erste Betrachtungen zur politischen Struktur des städtebaulichen Leitbildwandels des Jahres 1950 in der DDR', *Wissenschaftliche Zeitschrift der Hochschule für Architektur und Bauwesen Weimar*, 39, 1/2, pp. 5 - 14.

12. 关于这次行程的详情和后续影响，参见 Simone Hain (1992) 'Reise nach Moskau: Wie Deutsche 'sozialistisch' bauen lernten', *Bauwelt*, 83, 45, pp. 2546 - 2558.

13. 同上。

14. Simone Hain (1992) 'Berlin, "schöner denn je": Stadtideen im Ostberliner Wiederaufbau', in *DAM Architektur Jahrbuch*, Munich: Prestel, pp. 9 - 22.

15. 英译参见 Doug Clelland (1982) 'From ideology to disenchantment', *Architectural Design*, 52, 11/12, pp. 41 - 45. "城市规划16原则"既有规范性条文，也有禁止性条文。它确定了城市的功能和用途，也明确了建筑和城市规划在城市形态塑造过程中的作用。"原则"可以按照主题粗略分为4大部分，分别阐述了城市的历史和目的、城市设计和发展，城市氛围以及建筑和城市规划的理论基础（下文括号中的数字是原文条文的编号）。

首先，城市的历史功用是为社群生活提供经济有效的居住场所，其结构体现了人民的政治生活和民族意识（1）。尽管当代城市主要借助工业手段、并为工业目的建造（3），但城市规划依靠科学、技术和艺术来重构城市的历史结构，以修正其缺点，并满足人们对工作、生活、文化和休闲娱乐的需求（2、5）。

其次，城市的结构是有机的，密度从中心到周边逐渐减小。市中心是城市的焦点，它不仅包含最重要和最具纪念意义的建筑，因此也是政治和社会生活的焦点，而且市中心还决定了城市的建筑构型及其轮廓（6）。"住宅建筑群"（residential complexes）及社区组合在一起形成住宅区，其二层核心提供日常生活所需的所有商品和服务（10）。城市规模取决于其工业、行政和文化机构的规模，但城市的增长取决于其不降低经济效益而进行扩张的能力（4）。交通必须为城市服务，而不应成为居民的阻碍。过境交通要避开市中心、远离住宅区，铁路和水运必须远离核心（8）。

再次，根据定义，城市的氛围应该是城市化的，城市不能变成花园——也就是说，不要"田园城市"（12）。多层建筑更符合城市的特征（13），而其人口密度、朝向定位和交通路线都必须保障居民生活环境的健康、平和（11）。

最后，城市规划或建筑设计方案都不应该是抽象的(15)。必须精心规划和设计城市(16)。城市规划和建筑设计必须确保每个城市都有独特、艺术化的特色，这种特色由其广场、主要街道和主要建筑（9）决定，而在有河流的城市中，河流和街道形成建筑格局的主轴（7）。建筑必须在形式上是民主的、在内容上是民族的，充分吸纳历史上的进步建筑传统（14）。

16. Hain (1992), Bauwelt 前引，pp. 2546 - 2558.

17. Walter Ulbricht (1950) 'Die Großbauten im Fünfjahrplan (Rede auf dem III. Parteitag der SED)', *Neues Deutschland*, 23 July.

18. Kurt Liebknecht (1952) 'Hohes oder breites Fenster', *Neues Deutschland*, 20 March.

19. Kurt Liebknecht (1952) 'Zur Frage der Fensterformen', *Deutsche Architektur*, 2, pp. 87 - 89.

20. 李卜克内西在《新德意志报》发表的系列文章题为"为新德国建筑而斗争"；参见 Kurt Liebknecht (1951) 'Im Kampf um eine neue deutsche Architektur', *Neues Deutschland*, 13 February.

21. Rudolf Herrenstadt (1952) *Die Entwicklung Berlins im Lichte der großen Perspektive: Aufbau des Sozialismus*, Berlin: Druckerei Täglichze Rundschau.

22. Rolf Göpfert (1951) 'Die Neubauten an der Weberwiese', *Planen und Bauen*, 5,   154
21, pp. 485 - 487. 该文作者格普费特是亨泽尔曼工作室中负责设计的建筑师，他这样阐释建筑的象征内容：

[这个建筑项目]从一开始就承担了特殊职责：建筑表达应该体现出我们社会的变革和全新建设状况，体现出工人阶级作为项目承接者的意志和当家作主精神，项目还应该反映出社会未来的繁荣，面向民主、自由和秩序发展的广阔可能性……项目应该成为记载政治、经济和文化领域结构变革的一份档案……由一座公寓建筑充当这样一份档案，这正体现了我们社会全新的、人性化的特色……韦伯维泽项目的设计正是从这些特征出发完成的，它对关于"新建筑"的讨论作出了贡献，它是新方向上迈出的第一步，在更加紧密的动态关系中展示出精神和社会的融洽无间。

23. 高层住宅项目设计署名是由亨泽尔曼团队集体完成，格普费特任执行建筑师。

24. 不过，关于韦伯维泽建筑群完工庆典的新闻也不都是积极的。报纸原先报道翼楼完工时还会像塔楼建成时一样庆祝，但是建筑工人们却发现，市政府只打算办个小型活动，他们愤怒之下，在封顶时没有按照传统给建筑戴上王冠，而是挂了一把扫帚。市政府举办活动的时候当然把扫帚拿了下来。为了让庆典比塔楼竣工的歌剧表演更热烈，市政府费尽心机，甚至把竣工截止日期提前到了 5 月 1 日劳动节，好让柏林市长在当天亲自把门钥匙交到房主手上；参见 Landesarchiv-Breitestraße, Rep. 110, Nr. 808.

25. Stiftung Archiv der Parteien und Massenorganisationen der DDR im Bundesarchiv IV/2/606/30.

26. 关于东柏林的城市规划与建筑范式方面的后续变化，以及西柏林的同时期发展，参见 Roland Strobel (1994) 'Before the Wall came tumbling down: urban planning paradigm shifts in a divided Berlin', *Journal of Architectural Education*, 48, 1, pp. 25 - 37; 以及 Greg Castillo (2001) 'Building culture in divided Berlin: globalization and the Cold War', in Nezar AlSayyad (ed.) *Hybrid Urbanism*: *On the Identity Discourse and the Built Environment*, Westport, CT and London: Praeger, pp. 181 - 205.

# 第7章
# 从埃及人眼中看埃及的文化遗产保护：阿拉伯古建筑保护委员会的案例

阿拉·艾尔-哈巴希，埃及美国研究中心

> 外国参赛者获胜，4个埃及参赛者落选。这个奇怪的结果让我们埃及人大吃一惊，因为埃及土地上有着各种历史遗迹，这里的建筑师得天独厚，具有赢得竞赛的一切根本优势……在我看来，埃及建筑师的失败简直是虚构。
>
> ——"困惑的建筑师"★

在19世纪末期和20世纪上半叶，阿拉伯古建筑保护委员会（The Comité de Conservation des Monuments de l'Art Arabe，以下简称"委员会"）[1]对埃及的阿拉伯古建筑维护发挥着巨大影响。[2]在埃及，只要是委员会的创始人们认定属于"阿拉伯建筑艺术"范畴的东西，都被这个委员会进行过研究与（或）保护和修复。委员会自有一套关于古建保护的哲学与技术，他们借此对埃及古建筑遗产的维护工作进行了干预，在当时和现在，都有不少人认为它就是文化遗产的救星。委员会在1881—1961年的运作期间，既任命了一些埃及成员，也有其他国籍的委员，比如法国人、英国人、意大利人、德国人和奥地利-匈牙利人。在委员会成立早期，虽然埃及委员的比例很高，但它在意识形态上还是被积极参加会议并持续跟进各项技术与管理事务的欧洲委员们把持着。这种局面持续到了20世纪20年代，当时由于埃及国内民族主义情绪高涨，所以委员会工作遇到了阻力，最终不得不逐步解体。

本文研究的正是20世纪20年代，刚刚出现对"外国"势力插手埃及事务的抵制时的复杂情况。因为我们围绕古建筑保护委员会进行考察，所以讨论的主要是知识性、学术性问题。委员会里的埃及成员认为自己有权来保护一种生活方式，保护古代遗产中那种亲切而接地气的成分；而外国成员们则主张自己拥有保护遗产的知识和专业技能。两方之间的微妙对立掩盖在委员会作为政府机构的特殊地位之下；委员会从属于埃及慈善捐献部（Ministry of Awqaf，最后这个单词是瓦合甫waqf的复数，意为宗教捐献），该部负责掌管各种慈善捐献，维持宗教习俗。[3]虽然有这样的掩饰，但我们细读委员会的会议记录，追踪委员会成员在公众媒体上的若干次激烈辩论，都不难发现他们之间的对立状况。1926 年为了重建开罗的阿慕尔·本·阿绥大清真寺（Mosque of 'Amr ibn al-'As）举办了一次国际建筑设计竞赛，这时突然有一个化名为"困惑的建筑师"的妙趣横生的作者在媒体上亮相，我们文章的开篇题记就引用了这个人的话，他也是本文的核心人物；他在文章中充分描述了委员会里的埃及委员与外籍委员之间的对立——或者用他的原话叫"我们"与"他们"之争。虽然设计竞赛并不是委员会举办的，但参与竞赛的大部分人都是——或者后来成为——委员会成员。这些委员会的人，无论是埃及人还是外籍专家，无论是作为评委还是参赛者，到了正式机构之外的地方，说话更无顾忌，可以充分表达自己的意见。对于我们这项研究的目的来说，参与设计竞赛的马哈茂德·艾哈迈德（Mahmud Ahmad）是个特别理想的研究案例。他是埃及籍参赛者中唯一为委员会工作的人，设计竞赛给了他一个绝好的机会，可以驳斥从前流传的一种论调：埃及委员们在委员会中只起到功能性的辅助作用。很多人当时认为埃及委员只能在本国遗产保护中被动地实施委员会的外国哲学和外国技术，马哈茂德·艾哈迈德抓住设计竞赛的机会，试图推翻这种消极形象。马哈茂德·艾哈迈德和另外一个埃及人穆罕默德·阿卜杜勒-哈利姆（Muhammad Abdil-Halim）合伙参加竞赛，但却令人羞耻地失败了，这个结果让"困惑的建筑师"感到震惊愤怒。而马哈茂德·艾哈迈德后来升任委员会的首席建筑师，可谓是对他持续努力、锲而不舍的回报。对"埃及人如何保护好自己的遗产"这个问题，马哈茂德·艾哈迈德能有全新的视角吗？

## 设计竞赛

1926 年，慈善捐献部启动了"阿慕尔·本·阿绥大清真寺重建项目"国际设计竞赛。[4] 这座建筑是埃及乃至非洲最古老的清真寺，自 7 世纪建成以来就一直受到特别关注。[5] 瓦合甫宗教捐款维持着清真寺的运营和维护，直到 19 世纪末[6]，此时委员会开始运作，他们的一项职责就是从瓦合甫产权建筑的清单中选出值得保护的"阿拉伯建筑艺术"遗产；委员会立刻认识到阿慕尔清真寺的历史重要性，接管了与它相关的瓦合甫资金管理职责，并且在 1886 年将它列入首批受保护的古建筑名单之中。[7] 与它对大部分其他古建筑的保护思路一致，委员会在保护阿慕尔清真寺时主要考虑的是建筑的物理方面。这种意识形态与慈善捐献部的总体原则并不一致，部里的工作目标是维持瓦合甫产权建筑的持久可使用性。[8] 慈善捐献部当

157

时是阿慕尔清真寺的业主，主要负责清真寺宗教活动的正常进行，所以它对建筑采取上述态度也是服务于这个职责。而清真寺的日常使用者主要关注的当然也是宗教活动，所以他们与慈善捐献都站在同一立场上，而委员会对于建筑保护的强调跟本地文化背景可谓格格不入，虽然其工作哲学与管理手段几经转变[9]，但委员会的保护活动在某种程度上仍然与慈善捐献部及宗教建筑使用者们的意识形态很不合拍。[10]

意识形态的对立有时会导致冲突，有这么一次冲突就跟阿慕尔清真寺有关。1914 年埃及王室的穆罕默德·阿里亲王（Prince Muhammad 'Ali）在一项关于慈善捐献和公共事业的提案中主张要"重兴这座清真寺的宗教价值"。委员会没法在自己的工作范围内给这个项目找到资助，因为它跟建筑保护没有任何直接关联。这样一来，委员会就不得不面对一个很敏感的问题，最后只能（虽然只是在内部操作）把这座清真寺从古建保护名单中撤了下来。但是部长会议却立刻阻止了这个决策，因为伦敦文物学会（Society of Antiquaries of London）和一些其他国际协会都对此提出了激烈的批评。时任英国驻埃及总领事的基奇纳勋爵（Lord Kitchener）主动跟委员会联系，确保这座古代清真寺不会被损毁，并且还要将它重新收入委员会的保护名单中。[11]这个插曲表明，委员会拥有强力的国际支持，可以帮它挡住任何反对者——哪怕是它所属的政府也对它奈何不得。

虽然穆罕默德·阿里亲王的提议暂时未获采纳，但它也没有被忘掉。12 年之后的 1926 年，慈善捐献部启动了前述的设计竞赛，这也是一个与亲王提议相似、但更具官方性质的举动。部里的决策有福阿德一世国王（King Fu'ad，1917—1936 年在位）的支持，他希望通过这样一个活动来体现埃及在穆斯林世界的宗教领导地位。当时穆斯塔法·凯末尔刚刚在土耳其废除了哈里发制度，福阿德国王认为有机可乘，可以把这个重要的宗教体制转移到埃及。[12]与穆罕默德·阿里亲王最初的提议不同，设计竞赛的资金很充裕，而且各方支持也很充分。当局选中了委员会中的一些成员编制竞赛方案，充当评委。这么做的意图可能是让委员会成员们参与到活动过程中，从而体现委员会也支持这个项目，以此免受外界批评。

设计竞赛明文表达的宗旨就体现出这种意图。据称它的目标是"重铸清真寺的辉煌年代"，却既没有指向建筑的物理存在，也没提其实用功能。这当然是故意含糊其辞；这种说法允许各种宽泛的解读，因此任何想要阻止举办设计竞赛的批评意见也就缺少了具体基础。看上去，慈善捐献部想要任命一位外来的——最好是外国的——建筑师来实现清真寺重建方案，所以它对设计竞赛广为宣传，一共收到了 525 个报名，其中只有 72 个来自埃及。[13]但是，由于竞赛方案表面上——而

158

且很可能是故意地——写得很含混，所以最后只有 7 个方案实际提交上来。[14]

7 个方案中，有 4 个方案的作者是埃及人：易卜拉欣·法齐（Ibrahim Fawzi）从巴黎发来了方案[15]，马哈茂德·福阿德（Mahmud Fu'ad）从上埃及地区、哈桑·萨布里（Hassan Sabri）从开罗、马哈茂德·艾哈迈德与穆罕默德·阿卜杜勒 – 哈利姆从伦敦发来方案。[16] 另外 3 个方案作者分别是：道森（Noel Dawson）和克雷斯韦尔（K. A. C. Creswell）组成的来自亚历山大港的英国团队；乌尔夫莱夫、韦雷和加瓦希（Wulffleff, Verrey and Gavasi）组成的来自开罗的多国团队；以及一位来自巴黎的法国建筑师莫里斯·芒图（Maurice Mantout）。[17]

在 1927 年 5 月 3 日的会议上，竞赛评审委员会没选中那 4 个埃及方案，由乌尔夫莱夫、韦雷和加瓦希设计的方案则得到一等奖；道森和克雷斯韦尔的方案得到了二等奖；芒图的方案获三等奖。[18] 考虑到慈善捐献部的目标就是让"外来者"获选，这个结果并不出人意料。但是由于当时埃及国内涌起了民族主义运动的狂潮，所以本地媒体对评委会的决定大加批驳。本文开篇的题记讨论的就是竞赛的结果，该内容摘自《工程》（al-Handasa）杂志，而它则是转载《巴拉格日报》（al-Balagh al-Yawmi）上刊登的一组 7 篇短文；这份报纸在当时一心要激起民族主义情绪，反对外国势力对埃及内政的干预。[19] 该组文章的作者选择匿名，署名为"困惑的建筑师"。

## "我们"和"他们"？

在这组文章中，"困惑的建筑师"提出了一种明确的二元对立，一方叫"我们"，另一方则是"他们"。在他眼中，"我们"是埃及本地人，其中包括参加竞赛的 4 组埃及建筑师。"他们"包括外籍参赛者以及所有支持他们的评委们。这样一来，他要么是忽略了 11 名评委中有 5 个埃及人这个事实[20]，要么就是认为支持外国人的埃及人本身也只能算"外国人"。对于"困惑的建筑师"来说，这项让埃及设计落选的决策就是"外国的"，或者说是"怪异的"[21]，因此谁参与了这个选中外国人、排斥埃及人的决定，谁也就站在了外国人的阵营中。这位作者对身份认同的这种绝对化区分引发了这么一个问题：到底"埃及人"和"外国人"的身份在当时是怎么定义的？

159　　从法律层面来讲，设计竞赛举办的那年（也就是 1926–1927 年间）正好是处于几次关于国籍认定的国际、本地立约立法的中间时点。1920 年的《色佛尔条约》、1923 年的《洛桑条约》[22] 以及 1926 年、1929 年的几次本地立法，都着力于管理与埃及国籍问题有关的各类国际和本地事务。[23] 治外法权经历了大幅调整，同时也考虑了出台关于确定奥斯曼帝国居民身份的管理办法。根据 1926 年、1929 年颁布的本地法律，基本上这样的人可以获得埃及国籍："父亲是埃及人，或者父亲是出生在埃及的外籍人士且在种族上属于本国讲阿拉伯语、信仰伊斯兰教的主体民族"。[24]因此种族、阿拉伯语以及伊斯兰信仰是确定埃及国籍的法律指标。但埃及本国人为了有"作为埃及人的感觉"并不需要一定符合上述法律界定。"困惑的建筑师"之所以反对竞赛结果，并不是出于任何从条约或法规推导出来的原因。推动他发声的，是他对人民、宗教和本国乡土的归属感，按当时民族主义者的观念来讲，这种感受从远古时代就已经植根于埃及民众的内心深处。[25]

当时有几种不同的势力都想利用民族主义情绪做文章，而每种力量也都有各自的拥护者和特定的深层动机。在土耳其废除了哈里发制度之后，埃及国王受到本地宗教群体的支持，热切地希望确立一种伊斯兰民众认同感，借此不仅把埃及人民凝聚在一起，而且还要让全球穆斯林都聚集在他的麾下。[26]修复阿慕尔清真寺这样一个重要的伊斯兰古建筑，当然能为这种意图的传播提供理想的宣传工具。而反对党的思路则更为本地化，他们希望基于埃及本土特色形成一种独特的埃及人身份认同。反对党派齐声提倡的一个说法，就是在这片土地上遗留的众多古迹中展现着埃及丰富璀璨的历史。他们一提起埃及人，总是称之为"最伟大文明的继承者"。[27]

条约和法律是从立法视角形成了本国国籍的界定基础，而"埃及人"的身份认同则植根于情感之中，不同的民众领袖会按照自己的愿景以不同方式激发、引导这种情绪。而正是这种身份认同（无论其来源如何）构成了"困惑的建筑师"文章中"我们"这个概念的基础。在另一方面，"他们"（也就是外国人）指的则是那种虽然身在埃及却没有归属感，宁愿生活在外国领事的庇护之下，享受着治外法权并且抽身于本地环境之外的人。[28]

在举办竞赛的那个时期，外国公民在埃及享有极高的治外法权，因此在埃及生活的外侨数量达到了历史最高。[29]"困惑的建筑师"肯定对这种情况痛心疾首，不过他之所以撰文批判，更是因为外国势力的干涉现在居然触及了埃及民族身份认同的一个核心标志：阿慕尔清真寺。"困惑的建筑师"对委员会有所了解，也知道马哈茂德·艾哈迈德在委员会项目上的长期工作经验。[30]正是因为这个原因，这位匿名建筑师才主张说，在马哈茂德·艾哈迈德和同伴合作设计的方案中，所有技术问题"都是正确的"，而"没有其他参赛者能够讨论这些要点"。[31]身为"埃及人"是他们参赛的一大优势，因为与那些获胜的外国参赛者不同，马哈茂德·艾哈迈德等人能够在清真寺重建方案中表达出本地的自我身份认同。马哈茂德·艾

160

哈迈德既是埃及人，又为委员会工作，所以就是一位理想的方案设计者，能够在技术因素之外呈现出项目的社会价值。"困惑的建筑师"下结论说，艾哈迈德的方案应该得到一等奖。[32]

## 日益加剧的对立

在阿里亲王提案的那次风波中，虽然各方出现了意识形态上的冲突，但这对委员会内部事务并没有产生明显的影响。亲王对于委员会来说是外人，因此没法理解委员会工作的实质，他的提案并没有招来批评，甚至都没什么人特别关注。而如果委员会成员之间出现了冲突——即便是很小的冲突——那必然会更能说明问题。虽然各位成员都有相同的目标和目的，但他们不一定在所有问题上都能达成一致，在这个委员会存在的整个时间段中，发生过若干次内部争论和争议。而因为涉及文物保护的不同意识形态而引发的争论在这里最为重要，这种争论的对立双方往往分别是埃及人和外国人。对一些争论的详细考察会让我们认识到埃及人成员们在委员会工作思路方面的立场。委员会成立后不久，著名的阿里·穆巴拉克（'Ali Mubarak，1882 年被任命为委员会委员）[33] 就对法拉吉喷泉（sabil of Farag Ibn Barquq）的保护提出了反对意见。这是一处很小的 15 世纪喷泉，阻碍了塔特·阿尔 - 拉布街（Taht al-Rab' Street）的扩建。穆巴拉克提出，为了实施公共事业部（他本人是该部部长）的规划[34]，喷泉应该被拆除，这样才能在历史城区密集的城市肌理中打通大道、拓宽路面。[35] 他主张"并不需要这么多古建筑"，每类古建筑保留一个样本就足够。[36] 总体来说，穆巴拉克反对保护喷泉古迹，因为大多数这类喷泉都已经无人使用，而且新近安装了自来水，每家每户都有供水。如果讨论的是一座还在使用中的清真寺的未来，他的立场肯定会与此不同。按照类似思路，他还在小说中让颇有争议的阿拉姆（'Alam al-din）说："如果从前留下来的形式在现在变得没法让人接受了，那么就应该毁掉这些形式。"[37] 对于穆巴拉克来说，如果坚持保护每一处东鳞西爪的古迹遗存，就会限制国家对开罗城市实施现代化[38]，因此他强调，只有仍在使用中的建筑才应该得到保护。为了说明立场，他举了法国人捣毁巴士底狱的例子——这表明这种建筑形式对于新的自由政治来说不适用了。建筑的历史重要性没有妨碍法国人拆掉巴士底狱，同样埃及人也不该为此保留法拉吉喷泉。所以在穆巴拉克看来，建筑的实用性是决定是否对其加以保护的主要指标。

委员会里，法国人皮埃尔·格朗赞成穆巴拉克的意见，这一点是很有意思的。当时这两个人同在公共事业部，穆巴拉克是部长，而格朗则负责开罗的市容美化委员会。[39] 两人都由 1882 年 11 月的敕令任命为委员会成员。在 1874 年绘制的开罗地图中，格朗不只描绘了开罗的实际面貌，还规划了开罗的未来面貌，在旧城肌理中画出了大道，所以其实拆毁法拉吉喷泉也有一部分是他的主意。但是除了格朗之外[40]，大部分委员都反对穆巴拉克的提议，决定保留这处古迹。结果是穆巴拉克在只参加了 3 次会议后就从委员会辞职。[41] 在辞职信中，他表示自己在部委的事情太忙，没法参加委员会活动。虽然当时公共事业部确实忙于开罗的现代化项目，但是这个逻辑也不太成立，因为穆巴拉克之前甚至可以兼任 3 个部长。所以说，很可能穆巴拉克与委员会多数成员在意识形态上的冲突才是他从委员会退出的真实原因。穆巴拉克本人是一位在法国受过教育的工程师，他经常被人批评站在西方意识形态一边[42]，而保护历史遗产却是一种在欧洲发展出来的思路，当这个思路与穆巴拉克及公共事业部强调实用性的教条出现冲突时，穆巴拉克毫不犹豫地选择抛弃了西方思路。

正如阿里·穆巴拉克一样，其他一些埃及委员也曾发声反对委员会的主流意见。比如萨比尔·萨布里（Sabir Sabri）当时是慈善捐献部技术局的总工程师，他在担任委员时也发生了几次冲突。[43] 在 1897 年，萨布里不同意委员会首席建筑师马克斯·赫茨（Max Herz）提出的贝尔孤格清真寺（Mosque of Barquq）内饰修复方案。[44] 赫茨寻求在委员会通过的方案使用的是淡色涂料，以便保持内饰的历史特色。萨布里不喜欢赫茨的思路，他说："……颜色太淡，会让参观者看不到。"萨布里主张"用鲜明的颜色重绘内饰，这样才能达到原本设计者最初要实现的目标和效果。"[45] 萨布里支持的是一种全面修复，为古建筑找回历史上的最初面貌，而赫茨则想要保留清真寺建筑元素中的历史感，凸显时间在建筑上留下的效果。但是除了若干残存的片段之外，萨布里本人也找不到原初色彩方案的任何证据，所以他的提议实质上是要把古建筑置于一个并未实际存在过的状态中。这个思路堪比 19 世纪在法国修复了大量古建筑的维奥莱－勒－迪克（Viollet-le-Duc，1814—1879 年）。维奥莱－勒－迪克说过，"修复不只是保护、修理、改造"，"而是要让古建筑达到一个可能在以往任何时刻都从没达到过完整状态"；萨布里看来也赞同这个思路。[46]

在另一方面，赫茨力求展现时间在色彩上产生的效果，这似乎与委员会名称中包含的"保护"任务更为相符。不过赫茨其实也采取了很灵活的解释；比如对于那些带有本来色彩的残存片段，他却并不考虑保留原本面目，而是主张把这些残片和整个内饰的其他部分统一起来，都加上一个有做旧效果的现代涂层，在颜色上模拟出历史感。时间留在建筑上的痕迹本来是参差不同、随机偶然的，赫茨忽略掉这种效果，反而要采取一种"完整的"、理想化的再现方案，用不真实的手段

162

表现出古迹的年代感。所以事实上，无论是赫茨的方案还是萨布里的方案都不会保留那些原色残片。赫茨考虑的是建筑的年代感，因此提出对木制内饰进行系统性做旧；而萨布里考虑的是复现出最初的礼拜者眼前的清真寺内饰模样。最后委员会否决的萨布里的建议，决定"按照赫茨老爷的方案，根据目前内饰各处可见的古旧色彩重新修复木制内饰"。[47] 委员会貌似坚持了遗产保护的职责，但实际上它不仅臆造了古迹上的年代感，而且也抹掉了内饰上残存的原初色彩。

虽然以上两个案例中，穆巴拉克和萨布里的意识形态取向是非常不同的，但是他们还在一个基本认知上取得了一致：古建筑保护的行为必须有用；他们也共同反对以浪漫主义为主要思想基础的古建筑保护观念。这两个人都认识到，委员会的工作目标与本地根深蒂固的实用主义视角不相匹配。虽然穆巴拉克没有耐心说明自己的立场，很快就辞职了，但萨布里则不同。他在慈善捐献部本已业绩卓著[48]，而在担任委员会成员的 23 年中，他始终不懈地强调自己的观点——他也是任职时间最长的委员之一。比如谈到穆萨里·库尔巴吉（Mussalli Khurbagi）的喷泉和经学院（这是赫茨高度称赞的古建筑）时，他就指出将其列入保护名单并加以修复没有任何实用性，并主张它"既无艺术价值，亦无历史价值；委员会为它的加固和修复付出的资金完全是浪费"。但是多位欧洲籍委员支持赫茨，宣称"这座建筑必须得到保护，哪怕它没有特殊之处，它还是代表了那个时代的建筑"。[49] 在某种意义上，赫茨和其他欧洲籍委员的说法承认了这处古迹在建筑学上重要性略低，而如果他们原则贯彻到底，那么开罗历史城区里（以及其他地方）的所有建筑都要列进委员会的古建名单。这样一种意见对于萨布里来说想必是奇谈怪论，当时支持萨布里的还有他的埃及同事，慈善捐献部的副总工程师阿卜杜勒-哈米德·法齐（Abdil-Hamid Fawzi）。委员会最后也没宣布对穆萨里·库尔巴吉喷泉和经学院的保护方式，因为在成员中始终没有达成一致意见。[50]

虽然委员会有时也接受萨布里的意见，但只要一有机会，他从来没停止过表达自己的不同意，有时候正是这种不屈不挠让大家考虑他的反对意见。比如说，他曾经指出，在委员会通报上刊登的古建筑《古兰经》铭文法语译文中，有些句子翻译"不确切"，这样的翻译会产生误导；委员会因而同意在出版报告前首先校核译文。[51] 虽然这个插曲与古建筑保护没有多少直接关系，但它无疑体现出当时委员会中的埃及成员们日益增长的忧虑。

埃及委员们发表的反对意见——如果他们确实提出反对意见的话——也不总是能得到认真考虑，相反外国"专家"的意见，即便未必言之有据，却很少被质疑。直到第一次世界大战时，这还或多或少是委员会讨论时的一般趋势。可以说，这个阶段的委员会的特征就是：外国人主导了其活动的目标、工作哲学和技术等方面。在战后，委员会外籍成员的比例还在不断增加，直到如前所述，在 1927 年达到了峰值。但是战后全新的政治气候以及埃及本地争取独立的民族主义运动[52]，都使得埃及委员们能够在委员会中说话更冲、地位更高——就像他们的前辈穆巴拉克和萨布里一样。举例来说，阿里·巴赫贾特（Ali Bahgat）在 1900 年加入了委员会[53]，他在 1914 年继赫茨之后担任阿拉伯艺术博物馆馆长[54]，而与此同时，他又参与了一个秘密的民族主义小组的活动。[55] 此后在 1923 年，慈善捐献部的首席建筑师艾哈迈德·阿尔–赛义德(Ahmad al-Sayyid)[56]取代意大利人帕特里科洛(Achille Patricolo)[57] 担任委员会的首席建筑师。这样一来，埃及委员们手中显然有了权力，至少是在古建筑保护的技术问题上是如此。只是这些新上任者的水平参差不齐：巴赫贾特在多个考古发掘项目中，在阿拉伯艺术博物馆任上都持续完成过出色的工作[58]，但阿尔–赛义德在参加会议时却很少发言。[59] 当巴赫贾特在 1924 年过世后，阿拉伯艺术博物馆馆长的职位也由他继任，但即便在此时，阿尔–赛义德仍然没有拿出胜任这个职位的真实能力。可能是由于阿尔–赛义德作风太过消极，在委员会技术领域和博物馆的领导力都太弱，所以 1926 年当局终于决定任命法国人维特（Gaston Wiet）担任博物馆馆长[60]，1929 年又任命了一个法国人波蒂（Edmond Pauty，他在古建筑保护方面更有经验）[61] 为委员会的"专家建筑师"。[62]

164

## 马哈茂德·艾哈迈德和阿慕尔清真寺重建项目

在 20 世纪 20 年代和 30 年代，马哈茂德·艾哈迈德（1880—1942 年）是另一个对委员会发展道路产生了非常活跃的影响的埃及人；他最初进入委员会时是其下属技术部门的绘图员。[63] 当时，艾哈迈德刚从埃及艺术与工艺学校（madrasat al-finun wa alsina'at）毕业，这个学校每周定期参观不同的清真寺，因此他对"阿拉伯古建筑"产生了兴趣。[64] 1922 年，他调到了慈善捐献部新成立的"古建筑局"担任工程师（muhandis）。[65] 在阿慕尔清真寺重建项目启动设计竞赛的时候，他正是该局的局长，负责按照委员会的指令实施保护和修复项目。各种项目方案相继被送到委员会那里，要么被采纳、被点评、被增改，要么就被否决。等到项目方案最后获批通过，艾哈迈德就会率领古建局的团队来监管、汇报工程的实施情况。艾哈迈德·阿尔–赛义德是其领导，他看到马哈茂德·艾哈迈德对古建筑局的工作热情十足，所以在 1924 年让马哈茂德·艾哈迈德在他不能出席委员会技术部门会议的时候替他参会。[66]

到 1926 年，艾哈迈德与同伴阿卜杜勒－哈利姆开始设计阿慕尔清真寺的重建方案时，艾哈迈德还没不是委员会成员，而这也许就是为什么他有资格参加设计竞赛。[67] 但是到了 1934 年，委员会的"专家建筑师"法国人波蒂高度评价了艾哈迈德的辛勤劳作，并且支持他成为委员，希望此举能提升委员会技术部门中的建筑师数量[68]，波蒂当时的说辞是，艾哈迈德应该被任命为委员会中专门负责开罗古建筑的"增补建筑师"。[69] 同年 5 月，几名埃及籍委员提出，艾哈迈德作为古建局局长应该自动具有委员资格。他们主张，"有他参会，能够让委员们了解工程进展情况"，而且"他参与委员会技术部门会议，能够在实施阶段更好地反映委员会在各种决策上的观点"。[70] 虽然有若干外籍委员反对，但是艾哈迈德仍在 12 月当选委员，甚至还荣膺"委员会建筑师"的头衔。[71]

1920 年，当艾哈迈德还是委员会技术部门的绘图员时，他就和另外几个埃及人一起创办了《工程》杂志，这是第一种本地的阿拉伯语工程杂志。[72] 直到 1937 年停刊为止，艾哈迈德不仅一直担任杂志主要编辑，而且为它积极撰稿；杂志转载《巴拉格日报》的"困惑的建筑师"系列文章以及《巴拉格周报》的一篇短论，背后的决策人应该也是艾哈迈德。[73] 在《工程》杂志中，艾哈迈德把系列文章分成了 3 部分，第一部分批判获奖方案，第二部分介绍除了艾哈迈德与阿卜杜勒－哈利姆之外的埃及参赛者方案，第三部分再专门赞扬艾哈迈德与阿卜杜勒－哈利姆的方案，言下之意——甚至可以说直言不讳地表示——他们的方案才应该获奖。"困惑的建筑师"对竞赛细节了解颇多，甚至还知道委员会的一些内部行政事务，我们可以据此判断他肯定是为委员会工作的人，而且参加了设计竞赛，要么是作为参赛者，要么是当评委。此外，他的民族主义情绪说明他肯定是埃及人。我们不禁要猜测，这会不会就是马哈茂德·艾哈迈德本人。[74]

如果能证明艾哈迈德与"困惑的建筑师"之间的关系，那也是不乏趣味的。但更重要的是分析匿名文章中提出的主张。"困惑的建筑师"认为，艾哈迈德长时间参与开罗古建筑保护与修复工作的成绩、他在实施委员会决策方面的职责，都说明他在古建筑保护的技术问题上极为擅长；而且作为一个埃及穆斯林，他也更懂得清真寺是如何适应本地人需求的。但这些说法是实情吗？"困惑的建筑师"对艾哈迈德的评价准确吗？

艾哈迈德和阿卜杜勒－哈利姆提出的阿慕尔清真寺重建方案是基于"著名的法蒂玛王朝时代对该建筑的描述"。这种思路符合维奥莱－勒－迪克所说的"修复"，在一定程度上也跟萨布里复原贝尔孤格清真寺内饰色彩的提议一致。根据艾哈迈德和阿卜杜勒－哈利姆，他们的设计方案"忠实于清真寺原本的建筑特色、布局与建筑细节，同时尽可能使用本国出产的建筑材料，充分考虑了气候条件和宗教需求，并且从经济目的和结构可靠性方面借鉴了现代施工方法"。[75] 在方案图纸所附的报告中，艾哈迈德和阿卜杜勒 – 哈利姆充分讨论了重建过程涉及的所有技术问题，从基础推荐采用浅桩，到使用托拉（Torah）地区的石灰岩，到混合砂浆中使用的砖灰（homra）之类，不一而足。这些技术细节的讨论说明，两位设计者对项目所处的环境背景确实有充分认识，并且这种认识是来自实地工作的经验而非文献阅览，因为关于本地传统施工技术的出版文献在当时极为罕见。[76]

艾哈迈德从委员会的工作项目中汲取了大量经验，因此他关于本地建筑材料与施工技术方面的知识可谓博大精深，其方案也在在技术专业性上独树一帜，胜过其他参赛方案太多。但对于设计概念来说就不一定如此了。在设计报告中，艾哈迈德和阿卜杜勒 – 哈利姆是这么描述方案"布局"的：

> 方案中的布局主旨在于展示符合清真寺规模特点、体现宗教建筑尊严的适宜环境，设计强调了良好的通行线路和令人愉悦的景观……而在主要建筑群之外的非正式环境则受到次级流通公路的限制，这条公路连接南北两条主干道，是往返于开罗旧城区和其他地方的重要交通线路……如图所示，在次级道路两侧的相邻公、私建筑都要与清真寺保持一段距离，并能俯瞰花园；这无疑能让附近建筑大为升值……而这种布局有助于在清真寺周围保持安静的氛围，周围区域也形成了宁静并令人愉悦的公共花园。[77]

方案中所说的"适宜环境"，指的其实是一个采取严格的对称形式和比例的法式花园，而方案总平面采取的则是巴西利卡大教堂的样式。花园的规模远远超过了阿慕尔清真寺本身（图 7-1）。也可以说清真寺仍是方案中的焦点，但是花园与巴洛克式的入口通道喧宾夺主地遮盖了清真寺的宏伟，而这些显然从来都不属于清真寺原有的布局。设计者表示，方案中的入口通道突出了"宗教建筑的尊严"，它是"通往清真寺西北面的主入口……周边有棕榈步道以及以池塘或低矮水池形式构成的封闭水面"（图 7-2）。正如提交的方案中的透视图（图 7-3）所示，清真寺显得被远远隔开了——更像在博物馆里跟其他很多不相干展品放在一起展出的一个物件。公园的声势太大，与周边的城市肌理毫不相干，方案图纸上没有画出周边环境的任何部分，这一点就能明显体现出设计的问题。艾哈迈德团队显然是想借鉴国外的古建筑保护哲学，但他们设计得太不自然，甚至比欧洲参赛作品显得更加欧化。艾哈迈德为委员会实施了许多开罗古建筑保护工程，其中大多数项目都包含征地、拆迁的任务；可能是受到这种工作的影响，艾哈迈德在阿慕尔清真寺的重建方案中也有类似的大拆大建倾向。

图 7-1 艾哈迈德和阿卜杜勒－哈利姆：总平面图，阿慕尔清真寺重建方案（1926 年）

资料来源：入选方案，图版第 3 号，最高文物委员会档案，开罗（Project entry, plate n° 3, Archives of the Supreme Council of Antiquities, Cairo）

图 7-2　艾哈迈德和阿卜杜勒－哈利姆：入口通道，阿慕尔清真寺重建方案（1926 年）

资料来源：入选方案，图版第 10 号，最高文物委员会档案，开罗（Project entry, plate n° 10, Archives of the Supreme Council of Antiquities, Cairo）

169

图 7-3　艾哈迈德和阿卜杜勒－哈利姆：透视图，阿慕尔清真寺重建方案（1926 年）
资料来源：入选方案，图版第 6 号，最高文物委员会档案，开罗（Project entry, plate n° 6, Archives of the Supreme Council of Antiquities, Cairo）

　　但这也不是唯一受到欧洲古建保护哲学影响的方案。当时还是巴黎美院学生的易卜拉欣·法齐也采取了类似的思路。法齐提出，清理清真寺周边的土地，开辟出一个公园。和艾哈迈德与阿卜杜勒－哈利姆一样，他也想"尊重清真寺的尊严"；但法齐的公园没有采取两位同胞方案中那么严格的形式，而是更为"有机"，融入了周边的城市肌理（图 7-4）。如果我们考虑到法齐在另外一个竞赛中提交的方案，这回的设计就会显得格外有趣。两年前，法齐参加了开罗法院的建筑设计竞赛，那一次他的方案更加欧化，如图 7-5 的透视图所示采取了宏伟的古典式外观，符合身穿非传统服装（也就是西式服装）的使用人群定位。[78] 而对于作为文化遗产和宗教遗产之代表作的阿慕尔清真寺，法齐在透视图中画出的则是身穿传统服装的祷告人士，从这个角度来讲，与艾哈迈德和阿卜杜勒－哈利姆的方案相比，法齐的设计对环境更敏感，并且更加尊重既有的城市肌理（图 7-6）。
　　艾哈迈德和阿卜杜勒－哈利姆的重建方案对清真寺的历史极为强调，以至于建筑似乎与外界隔开，失去了与周边环境互动的机会。与之相反，法齐虽然表现170 出对既存城市肌理的尊重，却似乎对清真寺的历史所知甚少，而且他的方案在技

图 7-4　易卜拉欣·法齐：总平面图，阿慕尔清真寺重建方案（1926 年）

资料来源：方案报告，最高文物委员会档案，开罗（Project report, Archives of the Supreme Council of Antiquities, Cairo）

171

图 7-5　易卜拉欣·法齐：透视图，开罗混合法院设计方案（1924 年）

资料来源：《工程》杂志，第 4 卷第 3 期，1924，p.178（Al-Handasa, vol. 4, issue n° 3, 1924, p. 178）

图 7-6　易卜拉欣·法齐，透视图，阿慕尔清真寺重建方案（1926 年）

资料来源：方案报告，最高文物委员会档案，开罗（Project report, Archives of the Supreme Council of Antiquities, Cairo）

术上较为薄弱。法齐当时在离开祖国在巴黎美院求学，而该学校在培养建筑师方面传统上重设计、轻建造，受此影响，法齐做出这样的方案不难预料。他的方案中混合了多种建筑风格，法蒂玛时代的立面包裹着内部的庭院，中央的净礼池则效仿了哈桑苏丹清真寺里的 15 世纪同类设施。在方案报告的"清真寺技术描述"（La description technique de la mosquée）一节，法齐并没能讨论清真寺重建的技术问题，只描述了一些建筑元素，而且在历史细节方面很不令人信服。[79]

以上两个方案虽然各有弱点，但还是受到了"困惑的建筑师"的表扬。虽然"困惑的建筑师"也知道所有的参赛方案在交给评委会时都隐去了署名[80]，但出于极端的民族主义热情，他却认为 3 个获胜方案的图纸上有标记，"能够清楚表明设计师身份"，从而表达了自己对评委的不信任。[81]"困惑的建筑师"说，法齐之所以落选，"就是因为他是'法齐'，马哈茂德落选，也只因为他是'马哈茂德'"。[82]

除了这两个方案之外，其他的参赛作品也值得我们在此一提。[83]比如，马哈茂德·福阿德是慈善捐献部在基纳（Qina，埃及南部尼罗河上的一个城市）的建筑师，他提交的方案包含着融合了法蒂玛时代风格（入口设计）与罗马式风格（塔楼）的元素（图 7-7）。虽然在他的方案图中存在各种建筑概念不协调的情况，但他在报告中却贯穿了一条宗教主线：他把阿慕尔清真寺的重建视为振兴伊斯兰的一个手

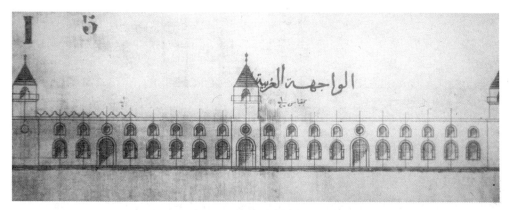

图 7-7　马哈茂德·福阿德：西立面，阿慕尔清真寺重建方案（1926 年）

资料来源：入选方案，图版第 5 号，最高文物委员会档案，开罗（Project entry, plate n° 5, Archives of the Supreme Council of Antiquities, Cairo）

段。福阿德希望通过重建项目不仅让清真寺重现"辉煌"，而且还想借此重振福斯塔德古城、开罗乃至埃及的雄风。[84] 甚至有可能福阿德已经意识到了国王将哈里发制度引入埃及的意图（参见前文）。

福阿德主打感情牌，而道森和克雷斯韦尔（这两人当时都还没当选委员会委员[85]）则关注具体的历史物证。比如说，他们对重建过程中应该保持的立柱间距特别关注。两位设计师测量了原建筑各柱的间距，计算了平均数值，并基于这些测量制定了重建方案。他们还找到了历史学家、旅行家对清真寺的大量描述以及艺术家绘制的图纸，把这些信息与他们的测量间距数据进行比对，最终确认了结果。[86]与其他参赛者不同，这两位设计师花了很多精力调研了清真寺建筑在框缘上的各种装饰，并且建议在重建中对此加以保护。

总之，各个参赛作品关注了重建过程的不同方面。虽然在埃及参赛者提交的作品中体现出了强烈的情感寄托，但道森-克雷斯韦尔团队、乌尔夫莱夫-韦雷-加瓦希团队和芒图的方案都更聚焦于历史细节和实质证据。艾哈迈德团队的方案居于上述两方面之间。这个方案对古建的历史和技术问题有充分研究，而表现出对清真寺重建方案象征价值的极大认同。所以如果我们研究埃及人对历史遗产保护的观点，那么艾哈迈德团队的这个方案可视为很好的案例，有这么几方面原因：[173]在埃及参赛者中，只有艾哈迈德既是建筑师又是遗产保护工作者；他还是埃及参赛者中唯一从事与委员会相关项目的人；而且他更是一位历史专家，写过大量关于本地遗产的作品。[87]正如"困惑的建筑师"所说，艾哈迈德广泛的专业能力是他参赛的优势所在。

## 一次"觉醒"？

在埃及，没有哪次国际设计竞赛像阿慕尔清真寺重建方案竞赛一样吸引过这样多的公众注意力，因为这座清真寺具有独一无二的地位，对于本地民众的身份认同感至关重要。在其他设计竞赛中，也有很多欧洲参赛者取得最后的胜利，但并没有人像"困惑的建筑师"一样强调只有埃及人的方案才能最终入选。例如，1921年艾尔艾尼宫医院（Kasr al-'Ayni hospital）的设计竞赛、1924年混合法院大楼的设计竞赛都是开罗的建筑，也都是由欧洲建筑师夺魁，而当时并没有多少人加以关注。正因为阿慕尔清真寺的设计触及了文化传承和宗教遗产的核心本质，所以大家才认为应该由艾哈迈德这样的埃及人来主持项目。

在这次竞赛中，评委会在宣布了优胜方案之后立刻又决定"没有哪个参赛方案达到了可以实施的标准——即使加以改动也还不够"。评委会认识到如果开始重建，那么许多考古遗产会被损毁，因此下了这样的结论：设计竞赛的主要意义在于"从艺术与考古的角度，形成了一些新的设计元素，可供慈善捐献部在项目中使用"。[88]评委会中的大部分人都是委员会成员[89]，他们决定不实施任何参赛一个方案，避免损毁清真寺中的考古遗迹——这也是与委员会保护"阿拉伯"古迹的宗旨相符。但这个结论与慈善捐献部最初制定的竞赛方案发生了矛盾；委员会（在这里以评委会为代表）由此表明，在决定如何保护古建筑时，它比慈善捐献部更有话语权。

埃及本地政府在1879年经历了重组，此后一直有10%左右的外籍工作人员。[90]而委员会的外籍委员比例还要更高。1881年12月成立时，委员会共有11名委员，其中"埃及人"8名，外国人3名（也就是23%）。[91]次年1月慈善捐献部的首席建筑师侯赛因·法赫米（Husayn Fahmy）和一位对阿拉伯艺术感兴趣的法国艺术家朱尔·布古安（Jules Bourgoin）[92]也成为委员。阿里·穆巴拉克、雅各布·阿尔廷（Ya'coub Artin）和皮埃尔·格朗在该年11月也被任命为委员，这样委员会就有了11名埃及人、5名外国人（31.2%）。而委员会中埃及委员比例的下降并没有被当成一个问题。相反，甚至有人主张应该再多任命些欧洲委员。事实上在《建筑师》(The Architect)杂志上发表了一篇英文报道，建议成立一个"美术部"(Ministry of Fine Arts)，用以"掌控全埃及的古建筑"，该部应该主要由"受过专业训练的欧洲人"构成。[93]

1927年，埃及居民中的外侨人数达到了历史最高峰，作为回应，政府倾向于尽可能用埃及人替换岗位上的外国人，这样一来很多外国人都离开了政府岗位。[94]

174

只有那些专长无法被本地人取代的外国人能够留在职位上——而"古建筑保护"就是这么一个专业领域。也正是因为这个原因，虽然埃及政府已经开始对外国雇员的增长表示担忧，但委员会中的外籍委员比例还是在同年达到了至此为止的最高水平（33.3%）。[95] 而到了 1930 年，这个比例达到了 47% 的峰值。[96] 1936 年颁布了一条法令，规定只要该岗位有埃及同等人员可用，政府就不得雇用外国人[97]；此后政府中的外籍雇员人数大幅下降。[98] 上述法令的效力也体现在委员会内部人员结构和其所属的部委关系中。比如，这条法令强调了一个理由：慈善捐献部根本不应该雇用外国人，因为该部的内部流程是基于伊斯兰法（Shari'a）制定的。[99] 但是委员会中外籍委员的知识和专业技能又有不可取代性；也许是出于这个原因，委员会的所属关系转移到了公共教育部（wizarat al-maarif al-umumiyya）之下，该部还允许保有最高比例的外籍雇员。[100]

即便是在所属部委关系调整后，因为 1936 年法令强制要求的就职条件，委员会的外籍委员数量还是在持续减少。该法令不仅对外籍雇员的合同施加了特殊限制（如果他们真能被雇用的话），而且还保留了在职责没有履行时随时解雇、不必提前通知的权利。[101] 在 1936 年，与 12 名埃及委员一起参加委员会会议的只有 4 名外籍委员。[102] 而 1937 年的《蒙特勒公约》（Montreux Convention）废除了外国人原本根据治外法权享有的特权，这就更为加剧了外籍委员的流失。[103] 而埃及的国家独立性也有所提高。在 1938 年 3 月的委员会会议中，只有两名外籍委员出席(占出席人数的 22%)，埃及委员则有 7 名。[104] 此后外籍委员的人数持续下降[105]，到了革命爆发的 1952 年，已经没有外国人参加会议了。[106]

埃及革命之后的 1953 年，委员会与文物局（maslahat al-athar al-masriyya）、埃及博物馆（al-mathaf al-masri）、科普特博物馆（al-mathaf al-qibti）以及伊斯兰博物馆（mathaf al-fann al-islami）合并成了一个机构，称为"埃及文物组织"（'maslahat al-athar），简称 EAO。[107] EAO 下设伊斯兰与科普特古建筑常务委员会（Permanent Committee for the Islamic and Coptic Monuments），负责实现委员会原先的目标。[108] EAO 完全排除外国人，所有职责均由埃及人担当。而这些埃及人基本上是本地精英，有意无意中抱有一种欧洲化的埃及形象。为了体现自身的欧洲化特点[109]，他们常常对欧洲文化的许多方面表示认同。[110] 马哈茂德·艾哈迈德在阿慕尔清真寺重建方案里就把这种倾向发挥到了极致，甚至用欧洲化建筑元素来改造本国的文化遗产和他自己身份认同的象征物。委员会的古建筑保护原则成了它留下的遗产，在埃及实现国家独立之后也一直由埃及人沿用。权力现在掌握在埃及人手中，但是奇怪的是，他们还会赞赏委员会制定的原则，盲目地感到必须实施这些原则。

175

EAO 排除外籍委员的决策无疑会让"困惑的建筑师"感到高兴，他一心想着的就是赶走"他们"，把埃及文化遗产留给"我们"。但是"困惑的建筑师"是否会想到，"他们"已经内化成了"我们"自身中的一部分？

注释

\*.题记引文出处：'Musabaqat tajdid jamiAmr'［阿慕尔清真寺重建设计竞赛］，al-Handasa［《工程》杂志］，vol. 7, no. 10, 1927, p.421.

1. 委员会是在 1881 年由陶菲克帕夏（Khedive Tawfiq）颁布赫迪夫敕令成立的。相关的敕令刊登在 al-Waqa'i al-masriyya［埃及公报］1881 年 12 月号，以及 1882 年出版的首期委员会通报上，pp. 8 - 10.

2. 在阿拉伯语中，该委员会亦称"Lijnit hifz al-athar al-Arabiyya"。本文通篇都称其为"委员会"。委员会的通报简称为"B.C.",会议记录（Procès-Verbaux）简称为"P.V.",报告（Rapports）简称为"R"。

3. 埃及慈善捐献部的简史，参见 Al-Sanhuri (1949) Fi qanun al-waqf in Majmu'at al-qawanin al-masriyya al-mukhtara min al-fiqh al-islami, Cairo: Matba'at Misr, vol. 1, pp. 4 - 45. 该部到 1996 年的历史，参见 Ghanim (1998) Al-awqaf wa al-siyasa fi misr. Cairo: Dar alShuruq, pp. 386 - 499.

4. 参见 Ahmad Rabi' al-Masry (1926), Jami' 'Amr Ibn al-' As bi-misr al-qadima, in al-Ahram (newspaper), 11 April, p. 1.

5. 关于这座清真寺的历史，参见 Mahmud Ahmad (1939) The Mosque of Amr Ibn Al-As, at Fustat, Cairo: Government Press, Bulak.

6. 慈善捐献（音译"瓦合甫"，原文 Waqf，复数形式为 Awqaf），字面意思指停止、保持、阻止、停滞等。但在实际使用中又有慈善捐献方面的多重含义，指不能买卖、赠予、继承的捐献物，这种捐献物经营的收益也归慈善机构所有。关于慈善捐献（瓦合甫）一词的多重含义，参见 Abdel-Wahab Khalaf (1953) Ahkam al-waqf, Cairo: Matba'a al-Nasr, pp. 6 - 7. 关于慈善机构在保护瓦合甫地产建筑中的作用，参见 Muhammad Afifi (1988) 'Asalib al-intifa al-iqtisadi bi-al-awqaf fi misr fi al-'asr al-'uthmani', in Annales Islamologiques, vol. 24, pp. 108 - 127. 关于慈善捐献体制与委员会在建筑保护方面的思路差异，参见 Alaa El-Habashi (2001) From athar to Monuments: the intervention of the Comité in Cairo, Ph.D. dissertation, University of Pennsylvania.

7. 阿慕尔清真寺在委员会第一份未出版的古建筑名单［俗称 1886 年的罗杰斯名单（the 1886 Rogers' list, 以英国外交官罗杰斯命名）］中位列第 516 项。关于罗杰斯名单以及委员会制定的其他古建筑名单，参见 Alaa ElHabashi, and Nicholas Warner, (1998) 'Recording the Monuments of Cairo', *Annales Islamologiques*, vol. 32, pp. 83 - 84.

8. 对慈善捐献部古建筑保护原则与委员会的保护哲学之间的对比研究，参见 El-Habashi (2001) 前引书。关于委员会和本地人在古建筑保护方面的不同目标，参见 Alaa El-Habashi, and Ihab Elzyadi, (1998) 'Consuming Built Patrimony, Social Perspectives and Preservation Strategies in Modern Cairo: A Chronological Cross-Disciplinary Analysis', in *IASTE working paper series*, vol. 1.

9. 关于委员会在初期的变化，参见 Achille Patricolo, (1914) *Histoire du Comité, La Conservation des monuments arabes en Égypte*, Cairo. 关于委员会管理架构的持续变化，参见 Donald Reid, (1992) 'Cultural Imperialism and Nationalism: the Struggle to Define and Control the Heritage of Arab Art in Egypt', *International Journal of Middle East Studies* 24, pp. 57 - 76. 亦参见 Philipp Speiser, (2001), *Die Erhaltung der arabischen Bauten in Agypten, Reihe ADAIK*, Heidelberg.

10. 关于委员会与慈善捐献部及清真寺使用者之间的思路差异，参见 El-Habashi and Elzyadi, 前引。

11. 参见 B.C. 31 (1914): P.V. 210, pp. 79 - 80; P.V. 211, pp. 88 - 89; P.V. 214, p. 125.

12. 关于哈里发体制问题，参见 Elie Kedourie, (1963) 'Egypt and the Caliphate', *Journal of the Royal Asiatic Society*, pp. 208 - 248.

13. 参赛报名来自以下国家：南非 2 个，阿尔及利亚 2 个，德国 86 个，美国 33 个，英国 44 个，澳大利亚 3 个，奥地利 42 个，比利时 17 个，保加利亚 2 个，比属刚果 1 个，丹麦 1 个，埃及 72 个，西班牙 8 个，法国 62 个，希腊 3 个，匈牙利 5 个，印度 2 个，南斯拉夫 3 个，意大利 61 个，新加坡 5 个，瑞士 26 个，捷克斯洛伐克 14 个，的黎波里 3 个，土耳其 6 个。参见：竞赛评委会（Competition Jury）(1927), 'Procès-verbaux du jury pour le concours de la Mosquée de Amr', unpublished report.

14. 参见艾哈迈德·扎基对重建概念的讨论，*Tajdid Jami' 'Amr: hal yaguz tanfiz al-risum?, al-Ahram*, 25 June 1927, p. 1. 其他评论者认为，之所以收到的方案不多，主要是因为竞赛方案过度复杂、缺乏透明度。比如参见 Angelo Sammarco（宫廷官方历史学家），*Tajdid jami' 'amru wa musabaqat wadl al-rusum lahu, al-Ahram*, 1 July 1927, p. 1.

15. 易卜拉欣·法齐当时在巴黎美院学习建筑学。在巴黎，他正好是另一个参赛者芒图的邻居。

16. 以下是几支埃及设计团队的回信地址：法齐, 12 rue Victor-Considérant, Paris XIV; 福阿德, engineer in *ma'mouriyyat al-awqaf* in Qena（上埃及地区）；萨布里, No. 8,

Atfet el-Chorbagui, El-Hayatim, Cairo；艾哈迈德和阿卜杜勒－哈利姆，Architectural Association, 34, Bedford Square, London. 参见 Competition Jury, 前引。

17. 上一条和本条注释按照评委会报告的原样列出了参赛者姓名和回信地址。地址是供寄送回信之用，不一定是建筑师的真实住所。道森（英国皇家建筑师协会会员）、克雷斯韦尔（英国皇家建筑师协会荣誉会员）："Rue de l'Ancienne Bourse, No 1, Alexandrie"，乌尔夫莱夫、韦雷和加瓦希："96, Rue de Grenelle, Paris, et 23, Rue Soliman Pacha, Le Caire"；芒图："10, Rue St. Florentin, Paris 10e"。

18. 参见 Competition Jury, 前引。评委会的评选结果由5月19日的埃及政府公告[《埃及事务报》（al-Waqai' al-masriyya）]公布，并刊登在1927年7月1日的《金字塔报》（al-Ahram）。

19. 参见 al-Handasa, Vol. 7, No. 10, October 1927, pp. 418 - 436; and No. 11, November 1927, pp. 474 - 488. 我没法找到《巴拉格日报》刊登上述文章的那几期。

20. 评委分别是：穆罕默德·沙菲克（Muhammad Shafiq），评委会主席，公共事业部原部长；赛义德·米特瓦里（Sayyid Mitwalli），慈善捐献部首席建筑师；艾哈迈德·阿尔－赛义德（Ahmad al-Sayyid），慈善捐献部古建筑服务部门负责人；阿里·哈桑·艾哈迈德（Aly Hassan Ahmad），公共事业部国家建筑局副总干事；穆斯塔法·法赫米（Mustafa Fahmy），先担任国家建筑局局长，后来任坦志麦特局局长；韦鲁奇（Ernesto Verrucci），埃及皇宫总建筑师；科南－帕斯图（P. Conin-Pastour），公共事业部国家建筑局局长；维特（Gaston Wiet），阿拉伯博物馆馆长；拉科（Pierre Lacau），埃及文物服务局局长；艾伯特（P. Albert）；纽纳姆（E. G. Newnum）。

21. "困惑的建筑师"在形容竞赛结果的时候用了"gharib"，这个词在阿拉伯语中有"外国"和"怪异"双重意思。

22. 在这几个条约颁布时对它们的释义，参见 A. Assabghy, and E. Colombani, (1926) Les questions de nationalité en Égypte, Cairo: Imprimerie Misr.

23. 参见 Mahmud Muhammad Suliman, (1996) Al-ajanib fi misr dirasa fi tarikh misr al-ijtima'i, Giza: Ein for Human and Social Studies, pp. 17 - 18. 该书对与埃及国籍相关的法律的演化有简明的介绍，参见 Suliman pp. 11 - 51. 亦参见 Frédéric Abecassis, and Anne Le Gall-Kazazian, (1992) 'L'identité au miroir du droit: le statut des personnes en Egypte (fin XIXe milieu XXe siècle)', in Egypte/Monde Arabe, 11, p. 11 - 38.

24. 在1926年和1929年法律中都是第10条。关于这些法律及相关释义，参见 Abecassis and Le Gall-Kazazian, 前引, p. 19.

25. 埃尔－哈芒希（Laila Shukry El-Hamamsy）追溯了埃及身份认同的古代渊源。参见 Laila Shukry El-Hamamsy, (1975) 'The Assertion of Egyptian identity', *Cairo Social Research Center Reprint Series*, Series No. 24, Cairo: The American University in Cairo Press.

26. 泛伊斯兰主义的思想首先是由贾迈勒丁·阿富汗尼（Jamal alDin al-Afghani，1838 - 1897 年）、然后由穆罕默德·阿布都（Muhammad 'Abdu, 1849 - 1905 年）从宗教改革的角度提出。关于主张伊斯兰身份认同与阿拉伯身份之间的差异，参见 Muhammad 'Imara (1967) *Al 'urubah fi al-' asr al-hadîth*, Cairo, p. 276. 另见同一作者的著作，*Tajdîd al-fikr alislamî: Muhammad 'abdu wa madrasatuh*, Kitab al-hilal: 360, December 1980. 亦参见 Tariq al-Bishri, (1998) *Bayn al-islam wa al-'uruba*, Cairo: Dar al-Shuruq, 尤其是 pp. 19 - 33.

27. 侯赛因·穆尼斯（Hussein Mu'nis）认为最早这样称呼埃及人民的是 1919 年反英革命的领袖萨德·扎格卢勒（Sa'd Zaghlul, 1859 - 1927 年，原书关于此人出生年份有误，中译据资料改），参见 Hussein Mu'nis (1936) 'Misr wa madiha', *Turath misr al-qadima, Muqtataf*, September, pp. 1 - 8.

28. 关于 20 世纪初埃及本地身份认同的发展的简要考察，参见 Sawsan al-Messiry, (1978) *Ibn al-Balad: a Concept of Egyptian identity*, Leiden, pp. 30 - 35.

29. 埃及历年的外侨人数如下：1843 年 6150 人；1871 年 79696 人；1882 年 90886 人；1897 年 11300 人；1907 年 151414 人；1917 年 183015 人；1927 年 225600 人。参见 Suliman, 前引, pp. 56 - 68.

30. Muhandis ha'ir (a wondering architect), *Musabaqat tagdid jami' 'Amr, alhandasa*, Vol. 7, No. 11, 1927, pp. 477 - 487.

31. 同上, p. 486.

32. 同上, p. 478.

33. 穆巴拉克由 1882 年 11 月颁布的赫迪夫敕令任命。

34. 在 1878 年政府重组之后，穆巴拉克除了担任公共事业部部长之外，还担任首任慈善捐献部部长和教育部部长。参见 F. Karam (1994) *Al-nizarat wa al-wizarat al-misriah (Egyptian Ministries)*, second edn., Cairo: al-Hay'a almisria al-'ama li-il kitab, pp. 641, 645 and 655.

35. 关于穆巴拉克反对保护法拉吉清真寺和喷泉的情况，参见 B.C. 1 (1882 - 1883), P.V. 2, 14. 另见 B. F. Musallam, (1976) 'The modern vision of 'Ali Mubarak', in *The Islamic City* (edited by R. B. Serjant), Faculty of Oriental Studies, Cambridge, from 19 to 23 July 1976.

178

36. *"A-t'on besoin de tant de monuments? Quand on conserve un échantillon, cela ne suffit-il pas?"* （需要这么多古建筑吗？保留一个样本，这不就足够了？）引自 Marcel Clerget, (1934) *Le Caire*, vol. I, Cairo, p. 337.

37. 参见 Ali Mubarak, *'Alam al-din*, first published in 1882, vol. III, p. 863.

38. 参见 Ali Mubarak, *al-Khitat al-Tawfiqiyya*, vol. I, p. 83; vol. III, pp. 63, 67 – 68, 82 – 83, 118 – 120; vol. IX, p. 53.

39. 关于格朗的职业生涯*，参见沃莱在本书中的文章，原文 p23。关于格朗在委员会中的活动**，参见委员会通报第 1-14 期发表的会议记录和技术报告。

40. Arthur Rhoné, (1883) 'Le Comité de conservation et le conseil du Tanzim', *Chronique des Arts*, pp. 43 – 44.

41. 穆巴拉克在委员会参加的 3 次会议分别是：委员会第二次会议（1882 年 12 月 16 日）、第三次会议（1883 年 1 月 20 日）和第四次会议（1883 年 3 月 3 日）。参见 B.C. 1, 1882 – 1883, P.V. 2, 3, and 4.

42. 比如参见 F. Robert Hunter, (1984) *Egypt under the Khedives 1805 – 1879: From Household Government to Modern Bureaucracy*, Pittsburg: University of Pittsburgh Press, pp. 123 – 138.

43. 萨布里在 1893 年加入委员会，1915 年 6 月 24 日最后一次出席会议。他担任委员长达 23 年。参见 B.C. 32, P.V. 222, p. 383.

44. 马克斯·赫茨是一位来自奥匈帝国的建筑师，1887 年就加入了委员会。他负责了很多重要古建筑修复项目，其中包括嘉拉温（Qalawun）、哈桑苏丹（Sultan Hasan）、贝尔孤格等历代君王留下的建筑群，并且完成了之前停滞的阿尔里法伊清真寺（al-Rifa'i）兴建工程。他也是阿拉伯艺术博物馆馆长。1914 年第一次世界大战爆发后，他被当成敌侨驱逐出境。关于赫茨的事迹，参见 István Ormos, (2001) 'Max Herz (1856 – 1919): his Life and Activities in Egypt', in Mercedes Volait, (ed.) *Le Caire-Alexandrie: Architectures européennes, 1850 – 1950*, Cairo: IFAO/Cedej, pp. 161 – 177, 以 及 'Preservation and Restoration: the Methods of Max Herz Pasha, Chief Architect of the Comité de Conservation des Monuments de l'Art arabe, 1890 – 1914', 收录在 Jill Edwards, (2002) *Historians in Cairo: Essays in Honour of George Scanlon*, Cairo: The American University in Cairo Press, pp. 123,153.

179　45. B.C. 14, 1897, R. 217, pp. 81 – 82. 萨布里的原话是法语："*les couleurs ... sont*

---

\* 此处原书把人名"Grand"误排为"Fraud"，据上下文订正。——译者注

\*\* 此处原书把人名"Grand"误排为"Gran"，据上下文订正。——译者注

*trop pâles et invisibles pour le spectateur, il serait bon de les retoucher suffisamment pour qu'elles puissent donner l'effet et le but pour lesquels elles sont conçus; c'est de détacher visiblement l' octogone de la calotte sphéroïde.*"（颜色……对参观者来说太淡，几乎不可见，要充分达到原本设计时呈现的效果和目标才好；应该让八边形内饰与穹顶在视觉上能够区分。）

46. Viollet-le-Duc, *Dictionnaire raisonné de l'architecture française du XIe au XVIe siècle*, 1868 - 1874, VII, p. 14.

47. B.C. 14, 1897, R. 217, p. 82. 委员会决策的原文是法语：*"peindre la frise en bois qui couronne les lambris de la coupole, conformément à l'échantillon que M. Herz bey a fait faire en reproduisant l'ancienne peinture dont les traces sont visibles à plusieurs endroits de la frise"*（按照赫茨老爷提供的样本，根据目前内饰各处可见的古旧色彩，重涂穹顶木制饰板上的装饰。）

48. 萨布里参与了慈善捐献部修建的多座清真寺的设计和施工。参见 Sabir Sabri (1906) *Sura al-muzakirra allati rufi'at li-al-janib al-'ali al-khidiwi*, Cairo: al-Awqaf.

49. 意大利建筑师巴蒂盖利（Antoine Batigelli）和赫迪夫图书馆的馆长莫里茨博士（Dr. Moritz）支持赫茨的意见。赫茨的传记作者欧尔莫什（István Ormos）告诉我，根据资料判断，这两个人都是赫茨的朋友。参见 B.C. 15, 1898, R. 237, p. 65.

50. 同上 ., P.V. 83.

51. 同上 ., p. 56.

52. P.J. Vatikiotis, (1992) *The History of Modern Egypt from Muhammad Ali to Mubarak*, 4th edition, Baltimore: The Johns Hopkins University Press, pp. 249 - 272.

53. 参见 1900 年 1 月 14 日的第 6 号赫迪夫敕令。亦参见 B.C. 17, 1900, P.V. 96, p. 2, 以及 B.C. 17, 1900, P.V. 98, p. 19.

54. 阿里・巴赫贾特被任命为阿拉伯艺术博物馆馆长，是因为前任馆长赫茨在第一次世界大战爆发后被当成敌侨，不得不辞职并离开埃及。参见 B.C. 31, 1914, P.V. 215, pp. 134 - 136. 关于赫茨的简短介绍，参见上文注释 44。

55. 参见 Ahmad Lutfi al-Sayyid (1998), *Qissa Hayati* (The story of my life), Cairo: alhay'a al-'ama li-al-kitab, (new edition), pp. 28 - 29.

56. 艾哈迈德・阿尔－赛义德最终在 1922 年 5 月 25 日由国王敕令任命为委员会委员。敕令参见 B.C. 33, 1920 - 1924, P.V. 263, pp. 225 - 227. 1927 年，艾哈迈德・阿尔－赛义德转任阿拉伯古建筑服务局局长，原先的职位（慈善捐献部首席建筑师）由同事赛义德・米特瓦里担任。

57. 参见 B.C. 33, 1920 - 1924, P.V. 264, pp. 249 - 252.

58. 阿里·巴赫贾特（1858 - 1924 年）对福斯塔特（Fustat, 开罗附近的古城）的考古发掘做过很大贡献，并且在多部研究专著中发表了发掘的成果。巴赫贾特还出版、翻译了很多介绍阿拉伯艺术博物馆的资料。例如参见 Ali Bahgat, and Albert Gabriel, (1921) *Fouilles d'al Foustat*, Paris: E. de Boccard; 以及 Ali Bahgat, and Felix Massoul, (1930) *La céramique musulmane de l'Egypte*, Cairo: l'Institut Français d'archéologie Orientale.

59. 关于阿尔 - 赛义德的消极作风，可以参见他对拜伯尔斯清真寺（Mosque of Baybars）的敏拜尔台阶（Mimbar）重建项目发表的意见：B.C. 33, 1920 - 1924, P.V. 263, pp. 223 - 224.

60. 参见 B.C. 34, 1925 - 1926, P.V. 265, pp. 58 - 62.

61. 波蒂是巴黎美术学院毕业生，曾担任摩洛哥古建筑服务局局长。他在委员会中担任"专家建筑师"，与阿尔 - 赛义德一起工作。参见 B.C. 35, 1927 - 1929, P.V. 271, p. 123.

180

62. 维特在这个人员变动中也起到了作用。他在一方面强调阿尔 - 赛义德在工作方面不得力，一方面推荐同胞波蒂加入了委员会。参见 B.C. 35, 1927 - 1929, P.V. 270, p. 86.

63. 关于委员会技术部门的成立，参见 B.C. 7, 1890, P.V. 40, pp. 3 - 4. 赫茨是这个技术部门首席建筑师。委员会第一次提到马哈茂德·艾哈迈德是在 1920 年，当时的委员会主席侯赛因·达尔维什（Hussein Darwish）在 1920 年 2 月的会议上提出给他晋升。参见 B.C. 32, 1915 - 1919, P.V. 252, p. 755.

64. 艺术与工艺学校最早成立于 1839 年，当时名为"商业学校"（*madrasa al-'amaliyyat*）。1854 年它被强制关闭，1868 年才以原名重新开张。1877 年更名为"商业与工艺学校"（*madrasa al'amaliyyat wa al-sina'at*）。直到 1885 年后，它才得名"艺术与工艺学校"。参见 Yacoub Artin, (1890) *L'instruction publique en Égypte*, Paris: Ernest Leroux, p. 196. 关于该校的学制与开设的课程，参见 Amin Sami, (1917) *Al-ta'lim fi misr*, Cairo: al-Ma'arif, pp. 17 - 19. 亦参见 J. Heyworth-Dunne, (1939) *Introduction to the History of Education in Modern Egypt*, London: Luzac & Co., pp. 357 - 358.

65. 关于慈善捐献部的"古建筑局"、委员会和慈善捐献部的技术服务部门之间的关系，参见慈善捐献部 1922 年 1 月 30 日政令，刊登于 B.C. 33, 1920 - 1924, pp. 189 - 198.

66. 同上，R. 596, p. 327.

67. 似乎委员会委员不能参加竞赛，只能充任评委。艾哈迈德和克雷斯韦尔在举办竞赛时都不是委员。当然，这两人在当选委员后都对委员会的发展起到了重要作用。

68. 参见 B.C. 37, 1933 - 1935, P.V. 280, pp. 33 - 34.

69. 同上，p. 34.

70. 委员会的原话是法语："… *sa présence aux réunions étant nécessaire, pour qu'il puisse éclairer les Membres sur les travaux en cours.*"（他在会议中的出席是必要的，因为他能向委员们解说工程进展情况），"… *en assistant aux réunions de la Section Technique, sera à même de mieux pénétrer les vues du Comité, en vue des décisions à exécuter.*"（参加技术部门会议，能够更好地从决策实施的角度传达委员会的观点。）参见 B.C. 37, 1933 - 1935, R. 686, p. 142.

71. 同上，R. 692, pp. 198 - 199. 关于艾哈迈德的更多信息，参见哈桑·阿卜杜勒 - 瓦哈卜（Hassan Abdel-Wahab）为其讣告写的传略，发表于 *al-Ahram*, 30 November 1942, p. 3. 亦参见 Khayr al-din al-Zirikli, *al-A'lam: qamus tarajim li-ashhar al-rigal wa al-nisa' min al-'arab wa al-musta'ribin wa al-mustashriqin*, second edition (first edition in three volumes published in 1927), Cairo: Costatsomas Press, 1955, p. 40.

72.《工程》（*al-Handasa*）杂志是一种月刊，1920—1938 年间出版。关于该刊的创办机构和创始人名单，参见 *al-Handasa*, vol. 1, No.1, December 1920, pp. 29 - 36.

73. 参见 Muhandis Ha'ir（"困惑的建筑师"），'Musabaqat tajdid Jami' 'Amr', *alBalagh al-Usbu'i*, No. 35, 22 July 1927, pp. 18 - 19, 转载于 *al-Handasa*, Vol. 7, Nos. 8 and 9, August and September 1927, pp. 389 - 391.

74. 应该指出的是，马哈茂德·艾哈迈德常年在《巴拉格周报》和《巴拉格日报》（*al-Balagh al-Usbu'i and al-Yawmi*）上发表文章。在 1927—1928 年，他在两个媒体上发表过多篇文章。如果这个假说成立，那么艾哈迈德对于"巴拉格"媒体的刊发流程的熟悉程度，无疑让他匿名发表对评委会的批评意见更为容易。

75. Mohamed Abdel-Halim, and Mahmoud Ahmad, (1926) 'Concours pour la reconstruction de la mosquée d'Amrou au temps de sa plus grande splendeur,' 提交给慈善捐献部的未刊报告。注意标题中作者就犯了法语错误。

76. 关于埃及本地建筑材料的研究非常少，可参见 Édouard Mariette, (1886) *Traité pratique et raisonné de la construction en Égypte*, second edition, Paris: Librairies Générale de l'Architecture et des Travaux Publics；此外穆罕默德·阿里夫（Muhammad 'Arif）在 1897 年的专著中特别讨论过这个主题，参见 *Khulasat al-afkar fi fann al-mi'mar* (Cairo: Bulaq). 20 世纪最初 20 年，卢卡斯和休姆（A. Lucas and W. F. Hume）发表了两项关于埃及建筑石材的详尽研究。除了 20 世纪 20 年代在《工程》杂志上有少量这方面的短篇文章之外，要到 20 世纪 30 年代埃及工程师才开始特别关注、分析本地的建筑材料。比如参见 Husayn Mohamed Salih, (1930) *Handasa al-mabani wa il-insha'at: muad al-bina'*, Cairo: Dar alkutub al-misriyya.

77. Abdel-Halim and Ahmad, 前引.

78. 易卜拉欣·法齐在这次设计竞赛中得了第5名。关于易卜拉欣的设计,参见'Ibrahim Fawzi: A congratulation for the winning of the fifth position', *al-Handasa*, vol. 4, No. 4, 1924, p. 178.

79. 参见 Ibrahim Fawzi, (1926) 'Concours pour la reconstruction de la mosquée d'Amrou au temps de sa plus grande splendeur',（提交给慈善捐献部的未刊报告）.

80. 参见 Competition Jury, 前引.

81. "困惑的建筑师", *Musabaqat tajdid jami' 'amr, al-Handasa,* Vol. 7, No. 10, October 1927, pp. 418 - 436.

82. 同上, No. 11, November 1927, p. 478.

83. 对竞赛的全面分析,包括对参赛作品、参赛者和评委会成员的考察,参见本文作者即将发表的 'The Competition of the Reconstruction of the Mosque of 'Amr'.

84. 在报告中福阿德用法语写道 *"Nous invoquons Dieu pour qu'il inspire aux Egyptiens de se préoccuper de la ville de Fostat et de lui rendre la magnificence islamique qu'elle possédait à l'époque des Fatimides quand elle était contiguë au Caire et était le centre de l'industrie et du commerce. Ce n'est pas impossible à Dieu."*（我们请求真主赐予埃及人灵感,令他们关注福斯塔斯城,请求真主让它重现法蒂玛王朝时代的伊斯兰辉煌,那时它曾与开罗相邻,是工业与商业的中心。对真主来说这并非不可能。）参见 Mahmud Fu'ad, (1926) 'Concours pour la reconstruction de la mosquée d'Amrou au temps de sa plus grande splendeur', unpublished report presented with a set of architectural drawings as entry I for the competition of the reconstruction of the Mosque of 'Amr, Ministry of Waqfs.

85. 克雷斯韦尔1939年当选委员会委员。

86. Noel Dawson, and K.A.C. Creswell, (1926) 'Projet de reconstruction de la moquée d'Amrou au Caire au temps de sa plus grande splendeur', 慈善捐献部未刊报告, pp. 27 - 30.

87. 比如参见 Mahmud Ahmad, (1938) *Jami' 'amru ibn al-' As bi al-Fustat min al-nahiyatin al-tarikhiyya wa al-athariyya*, Cairo: Bulaq, 一年后翻译成英语；另见 'al Fustat', 同一作者的一组文章, 刊登于 *al-Balagh al-Usbu'i*, vols. 54, 56, 58 in 1927, and vols. 61, 63, 65, 69 in 1928.

88. 参见 Competition Jury, 'Procés-verbaux du jury pour le concours de la mosquée de Amr', 未刊报告, 1927.

182

89. 评委会的所有成员，除了艾伯特和纽纳姆之外都是委员会委员。

90. 苏莱曼指出，1879 年为政府工作的外国人超过 208 人。到了 1880 年，这个数字达到 250 人；1882 年达到 1355 人。之后人数有所下降，1896 年是 690 人（也就是政府雇员中的 7.5%）。1906 年外国雇员数量增长至 1252 人（政府雇员总数的 9.4%）。参见 Suliman, 前引，p. 116.

91. 其中埃及人是：穆罕默德·扎基、穆斯塔法·法赫米、马哈茂德·萨米（Mahmud Sami）、马哈茂德·阿尔 - 法拉基（Mahmud al-Falaky）、伊斯梅尔·阿尔 - 法拉基（Ismail al-Falaky）、伊扎特阁下（Izzat effendi）、雅各布·萨布里（Ya' coub Sabry）和阿里·法赫米（Aly Fahmi）；外国人是：弗朗茨（Julius Franz），罗杰斯（Edward Rogers）、博德里（Ambroise Baudry）。关于委员会的创始委员，参见 Mercedes Volait, (2002) 'Amateurs français et dynamique patrimoniale: aux origines du Comité de conservation des monuments de l'art arabe', in Daniel Panzac, and André Raymond, (eds) *La France et l'Egypte à l'époque des vice-rois (1805 - 1882)*, Cairo: Institut français d'archéologie orientale, pp. 311 - 326. 赫迪夫敕令收录在 1881 年 12 月的埃及政府公告，也收录在 1882 年出版的委员会通报第 1 期，pp. 8 - 10.

92. 参见 Jules Bourgoin, (1879) *Les éléments de l'art arabe: le trait des entrelacs*, Paris: Librairie de Firmin-Didot et Cie.

93. Anon., 'The protection of the monuments of Cairo', *The Architect*, 4 August 1883, p. 66.

94. Suliman, 前引, p. 129.

95. 1927 年 4 月，委员会有 18 位委员，12 个埃及人，6 个外国人。委员姓名参见 B.C. 34, 1925 - 1926.

96. 1930 年 12 月，委员会有 17 位委员，9 个埃及人，8 个外国人。

97. 1936 年 5 月的第 44 号法案。关于这个法案，参见埃及政府公告。

98. 1936 年，在政府职位上工作的外国人有 1623 人。其中公共教育部的外国人最多。苏莱曼指出，大部分外籍政府雇员是英国人。参见 Suliman, 前引, p. 129.

99. 参见阿巴斯二世帕夏 1895 年 7 月 13 日的赫迪夫敕令，刊登于 *al-Magmu'a al-dayma li-il-qawanin wa ql-qararat al-misriyya*, vol. 6.

100. 参见公共教育部关于阿拉伯古建筑保护管理的报告：report of the Ministry of Public Instruction on the work of the Administration of the Conservation of Arab Monuments (1949) *Idarat hifz alathar al-'arabiyya risalatuhafi ru'yyat al-athar al-islamiyya fi al-qahira*, Cairo: *dar al-ma'arif*, p.4. 参见时任阿拉伯古建筑管理部门负责人

的艾哈迈德写的一篇序言：Mahmud Ahmad, Avant-Propos, in B.C. 36, 1930 - 1932.

101. 参见 Suliman, 前引, p. 132.

102. 参见 P.V. 284, 285 and 286, B.C. 38.

103. 为政府工作的外国人数量在 1937 年减少至 186515 人，1947 年减少至 145912 人。

104. B.C. 38, 1936 - 1940, P.V. 287, p. 135.

105. 3 个外国人与 12 个埃及人一起参加了 1951 年的会议（也就是说与会者有 20% 是外国人）。参见 P.V. 302, B.C. 40, 1946 - 1953, p. 304.

106. 同上, P.V. 303, pp. 363 - 364.

107. Decree 22/1953. 参见 *Al-mawsu'a al-tashri'iyya al-haditha,* Hassan al-Fakahani (lawyer), 26 volumes, Cairo: al-dar al-'arabiyya li-al-mawsu'at.

108. 参见 1953 年颁布的第 529 号法案（law no. 529 issued in 1953）。1970 年该法案出台了修订版本（Law no. 27 of 1970），刊登于 *al-Waqa'i al-masriyya*, issue 21, September 21, 1970.

109. 参见 Muhammad Khalifa Hasan, (1997) *Athar al-fikr al-istishraqi fi al-mujtama'at al-islamiyya*, Cairo: Ein for Human and Social Studies, pp. 88 - 89.

110. 比如参见 El-Hamamsy, 前引。

# 第三部分
# 权力的主体

# 第 8 章
# 从欧洲，经过伊斯坦布尔，再到的黎波里：1870 年前后在奥斯曼帝国北非据点上的市政改革

诺拉·拉菲，独立学者

　　19 世纪的北非见证了欧洲帝国主义的发展和奥斯曼帝国影响的逐步消亡。到了 19 世纪下半叶，北非地区只有巴巴里海岸上的的黎波里（也就是利比亚现在的首都，为与黎巴嫩同名城市的黎波里区分，亦称 "Trâblus al-Gharb"，即 "西部的黎波里"）还在奥斯曼帝国当局（亦称 "高门"）的统治下。

　　的黎波里地处地中海南岸，在 19 世纪早期是个不大的城市，周围环绕着一条名为 "曼琪亚"（Manchia）的绿化带。当时的中心城区人口约有 12000 人。之后的年代里，城市经历了持续发展，到了 19 世纪 70 年代市中心人口达到了 3 万人。[1]

　　城市位于大海和沙漠之间，是东西方和欧非两大洲交通要道上的一个重要战略节点。这里贸易昌盛，其他行业也很繁荣，在城市中形成了一个独特的社会。的黎波里古时曾是海盗的据点，在卡拉曼利王朝时期（Qaramânlî Dynasty，1711—1835 年）则实际上是一个自治的城邦国家。[2]

　　之后，的黎波里成了奥斯曼土耳其从伊斯坦布尔直接管理的城市，这一状态直到被意大利占领（1911 年）才告终结。内城的外面有围墙，城墙内的空间由若干个穆斯林聚居区（当地称为 "hûma"）、两个犹太人聚居区（称为 "hâra"）以及一个多族裔混居区构成。整个城市的物理空间还包括一座军商两用港、民众住宅、要塞堡垒（12 座）、清真寺、犹太礼拜堂、一座基督教堂、浴室（称为 "hammâm"）、露天市场、大棚车队驿站、咖啡店、磨坊、学校和一座城堡（称为 "al-hisâr"）。

　　从 1835 年起，的黎波里成为奥斯曼土耳其帝国在北非最后的据点和行省，因此在地中海地区帝国主义扩张的语境中，这座城市是一个独特的案例。在那个时期，奥斯曼帝国遇到了很多内部问题，又受到欧洲列强发展的刺激，所以发起了若干借鉴欧洲模式的重大现代化改革。军队成功地进行了改造，其他领域也要实施坦志麦特改革。地方行政管理就是这么一个需要改革的领域，城市作为现代生活的必要环境是改革关注的重点。奥斯曼帝国羡慕西方国家的成就和社会组织，在改革中也从西方多有借鉴，而将这些成就移植到奥斯曼帝国的语境中却必须要付出

不小的努力——简而言之,需要将之"奥斯曼化"。

在的黎波里行省进行的这些改革中,最重要的是城市改造;我们的研究要考虑到当地的城市建设对西欧城市模型进行的发展,以及这些模型在实际应用中经历转化的方式。本文首先概述奥斯曼帝国的行政改革,然后重点关注19世纪中期的黎波里的个案。我们在这里处理的是一个从国外输入、"借来"的模型的后续发展,这个模型被"再输出"到距离帝国核心很远的外围地区。本文力求展示西方所知的城市模型——市长和当选民意代表组成的行政机构,根据一套制度化的规则,从市政、社会、经济甚至政治等方面对一个区域实施管理——是怎样经历接受、调整并最终应用于这样一个外围行省的。

在的黎波里的案例中,特别让人感兴趣的是,一个与邻近地区相比更久地远离欧洲殖民国家直接影响的城市,[3]是如何对地方政府进行"借鉴欧洲"的改革的?在的黎波里改革中,事实上可以发现两种截然不同的动力关系的影响:一方面,欧洲城市模型的间接影响通过奥斯曼帝国的行政现代化而传播到当地,另一方面是精英阶层将权力运用于市民社会和空间中的传统方式发生本地转化的过程。因此,的黎波里案例是考察外围地区和本地精英在奥斯曼帝国现代化运动中所起作用的绝好机会。我们同样也分析了,行政现代化在多大程度上对中央政权维系在各行省的影响至关重要。

## 奥斯曼帝国19世纪的行政改革方案:欧洲化市政管理的案例

对于19世纪奥斯曼帝国开展的坦志麦特司法改革运动,已经有大量研究对地方层面和中央层面的案例进行了考察。[4]关于城市改革,有几项高质量研究已有涉及。[5]但是对于行政体制中的最小实体,同时也是臣民、专家和当政当局之间的中间环节,被称为"baladiyya"的城镇政府,却很少有人关注,另外也没有多少研究涉及欧洲化的城镇政府形式传播或输入奥斯曼帝国行省的过程。[6]

奥斯曼帝国的统治者之所以推行现代化,是因为社会、政治和经济等多方面因素的作用。"通过现代化改造成为现代国家",这个模式以各种各样的形式逐步生根发芽,在决定帝国未来的精英阶层中间达成了共识。"现代性"这个说法中包含的对变革和发展的渴望来自欧洲,19世纪时,去东方旅行曾经对于那些支持启蒙思想运动的人来说是必不可少的,欧洲的作家、科学家和商人一度都对东方极为热衷;但反过来说,奥斯曼帝国对西方的好奇心也日益增强。老欧洲的经济成功、军事扩张和科学成就无疑让奥斯曼帝国的领导层产生了巨大兴趣,在这些人的头

189

脑中，欧洲与现代性这两个概念紧密相连。许多领域都不得不以这样或那样的方式采用来自欧洲的新技术。

然而，涉及城市管理方面，欧洲城市模型的输入既非一蹴而就的简单过程，也不是一种持续的借鉴。以西方式的城镇政府为例，从19世纪的头25年开始，这个模型就在逐步向奥斯曼帝国传播。

在奥斯曼帝国借鉴西方城镇政府形式设立两个试点区划（即伊斯坦布尔的贝伊奥卢和加拉塔区）之前，还可以明确地划分出若干传播阶段。第一阶段始于奥斯曼帝国的大使、学生、军事专家和各种使节在欧洲广泛旅行，观察和收集信息，并形成对欧洲各类机构和城市化形态的研究。然后在国内设计改革方案，并建立了两个实验性的城镇政府。再后来，这种市政实验才扩展到帝国的其他城市——其中第一个就是利比亚的的黎波里。

### 对欧洲机构的观察，对改革方案的设计

马哈茂德二世在位其间（1807—1839年）首次启动了改革，而最初只是在军事领域实施。非军事领域的改革后来才着手进行。帝国派遣了一些官员和其他人员到西方进行短期考察或者长期学习，还聘请了一些外国技术专家来到伊斯坦布尔，其中最重要的是为陆军和海军服务。奥斯曼帝国向西方（尤其是法国）打开了大门，本国人与西方人之间的接触也日益增多。奥斯曼帝国领导层对西方事物既好奇、又迷恋，想要从西方的先进技术和制度中汲取灵感。

关于奥斯曼帝国借鉴西方市政机构形式的过程，需要确定借鉴的思路来源、地点、主事人和所处环境，做到言之有据。虽然查明军事技术或组织方面借鉴的确切细节相对容易，但在行政管理改革方面，类似的调研则困难得多。[7]

当然，改革不能化约为对"他者"单纯迷恋和奥斯曼帝国寻求变革的渴望。影响的因素要复杂得多，而且19世纪的经济、社会和政治方面都发生了重大变化，这些变化支撑着当时的制度发展。无论是哪些因素影响，像伊斯坦布尔这样的城市都经历了重大的组织变革，路易斯、杜蒙、耶拉西莫斯和塞里克（Lewis, Dumont, Yerasimos and Çelik）等人对此进行了充分研究。需要强调的是，从19世纪初开始人们对"城市"这个实体本身产生了更高的——或者说更新的——认识。奥斯曼帝国对西方城市和伊斯坦布尔的组织结构都进行了深入观察，其结果是设计出了欧洲化的城镇政府机构方案。

奥斯曼帝国首都第一批值得注意的创新之一就是组织机构的改革，原先由苏丹禁卫军承担的一些城市服务——例如警察和消防——现在成了专业城市机构的

责任:muhtasib(阿拉伯语,本义"市场检查员"),以前主要负责市场,在1828年获得了 ihtisab aghasi(旧式称呼,意为"警察局长")的称号,并成为城市的主要负责人之一,他的手下是管理各社区的官员(mukhtar, kahya)并由长老理事会协助,这个理事会由来自城市不同人群(各个宗教、族裔和经济团体)的代表组成。[8]

1854年(伊斯兰历1271年)开始了一个新时期,当时最高改革委员会(Majlis Ali lil-Tanzîmat)"决定设立一个市政委员会"(intizami shehir komisyonu)。"这个委员会中的领袖是安托万·阿利庸(Antoine Allion),来自一个富裕的法国银行世家,这家人从法国大革命时期就定居在土耳其。其他的成员来自当地的希腊、亚美尼亚、犹太等族裔社群,也有一些土耳其穆斯林,包括首席医官梅米特·萨利赫阁下(hekimbashi Mehmed Salih Efendi),他是马哈茂德苏丹创办的医学院的首批毕业生之一。委员会的职责是提交一份关于欧洲城市管理机构的报告,要详述这种机构的规则和程序,并且就此问题向中央当局提出建议。"[9]

委员会工作了4年。最高改革委员会档案记录了漫长的研讨过程,表明委员会认为非常需要设立欧洲式的城市行政管理机构。委员会关于改善城市条件的主要建议是"修建人行道、下水道、供水管道、日常垃圾收集机制、公共照明、街道扩建——尽可能让市级财政实现自治,征收城市税,并对市政法规的执行情况负责。"[10]经过这段时间的讨论,这些建议被提交给当局,当局决定在帝国的所有城镇实施改革之前,先进行小规模的试点。

191

### 改革试水:两个试点区域

1857年,最高改革委员会决定在伊斯坦布尔的两个下级区划中尝试采用全新的市政管理形式。目的是要看看,除了预期的优点之外,这种制度还存在哪些风险和问题。选中的两个区域分别是贝伊奥卢和加拉塔,二者都有大量外国居民。制度试点可以看成一种让新政治模型与本地现实相互适应的明确尝试。目的很清晰:"当本案例体现出新制度的优势,并且广为公众理解、接受,就可以将这些制度推行到所有的地区。"[11]改革推行的速度表面上看很慢,这可以视为对政治模型加以"奥斯曼化"所必要的方式。

奥斯曼化的第一个步骤,是给西方的术语"城镇政府"(municipality)找到一个适用于帝国全境的翻译。根据伯纳德·路易斯的研究,土耳其语里"belediyye"在当时是个新名词,在其他中东语言中亦然(的黎波里的阿拉伯语说法是"baladiyya");当局选用这个名词来专门描述那种欧洲式的现代城镇机构,体现出与以往穆斯林式城市管理的区别。这个词源自阿拉伯语 balad,本义通常是"镇子",

选用这个说法，体现出改革者的意图：既要推行现代化，又要入乡随俗，不让民众感到过于陌生。事实上，的黎波里的一个区至少从 18 世纪末期开始就被称为"巴拉迪亚区"（baladiyya），该城负责城市管理的一位重要人物就在那个区办公——这个职位称为"城市长官"（shaykh al-bilâd），是当地显贵会议（主要是商人和行会负责人参加）的领袖。[12]

到了 1868 年（伊斯兰历 1285 年），新制度的优势明显地体现出来。在实施改革之初出现了一些困难（路易斯对此有详述），也包括几分审慎，或者至少是几分迟缓（花了 14 年时间），但主要原因还是因为官僚阶层过于庞大，决策者特别警惕，而既有的实权人物又存在惰性[13]，不过无论如何当局宣布，伊斯坦布尔的奥斯曼式城镇政府（belediyye）应按照如下方式设立："每个社区产生一个 8—12 人组成的委员会，从中选举主席一名。整个伊斯坦布尔设 56 人组成的代表大会（jemiyyet-i umumiyye），其中每个社区出 3 名代表，由帝国政府任命并支付报酬。这两个机构都在市长（shehremini）的管控下行使职能，市长本人则是国家公务员。"[14] 这样一来，整个城市就有了行政管理机构，城市的各方面条件也大为改善，令其能与欧洲列强首都一争高下。

奥斯曼帝国式城市管理结构的隐秘野心当然是想效法巴黎高效、富有的城市当局。正如法国首都一样，伊斯坦布尔也分成了若干个区（daire）。但是"暂时只有下辖加拉塔和佩拉（贝伊奥卢的别名）两个区域的第 6 区成立了区政府。该区政府长官的职责是将其建设为一个有沥青路面、人行道、公共煤气路灯、自来水和排列整齐的沿街建筑的样板区域……"[15]

总之在 1868 年，城市管理的"现代化"机制终于在改革中的奥斯曼体制内赢得了一席之地。由于城镇改革试点获得了成功，所以奥斯曼化的欧式城镇政府模型陆续传播到帝国各个行省的其他城市中，其中就包括巴巴里海岸的的黎波里。我们在下文中借助全新的档案研究成果对此加以讨论。

## 改革的本地倡导者和促成者们

伊斯坦布尔的市政管理机构对欧式城镇模型进行了改造调整，或者叫"奥斯曼化"，我们已经对此稍作考察，所以眼下能大概了解帝国会把怎样的城市规划和市政管理机构模型输出到地中海东部地区的 7 个"试点城市"（的黎波里就位列其中）。[16]

在详细讨论这种对欧洲模型的"再输出"案例之前，先要强调两点。第一点是必须考虑地方背景。的黎波里是奥斯曼帝国最西边的据点,它在北非是一个特殊的案例,可以说在多重意义上富于悖论色彩。欧洲模型需要绕道伊斯坦布尔才能抵达的黎波里,这与该地区其他国家受到欧洲直接影响确立欧洲模型的情况恰成对照。但的黎波里塔尼亚地区又是由外来势力统治的。虽然与其他北非国家的法国统治者相比,这里的统治者毕竟有所不同:土耳其人是穆斯林,而此前的王朝在 1835 年被推翻之前也没有把自治权推进到独立的地步,历史上的、商贸上的联系从未因外来统治中断——但统治毕竟是从上而下、从帝国中心强加给的黎波里的,施压手法并不那么和缓。显然,的黎波里塔尼亚地区的民众对外来强权并无好感,甚至还发起了强烈反抗:土耳其军队占领全境花费了将近 20 年时间。

需要强调的第二点是,应该多考察负责实施市政改革的本地人物,也就是法国历史学家曼特兰(Mantran)所谓的"名不见经传的改革者"。(曼特兰长期以来一直强调,除了要考虑中央政权的重要人物,也要留意其他各类行动者对改革实施的关键作用。)这些小人物充分体现出制度改革的人性方面,正如其他许多人类事务一样,推动工作的热情和努力背后,往往都有对权力、金钱的渴望。关键人物的个性和行为对于项目的成功(或失败)至关重要,而这通常独立于经济、政治、社会和文化等其他方面的影响因素。改革的另一重效应就在于:它将导致人们日常生活习惯发生巨大变化。

在的黎波里改革进程中扮演了主要角色,并且至今仍无人研究的改革者中,　193
既有代表中央当局的总督,也有本地的城市长官,他们都对改革在本地的成功实施起到了关键作用。而其实所有民众也都参与其中——他们一直习惯于对抗帝国中央作出的决定。

### 的黎波里的杰出总督,阿里·里达·阿尔 – 贾扎伊里(Alî Ridha al-Jazayrî)

阿里·里达·阿尔 – 贾扎伊里是的黎波里的总督(当地语言叫"walî"),也是改革和现代化运动的热情支持者。在这方面,他与前任、继任都不一样。其他各任总督来到的黎波里,总认为自己是受了贬谪流放,唯一能做的事情就是为自己敛财,不管国家和民众死活。当然,这些总督短暂的任期也很难让他们实施重大工程,甚至都没法深度介入当地事务。阿里·里达·阿尔 – 贾扎伊里则是个出众的、不寻常的人物,多亏有这个人,的黎波里才能在现代化进程上起步。毫无疑问,他是实施市政改革的领军人物。

"阿尔 – 贾扎伊里"这个姓氏表明,这位总督是土生土长的阿尔及利亚人,他在 1867—1870 和 1872—1873 年间两次出任的黎波里总督。他出生在 19 世纪开头的 25 年里，出生地很可能是阿尔及尔，因为"他的父亲担任过阿尔及尔的法官，而他母亲还住在那里"。[17] 但是由于法国在 1830 年统治了阿尔及利亚，他在岁数很小时就离开了阿尔及尔。

父子两人移居君士坦丁堡（伊斯坦布尔旧称），可能是因为父亲想让儿子接受奥斯曼式的教育。之所以选择伊斯坦布尔这个地方，则可能是对法国在他们家园进行殖民统治的回应。资料在这方面没给我们留下任何信息，但是有些反讽意味的是，阿里·里达帕夏大人"与其他很多年轻人一起被送到法国，接受法国教育。他在军校学习了 5 年，又在梅斯的炮兵工程应用学院（Ecole d'application）学了 3 年。"[18] 他的母语是阿拉伯语，但是在法国留学 8 年后，法语也讲得完美。他可能还会说土耳其语，因为他也在伊斯坦布尔学习和生活过，不过费罗（Féraud，这是关于此人最重要的一位文献作者）则说他不懂土耳其语。

在总督任上，"他身边有很多阿拉伯人和阿尔及利亚人"，但根据费罗的说法，他与的黎波里的法国领事馆似乎关系不错，至少是跟总领事博塔先生有交情。即便他不是外交官的儿子，他也属于奥斯曼帝国曾在最好的英国或法国院校留学的那一代人，这些人回到土耳其后，就成了改革的最强劲支持者。

目前掌握的档案文献表明，他也与当时在位的苏丹阿卜杜勒－阿齐兹一世（1861—1876 年掌权）以及奥斯曼国家高层有密切交往。他似乎可以全权负责在的黎波里推行改革。毫无疑问，这很大程度上是因为阿卜杜勒－阿齐兹一世希望总督们在各个行省积极实施坦志麦特改革。事实上，"根据阿里·里达帕夏大人的提议，奥斯曼帝国在 1869 年颁布了许多重要措施，用以发展的黎波里行省，给一个濒于颓败的省份带来了新生。"[19] 他在图卜鲁格修建了宏大的基础设施工程，并建造了一座新城，这体现出奥斯曼帝国在资金、技术上给这个行省提供的支持。

苏丹直接批准了阿里·里达·阿尔－贾扎伊里的重大建设方案，无须国务委员会审议，这也表明苏丹对总督的充分信任。这个方案是要在邦巴地区（Bomba），沿着无人居住的海岸地带修建定居点（与图卜鲁格和班加西的类似建设方案一起提交）。邦巴是一座天然良港，多个海上强国一直垂涎此地，企图让奥斯曼帝国把它割让出来。很可能这就是阿里·里达帕夏大人决定在这里进行大规模土地开发的原因。以下摘自费罗对工程的描述：

　　……几位外国探险家前来旅行，让阿里·里达帕夏大人开始对邦巴海岸地区感兴趣。他想到，苏伊士运河的兴建可能为这个海军港口——位于克里特岛和利比亚之间荒凉的海岸中部——带来好处。因此，他提出了一个方案，未经国务委员会审议，直接由苏丹发出帝国法令批准……帝国提供了用于项目建设的设备……首先建造了大型检疫设施、营房和仓库。到那里定居的家庭可享受 10 年的免税待遇,并获得一年的免费食物、必要家畜和建筑材料。一个小镇逐渐在这里发展起来,古代留下的罗马式要塞城墙完美地保护着城中居民不受游牧民族的侵扰,而要塞的废墟提供了现成的建筑材料。周边的土地似乎适合种植谷物,人们挖出了水井,并且在河上修复了古老的水坝。阿里·里扎帕夏大人( Ali Riza Pacha,阿里·里达·阿尔 - 贾扎伊里的昵称)打算尽快视察这个地方,他选出若干已婚士兵,形成了人数不多的当地驻军部队,给他们分配了土地和耕种工具。另外,也给传教的神父们提供了土地,让他们在这里建起救济院和教堂,以此来吸引马耳他移民。当局还组织起免费旅游考察团,招待有意来这里探访并寻求开展业务机会的人。听到这个消息,天主教团的首领、一些商人、若干工人和工匠都说要陪帕夏大人一起去看看。1869 年 6 月,阿里·里扎乘坐奥斯曼船只前往邦巴和图卜鲁格,尝试实施构想中的定居点设立方案。大约有 400 人参加了这首次考察。虽然一开头兆头很好,但这个项目却完全没有成功。某些势力原本对邦巴和图卜鲁格的天然良港早有打算,他们跑到君士坦丁堡说这个项目的坏话,大意是阿里·里扎帕夏大人效法了法国在阿尔及利亚设立殖民定居点的措施,而这么做会让本地人反感土耳其政府。在没有任何详细解释的情况下,阿里·里扎帕夏大人接到命令,以后不能再有任何创新;次年的 5 月,这位睿智的帕夏大人被召回本土。[20]

上面的叙述可能有所美化,但是在新技术应用和新"概念"引入等方面让我们看到了当局采取的各类措施。尤其是所谓的新概念在当时风行一时,比如通过设立定居点实现殖民、兴建新城市——这些无疑都效法了法国在阿尔及利亚实施的殖民工程。

但阿里·里达的项目也不只是单纯照抄了西方的"措施";他力求跟法国人开展真正的技术合作。他通过法国工程师,从老家阿尔及利亚带来了不少现代机械设备。

> 阿里·里达了解到在阿尔及利亚的里尔河(Oued Rir)地区钻探自流井效果很好,因此请中央政府批准在本地也开展类似项目。他亲自与法国领事馆沟通,并通过他们请阿尔及利亚政府派来一位项目经理,在我们南部的一个地区从事钻井工作,由工程师朱斯(Jus)负责管理。[21]

阿里·里达开展的项目数量很多,类型丰富,但所有项目都带着"希望实现现代化"的清晰标志——而且他的现代化模板是法国:"他关心改造邮政服务,从的黎波里到胡姆斯(Homs)的第一封电报就是他发的。他修建了阿齐兹亚市场,

195

还用苏丹阿卜杜勒 - 阿齐兹一世的名字命名了这个市场和新城里的一条街道。他在的黎波里建造了一座公园、一座钟楼，并且修复了城堡清真寺（Citadel Mosque）。"

对于在的黎波里建立西方式的城市管理体制，他也起了很重要的作用。国务委员会决定在奥斯曼帝国的各个省份首府实行新的城市管理制度后，阿里·里达（以及本地的城市长官，下文会详述）着手贯彻这个决定，在的黎波里开展改革项目。[22] 阿里·里达的来往信件以及他颁布的政令明确地显示，他正是这个项目的背后推动力量。

196

### 总督与城市长官

为了将从法国借鉴来的城镇政府模式重新输出到的黎波里，似乎在 1867 年之前中央政府就要求阿里·里达（当时他正在的黎波里就职）对在该地设立市政府提出意见。1867 年 8 月，阿里·里达答复中央政府，他支持在的黎波里设立欧洲式的市政管理机构，并在这封回信中附上了一份报告，介绍了的黎波里当时的城市管理情况。他这样做，是为了让中央当局了解新的市政管理机构将在哪些方面实施现代化改造，目前又有哪些城市管理机制对改革会有助益，可以保留下来。

为了让新型的管理机制充分发挥作用，造福整个城市，阿里·里达详述城市长官的职能，并介绍了当时担任城市长官的阿里·阿尔－卡尔卡尼（Alî al-Qarqanî）的优秀品质。城市长官这个职位源于卡拉曼利王朝时期,但在其终结后还延续下来；通过这份文献，我们对它的实质有了更深的了解。[23]

报告列举了城市长官的多个不同特点，包括他在贸易方面的职责："他负责商品流通的许可证和合同。"城市长官的社会地位也有描述："他是本地的一位显贵 [24]，堪为民众榜样和楷模，同时他也是商业团体的首领、城市各街道社区的总负责人，总而言之，在代表着全城民众的那群显贵中，他是领袖人物。"可能正是由于城市长官的原有职能与改革后的市长角色在很多方面一致，所以阿里·里达才认为城市长官最适合担任改革项目所要求的"主席"（ra'îs）职位。按他的介绍，"人人都认识城市长官，因此这位长官可以充任城市中的领袖之职，继续行使原有职责，忠于中央政府，承担他胜任的各项工作"，照此看来，他的建议确实言之有据。

对中央当局的忠诚显然是最重要的论据之一，因为"高门"在实施改革方案时的主要目标就是要保持对各行省的掌控。除了这些考虑之外，还应该牢记：任何改革项目的实施都要审慎万分，不把本地民众排斥在外，更不能得罪本地显贵。虽然阿里·里达迷恋"欧洲味道"，但他在设计改革方案的时候却很依靠本地既存的传统。质言之，他的现代化愿景是从旧体制中脱胎而来。

邦巴项目在古老的罗马要塞上建起了新型的现代城市，与此相似，的黎波里 197
在实施欧洲式的市政改革时也仍然沿用了一些本地既存的城市管理方法，这既体
现出改革精神，也表现出高度的练达与慎重。事后看来，很可能这个改革项目背
后的驱动力就是阿里·里达个人的雄心。

这位改革者提议，保留城市长官的职位，扩大他的权限，让他充任新的市政
府主席，称呼变成"ra'îs al-bilâd"，哪怕市政府当时还并不存在。没等中央当局首
肯，阿里·里达·阿尔–贾扎伊里就颁布了一项政令，并获得省务委员会（diwan）
通过，废除了原先的城市长官职位，为城市的首席领导人新设了一个官衔。当然，
这项政令真正实行还需要伊斯坦布尔的中央当局批准。但是的黎波里的决策明显
是意在先斩后奏、推进变革。

不拘一格地借助既有条件、独立承担推动项目、无论遇到什么阻碍都能筹办
必需的人力和财政资源，的黎波里市政改革的政策正是基于上述特征制定的，而
这些无疑是出自一位紧跟时潮、锐意进取的改革者的手笔。但任何改革者为了实
现方案，都要借助其他人的力量。在的黎波里，总督帕夏大人从城市长官那里获
得了极大支持。

### 城市长官和本地民众的作用

在这一番安排之后，前任的城市长官阿里·阿尔–卡尔卡尼成为了新设的市
政府的主席——即便当时这个市政府还没正式成立，中央政府也没有批准把伊斯
坦布尔试点的奥斯曼化城镇政府模型输出到的黎波里。大量资料表明，城市长官
阿里·阿尔–卡尔卡尼和总督阿里·里达·阿尔–贾扎伊里之间关系确实非常密
切。举例来说，德国探险家纳赫蒂加尔（Nachtigal）记录说"在总督的随行人员中
有的黎波里的市长（cheikh-el-bled，即城市长官'shaykh al-bilâd'的另一种拼写法）
阿里·阿尔–卡尔卡尼。"[25] 这两个人物居于当地权势顶层，因为公职而关系密切
毫不奇怪，但另一方面，以往的总督和城市长官之间关系可从来没有这么好过。

是否因为他们有相同的个人兴趣？他们是不是同样有志于实现城市和社会的
现代化？这很难判断——毕竟改革会让城市长官的职权大为扩张，而他也很难拒
绝这种现成的好处。

阿里·阿尔–卡尔卡尼担任城市长官一职，这让他成了的黎波里最有权势的 198
本地人，也成为居于本地民众与中央政府之间的一个中间环节。他的职责是监管
城市和社会的发展，并且协调某些商贸问题。在城市层面，他负责维护执行关于
建筑、施工和城市开发等方面的法规。在社会层面，他负责维持道德和公共秩序。

他能够平息发生在市民之间的某些纠纷（特别是商贸纠纷）。在某些情况下，他的职权还会更加重要，比如有一次中央政府就要求他负责销毁所有流通的伪币。

因而城市长官还有经济方面的职能，他要监督市场中称重、量度的准确性，还是商贸协会的主席。这也是一个很有战略意义的岗位，对于他自己产业的贸易活动、对于政府来说都是如此。因为担任这个职位，所以他会接触很多外国人和本地人。如果商业法庭上有纠纷需要解决，那么就要由城市长官通知相关方面；他还要负责向法庭提供债务人的货品和产权清单，以便法庭在必要时予以查封冻结。从行政管理角度说，在商贸交易的双方当事人或当事企业之间，他充当了贸易保证人的角色。他还负责给重大交易起草信函，这个任务是一项财政职能，也给他带来了额外收入。

城市长官的权力和影响力主要来自他作为贸易调节者的角色，当然这也给他带来了可观的财富，无论是官方服务收取的费用，还是从很多非正式的灰色收入，都让他财源广进。城市长官还负责分配合同，尤其是与外国公司合作的合同。这样一来，他占了近水楼台之利，能够拿到最好的合同，哪些交易盈利最高，他就能把这些项目留给自己。[26]

对于阿里·里达来说，阿里·阿尔－卡尔卡尼无疑是最佳人选。所以，他在向中央政府推荐这个人的时候，强调"正像为了实施一个真正的项目，政府需要有一个可靠的总督一样。[27]委员会的各位大人，我祈求你们让那位长官继续担任城市的负责人，保留其所有职权。"[28]城市长官对改革进程的参与，应该见之于他为履行职责而任命政府团队的各项安排。但是这里出了一个有些悖谬的情况：还没等到阿里·阿尔－卡尔卡尼行使他的新职权，一批当地民众就开始揭发他滥用职权。

199　　　所以可以合理地推断，阿·阿尔－卡尔卡尼之所以努力推动全新市政府的建立，主要就是为了实现个人野心。但无论是哪种动机，总之的黎波里的一系列发展还要归功于这个人。阿里·阿尔－卡尔卡尼担任城市长官达18年之久，在他任期之中，修建起了很多社区。他创立了的黎波里商贸协会，自任主席。当地的诗人哈桑（Ahmad al-Faqih Hasan）几年后写了一首哀歌，赞颂了阿里·阿尔－卡尔卡尼为人民、为城市做出的功绩。[29]但是，看上去阿里·阿尔－卡尔卡尼显然不是一个能忽略自己私利的人——他在这一点上与以廉洁无私闻名的阿尔-贾扎伊里完全不同。

关心欧洲式市政府的设立进程的，当然不只是阿尔－卡尔卡尼和阿尔－贾扎伊里。事实上，很多本地居民对城市长官职权的扩充表现出激烈的反对态度——很长一段时间以来一直有人攻击阿尔－卡尔卡尼滥用职权，市民们这次的反对意见显然也是由此而来。关于市民反对城市长官的具体情形，我们在这儿没法过多介绍；仅仅这些反应存在的事实，就能表明当地的显贵人士对本地的政府变革是多么介意。事实上，在出现了一次重大丑闻之后[30]，中央政府终于在民众呼吁下于 1871 年 9 月底逮捕了阿尔－卡尔卡尼；他被罚没财产，流放异乡。同时，阿里·里达总督也被召回伊斯坦布尔，这让人不得不联想，或许他也是民众愤恨的对象。但是在民众请愿书中却完全没有质疑他的权威——事实上市民反而很支持他。

## 混合式机构的诞生：在传统机构与坦志麦特改革之间的的黎波里市政府

虽然有这么多风波，但是的黎波里市政府还是成立了，与奥斯曼帝国其他城市设立类似机构基本上同时。本地行动者在这个进程中扮演了重要角色，私人利益最终并没有构成对这个行政改革项目的阻碍。为了实现市政府的设立，中央政府和的黎波里总督都颁布了系列政令。通过档案研究，我们编制了一个时间表，标明推动这个进程的主要决策步骤、政令和报告出台的事件（参见本文附录）。由此我们就对创立现代城市机构的各种模型有了基本认识。

的黎波里市政府成立的时间是 1870 年 12 月 7 日，市政府主席和成员签署了关于政府人员薪酬的法令。新的市政府从此称为 "baladiyya"，这与伊斯坦布尔的称呼方式是一样的；它负责解决城市中的各项问题，参与城市的经济振兴——甚至还包括国家的经济振兴，因为阿里·里达把市政府视为 "建设国家的最伟大工具之一。它有说不尽的好处，能够保障城市的安宁与民众的福祉。中央政府的发展目标无疑与市政府这个中间环节紧密相关。"[31]

这里的思路是：通过城市税征收机制，给市级财政提供支持，从而确保城市的发展和重大公共工程的实施。为此当然要设立城市委员会。对于中央政府来说，让城市财政系统能够支撑本地发展，这既体现了一个微观变革方向，也是一项很有力的改革论据。而推荐出一支以能力强、人品好著称的现成工作团队，则无疑是另一项有力的论据。在给中央政府的信函中，阿里·里达介绍了一支团队构成了 "城市委员会，负责人是本地显贵人士阿里·阿尔－卡尔卡尼（原担任城市长官），他的助手是商人奥马尔（Omar Efendi），薪水是 1500 库尔什（qûrûsh，奥斯曼帝国货币单位）……另外我们也决定任命一位医生迪克森先生为财务主管，薪水 400库尔什……，还有一位秘书（kâtib）……，一位事务总管（mubashir）……，此外

200

根据改革项目需要，我们还用市政府的薪酬雇用了原本就为城市管理机构服务的那些人员……"。阿里·里达还提到一位工程师，名叫阿尔-库尔（Al-Kul Aghasi Efendi），毕业于伊斯坦布尔军事学院，本身就是奥斯曼帝国的公务员，"在这个职位上需要市政府支付薪水。"他另外附上了一份经过选举一致同意通过的委员会成员名单（在档案中遗失了），[32] 还提到城市委员会有一个犹太委员。[33] 整个市政府团队的名单，毫无疑问是由本地显贵（以及他们的代表人物阿里·阿尔–卡尔卡尼）参与制定的，最终以总督拟定并颁布的法令的形式提交给中央政府，待批准后实行。

城市委员会的委员们大概是相信，与其让显贵人士毫无规划、无明确职权和责任地形成一个松散网络，还是正式成立市政府机构好处更大。城市委员会的成员由选举产生，公职正式委任，这些无可争辩地都是欧洲化的城市政府构成形式。但是，这个团队与以往就存在的城市管理机构又很相似，因为成员还是出自的黎波里的同一阶层——显贵人士，他们仍然在新政府中占据要职，原来的城市长官又成了新政府的主席。

经过这次改革，的黎波里第一次出现了人选产生和职责分配都按照法律程序进行而设立起来的城市管理机构。这个行政机构取代了传统的地方管理机制，令城市更能独立自治；它效仿了法国、英国的模型，在各个岗位上都由胜任的、支取薪水的专人负责，所以运转起来比从前的城市当局高效得多。

至于的黎波里市民怎么看待新的城市政府，文献档案记载较少。这种沉默不是很容易解读：是不是在改革生效后的几年中，它对的黎波里市民日常生活带来的真正变革其实微乎其微？也许这种沉默也不足为怪。当权的那批人并没有多大变化——除了增加了一位医生、一个工程师之外。就连新市政府的办公地址也还是原来城市管理机构的所在地——也就是在旧城（medina）巴拉迪亚区[34]里属于城市长官的一座咖啡馆。

本地的这些显贵人士和他们的领袖很快就理解了改革的思路。19世纪70年代开始，从经过伊斯坦布尔再输出到的黎波里的市政府机构形式在这里落地生根，持续发展起来，直到1911年意大利人占领利比亚。这种本属实验性的组织机构取得了相当大的成功，因此该模型又被推广到班加西、胡姆斯和米苏拉塔。在市政府中行使职责的那些人的社会角色，确保了在新旧模型之间有一种逻辑连贯性，因为在从前的城市长官掌权时期，旧模型也发挥过城市和社会管理的作用。市政府成为的黎波里人民发展自己的城市、削弱其孤立状态的一种手段。

奥斯曼帝国改革运动中的其他创新措施并没有像设立市政府机构一样获得积

极反响。后者之所以成功,无疑要归功于这个事实:欧洲化的机构首先经过了伊斯坦布尔的"奥斯曼化",然后才顺利地嫁接到各地既存的制度中。对于各地民众来说,变革似乎微乎其微,只是在纯粹的形式上有所不同。

# 结论

在的黎波里,西方式市政府的设立和发展似乎是一个积极、成功的城市模型"再输出"案例,这在历史上可谓是富于讽刺意味的一幕。市政府运作良好,当意大利军队占领利比亚时,也没有对该政府的结构和职责做任何改动,只是把它从阿拉伯语"baladiyya"改名为意大利语"municipio"。这个市政当局却不由意大利人掌管,尽管它符合新统治者对市政机构的各种期望。在整个 19 世纪,直到意大利 1911 年征服利比亚的年代,市政管理一直是的黎波里城市生活的一个特征,未受到各种统治者来来去去变化的实质影响(如果我们采取本地人的观点,它还抵制着各种外来统治者),卡拉曼利王朝、奥斯曼帝国中央政权和意大利殖民地政府在它眼前都只是匆匆过客。的黎波里的案例体现出本地行动者的重要作用:他们决定了输入的管理机制的成功或失败,而项目或改革本身的质量反而只有次要意义。

这个结论会把我们引导至关于地方当局与外来势力(无论是不是殖民者)之间关系的更宏观的争论。的黎波里在改革运动的框架下设立了奥斯曼帝国的城镇政府机构,这个案例表明,在单一方向上引入外来模型的观念应该是相对化的,而当新机构设立在既有的管理结构之上时,改革成功实施的概率会增加不少。在的黎波里,原本的城市长官与新设的市政府主席之间的职责延续性可谓有目共睹。 202

我们还可探讨,对于阿拉伯世界来说,"城市改革"这个思路本身是否完全属于外来事物?的黎波里的西方化城市改革成功,是因为市政府架设于"显贵人士"组成的网络之上,这些本地力量的部署格局本身就处于重组的过程之中。帝国主义和殖民主义对阿拉伯世界中社会精英的自身职能行使产生了巨大影响,以至于很难判断如果不受这种影响,阿拉伯社会在 19 世纪是否仍会精力真正的机构改革过程。的黎波里的案例虽然并不能对上面的问题给出确切的回答,本身也不是完全隔绝于外部影响,但它仍然有助于我们评估前现代城市管理机构在现代化治理改造运动中的作用,也有助于我们认识奥斯曼帝国改革运动中的各种动态关系。

## 附录

### 的黎波里城市管理机构早期发展时间表，1867—1877 年

| 日期 | 事件 / 颁布的法规 |
|---|---|
| 伊斯兰历 1284 年 3 月 30 日 / 公元 1867 年 8 月 1 日 | 中央政府同意在的黎波里设立城市管理机构。<br>总督阿里·里达颁布了关于城市长官的法令。<br>任命阿里·阿尔—卡尔卡尼为市政府主席，总督撰写基于的黎波里既有城市管理机构成立市政府的报告。报告呈送给伊斯坦布尔内政部以便批准法令 |
| 伊斯兰历 1285 年 2 月 9 日 / 公元 1868 年 6 月 1 日 | 中央政府（内政部长）致函阿里·里达，告知他中央政府有意实施关于城市政府和征收城市税的新改革项目（宪法为实施阿里·里达倡议的城市分区规定了细则） |
| 伊斯兰历 1285 年 3 月 / 公元 1868 年 7 月 | 阿里·里达撰写报告提交给中央政府，他在其中表明支持设立市政机构（idarat al-baladiyya） |
| 伊斯兰历 1286 年 11 月 5 日 / 公元 1870 年 3 月 8 日 | 阿里·里达致函下属区域总管（Mutassaraf markaz al-wilaya），告知其中央政府同意取消城市长官职位，设立由主席掌管的市政府 |
| 伊斯兰历 1287 年 4 月 10 日 / 公元 1870 年 7 月 16 日 | 市政府开展的黎波里男性市民的人口普查 |
| 伊斯兰历 1287 年 6 月 4 日 / 公元 1870 年 9 月 1 日 | 城市管理委员会（Majlis daira al-baladiyya）颁布法令，确定了市政府首批工作，包括街道的照明和清洁 |
| 伊斯兰历 1287 年 6 月 7 日 / 公元 1870 年 9 月 4 日 | 市政府颁布法伊兹关于钻凿淡水井的法令 |
| 伊斯兰历 1287 年 9 月 17 日 / 公元 1870 年 12 月 7 日 | 城市委员会通过了法令，确定了市政府人员薪酬，法令由市政府主席和城市委员会成员签署生效 |
| 伊斯兰历 1294 年 / 公元 1877 年 | 伊斯坦布尔近期成立的议会通过了法律，将伊斯坦布尔的市政管理制度推广到帝国的所有城市中 |

### 注释

1. 这些数字根据多种资料来源得出，其中不包括曼琪亚区域的居民人数。曼琪亚地区从一开始就与城区地带有联系，到了 19 世纪末二者更是紧密整合在一起。但该区域的人口很难估算。参见 Nora Lafi (2002) *Une ville du Maghreb entre Ancien Régime et réformes ottomanes: Genèse des institutions municipales à Tripoli de Barbarie, 1795 - 1911*, Paris: L'Harmattan, 305 pp.

2. 的黎波里是与它同名的地区的首府，该地区分成三大区域（不同时代也有不同的地域划分和称呼）：费赞、昔兰尼加和的黎波里塔尼亚。16 世纪奥斯曼帝国占领了这个地区，的黎波里地区成为帕夏领地（土耳其语 "Pashalîq"，意为总督帕夏统治的领土）。在卡拉曼利王朝时期，这个地区称为 "Ayâla al-Trâblus al-Gharb"，大致可以翻译成 "的黎波里摄政领地"。参见 Dâr Mahfuzât Trâblus [ 的黎波里档案 ], religious court, file no. 60, 1253h./1837.

3. 奥斯曼帝国在早前时期失去了它在北非的其他行省:1830年法国夺走了阿尔及利亚,19世纪中叶突尼斯成为一个领地,1881年变成法国的保护领地。而当时的埃及则几乎取得了政治独立,不受中央政权掌控。

4. 与我们案例有关的文献,参见 Lisa Anderson (1984) 'Nineteenth-century reform in Ottoman Libya', *International Journal of Middle East Studies* 16, pp. 325 – 348.

5. 尤其参见 Stephane Yerasimos (1992) 'A propos des réformes urbaines des Tanzimat', in Paul Dumont and François Georgeon (eds) *Villes ottomanes à la fin de l'Empire*, Paris: L'Harmattan, pp. 17 – 32,作者把改革主要视为重新夺回对各省掌控权的一种手段。亦参见 Zeynep Çelik (1993) *The Remaking of Istanbul: Portrait of an Ottoman City in the Nineteenth Century*, Los Angeles: University of California Press.

6. 早期研究参见 Bernard Lewis (1960) 'Baladiyya', *Encyclopaedia of Islam*, pp. 1002–1005 on the *Belediyye* institution in Turkey from its beginnings to the 1930s;亦参见 William Cleveland (1978) 'The Municipal Council of Tunis, 1858 – 1870: A study in urban institutional change', *International Journal of Middle East Studies* 9, pp. 33 – 61,和 Michael Reimer (1995) 'Urban regulation and planning agencies in mid-nineteenth-century Alexandria and Istanbul' (with Documentary Appendix), *Turkish Studies Association Bulletin* 19, no. 1, spring, pp. 1 – 26.

7. 埃尔金(Osman Nuri Ergin)在卷帙浩繁的 *Medjell-i ummur-i belediyye* 中部分地讨论了这个主题,令人遗憾的是该书只有土耳其语版本。

8. Robert Mantran (1989) (ed.) *Histoire de l'Empire ottoman*, Lille: Fayard, p. 154.

9. 路易斯,前引,p. 1003.

10. 同上.

11. 同上.

12. 关于城市长官职位的起源与职能,参见 Lafi, 前引, pp. 131 – 166.

13. "但是推行欧洲式市政机构的运动还在继续。在1868年(伊斯兰历1285年),颁布了市政法典(*belediyye nizâmmâmesi*),意在把市政议会制度推行到伊斯坦布尔的其他14个区。"路易斯,前引 p. 1005.

14. 同上, p. 1004.

15. Paul Dumont (1989) 'La période des Tanzimât', in Mantran, 前引, pp. 459 – 522(引文始自 p. 492).

16. 其中包括耶路撒冷、亚历山大、贝鲁特和的黎波里。

17. Charles Féraud (1927) *Les annales tripolitaines*, Augustin Bernard, Paris:

Tournier-Vuibert, p. 421.

18. 同上

19. 同上

20. 同上 , p. 422.

21. 同上 , p. 421.

22. Baladiyya Trâblus (1973) *Baladiyya Trâblus fî mi' â 'âm: 1286 - 1391 H. (1870 - 1970)* ( 的黎波里城市百年 ), Tripoli: Sharîka Dâr al-Tibâ 'al-Hadîth. Archives 1 - 2 - 3 - 4.

23. 参见当时的黎波里的商人哈桑（Hasan al-Faqih Hasan）富于洞察力的记录，在对这座城市19世纪前期情况的研究中，这是一份非常重要的文献：Hasan al-Faqih Hasan (1984) *Al-yawmiyyât al-lîbiyya, 958 - 1248 H./1551 - 1832*, with a commentary by al-' Ustâ Mohammad and Juhaydar 'Ammar, University al-Fâtah and Libyan Studies Center, p. 977.

24. 的黎波里当时的阿拉伯语中的说法叫 *"al-' a' yân"* 或者 *"ahl al-bilâd"*。关于这些说法的微妙区别，参见 Lafi, 前引 , pp. 110 - 112.

25. Gustav Nachtigal (1881) *Sahara et Soudan*, translated from German by Jules Gourdault, Paris: Hachette, p. 29.

26. 参见 Lafi, 前引 , pp. 166 - 183 and idem. (2000) 'L'affaire 'Alî al-Qarqanî', in 'Abd alHamîd Henia, (ed.) *Villes et territoires au Maghreb, Itinéraires de recherche*, vol. 1, Dynamiques des configurations notabiliaires au Maghreb, Tunis (forthcoming).

27. 这里提到的 "可靠的总督" 当然就是他自己。

28. Baladiyya Trâblus 前引 , Archives 1.

29. 这位作者与阿里·阿尔－卡尔卡尼关系密切。他就是上文提到的那位19世纪的黎波里城市生活记录者哈桑的儿子。参见 Ahmad al-Faqih Hasan (1988) *Al-Jadd: 1843 - 1866*, in texts and archives, 7, Tripoli: Markaz al-Jihad, p. 160.

30. 当地一群显贵向中央政府提交了一封请愿书，以投机、滥用权力、欺诈等多项罪名控诉阿里·阿尔－卡尔卡尼。参见 Istanbul, Basbakanlik Arçiv, dosya 2004, D. 61, Arabic Mss. 亦参见 Lafi, 前引。

31. Baladiyya Trâblus, 前引 , Archives 1.

32. 文献没有说清成员选举的形式。但是1870年对的黎波里的男性公民进行了一次人口普查，说明当地可能也进行了选举改革。

33. Baladiyya Trâblus, 前引 , Archives 2.

34. 这个区名当时已有几十年历史，正如前文所述。

205

# 第9章
# 贝鲁特和星形区：一个纯粹的法国式项目？

梅·戴维

*阿拉伯世界城市规划学术研究中心，图尔大学 黎巴嫩巴拉曼大学*

1918 年 10 月初，正值第一次世界大战的最后阶段，法国军队占领了贝鲁特，接管了当地的城市管理，并且着手设立全新国家机构。贝鲁特当时是奥斯曼帝国属地叙利亚的主要港口城市，也是一个地处雅法与拉塔基亚之间的省份（wilaya）的首府，此时它成了"大黎巴嫩国"（Greater Lebanon）的首都，该国主要是个山国，港口城市加在它身上，可谓不伦不类，民众也很不乐意。城市的人口构成了发生了变化：不少原来的居民移民海外，而因为逃避战乱离开家乡的内陆难民则蜂拥而至。法国人还带来了一些亚美尼亚难民，并且给了他们黎巴嫩国籍，这改变了原先各宗教人口之间形成的平衡。

法国人刚刚占领贝鲁特，就采取了一系列措施，重建市中心的三个区域：港口区域、旧城中心和"小宫殿"（Petit Sérail）北部的公墓区（musalla）。第一次世界大战期间，杰马尔帕夏（Jamal Pasha）决定用两个通道贯穿旧城区，由此重构了原有的城市肌理，但是从那以后城市还未加变动，这次因为法国人的建设而大为改观。在旧城原有的位置上规划起了一个现代化的市中心，国际联盟要求法国人应该在黎凡特的阿拉伯地区实现"文明化使命"，规划体现了这一政策。

在这三个项目中，市中心的重建——也就是今天的星形区（Étoile area）——意义最为重大，因为这个区域有着最为丰富的历史、象征和宗教色彩，而且承载着很高的遗产价值。星形区建设计划被称为"贝鲁特 5 年计划"（Beyrouth en cinq ans）是由法军的工程师在 1927 年制定，并在 20 世纪 30 年代完成的，它产生了一种与本地原有的土地使用方式形成鲜明对照的城市格局。

这个项目具有浓厚的法国化、殖民化色彩，对于历史城区采取了"在白板上从头规划"（tabula rasa）的政策；它的星形规划形式，沿着宽阔大道设置长廊的做法，再加上军事化的深层蕴涵，这一切都体现了该项目的实际目标：把贝鲁特打造成在黎凡特地区展示法国行动力量的橱窗。而这种嫁接方式又在双重意义上具有独特性：与北非的法国殖民地不同，该项目并不是在原先既存的"阿拉伯化"城市肌理上实施，这里的城市肌理远为复杂，原本就受到了（按照 19 世纪末奥斯曼帝国需要仔细改造过的）西方城市观念的深刻影响。另一方面，法国人在这里打交道的社会也并非处于相对同质的、"古旧"的形态，相反却是一个很国际化的群体，它是商业资本主义在东方的载体，由地主和银行家构成的一群有钱有势的欧化精英居于顶层，次之则是一群从事商业和政治的有产者，其中有些人与法国人的项目有直接合作关系。

对星形区项目的抵制并不是从文化角度出发的，因为双方之间的冲突并非两种文明的对立。必须说明的是，民众原本是安于接受外部输入的规划模型，而本地工程师也参与了规划设计。对该项目的反对实质上是出于政治和经济目的，因为到最后这个项目成了一种工具，服务于法国统治当局和本地居民之间、贝鲁特人自己之间的权力游戏，而这使得项目在达到规划目标之前就不得不终止。

虽然这个项目是在这样一种条件下成形的，但它仍然成为技术与专业技能传播的载体，同时也引入了一些新的行政管理手段，其中的一些今天仍在黎巴嫩实行。

## 一个城市改造的世纪

当法国人在 1918 年占领贝鲁特时，该地的城市景观已经与一个世纪之前的面貌大为不同。在这期间，贝鲁特从里到外发生了巨大转变，其环境实现了城市化，郊区的果园变成了花园和新式住宅。转变始于 1850 年前后，是一系列环境因素的结果，其中包括地中海东部地区国际商贸产生的全新局势，以及奥斯曼帝国推行的坦志麦特改革。

### 第一个时期

贝鲁特在城市规划和建筑上的这个全新时代以两个项目为先导：首先是 1853 年在阿尔 - 坎塔里墓地（Qubbat al-Qantari）修建了规模宏大的营房和军队医院[1]，然后 1858 年对大马士革路进行了统一改造。

营房和医院项目都以红瓦和洁净整齐而的大窗户为特色，它们规模、形态和颜色让人耳目一新，将全新的审美法则引入了城市公共建筑领域。二者与贝鲁特旧宫（Old Seraglio）截然不同，后者有着中世纪要塞的面貌。[2] 而新建筑的几何布局经过了精心设计，四周有花园环绕；它们从高处可以俯瞰城市和大海，与"传统"城镇中低矮的"阿拉伯式"房屋和散乱的屋顶布局差异很大。

另一项工程修通大马士革路到港口的通道；大马士革路走到尽头是塔楼广场

208

(Sahat al-Burj)，再往下，这个通道并没有沿着古城东侧的道路开辟，而是绕到了阿斯 - 苏尔广场（as-Sur Square）一带的城墙边，由此绕过古城走到西面[3]，一直抵达港口码头。这个新通道重组了城市肌理，将原先在城墙内外的一些边缘空间连接起来，转化成了中心地段。

城区的扩建事实上始于塔楼广场、阿斯－苏尔广场和沙米耶角（Chamiyyeh cape），在 19 世纪末、20 世纪初这个时期对城市空间产生了不少改变，也对本地的生活方式造成了一些影响。在 1860—1892 年间，这一带修建了若干公共建筑和社会建筑，其中包括商队客店（当地使用波斯语的 "khan" 这个说法，本义指路边接待商队的小型酒馆、客栈，比商栈 "caravanserai" 规模略小）、咖啡馆、商店和住宅建筑，这些建筑在城墙内的中心区域不可能存在，因为那个区域空间极为紧缺。在同一个时期，贝鲁特也建起了一些市场街（suq），主事者是本地的显贵人士。市场街采取的是规整的格框式布局[4]，展现出 "现代化" 的面貌：在城东是阿尔－努扎特市场（suq al-Nuzhat）、阿尔－哈密德耶市场（al-Hamidiyyeh）[5]和圣乔治市场（Mar Jirjis），城西北的沙米耶角则有安登老爷客店和法赫里老爷客店（Antun Bey and Fakhri Bey khan），以及阿尔－塔维勒、阿尔－萨伊德、阿亚斯、阿尔－卡布希耶、阿尔－贾米尔、布斯特罗斯和萨尤尔等市场（al-Tawileh, al-Sayyid, Ayyas, al-Kabbushiyeh, al-Jamil, Bustros and Sayyur suq，图 9-1 和图 9-2）。[6]

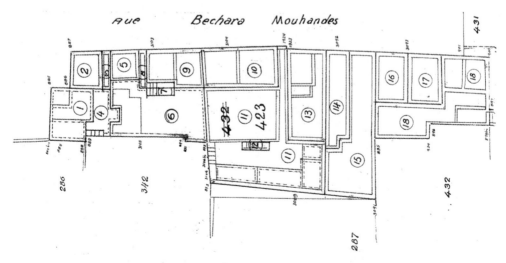

图 9-1　阿尔－穆罕迪斯市场（suq al-Muhandis）不规则的形状

资料来源：贝鲁特地籍服务局

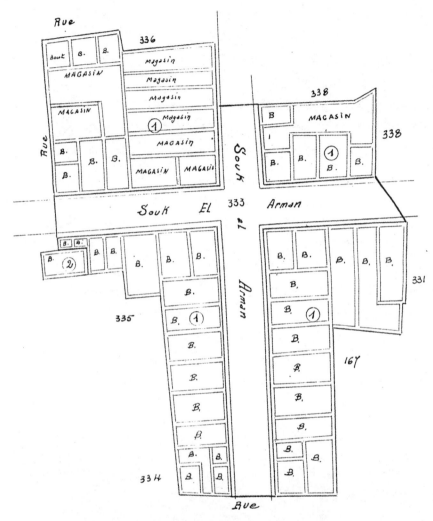

图 9-2　19 世纪市场的格框形布局，阿尔－阿尔曼市场（suq al-Arman）

资料来源：贝鲁特地籍服务局

## 市政委员会的城市政策

209

为了在这种快速发展中的城市扩张中起到组织作用，由本地显贵人士和奥斯曼土耳其当局把控的市政委员会[7]在 1878 年启动一系列城市政策，并在 1879—1916 年间实施。这些政策主要施加于 3 个领域：公共空间的扩展、交通网络的改善和公共服务的建立。

210

在塔楼广场规划了一个新的行政管理中心，然后建起了一座新港口，最后穿过旧城修建了两条笔直的道路，二者在旧城中心相交，从而将港口与外围地区连接起来。另外市政委员会还决定要开放、美化旧城，在其中引入公共空间、广场、公共花园和步道[8]；而对城郊也提出了同样的决策。项目的规模、投资的重要性以及施工技术的独特性都意味着，这些城市改造方案实际上会成为引入一种新型公共工程的起点，它取代了传统的基于本地瓦合甫（阿拉伯语"waqf"，指家庭宗教捐献，通常是土地或其他类型的资财，形成专门的宗教基金）的城市开发模式。市政委员会的上述措施组合在一起，让古城的沿海区域以及陆上通道的面貌都产生了巨变。[9]

港口的规划和建造交给了一家外国公司，贝鲁特其他区域的改造则由帝国在叙利亚行省（Wilayat）的工程师比沙拉（Bishara Afandi）[10]负责。比沙拉借鉴了伊斯坦布尔、大马士革和开罗等地已经实施的项目，效仿了西方城市布尔乔亚式的公共空间布局，采用了一种既定的规划模式，将轴线、对称和等级制的概念整合在方案中，同时又遵从了奥斯曼帝国在建筑和土地规划方面的最新法规。[11]

在塔楼广场的中心修建了一座种植着波斯丁香花的公共花园，此外还装饰了喷泉、池塘和小径。这个清晰规整的空间与旧城区域内的"阿拉伯式"空间形成了鲜明对比[12]，那些公共空间通常都很小、形状散乱而无规则。新广场周围的地块比旧城内的地块都要大一些，而且整齐划一，沿地块通行的道路设计得足够宽敞，可以用于马车运输。

塔楼广场周边新建筑按照规整方式布局，同时也遵从了强调几何美学和透视关系的新城市建设法规。塔楼广场边的这些建筑物成为公共行政部门和大公司的驻地：总督和市政府办公楼，宪兵队营房（Qishlat al-Sawari），港口、铁路、天然气和烟草公司总部，最后是奥斯曼银行、城市医疗机构和邮局的主要办公楼。

马车和有轨电车逐渐开始在旧城边缘的这些全新"城市门户"附近熙来攘往地通行，附近还建起了不少旅店，其他相关的休闲娱乐业设施也都聚集过来：咖啡馆、餐馆、赌场、剧院、音乐厅和读书俱乐部。

### 建筑

这些建筑在建筑风格上具有独创性，设计者将国外的模型按照本地情况加以改造；设计的原型是所谓的"中央大厅建筑"，通常是两层，带红瓦屋顶，前立面有三个拱门。它在规模、颜色和一些特定的外装方面是西式的，而内部空间的组织以及阿拉伯风格的拱门则体现出东方色彩。这种风格又称为"三拱门建筑"，是本地的有产者最早引入的，并获得了所有社会阶层的积极采用。[13]

有些建筑，比如东方之星宾馆（Kawkab al-Sharq hotel）或者警察局总部是按

211

照这种典型的 19 世纪末本地优雅风格来建造的。另一些采用了更加古典式或者巴洛克式的欧洲风格；这种样式最早是伊斯坦布尔或者埃及引入的，然后才重新输出到各省。这其中包括奥斯曼银行、马赛宾馆（Hôtel de Marseille）、奥罗斯蒂－巴克百货商场（Orosdi-Back department stores，由两个奥地利犹太人创办），尤其是小宫殿。小宫殿的建筑类型是非常典型的奥斯曼式市政公共建筑，但又从中世纪的城堡要塞借鉴了一些细节。不过，宗教建筑才真是建筑折中风格运用最多的领域，由嘉布遣会、马龙派和福音派教会修建的各种罗马－拜占庭式、意大利式教堂就能看出这个明显的趋势。

新建筑以其特有的外观与旧城区的"阿拉伯式"建筑形成了鲜明对比。旧城区的老式建筑大多有平屋顶、开放式庭院，外立面的下部设置百叶窗。新建筑的出现逐步改变了市中心的面貌，营造出跨地中海风格的城市美学氛围，使贝鲁特至少在物理空间方面更接近地中海以北的城市。这样一来，贝鲁特就疏远了自己的东方城市原型，而这其实是叙利亚内陆地区，尤其是大马士革的特征。旧城区是个紧凑的空间单元，涵盖了奥斯曼帝国阿拉伯社区的各类建筑元素，比如公共浴室（hammam）、清真寺、学校（madrasa）和巴扎集市之类；而贝鲁特经过这个阶段的改造，发展为更加开放的城市空间，无论面向大海还是周边的乡村，它都广开门户，同时城市也沿着海岸线延伸下去。

市中心由一个精心规划的城市项目进行了改造，这与旧城内自发的城市化开发形成了对照。改造项目采用了几何式的设计法则、严格的分区原则、规整的地块形态、整齐划一的建筑排列，在视觉上则考虑了透视法则。但尊重这些新法则[14]并不意味着像阿拉伯地区的其他一些殖民地城市一样[15]，在建筑或地理上完全脱离开以往的环境，而且新的城市改造并没有蔑视本地的建筑形式。在贝鲁特，民众继续按照久经考验的传统建筑模型修建房屋，并根据特定需求，形成了相当复杂的城市景观。引入西式建筑并不意味着今后不再建造商队客店和"阿拉伯式"的市场街（实际上在不久后也确实建造了这类建筑）。新的市场街拥有更大的橱窗和更宽的街道，在以拱门街道、喷泉和紧凑密切的建筑－街道格局为特色的传统环境中继续像以前一样发挥着作用。[16]

### 旧城

这个时期对旧城外围地区实施的城市布局改造（图 9-3）表明在政治领域和社会领域都出现了重大变化。虽然新建筑与以往遗留的旧格局迥然不同，但新事物并没有自动地把旧事物消灭掉。旧城区本身还在按照自身需求缓慢地发展演化，

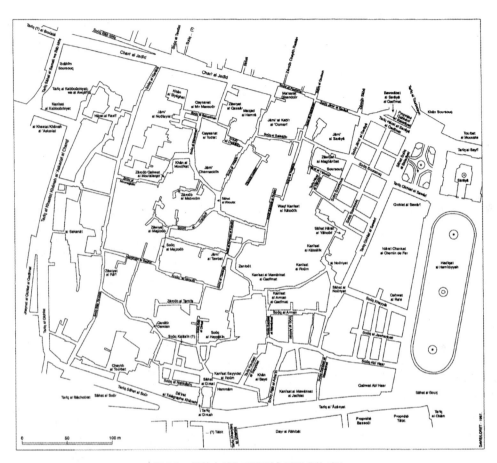

图 9-3　规整布局与不规则布局形成的对比

资料来源：戴维（1997 年）"贝鲁特中心城区公共空间的历史与演化"，未出版的报告，索里戴尔公司（Solidere）

既引入一些现代元素，也保持着自身作为贝鲁特的象征性、经济性、宗教性与历史性核心的地位。

　　当然也可以把旧城看成是历史必然的发展运动面前的障碍。但是既然经济方面的变革、道路基础设施方面的需求都没有质疑旧城存在的必要性，那么大可以把旧城放在一边，不需要采取"推倒重来"的白板政策。到了 19 世纪末期，只是在伊德利斯门（Bab Idriss）和阿尔 – 沙拉亚门（Bab al-Saraya）之间开辟了一条阿尔 – 贾迪德路（shari' al-Jadid），连通了这两个空间。另外两条新开的道路与这条路垂直，作用是把港口、阿尔 – 德卡门（Bab al-Dirkah）和新宫（New Seraglio）连接起来[17]；　213　这两条路的工程是第一次世界大战中的 1916 年才启动的，两年后奥斯曼帝国就崩溃了。[18]

一个世纪的城市改造给贝鲁特市中心区域带来了多元的形态和显著的建筑多样性，好像是在古老城市环境的羊皮纸上不断增添、叠加、修正与翻新。而到了第一次世界大战末期，法国托管当局就是在这样一个复杂的城市遗产环境中实施了新的工程。

## 法国式的城市化改造

早在 1919 年，没等国际联盟正式将黎巴嫩托管给法国、贝鲁特也没宣布成为"大黎巴嫩国"的首都，法国占领当局就开始采取措施重建和美化市中心区域。旧城成了一个城市实验室，后来则干脆消失了，取而代之的是一个"现代"的市中心，而这样的建设工程主要是为了满足法国的经济方案以及它自我期许在黎凡特地区推行的"文化使命"。

### 摩洛哥的渊源

1923 年，国际联盟进行了投票，同意实施托管；法国按照他们在另一个保护国摩洛哥获得管理经验来统治黎凡特地区，主要是运用了利奥泰元帅（Marshal L.H. Lyautey）行之有效的一些方法。[19] 在当时，"一味攫取新的殖民地"已经是过时的想法，法国当局认为，"在法国和保护国之间建立联盟"的新思路更为可取，因为这样一来，欧洲人与本地人能够一起分担责任，而推行的殖民政策也能造福本地人。换言之，法国人必须用本地的政府机构、根据本地的法律和习俗来统治本地人，这个解决方案与他们在其他殖民地（尤其是阿尔及利亚）采用的彻底服从、强制同化政策完全不同。

而法国军事当局在黎巴嫩面对的则是一个在意识形态上更加成熟老到的社会，与摩洛哥相比，这里的民众政治组织性更强，而且很大程度上反对法军托管；所以一个职衔很高的专员（法国人）受命执掌一切实际权力。

至少在开始的 5 年里，本地的政治机构还正式保留了下来，但是本地的有产者大都反对法国的托管，也不赞成大黎巴嫩国的观念，所以他们基本上从重要的政府职位被排除出去，取而代之的是一群精英官僚。精英官僚们夺走了旧权贵阶级的位置，从时势变化中获得了实际好处，而且他们为了确立自身地位[20]，也始终支持法国占领军，与法国顾问（大都是在摩洛哥工作过的经验丰富的老手）密切合作。[21] 实际上，法国顾问才代表真正的权力，他们在行政机构的各层级都有代言人，能够参与国家政治生活的所有核心运作。

214

在教育和公共事业等关键领域，法国官员担任职位最高的长官。港口区域和两条大道分别叫艾伦比（Allenby）街和福煦（Foch）街，兴建工程在 1919 年启动，当时的主事者是本城的军事总督杜瓦泽莱司令（Commander Doizelet）以及行省的行政参事菲梅司令（Commander Fumey），而从旁辅助的还有市政府主席乌马尔·达乌克（'Umar Da'uq），以及一个由市政工程师 [22] 和来自埃及与非洲内地的法国技术人员组成的委员会。[23]

由于市政委员会的所有成员都被解除了职务，所以新旧班子交接的空档期，市政府的权力落到"行政长官（mutasarrif）"的手里。纳吉布·阿布·苏万（Najib Abu Suwwan）是一个从埃及回到黎巴嫩的归侨，他支持法国，因此成了首任行政长官；他的副手是公共事业局（Nafi'at）的负责人哈桑·贝克·马赫祖米（Hasan Bek Makhzumi）[24]，此外还有一些法国顾问和一个由特拉德（Petro Trad）领导临时委员会，这些人只是暂居此位，等待法国人将乌马尔·贝胡姆（'Umar Beyhum）任命为新的市政委员会负责人。[25]

在这种机构调整的混乱背景下，艾伦比街和福煦街取代了原先的几条市场街：商人市场（al-Tujjar）、咖啡店和酒商市场（al-Khamamir）以及铁匠市场（al-Haddadin）。原有的市场地块被征用，并在平整后强化了基础。杜瓦泽莱挑选了德斯特雷（Destrée）[26] 和德尚（Deschamps）设计的两个建筑立面作为该区域所有建筑的范本。与此同时，贝鲁特的道路名称也从本地名字逐渐更换为新名字，其中包括一些法国将军的姓氏；比如说布斯特罗斯街、圣尼古拉斯街（Saint-Nicolas Street）、普鲁士街（Prussia Street）和小偷巷（Zarub al-Haramiyeh）分别改名为贝卡街（Beqaa Street）、圣米歇尔街（Saint-Michel Street）、皮科街（Picot Street）和利班街（Liban Street）。[27]

虽然黎巴嫩在 1926 年推出了宪法，也形成了新的国家政体，但法国在后续年代还是在持续直接操控黎巴嫩的内政事务。城市工程还在继续进行，负责监管的是本地全国代表的顾问普蓬（Poupon）和市政府的技术顾问乌迪诺（Oudinot），另外土地登记局长迪拉富尔（Camille Duraffourd）也辅佐这两人的工作。这些人一起推出了一个城市规划方案，工程总造价估算为 120 万黎巴嫩金镑（图 9-4）。在计划中资金由贝鲁特的法国银行贷款而来，通过将土地和市政府建成的建筑物出售给个人来偿还贷款。1927 年，部长会议通过了星形区的项目方案，并将之命名为"贝鲁特 5 年计划"。[28]

### 法国工程师重新设计的市中心

215

新项目有明确的军事目的。几条通路意在打开港口区域，这样就能在必要时

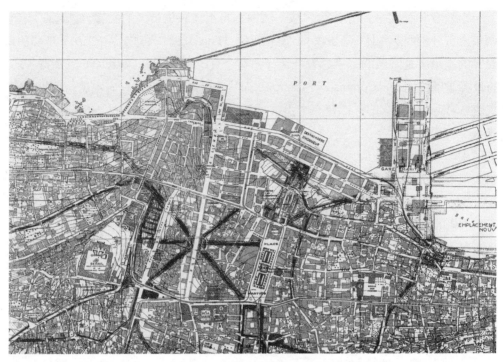

图 9-4　迪拉富尔的星形区设计方案原稿（大约 1926 年绘制）
资料来源：法雷斯（A. Farès）私人收藏

由海上直达市中心；而宽阔的街道也与建有一系列军队营房的外围区域相连，这样整个城市都在军事力量包围之中（图 9-5）。

　　这个方案除了具有军事意图（也就是让军队能够更快抵达市中心的市场区域）之外，还通过采取法国城市化观念，把城市带入了一个全新的西方化进程之中。在这方面，制定了新的土地法规和土地登记制度，并且推广了对瓦合甫捐赠地产的法律管控。在清除了土地所有制方面的一切障碍之后[29]，法国当局就提出了一种全新的规划模型：一种中心放射状的城市布局，与此前的奥斯曼式模型形成了鲜明的对照（奥斯曼式布局本质上来讲是格框样式，或者叫阿拉伯式模型，它很大程度上是高温、多风等气候因素造成的）。[30]

　　这个项目根除了古老的城市秩序，让贝鲁特发生了从内到外的大转变，同时也制造出了一个全新的中心。[31] 从前的阿拉伯式市场街被彻底拆除，在其原址上运用最新的施工技术建起了一个多彩而有折中建筑风格的新式市中心。旧城的整个南部区域，连同由狭窄街道、市场和作坊组成的格栅式网络一起消失了。为了改善交通（特别是汽车交通），在以前的街道原址上修建起了多条大道形成的星形道

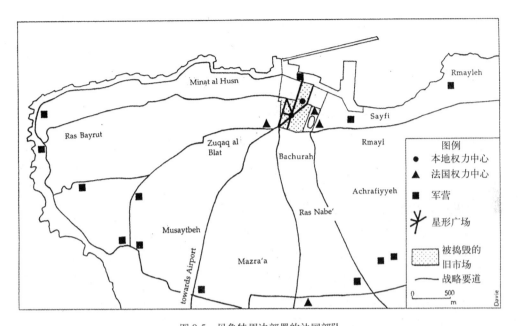

图 9-5　贝鲁特周边部署的法国部队

资料来源：Davie (1996), Beyrouth et les faubourgs (1840–1940)

路体系[32]，路名按将领姓氏命名；这些宽阔的街道边辅有长廊，两侧则都是建筑街区，大道最终在星形广场（Place de l'Étoile）交会。[33] 为了补偿土地被征收的前业主，市政府使用法国银行提供的贷款在福煦街上修建了两个街区，其房租用于支付补偿。补偿金花了二十多年时间才支付完。[34] 216

如上所述，这个项目在表面上尊重本地传统，但实际意图中却夹带了不少私货；似乎是为了掩盖这种意图，同时又要突出法国的保护人地位，当局在公共建筑中采用了东方风格的外立面[35]，有点讽刺意味的是，这种风格以前在贝鲁特几乎从没出现过，而这时却被拿来当作本地新中心的标志。优素福·阿夫提莫斯（Youssef Aftimos）是市政府的总工程师[36]，他大力倡导传播了这种新东方式的（或者说受阿拉伯风格影响的）建筑语言[37]，这个风格当时称为 "naw' sharqi"，是由殖民地建筑突出展示的 "人为想象中的东方" 的产物。[38] 公共建筑的前立面采用这种设计语言，而内部布局则明显是西方化的。另外，在被拆除的 "阿拉伯式" 市场街的原址上，新建的建筑突出 "东方色彩" 也算是一种替代和弥补。由阿夫提莫斯本人设计的市政府大楼以及由阿尔图尼安（Mardiros Altounian）设计的议会大楼是这种风格的代表作。

市政府大楼有着 "东方式" 的前立面，从顶到底都有装饰（图 9-6）；它位于

217  艾伦比街和魏刚街（Weygand Street）交界处，这是阿尔-法奇卡市场街（suq al-Fachkha）的原址；但在内部，它的布局非常现代，将其与周围的客店和商贸建筑（wikalat）明确区分开来（图 9-7）。[39]

议会大楼坐落在星形广场西侧，它的政治性质要求其必须具有"国家风格"（图 9-8）。设计者阿尔图尼安想在这座建筑中让东方风格适应西方式的建筑结构，他借鉴了山区的酋长宫殿的样式，而这些宫殿的范本又是大马士革的总督宫殿。最后设计出来的形态是 20 世纪 20 年代的"现代风格"宏伟建筑，采取简明的几何线条，但又有一个马穆鲁克式的大门和一个带着风格化的塔楼的东方式外立面。这成了新兴的黎巴嫩国家主权的象征。建筑的窗户又窄又长，酷似一座以"阿拉伯"风格修建的关闭的寺庙。

市政府大楼和议会大楼是本地新的统治当局的两大象征，从原先的权力中心迁出，重新引入一个经过精心清理的新城市中心；与此同时，城市里的小商贩也随着市场一起被逐出了这个区域。其中一些商贩，比如珠宝商、菜贩、奶酪商、屠夫之流搬到了圣乔治、阿比·纳斯尔（Abi Nasr）和阿尔-努里亚（al-Nuriyyah）等区域，这些是城市改造后保留下来的最后市场；其他市场则完全消失了。在市

图 9-6  贝鲁特市政府大楼立面（1998 年）

资料来源：本文作者拍照

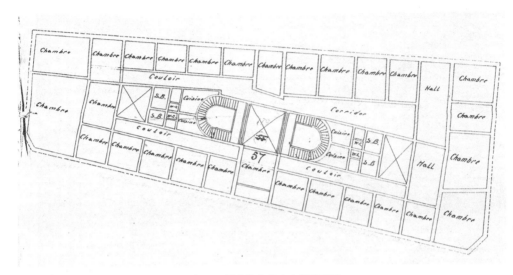

图 9-7　贝鲁特市政府大楼平面图

资料来源：贝鲁特地籍服务局

图 9-8　1998 年的星形广场和议会大楼

资料来源：本文作者拍照

场的原址上建起了很多大型建筑，有些采取的是全新的现代风格和装饰艺术风格，更多的是采用了东方风格[40]，底层是商店，上面几层则是办公楼（图 9-9 和图 9-10）。最后，一个由法国人主导的金融新区在市中心西边的大宫殿（Grand Sérail）山脚下逐步开发出来。

图 9-9　星形区一栋经过修复的"新摩尔式"建筑（1998 年）

资料来源：本文作者拍照

图 9-10　"大剧院"建筑的"新摩尔式"立面（1998 年）

资料来源：本文作者拍照

## 219 合作与抵制

星形区项目、贝鲁特的城市化改造以及公共事业工程等项目标志着法国军政府对城市近乎完全的掌控（图9-11）。星形区项目采取的设计方案和建筑语言、当局在实施项目时强制推行的组织模式和城市化法规、项目呈现的各种象征标志——这些都凸显了法国人的思路和他们最终的成功。但是为了理解这一类城市化改造的成就与它们的真正动机，只考虑其设计形式和方案显然是不充分的。

毫无疑问，星形区规划的设计模型既是从外部输入的，也是由外来势力强加的。但首先必须明确的是，贝鲁特新兴的本地精英阶层以及专业的建筑商都参与了这个项目，而且外来的形式和法则经过了本地的改造和同化；所以说，很多本地人士是项目的积极合作者。其次应该指出，项目也遇到了阻力，进行了一些形式的协商谈判，托管当局不得不直面本地的现实——而这是他们当初设计方案的时候没有实现考虑到的，最后在几方之间达成了妥协，这也能够解释为什么项目从来没有真正完成（"星形"中的两条放射性道路并没有完工）。最后还要说明的是，矛盾并非只存在于法国人对待本地人的态度中，其实在各种本地势力之间、在来自山区的和来自城市的精英之间、在城内的不同居民之间都有冲突和对立。

有几方势力对改造方案产生了相当大的阻力，其中包括各处市场或者瓦合甫产业的业主，也包括一些市民社群，其中既有基督徒也有穆斯林，他们在多种不同选项之间迟疑不决。其中两个方面值得在这里介绍。

第一种选择是同意项目实施，条件是在市中心能够重新开展活动，并且经过近十年的衰退和瓦解后，能够恢复商业经营。尽管有些犹豫，但显贵人士们采取了这个立场。星形广场的东侧原本是19世纪建造并占用的一些市场街：苏尔索克市场、哈尼·瓦·拉德市场（Hani wa Ra'd）、阿比·纳斯尔市场等，这些产业的业主认为改造项目侵占了他们的利益。相当一部分的商人资产阶级和城市显贵，如苏尔索克、塔贝特、卡巴尼、图埃尼、哈尼和哈耶特家族（Sursok, Tabet, Kabbani, Tuéni, Hani and Khayyat families）[41]基本不同意征收自己家族的市场。他们认为，市场在不到半个世纪之前建成的，完全适合当时世界经济的运作机制。但这些人却对该项目的其他构想表示赞赏：交通的组织、港口区域的开放，特别是可用土地的增加以及新业务和投资机会的创造，都符合他们的利益。

222　　第二种选择是抵制项目：这是城市各个社群的宗教领袖、市民领袖及其追随者的态度，他们不愿看到城市的中心象征被无情抹去，像清真寺和大教堂，喷泉

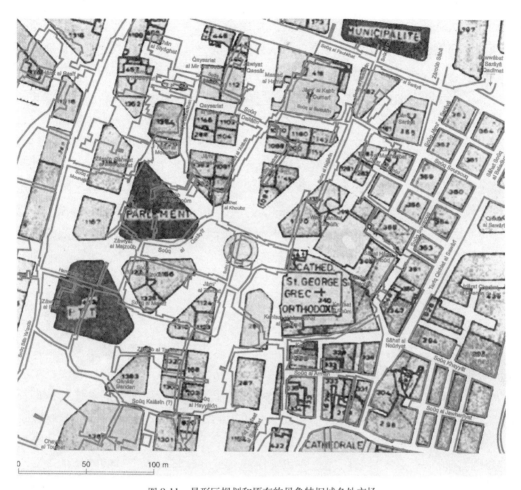

图 9-11　星形区规划和原有的贝鲁特旧城各处市场

资料来源：M·戴维（1997）"贝鲁特中心城区公共空间的历史与演化"，未出版的报告，索里戴尔公司

和城内其他瓦合甫公益设施，其中一些已有几个世纪的历史，都是他们心之所系。即便有些小型宗教建筑可以服从改造需要拆迁，但对星形广场东侧的大教堂和清真寺也不可能让步，他们同样不会放弃属于瓦合甫产权的阿尔－阿尔曼市场、圣乔治市场和努里耶（Nuriyyeh）区域。十多年来，他们失去了大部分的瓦合甫地产的经营收入，所以在抵制获得显贵人士支持最终取胜之前，这些人还在合作与抵制之间摇摆不定。一方面，他们同意迅速实施改造，以确保恢复瓦合甫产业的收入，但另一方面，他们也不打算放弃那些核心的礼拜场所：其中既包括希腊东正教派、希腊天主教派和马龙派的教堂，也包括阿萨夫（Assaf）清真寺，这是原本非常丰富复杂的宗教建筑群中的最后幸存者。在这方面，希腊天主教徒的态度最为重要。

223

他们虽然是法国的热情盟友，但这群人在保护其财产、质疑市政府确定的补偿金额方面警惕性最高，正是这种态度最后导致了部分项目的停工。改造项目原计划拆除的圣以利亚（Saint-Élie）大教堂自 18 世纪以来一直是希腊天主教徒与西方世界紧密联系的象征；为了获得该社群的支持，法国人不得不叫停了拆迁，原封不动保留大教堂；有了当地天主教徒的支持，托管当局才能放手实施其他任务。

显贵人士们站在了反对势力一边，他们充分运用了自己的经济与社会实力，成为项目最有力的反对者。托管当局不可能冒险直接跟他们对着干，因为当局无论是为了控制广义上的民众，还是为了收服狭义上的宗教社群，都需要显贵人士的支持。在这个背景下，塔贝特家族的案例很说明问题：这个家族与法国派来的高级专员关系密切，而且拥有大剧院的产权。这个剧院最近才在星形区以南的地段建好，为了保障自己的权益，塔贝特家族阻止了艾伦比街向城南郊区扩建的计划。

## 反抗与镇压

改造项目改变了城市的经济和社会情况，其中部分民众受到了负面影响，他们对项目的反对最为激烈。但让人惊讶的是，这些人对重建项目的规划没产生多少实际影响。一些商贩失去了原先在旧城市场里的摊位，法国当局承诺给他们补偿，但经常推迟付款，最后到手的补偿金也因为货币贬值而大为缩水。当时在贝鲁特市郊的巴斯塔（Basta）和穆萨伊特贝（Musaitbeh）有不少活跃的政治力量反对政府，他们要么支持被托管政府边缘化的逊尼派显贵人士倡导的阿拉伯主义纲领，要么则同情叙利亚势力，甚至还成立了"叙利亚民族党"[42]，那些因城市改造项目而心怀不满的民众完全可以加入这些政治势力。反对者们在市中心组织定期罢工和示威活动，因而让项目进展减缓了几年，提高了它的开支。法国人为了"中和"这些运动的效果，也怂恿与他们对立的社群（比如宗教上属于马龙教派或者亚美尼亚基督徒的民众）组织起来唱对台戏。这种坐山观虎斗的行径不仅没有消除原有的政治运动和随之而来的经济困境，反而几乎把城市带到了内战边缘。此外，1925—1927 年在叙利亚和黎巴嫩发生了德鲁兹人起义（Druze Revolt），1929 年又出现了经济大萧条，法国政府因为这些情况在黎凡特地区和法国本土都威望扫地；而前面讨论的反抗城市改造的政治事件也需要放到这个语境中来一起考察。

除了利益受损的小商贩以及他们的政治同情者，还有一些记者、底层公务员和著名人士都毫不犹豫地在本地报纸中对改造项目发表了公开批评。作为回应，托管当局对新闻实施了审查，甚至直接封禁了"违规"的报纸；他们也经常把那些

224

最顽固的政治运动分子送进监狱。频发的城市财政危机同样反映了当时社会的对立情况，并且让改造项目不得不为之减速。

而法国并不是一味使用镇压手段；面对某些现实情况，他们会被迫坐下来谈判。这里应该注意法律和行政惯例的重要性：法国人没法忽视各种实地情况、本地习俗和惯常用途，也不能忽视很多技术上的考虑，例如补偿金额的测算问题以及拆迁户或失地者的安置问题。在 20 世纪 20 年代末，法国不可能用军事手段来强行实施原本对称形式的规划方案。德鲁兹起义、当时法国军队在西里西亚的困境、本地财政赤字以及母国经济资助的结束，所有这些因素都使得高级专员无法再与贝鲁特抱着不同立场的有产者们对立下去：这些人中既有从一开始就支持法国托管的人，也有（主要是希腊东正教徒和逊尼派穆斯林）受到法国人压迫最后不得不接受新的政治秩序、不得不把黎巴嫩当成独立的祖国的人。对于本地普通民众，高级专员也不是始终采取对立态度；例如他就应允马哈拉特·阿特 – 陶巴区域（Mahallat at-Tawbah）的住户[43]在搬迁之前可以额外多住两年。最终没有完整实施的项目反映了真正的权力结构：一边是各种利益关系以及本地社会的惯性，一边则是托管当局的专横决策，两方通过对峙和冲突，终于达到了平衡与妥协。

但是法国本土与黎巴嫩财政脱钩、黎巴嫩各方的犹豫不决以及市政府的渐趋瘫痪，也让另外一个重要项目不得不无疾而终。此前市中心的过高密度造成的问题让本地有产者阶层怨言不断，而纳吉布·查库尔帕夏（Najib Chakkur Pacha）提出了一个方案解决这个问题。该方案计划在贝鲁特南郊的乌塞区域（Ouzai）附近，以著名的赫利奥波利斯项目为样板修建一座贝鲁特新城（Bayrut al-Jadidat）。由于缺乏资金，所以最后只能放弃了这个方案。

## 结论

如此看来，星形区的建设算不上一个纯粹的西方式创造。相反，它更多的是实力悬殊的双方妥协的结果：一方是居于统治地位的西方势力的要求以及它给贝鲁特制定的愿景，另一方则是商业精英和支持他们的宗教阶层的要求，这些本地人非常看重各自的利益，重视城市中心区域的营利能力，因为这涉及他们的实际收益。项目最终产生的城市形态——残缺不全的星形区域、一种不易描述的混杂建筑风格，体现出当时特别不稳定的政治与军事局面下多方角力的效果；这也凸显出贝鲁特与同时期其他殖民城市相比的特色。

有产者阶层很早就意识到世界经济会不断给中心城区的土地与商业环境创造

225

出新价值，所以从奥斯曼时代就开始推动城市的现代化进程。他们采取的方案是开辟贯穿旧城的通道，为新建筑引入当代建筑风格。而经过了改造的新风格取代了原有的阿拉伯式建筑形态，因为人们主张旧形态已经不能适应当时发达的商业需求，不能适应新式机械带来的各方面变化，也不能适应从农村涌入城市的滚滚人流。就此而言，星形区项目可以视为之前奥斯曼时代城市改造的延续。

但建筑史不能止步于对技术的简单观察，也不能满足于对各种规划方案和立面的比较研究。需要从几方面因素来理解星形区项目的最终结局。暂且不论军事考虑，星形设计体现了鲜明的法国特色，无论是在符号学上还是从比喻意义上，星形都具有特殊的象征力量，其中闪现着进步与现代性的观念。还有什么能比巴黎的星形广场更法国化？同样重要的是公共建筑中东方式装饰体现的意识形态信息，它表明法国人尊重本地传统和传承价值，同时又用来掩盖托管当局强加给城市的深刻改变。至少在这一点上，贝鲁特改造的案例可以与法国在北非马格里布地区城市中的殖民经验进行比较对照。

回想起来，这些似乎也不仅是严格的殖民地实践才特有的做法。我们简要考察一下今天贝鲁特重建项目的过程与意图，就足以证明这一点：正如在法国托管当局一样，今天的重建工程也几乎拆除了市中心区域的全部建成环境，然后又重新创造出"阿拉伯风格"的市场街；而新项目又把一个总体规划布局强加在原有城市之上，其规划模型同样是外部输入的，本地民众照样没法参与意见。为了掩盖大规模拆迁的后果，特别是为了掩饰一家私人公司对市中心空间的占用，重建工程专门组织了黎巴嫩专家和外国考古学家（希腊化和罗马时期的研究者）进行历史遗产保护方面的对话交流。这些本地的"情境主义"城市改造家貌似运用了专业知识，却发明出了一种虚假的"传统式"建筑环境，完全不顾既存建筑形式的历史分析、功能与未来用途。

不知是一种时代标志，还是仅仅因命运使然，星形区和福煦街、艾伦比街成了今天的贝鲁特市中心重建工程中唯一保留的部分，据说这些才是最具传承价值的保护对象。富于矛盾和讽刺意味的是，殖民地时代建造的城市环境现在反倒成了"旧城"，而它从前则曾是法国势力在黎凡特地区的展示橱窗，是时代进步的先锋象征。

### 注释

1. 当地用土耳其语将该处营房称为"Qishlat Bayrut"，医院则称为"Khastah khanah"。

2. 旧宫最早要追溯到马穆鲁克时期，甚至可能会早至十字军东征时期。旧宫后来被出售、拆毁，该处先是建起了阿尔－努扎特市场（suq al-Nuzhat），后来则是当时的苏尔索克市场（suq Sursok），属于苏尔索克和图埃尼（Tuéni）家族。

3. 之前，有一条穿过塔楼广场的土路把港口和皮革厂清真寺大门（Bab al-Dabbaghah）连接起来。

4. 在内城区域的市场布局经常是很不规则的，店铺面积也很狭小。

5. 哈尼·瓦·拉德客店（khan Hani wa Ra'd）后来改成了珠宝市场，引入了一种全新的建筑形式，中间是一个带顶棚的长廊，两边是宽敞的店铺，都有宽大的窗户、布局排列整齐，这个形式显然是效仿了西方城市在 19 世纪建设的拱廊商业街。

6. 从前的很多市场和客店都是以销售的商品或服务命名的，而这个时期的市场则是以修建他们的当地名人来命名。

7. 贝鲁特市政府的组织架构是坦志麦特运动影响下的多次改革（尤其是 1858 年和 1863 年改革）的产物。1863 年，贝鲁特的行政长官卡布里帕夏（Qabbuli Pacha）重新调整了市政府架构。最终确定市政府形态的是 1877 年颁布的各省市政管理法规。关于改革的更多详细信息，参见 S.J. and E.K Shaw (1976 - 1977) *History of the Ottoman Empire and Modern Turkey*, Cambridge: Cambridge University Press. 关于贝鲁特市政选举的社区组织方式，参见 M. Davie (1993) 'La millat grecque-orthodoxe et la ville de Beyrouth, 1800 - 1940: structuration interne et rapport à la cité', Dissertation, Université de Paris IV- La Sorbonne.

8. 阿斯-苏尔广场，营房、市政府大楼和工程技术学校（Arts et Métiers）的花园，以及灯塔周边和松树林周边的步道。

9. 关于贝鲁特港口在 19 世纪的历史和它在 20 世纪经历的城市改造，参见 M. Davie (2000) 'Flux mondiaux, expressions locales, Beyrouth et son port au XIXe siècle ottoman', *Chronos* 3, pp. 139 - 172. 关于新港口的开发，参见 Ch. Babikian (1996) 'La Compagnie du port de Beyrouth, histoire d'une concession, 1887 - 1990', Dissertation, Beyrouth, Université Saint-Joseph.

10. 比沙拉（1841 - 1925 年），真名是马努克·阿韦迪西安（Manuk Avedissian），家乡在今天的土耳其。他的设计作品包括工程技术学校的营房以及奥斯曼银行大楼。他还参与了 1875 年贝鲁特开通自来水服务的工程；参见 S.H. Varjabedian (1951) *Armenians in Lebanon*, Beirut. 19 世纪末，有两位工程师——阿夫提莫斯和哈耶特（Yusif Aftimos and Yusif Khayyat）在他手下工作。

11. A. Abdelnour (1896) *Qanoun al-abniyat wa qarar al-istimlak*, Beirut: Matba' at al-Adabiyyat. 227

12. 关于这些小型广场的介绍，参见 M. Davie (1997) 'The History and Evolution of

Public Spaces in Beirut's Central District', Unpublished report, Beirut, Solidere.

13. 对此的详细描述参见 F. Ragette (1974) *Architecture in Lebanon: The Lebanese House During the 18th and 19th Centuries*, Beirut: American University of Beirut. 这种建筑模式在地理上传播到了未来的贝鲁特省全境，在雅法和拉塔基亚之间的各地都能见到这个形式。而最喜爱使用这种形式的还是该省下属的贝鲁特地区（Sandjaq of Beirut）和黎巴嫩的中部山区。

14. 当时建筑法规的文本参见 Abdelnour，前引书。

15. 关于北非马格里布地区的情况，参见 F. Béguin (1983) *Arabisances, décor architectural et tracé urbain en Afrique du Nord, 1830 - 1950*, Paris: Dunod.

16. 阿尔 - 阿尔曼市场、珠宝商市场、圣乔治市场和阿尔 - 努里耶市场。

17. 项目还规划修建一条壮观的台阶路，把小宫殿北部区域与港口连接起来。

18. 修建这两条路的资金来自美国的叙利亚侨胞给红十字会捐赠的款项，本来是用于救济战争难民。杰马尔帕夏用这笔钱雇佣战争难民参与城市建设；参见当时的《阿斯 - 萨拉姆》日报报道：*As-Salam* daily newspaper, 12 December 1916.

19. G. Wright (1991) *The Politics of Design in French Colonial Urbanism*, Chicago and London: The University of Chicago Press; Ph. Khoury (1987) *Syria and the French Mandate: The Politics of Arab Nationalism, 1920 - 1945*, London: I.B. Tauris.

20. 商业有产者的势力被来自山区的政治精英削弱了，因为贝鲁特城市被并归入了山区省份。参见 M. Davie (1996) *Beyrouth et ses faubourgs (1840 - 1940), une intégration inachevée*, Beirut: CERMOC. 当然，商业有产者内部也在争权夺利；比如说佩特罗·特拉德在国家管理部门身居高位，而这个职位传统上则是由苏尔索克家族成员担任的。关于该时期各阶层之间的复杂政治关系，参见 M. Zamir (1985) *The Formation of Modern Lebanon*, Ithaca and London: Cornell University Press.

21. 比如古罗将军（General Gouraud），他曾在摩洛哥协助利奥泰；此外还有涅热上校（Colonel Niéger）和卡特鲁将军（General Catroux）等军人，以及像罗贝尔·德·凯（Robert de Caix，他在古罗手下任总干事）之类的平民。

22. 优素福、阿夫提莫斯和拉夫勒（Yusif Afandi, Aftimos Afandi and Raffler Afandi），其中拉夫勒是奥地利人。

23. 市政工程师伊波利特·米歇尔（Hippolyte Michel）和马蒂厄司令官（Commander Matthieu），参见 *Lisan al-Hal* daily newspaper of 19 June 1920。很多俄国移民也在市政府项目以及土地登记部门（Cadastre）任职；参见 A. Farès (n.d.) 'La participation active des ingénieurs et topographes russes au développement du cadastre, des municipalités,

de l'urbanisme, de l'hydraulique et autres domaines techniques au Liban et au Moyen-Orient après la première grande guerre mondiale', Beyrouth.

24. 他的继任者是埃德蒙·比沙拉（Edmond Bishara）。

25. 后来市政委员会还因为权力斗争或者内部异议辞职过好几次。

26. 这个设计师的名字拼写不太确定，因为只有阿拉伯语文献留存，相关的法语文献没提到这么一个设计师。他的名字拼法也可能是 "Dettray" 或者 "D'Estrée"。

27. 有些贝鲁特人对这种情况表示不满，他们指出本城也不缺少名人、英雄、诗人和圣徒；没道理只是从外面借用名人姓氏（Lisan al Hal of 3 March and 22 May 1920）。他们对另一件事也很气愤：红灯区（suq al-'Umumi）用的是穆太奈比（Mutanabbi）的名字，这位著名阿拉伯诗人以生活朴素闻名。 228

28. 法国设计师当热兄弟（Danger brothers）1933 年制定贝鲁特城市美化方案时，无疑是以这个方案为基础，只是对原本的设计做了些微小改动。

29. 参见迪拉富尔的报告，收录在 Haut Commissariat de la République française en Syrie et au Liban (1921) *Rapport général sur les études foncières effectuées en Syrie et au Liban*, Beyrouth: Services Fonciers.

30. 狭窄的街道、不规则的建筑布局可以遮挡阳光直射，减弱狂风的力度。

31. 关于最初工程的概述，参见 Poupon (1928) 'La modernisation de Beyrouth', *Bulletin de l'Union Economique de Syrie*, vol. 1, pp. 23 - 29; Poupon (1929) 'La modernisation de Beyrouth', *Bulletin de l'Union Economique de Syrie*, vol. 5, pp. 18 - 21.; M. Berrard (1936) *Quinze ans de mandat, l'œuvre française en Syrie et au Liban*, Beirut: Imprimerie Catholique. 更多细节参见 M. Davie and M. Nammour (1995) 'Beyrouth 1920 - 1940, Municipalité et politiques urbaines durant le mandat français', unpublished research, Beirut, Université Saint-Joseph.

32. 关于星形规划在欧洲的起源和象征意义，参见 Ch. Delfante (1997) *Grande histoire de la ville*, Paris: Armand Colin.

33. 广场的中间修建了一座钟楼；但是这个建筑规模太过高大，与广场和周边的楼宇相比不成比例。它也挡住了规划中能看到的海景。

34. 关于市政府与土地前业主之间的冲突，参见当地报纸《真主喉舌报》（*Lisân al Hal*）在 1918—1935 年之间的报道。

35. 在叙利亚，这种风格称为"新奥斯曼式"。在北非，这种由 19 世纪的西方建筑师对古代建筑形式和装饰手法进行混合与再诠释产生的风格被称为"摩尔式"或者"新摩尔式"。关于这种风格的起源和演变，参见 F. Béguin，前引。

36. 阿夫提莫斯来自贝鲁特附近的小村代尔卡马尔（Deir el Kamar）。他是比沙拉的孙女婿。他的设计作品包括芝加哥博览会上的土耳其馆、波斯馆和安特卫普博览会上的埃及馆。参见 L. Cheikho (1899) 'Manarat al-sa'at al-'arabiyyat fi Bayrout' (The Beirut Arabic tower clock), *Al-Mashriq* 17, pp. 769 - 774; Atelier de Recherche de l'ALBA (2000) *La malle de l'architecte: Youssef Aftimos (1866 - 1952)*, Beirut: ALBA.

37. 在这一点上，阿夫提莫斯与前任比沙拉完全不同，后者在设计贝鲁特的办公建筑时采取的是巴洛克风格和古典风格。阿夫提莫斯在这个时期进行建筑设计时一直以哈舒（Émile Khachu）为助手。参见 M. Davie (2001) *Beyrouth 1825 - 1975, cent cinquante ans d'urbanisme*, Beirut: Ordre des Ingénieurs et Architectes de Beyrouth.

38. 奥斯曼帝国参加了多次世界博览会。他们运用这种东方设计风格（*naw' sharqi*）在各个省份的首府实现建筑上的奥斯曼化。参见 S. Diringil (1998) *The Well-Protected Domain, Ideology and the Legitimation of Power in the Ottoman Empire, 1876 - 1909*, London/New York: I.B. Taurus. 但是此前这种风格却没有传播开，只有城市的钟楼和哈密德耶喷泉使用了这种设计。

39. 这些建筑内部大多设计了楼梯井（兼用为通风井），这取代了奥斯曼建筑中开放的中央庭院。

40. 当时驰名的工程师包括特拉德（Farid Trad）、埃利亚斯（Rodolphe Elias）、阿卜杜勒努尔（Behjat 'Abdelnur）、艾尔－穆尔（Elias el-Murr）、伊塔尼（Salah 'Itani）等人；参见 R. Ghosn (1970) 'Beirut architecture', *Beirut: Crossroads of Cultures*, Beirut: Librairie du Liban.

**229** 41. 旧城区的西北还有一些 19 世纪的市场街，其中有些是逊尼派有产者，比如贝胡姆、伊塔尼、哈马德（Hamadeh）、阿亚斯等家族修建的，另一些则是希腊东正教有产者（布斯特罗斯、萨尤尔等家族）修建的，它们没有受到改造工程的影响。原本也提出过阿尔－塔维勒市场的改造，但是由于缺少资金，地主和商人们也都反对，所以这个倡议最终不了了之。

42. Zamir, 前引。

43. 地段在议会大厦以南。

# 第 10 章
# 本地意愿与国家指令：20 世纪 40 年代法国外省城镇的规划延续性

乔·纳斯尔，独立学者

　　第一次世界大战期间和战后初期的阶段通常被视为法国历史的一道分水岭，此后城市规划成为国家的基本职能。[1] 法国城市化的渊源至少可以追溯到 18 世纪[2]；1919 年以后，"城市化"一直被确认为法律概念[3]，但是在 20 世纪 40 年代，法律框架的确立和政治介入使得城市规划首次得到广泛实施。这一发展是在中央政府接管城市规划工作的背景下进行的，当时一方面存在紧急的战后重建需求，另一方面先期存在的住房库存短缺也已达到了危机水平，为了应对这一局面，政府不得不采取措施。[4] 法国制定出详细而统一的规则，并且从首都以自上而下的方式进行管理[5]，因而将地方政府具有的任何微弱权力都排除在外。[6] 这意味着法国的重建是个集中的过程，与联邦德国等国家的分散化进程形成了鲜明的对照。[7]

　　本文主张，尽管中央政府接管了城市规划的过程[8]，但法国政府在制定规划时，通过借鉴各地城市官员[9] 对城市未来愿景的设想，吸纳了很多地方层面上的关注点、优先目标和志向抱负，并且将方案建立在已经在各地达成共识的概念之上。一些规划师的工作在城市和国家层面上——更重要的是——在规划观念和思维框架上，在第二次世界大战之前、期间和之后，都具有重要的延续性。[10] 本文并不否认，对于相关城市的物理结构和其他多个方面来说，战争损毁和国家城市规划框架的建立都形成了重大突破；但本文确实反对这样的看法：战争毁损让城市规划实践和通过这些实践产生的规划与以往时代完全割裂开来。[11] 即使在像法国这样一个直接经历过战争影响的国家，也存在着过分强调战前战后历史断裂的危险。

　　除了增进对战后重建时期的理解外，本文还旨在对历史编纂学作出贡献。研究法国重建时期的历史学家，包括那个时代城市规划的杰出记录者达妮埃尔·沃尔德曼（Danièle Voldman），都倾向于通过考察国家和地方之间的关系，并且借助"国家"的视角，来研究重建过程。这种方法的内在风险是过度强调那些最著名的规划师和大人物的作用。[12] 即使是对特定城市进行案例研究的学者[13]，关注的也是受中央政府指派、重新进行城市设计和规划的"国家级参与者"的作用。[14] 而本文则体现了一种彻底的视角转向，"通过本地人的眼睛"来考察重建过程，并把"本地人的意愿与国家指令相遇时会发生什么"当成研究的核心问题。从地方视角出发，许多人认为国家指令是一个机会，但我们也能看出，有时候人们会把国家指令当成外部干涉。事实上，学者们所主张的"规划延续性"应该视为规划的"本地维度"的一个侧面，只有在充分分析该维度与外部因素之间的相互作用之后，它才能得到全面理解。

这种相互作用在法国重建的案例中以何种方式发生？在第二次世界大战期间和之后，一种总体学说占了上风，其原则是允许规划师采取当时各种主要的规划风格，但必须遵循某些一般规则和程序。[15] 在全国范围内确立了等级体系，以确保国家的重建将在这一框架内进行（在第一次世界大战后的重建阶段也颁布了相关法律，但在地方一级几乎没有实施，与上述情况形成了鲜明对比）。[16] 本地行动者，以及国家派遣到地方层面工作的人员，通常采取合作态度，而且本地人士往往会认可中央政府施加的模式。本文的研究表明，这种模式中预留的边缘化行动空间足以满足本地民众的普遍愿望。

因此，本文阐述了在坚决采取中央集权政策，并不特别优待地方势力的重建过程中，本地发展的优先目标和本地行动者（特别是专业人士）在塑造规划方案时所发挥的构成性作用。即使在规划过程中的所有步骤都由国家界定的情况下（正如 20 世纪 40 年代法国的情况），本地人仍然可以发出自己的声音，凭借自己的手段将愿望传达给国家派遣来的规划师。外来势力的支配地位、本地人对外来支配的反应——这些情形可以与一些更"传统"的政治统治格局对照考察。换句话说，法国外省城市和殖民地城市的遭遇甚至有些类似之处。[17]

232　　本文考察的重点是博韦（Beauvais）和布卢瓦（Blois），二者都是历史悠久的小城市，市中心在 1940 年 6 月的战争中遭受到重大损毁，而博韦的损毁面积（69 公顷）比布卢瓦（9 公顷）大得多。博韦旧城中的大部分建筑都被破坏了，布卢瓦的损失则集中在卢瓦尔河沿岸阵地的周边区域。[18] 两个城市有一些共同特点。1940 年二者的人口几乎一致，都略少于 25000 人（今天两城的人口均已经翻倍）。二者的主要定位都是行政中心（均为省首府）以及本区域的商贸集中地，两个城市中都只存在有限的、专门化的工业化发展（布卢瓦以巧克力制造闻名，博韦则以纺织业闻名）。二者都保存着相当多的历史城市肌理，都是旅游城市，都有单一的核心景区：布卢瓦有文艺复兴城堡，博韦有中世纪大教堂。

两座城市的重建和扩建规划被称为"重建与发展规划"（Plans de reconstruction et d'aménagement，简称 PRA）[19]，在 1942 年法国首批通过[20] 的重建方案之列。[21] 虽然推行这些规划的维希政权在 1944 年后名声扫地，但规划本身在战后却保留下来，只经过了有限改动就继续实施。而且在这些规划与战前出于美化与城市改造目的而制定的规划之间也存在着重要的联系。本文概述了在政治巨变的背景之下城市规划中存在的某些延续性，并且指出，虽然规划过程由国家掌控，但参与规划的本地行动者未发生多少变化，延续性很大程度上来源于此。

# 博韦

## 20 世纪 40 年代的大博韦规划

博韦是瓦兹（Oise）省的省城所在地，也是法国南部皮卡迪大区（Picardie）首府，距巴黎北部不到 70 公里。该城历史可追溯到罗马时代以前，并且在中世纪尤具重要性；但到了工业时代，城市的发展相当缓慢，主要的北方铁路和高速公路（autoroute）都没有经过这里。第二次世界大战之前的时期，这座发展停滞的小城离巴黎既太近，无法摆脱其经济影响，又太远，无法整合到巴黎的发展轨道内。为数不多的工厂分散城市东部和西部在两条铁路沿线的低洼地带。环城公路取代了古老的城墙，而历史悠久的旧城肌理被包围在其中，没有经历过实质变化；该城一直是本地区的商贸市场集中地，这个地位得到了新兴的旅游业的补充。

战争损毁发生后，博韦快速、顺利地为损毁区域重建做好了准备，因此也是首批重建和发展规划获批的城市[22]，成为法国重建的先导范例。

但是，博韦确定总建筑师／总规划师（architecte/urbaniste en chef）人选的情形却不具有典型性。在 1919 年底博韦制定过一个"发展、美化与扩建规划"（Plan d'aménagement, d'embellissement et d'extension，PAEE），1940 年的重建过程也是参照这个规划早早就启动了。早在 1940 年 7 月（也就是博韦遭受损毁的一个月之后），市议会（Conseil Municipal，CM）就开始考虑制定重建方案的紧迫任务。法国被占领土的政府给各个受到战争损毁的城市的负责人发出了一份通报，确认了 1919 年和 1924 年颁布的规划法还有效。因此博韦市在 8 月 19 日任命了负责未来城市规划的建筑师。两天后，接受任命的两位建筑师与临时市长布拉耶（Brayet）以及前任市议员、建筑师博尔代（Bordez）会面，概要地讨论了未来规划中的各项主要问题，其中包括南北方向的道路，以及市场与剧院的选址。他们决定，首先制定城市中心区域的规划，然后再设计新区规划。[23]

1940 年 10 月 12 日，鉴于轰炸造成的损毁情况，经过瓦兹省的城乡规划委员会商议之后，省长要求博韦制定一份新的"发展、美化与扩建规划"[24]，而其实博韦市已经开始这项工作了。此前，博韦是最早根据 1919 年的规划法制定总体规划

233

的城市之一；这次它也非常认真地对待了省长 1940 年的政令。[25] 10 月底，市政府要求建筑师加速完成调研报告；同时，它还向城内居住的所有建筑师以及其他"通晓艺术的人士"发了一封信，恳求他们"本着仁善精神与市政府和受命制定重建规划的作者们一起合作"，以便"重建我们受到损毁的（démantelée）中世纪古城，重现其往日风采，同时亦令其符合现代生活的需求。"[26]

市政府任命的两位负责重建的建筑师人选很合理。阿尔贝·帕朗蒂（Albert Parenty）是法国荣誉军团（Légion d'Honneur）勋章的获得者，也是 1922 年"发展、美化与扩建规划"的作者，虽然他住在巴黎，但在三十多年来对博韦特别熟悉。乔治·诺埃尔（Georges Noël）是来自博韦本地的一位年轻建筑师（本地咖啡馆店主的儿子），原本是帕朗蒂的学生，1937 年曾荣获"罗马大奖"建筑设计第一名（Premier Grand Prix de Rome，这是法国著名的国家级艺术奖学金）。[27] 虽然两位建筑师都住在巴黎，但是他们无疑与博韦联系密切，结合了"年长者的丰富经验与年轻人的勇于创新"。[28]

因此当中央政府的重建机构负责人雅克·米方（Jacques Muffang）发现博韦从 8 月就已经任命了一支很有名望的团队开始进行城市重建规划[29]，而且工作进展还很顺利[30]，他也就顺水推舟批准了这个项目和相关人选，只是把合同条款（任务、支付方式）从博韦市转移到中央政府而已。[31] 可以说，博韦市的工作走在了瓦兹省的前面，而瓦兹省又走在了中央政府前面。

值得一提的是，与几乎所有其他法国重建项目的情况都相反，负责博韦重建的建筑师不是由巴黎派遣的外来人士。他们从本地人士那里接受了不少建议，特别还受到市政府的指令（他们与市政府保持着特殊关系），让他们不要把关注点局限于受损的中心城区，而要兼顾市镇的整个范围，包括"新的住宅中心地段"，"并且要有前瞻性地考虑建筑需求"，"扩建现有的给水和排水系统"。[32] 因此最后形成的重建与发展规划是第一次世界大战之后制定的城市规划的一种延续，只是添加了重建的内容。

根据当时中央政府的规定，在事先规定好的"重建区域内"的土地重划工作由中央政府负责管理、出资，并且受其严格监控。这一区域内的土地所有者都强制性地进入了"复建协会"（Associations Syndicales de Remembrement，简称 ASR），这是一种公共机构，由国家任命的专业人员管理。[33] 1948 年之后，协会更名为"重建协会"（Associations Syndicales de Reconstruction），其工作也从规划转移到了建设。在博韦市，在战争中遭受建筑损毁的业主在 1940 年 8 月自发组织起了"博韦受灾者联合会"（Association des Sinistrés Beauvaisiens），市政府的建筑受损最多，因此在会员名单中占了头名。这个联合会的"根本目的是与公共管理部门交涉，保护受灾者的潜在权益和利益"[34]，它只是在德国占领法国之后才被允许开展运作。由于受灾者已经自行组成了联合会，所以后来这些人又重组进入了复建协会，经授权开展重建工作；复建协会作为国家设立的本地机构，对于重建工作的细节产生了重要影响。

　　在博韦的历史城区中，原有的街道经历了拓宽、变直和延伸，但对街道位置的改动则受到限制（图 10-1）。另一方面，街区格局中出现了一种远为重要的变化。

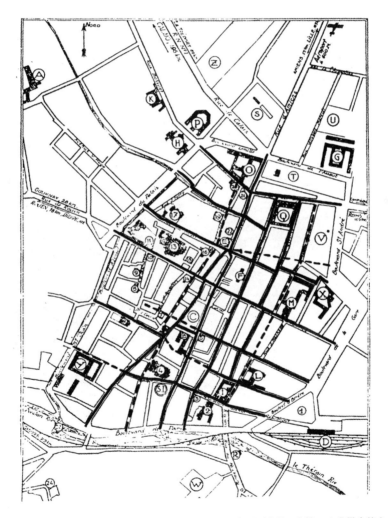

图 10-1　博韦历史城区的内部街道以及穿过这一区域的街道线路图（实线：在第二次世界大战之前的城市街道。虚线：战后新修的街道）

资料来源：本文作者绘制，依据为夏尔·福克（Charles Fauqueux）的著作《博韦史：从 1789 年到战后的 1939—1945 年》[Charles Fauqueux, Beauvais: Son histoire de 1789 à l'après-guerre 1939—1945, 2nd edn. (Beauvais: Imprimerie centrale administrative, 1965), p. 201]

虽然历史城区最后实施出来的街道网络与最初的方案相比没有什么改动[35]，但街道上修建的建筑产生了很大的演变：从拥塞在街道上的许多独立建筑，转变成由若干按照用途区分的互补性街区构成的开放式布局。[36]

但城市官员们尤其关注的还是整体的都市区域（图 10-2）。重建与发展规划强调了通行交通路线方面的重大变化（绕开旧城，而不是穿过旧城，图 10-3），迁移了很多公共建筑，而且界定并预留了若干彼此分离的住宅区域和工业区域。1943年初出台了一项特别的行政调整，与这个时期的城市规划工作分头进行，但并不独立于该过程——这就是将 4 个相邻市镇并入博韦市，城市面积从 766 公顷扩大至 3200 公顷。[37]

236　**背景：20 世纪 20 年代的大博韦规划**

只有再向前追溯至少 20 年，考察了第一次世界大战后的博韦规划工作（这些

图 10-2　1942 年大博韦规划中的分区和交通线路 [ 城东和城西的两片工业区分别用阴影和灰色标出。拆迁补偿区（淡灰色）从北、南两个方向呈放射性延展，沿主干道溢出城区（白色）]

资料来源：国家档案馆（简称 "A.N."），当代档案中心（简称 "CAC"，位于枫丹白露），1942 年 5 月 16 日的博韦土地开发与分区规划。[Archives Nationales, Centre des archives contemporaines (Fontainebleau), 19810400 art. 86 (AFU 10191), folder 'Projet de reconstruction,' Aménagement du territoire et zonage, 16 May 1942]

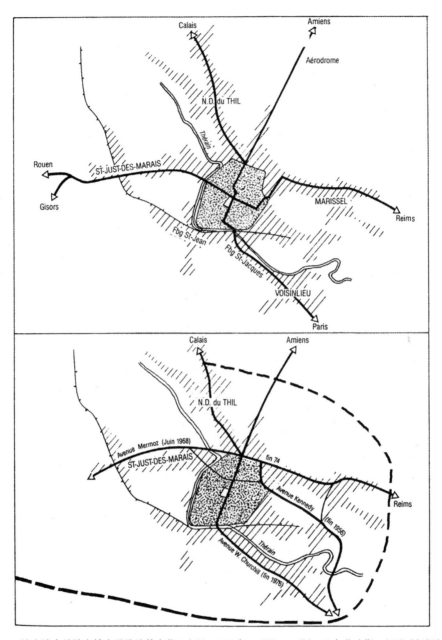

图 10-3　博韦城内外跨市镇交通路线的变化 [ 上图：1939 年；下图：20 世纪 70 年代晚期。经过重新规划，通往博韦和穿过博韦的主干公路在旧城的北入口处主宫医院（Hôtel-Dieu）一带汇集。规划中的道路刚刚竣工，该区域就出现了很高的交通流量，导致了道路拥堵。因此在 20 世纪 60 年代初，人们开始讨论让过境车辆绕道而行（如图中虚线所示），从北、东、南三个方向绕开都市区域 ]

资料来源：本文作者在让·加尼亚热《博韦与大博韦地区史》一书的插图上增绘 [Jean Ganiage, Histoire de Beauvais et du Beauvaisis (Toulouse: Privat, 1987), p. 269]

工作本身也有更古老的根源），我们才能理解为什么第二次世界大战期间，博韦市辖范围扩大以及结构变化的过程能够如此顺利地完成。第一次世界大战后的"大博韦"规划对 1940 年城市重建规划产生了间接影响，并且令新的重建规划制定进展比大多数城市要快（虽然重建工作本身并不见得更快）。

238　　　事实上，1940 年的规划师们手上有一份很重要的文件：20 世纪 20 年代帕朗蒂制定的城市规划。[38] 1919 年的规划法要求各地方城市制定规划，但只有少数法国城市抓住了这个机会，博韦位列其中。博韦市议会在 1922 年就已经通过了这个城市规划，而且该规划在目标、时间周期，乃至空间等方面都雄心十足，远远超越了当时的该市边界，把相邻的市镇囊括其中。[39] 它不仅在实质上预见到了 1943 年博韦城市辖区的扩大，更为其播下了种子。

　　　　1922 年的规划基本上无视城市的边界，而要到市议会通过规划 3 年半后，博韦市才开始与周边市镇讨论这个规划。1927 年 8 月，各方分歧终于解决了，包括博韦在内的 6 个市镇形成了一个"联合体"（syndicate），目标是实施上述规划，解决"关于照明、电力、给水、公共交通以及就整体而言与跨城镇公共服务有关的所有问题"。[40]

　　　　在帕朗蒂 1922 年 3 月提交的最初方案（图 10-4）中，历史城区具有最高重要性；在此区域内，规划提议穿过旧城肌理，沿南北、东西方向各开通一条主轴线道路，分别位于现存主干道的东侧和南侧。在城南入口处，规划在河上架起一座新桥，规划还考虑了相关的路线和绕城公路，20 世纪中期几乎就是在该处实际修建了桥梁（图 10-5）。与此类似的是，在第二次世界大战之后的重建中，也基本按照 20 世纪 20 年代规划方案的路线新修了两条主轴线道路。

　　　　但在当时，帕朗蒂最初规划中的桥梁和主轴线道路仍有些不成熟。这成了市议会审议规划时众人批判的主要问题，两个月后重新提交规划方案时，就从修改稿中删去了。新一稿中还包括桥梁以及对环城公路的改造，但旧城设计中只对道路进行了微小调整。[41] 因此可以说，1922 年 3 月市议会批准的规划在旧城外要实施不少大型开发，对旧城内部则触动不大。

　　　　因此为了完整评价战后博韦城市建设的规划和实施工作，需要一并考虑 20 世纪 20 年代的帕朗蒂规划方案。正如本地历史学家蒂博（Thibault）所说的那样，1947 年规划的主要特征都已经包含在 1922 年的方案里了：

　　　　·消除内部的行政管理阻碍（通过兼并周边市镇）；

239　　　·调整市区路网（对旧城内部的交通改造不多；基于现有的环城公路，并新建

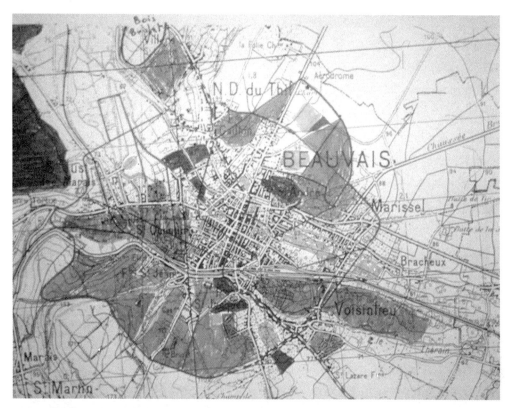

图 10-4　把 1922 年 3 月帕朗蒂规划的主要内容叠加在 1932 年的博韦地图上 [ 工业区（淡灰色）至今基本没有变化。战后修建的主要住宅区位置与 1922 年规划大致吻合，在蒂勒圣母院（N.D. du Thil）、圣安德烈（St. André）、圣雅克（Jacques）和圣若望（St. Jean）区域。黑色标记树林和公园区域。后来新建的道路标为实线，待改造的既存道路标为虚线。旧城区中，在两条短小的干道之外，又加入了两条新的贯穿街道，轻微地改变了传统的旧城垂直轴线。两个月后，为了让市议会批准该规划，方案中的这两条贯穿街道被取消了 ]

资料来源：安德烈·蒂博绘制

多条出城路线[42]，从而对城市外围交通进行了较大规模改造，特别调整了最重要、也问题最大的巴黎 – 加来公路）；

· 结合上述交通改造，对旧城区之外的市区进行了扩建；

· 强调工业发展（城东、城西铁路沿线的泰兰河畔区域），重点为这些工业区域的工人新建住宅区（城北、城南的高地），并且强化内城的中心功能（行政、商业、文化等）；

· 接受新事物（尤其是不断增长的汽车交通，以及住宅的蔓延化和稀疏化趋势），但不大幅改变旧事物[43]，这体现在改造主要实施于旧城区之外而非之内。

241

240

图 10-5　博韦旧城从南向北看 [ 上图：1940 年前；下图：现在。20 世纪 20 年代帕朗蒂的规划中考虑的就是这
　　　　样的面貌，在战后随着桥梁的修建成为现实 ]

资料来源：旧照片系博韦城市档案（Archives Municipales de Beauvais）藏品，新照片为本文作者 1994 年拍摄

### 为什么要规划大博韦？

对比 1922 年帕朗蒂规划、1942 年的诺埃尔与帕朗蒂规划、1948 年的诺埃尔规划以及现今博韦的实际景观，我们会发现同样的基本框架。换句话说，"从白板上彻底重建"的观念不仅不适用于博韦的重建过程（或其他大多数城市），同样也不适用于当初对这个重建过程的规划。博韦的建设，其实是以 30 年以上的规划为基础的，这些规划经历了广泛的辩论、审查、修订和细化，甚至经过了部分实施。规划中的各种观点，以及"城市要制定规划"这个观念本身，都有时间逐步发酵，让城市领导层和普通市民对其逐步接受。

那么，为什么今天博韦城市中的大部分基本元素都与帕朗蒂 1922 年的规划如此一致？也许这是因为帕朗蒂是一位敏锐而有远见的思想家。也可能他的规划体现的是素朴的理性思维，任何"有理性的"规划师大致都会达到相同的宏观原则。另一个可能的答案是：规划的存在本身，就为后人提供了工作的基础，同时也是可以随时参照的重要有形对象。帕朗蒂的计划至少促进了人们对大博韦规划的接受，让大家在四分之一世纪后相对容易接受诺埃尔的规划。不管实际情况符合上述哪种推测，可以肯定的是，无论规划是在博韦遭受战争灾害之前还是在其后制定，无论规划是由本地还是国家主导制定，前前后后多个版本的规划始终符合本地的主要行动者们对未来博韦的宏观愿景。

这些规划的核心特征在于，它们专注于环城公路以外的区域，而对旧城内部很少触动。虽然大博韦经历了大规模重建，但由于以下两项主要原因，除了外层结构之外，旧城区基本维持了原貌。

首先，并不需要大幅改造旧城结构。尽管 20 世纪 40 年代规划师认为旧城会变得很拥挤，但后来的发展表明这并非实情（部分原因是它自中世纪黄金时代以来发展非常缓慢）。它的布局基本呈网格状，不缺少贯穿整个区域的长街，也没有复杂狭窄的迷宫式结构。在其他城市，旧城拥堵不堪的情形经常会让城市政治领袖出于各种意识形态振臂一呼，号召进行城市改造，但这种场景在博韦很少发生。

其次，虽然博韦在某种程度上错过了工业革命，但它作为一个工业城市的潜力早已得到肯定（在第二次世界大战之后，在法国的工业分散化政策的推动下，博韦最终借助地理优势实现了工业城市的愿景）。[44] 博韦靠近巴黎，处在通往法国北方工业区、英国、比利时与荷兰的要道上，它作为一个新兴经济中心的前景既取决于良好的当地基础设施，也取决于疏通它与周边地区的连接道路[45]；因此周边环境，而非旧城，成为规划工作的逻辑重点。[46] 正如在 1940 年之前，规划的扩展

242

方面比城市的美化更为重要[47]；在 1940 年以后，发展则比重建受到了更多关注。

# 布卢瓦

## 在 20 世纪 40 年代规划新布卢瓦旧城

如前所述，布卢瓦的不少情况与博韦类似，二者都在 1940 年 6 月的 10 天之内遭到战火毁损。但两个城市之间又存在非常重要的差别，其中最值得一提的就是，建造城市的位置的地理类型大为不同。布卢瓦的历史城区位于卢瓦尔河北岸，建筑在陡峭而形状不规则的河岸上，这个斜坡在赋予城市形态（包括蜿蜒曲折的街道网络）中起到了决定性作用。与博韦不同，环城公路并不是约束城市发展的界限。[48]

两个城市的破坏和重建情况也存在显著差异。上文已经谈到，布卢瓦的损毁只覆盖了有限的区域，而博韦的整个中心区几乎被完全破坏。此外，布卢瓦对被毁区域的街道系统进行了彻底改造，这与在旧城重建中基本保持原有风格的博韦形成了鲜明对比。

而博韦和布卢瓦之间的一项区别与本文的主题最为相关：两个城市都延续了战前制定的本地规划中的优先发展目标，但其方式却截然不同。很明显，第二次世界大战前的几十年里（实际上是自 19 世纪以来）在布卢瓦面对的各项城市问题中，规划主要考虑的不是如何促进和管理城市的扩张，而是如何在城市内部或者贯穿城市开通新的道路。体现在最终的结果上，在城市外围发展很不均衡的各个区域中，20 世纪 40 年代的"重建与发展规划"仅提出新建一条道路（图 10-6），之后也确实实施了，这就是城市东北边缘上的一小段道路。布卢瓦城外只新建了这一条道路，而大博韦规划则构想出完整的新道路网络，二者形成了鲜明对比。

布卢瓦人对扩张城市的"大布卢瓦"规划缺乏兴趣，一心想要的是改造历史城区，在其中开通道路。这种意愿在民众中极为普遍，即便是保守派人士，例如"老布卢瓦之友协会"的领导人于贝尔·菲耶（Hubert Fillay），也倡议在城市中进行重大变革，包括"尽可能笔直的干道，打通游客前往名胜古迹的道路。"[49] 要想了解人们在 20 世纪对待布卢瓦旧城的态度，必须将其置于长期的历史序列之中，考察几个世纪以来城市肌理的变迁。而为了理解这些变迁，又必须将其置于城市命运的历史发展以及城市人口的演变之中。

## 背景：几个世纪以来对"新布卢瓦旧城"的规划

布卢瓦原本是卢瓦尔河谷上的一个小镇，直到 1498 年它成为法国王室的一处

243

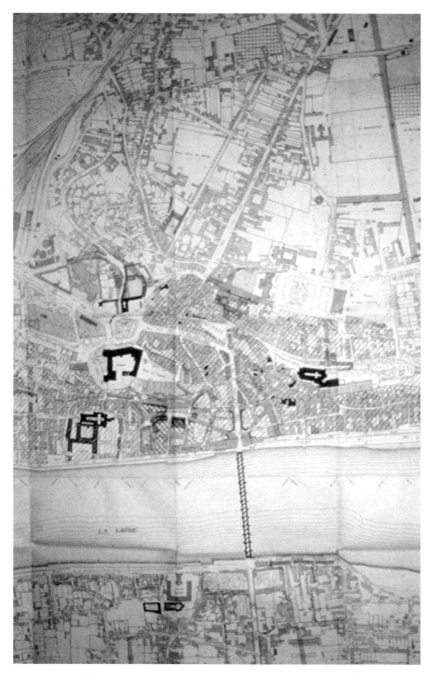

图 10-6　大布卢瓦分区规划，包括主要的建成区域 [ 本图是 1942 年 5 月 9 日提交给公众听证会的重建与发展规划的一部分 ]

资料来源：国家档案馆，当代档案中心，1942 年布卢瓦分区规划 [A.N., CAC, 19800268 art. 22 (AFU 4954), folder 'Documents officiels sur le Projet d'Aménagement du 20.1.1959,' 1942 zoning plan]

行宫，因而经历了一段短暂的辉煌时期，此时它的人口也相应增长到 18000 人。[50]
但自 1530 年起，人口又开始逐步减少，也很少兴建新建筑；直到 19 世纪 30 年代中期，
人口才重新增长，但建筑施工还是很少进行，而且往往是在核心城区之外。到
1940 年时，布卢瓦的人口与大革命期间的最低值 11000 人相比，增长了超过一倍
（1936 年时有 26000 人），但是建筑存量在很大程度上还是跟四个世纪之前一样。[51]
此外，街道网络不仅狭窄，在较低的城区与较高城区之间的连接道路尤其崎岖难行。

244　　　　在这个背景下可以理解布卢瓦街道系统的逐步变迁。首先要回到 18 世纪初。
1716 年，河水冲垮了一座桥；1724 年在该桥原址东侧建造了一座 300 米长的新桥。
新桥与当时的次要街道而非向北通往沙特尔和巴黎的主干道"大街"（la Grande-
Rue）方向一致。[52]

不久之后，有人提议把次要街道和新桥连接在一起，形成城市的主轴线道路；
但由于坡度太陡，而很多业主又出面反对，所以不得不放弃了这个方案。[53] 这实际
上只是 1774 年提出的一项雄心勃勃的整体规划中的一个要素，该规划旨在拓宽市
内及其周边的大部分街道；很快该方案被否决了，随即出台了一个更小规模的计划，
主要拓宽一些商业街，特别是原有的主干道。[54] 但即便这个计划也没能实施。

从 1838 年开始，市政府开始零星地运用城市管理法规，实施一些小规模的城
市治理（拆除突出路面的房屋、调整街道横断面等）。而市政府怯生生的工作还
遇到了强烈抵触，包括法律诉讼。直到在 1774 年规划的近一个世纪之后，在 19
世纪 50 年代和 60 年代奥斯曼男爵改造巴黎同时，一位有魄力的市长欧仁·里福
（Eugène Riffault）在整个布卢瓦修建了许多新的街道（图 10-7）。而里福的项目并
非是从天而降。正如学者科斯佩雷克（Cospérec）指出的那样，"所有重大决策都
是在 1820—1840 年间制定的"[55]，有不少是 1774 年方案中提出的改造。

里福时代开辟的一条最重要的道路，最终还是把桥梁的轴线向北延伸。[56] 除
了改善向北的交通之外，在这条路线的设计中还有一个不可否认的视觉考虑因素
（图 10-8）。[57] 向北有一座不可逾越的山坡，道路无法沿此方向无限延伸，因此车行
道路转而向西，而人行道路则变成了壮观的丹尼斯·帕潘大台阶（Escalier Denis-
Papin），延续了从桥梁伸展而来的轴线。事实上，这种轴线长期以来一直是卢瓦尔
河沿岸其他主要城市（尤其是奥尔良和图尔）的重要特征，它是中央集权时期的
遗产，或许这种轴线被强加于布卢瓦的历史城区肌理之上也是不可避免的。

从布卢瓦在文艺复兴时代的全盛时期一直到 1940 年后重建，要算里福市长当
245　政的时期（1850—1870 年）给布卢瓦的城市肌理带来了最多改变。不过在里福当
政时期的之前与之后，也增添过一些新的街道和城市空间。比如说，1767 年在大

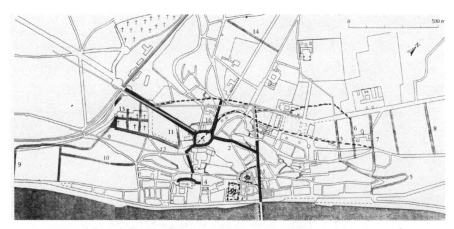

图 10-7　19 世纪下半叶卢瓦尔河右岸新建或改造的道路 [ 主要是在里福当政时期 (1850–1870 年 ) 实施的工程。
在这些道路图上又叠加了拉法尔格 1914 年规划 ( 灰线 )、勒努 1925 年规划 ( 虚线 ) 中提出的一些新建道路方案。
图中 HV= 新市政厅，MP= 新市场和邮局 *

资料来源：本文作者在图纸上添加了道路线条，原图出自科斯佩雷克的《布卢瓦遗产手册》一书 [Annie
Cospérec, Blois, La forme d'une ville, Inventaire général des monuments et des richesses artistiques de la France, Région
Centre, Cahiers du Patrimoine no. 35 (Paris: Imprimerie nationale éditions et Inventaire général, 1994), pp. 366–367]

246

图 10-8　从丹尼斯 – 帕潘街看加布里埃尔大桥 [ 丹尼斯·帕潘是出生在布卢瓦的科学家，发明了蒸汽机。在
帕潘街的末端是壮观的帕潘大台阶 ]
资料来源：本文作者拍摄（1994 年）

---

* 图中未见，原书如此。——编者注

桥以南的轴线方向修建了一条大道，作为通往索洛涅（Sologne）地区的新路线。[58]
1820 年利用大革命时代拆毁的一些教会建筑原址修建了路易十二广场，这也是
1940 年战争损毁的核心地段。[59]岸门街（Rue Porte-Côté）、加卢瓦街（Rue Gallois）
以及维克多·雨果广场要么是在 19 世纪 80 年代兴建，要么是在该时期扩建。[60]

在 1940 年之前，布卢瓦市还考虑过一些其他的改造项目，但并没有获得实施。
根据 1919 年的规划法，也制定了城市规划。布卢瓦市的"扩建、发展与美化规划"
的设计者是阿尔贝·勒努（Albert Renou），1925 年经市议会批准通过。[61]这个综
合规划同样也有前例。1914 年，在第一次世界大战前夕（甚至早于 1919 年的立法），
一个本地建筑师拉法尔格（A. Lafargue）自行编制了一份城市规划，形式是一本牢
骚满腹但是又满怀希望的小册子，作者在其中抱怨城市在各方面都未经改造，但
明显可以看出作者是在面向未来倡议行动。[62]与博韦的情况一样，在这里我们也应
该把布卢瓦在 20 世纪 40 年代指定的规划与 1925 年规划进行对比，此外我们还应
该参照考察 1914 年的这个小册子。

拉法尔格的首要考虑是为了游客着想："可怜的布卢瓦城，资源如此得天独厚，
可是什么都没好好拿出来展示[63]！"他的解决方案是在充分调研的基础上，制定
一个总体规划，"预留一个区域，并且尽可能扩展其范围，给游客和需要住所的有
产者提供居住地，这些人是永不枯竭的商业资源。"[64]同样，勒努的规划也界定了
多个区域，分别用于工业、工人住房、花园以及有产者住房，并且将低处城区用
于商业活动，高处城区用于行政管理。

与博韦不同，1914 年和 1925 年的规划都提出了若干新建和改造街道的方案，
既有在新城区中的，也有在历史城区的，此外还有很多机构的迁址，其中部分机
构处于市中心（参见图 10-7）。拉法尔格和勒努规划中的很多提议是一致的，其中
一些也与 1942 年规划提出的相同。

在中心区域，重建过程一再提出的一些方案也包含在了早期的几版规划中。沿
大桥向北的轴线道路越过丹尼斯·帕潘大台阶继续延伸，直到与通向巴黎的主要
路线交汇。所有的市场都集中到旧城中心的一个（可控）空间中，新的中央邮局
也在同一个建筑中。桥头北侧的市政厅扩充了面积，位置从原地块略微退后。[65]最
后，在历史城区内进行了一些拆迁，让某些名胜古迹（尤其是城堡）显得更为醒目。
一个重要的实例是拆除了城南堡垒附近的房屋，把旧城的这个角落打开，变得"更
健康卫生"。可以说，规划中的主要考虑是创造视觉效果；方案中设计的所有街道
都笔直宽敞，街道两端至少各有一座重要建筑。

诚如本地的地理学家巴博诺（Babonaux）指出的那样，1925 年的规划从未实

施过。[66] 但是，1925 年、1914 年规划以及此前的历次规划（可以追溯到里福时代甚至更早）中包含的主要思路和各项具体提议构成了许多不同的概念层面，而1942 年的规划正是在这些层面的基础上制定的；虽然 1925 年规划（以及此前的各版规划）中也有很多想法确实从来没有真正实现。

**设计新布卢瓦旧城区的本地规划师**

如果不对历史上规划过和实施过的历次公共改造加以通盘考虑，就没法充分理解布卢瓦的重建规划。博韦在 20 世纪 20 年代和 20 世纪 40 年代主持规划的建筑师中都包括帕朗蒂，这保证了当地的规划延续性。而在布卢瓦，主规划师却是一个外来的人；不过本地行动者仍然起到了重要作用。其中有这样一个本地人的作用尤其重要，他基于战前对市中心的了解参与了重建工作。

1940 年 6 月的战火损毁发生后不久，布卢瓦市政府就像博韦一样找到了一位本地建筑师，保罗·罗贝尔－乌丹（Paul Robert-Houdin）。[67] 当时担任市长的奥利维耶博士（Dr Olivier）任命罗贝尔－乌丹为极其紧急的瓦砾清除工程的负责人，6 月 24 日，多支工人在其指挥下拆除了最危险的一些断壁残垣。[68] 在 1940 年夏天，市政府要求罗贝尔－乌丹准备损毁区域的重建规划[69]，他也在同年 8 月成为城市发展规划制定委员会中的一员。同年 10 月市政府又在他的工作中添上了地形水准测量的任务。

在博韦，中央政府在 1940 年末接管了城市重建的所有职责，但负责人还是之前的帕朗蒂和诺埃尔；而在布卢瓦，项目则转交给了一位来自巴黎的资深建筑师夏尔·尼科（Charles Nicod）。尼科与诺埃尔一样，都获得过罗马大奖第一名。[70] 起初尼科兼任总建筑师，但后来这项职责移交给一位年轻建筑师安德烈·奥贝尔（André Aubert），他也是罗马奖得主。[71]

把尼科的规划与罗贝尔－乌丹更早完成的一些规划，以及在尼科加入重建项目之前该项目制定的一些规划加以比较，会得出一些有意思的结论。此前有很多人已经就布卢瓦核心区域的改造提出了设想，罗贝尔－乌丹的规划也以他们的工作为基础；早在 1931 年他就提出了一个改造方案，对应的范围恰好是 9 年后被损毁的区域。这个方案的主要特征是一个半圆形的空间；其规模与战后实际实施的重建几乎完全一致（直径略低于 60 米），不过位置则与战后方案距桥头相差一个街区。在这个枢纽区域之外，罗贝尔－乌丹还规划了很多街道的拓宽工程，这最终也在损毁区域实现了。

20 世纪 30 年代晚期，布卢瓦市还举办了一次设计竞赛，征求桥边的原址修建新市政厅的方案[72]，罗贝尔－乌丹提交的是一个对桥头区域整体重新设计的方案（图10-9）。他设计的还是一个半圆形空间，这次向卢瓦尔河开放并与其正好垂直，这

248

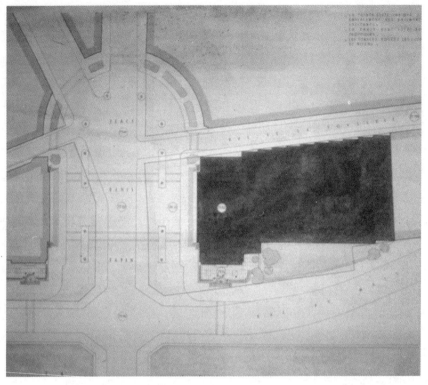

图 10-9　罗贝尔－乌丹为桥头的布卢瓦新市政厅和新的丹尼斯－帕潘广场设计的方案（20 世纪 30 年代）
资料来源：布卢瓦城市档案，保罗·罗贝尔－乌丹档案，未加标题的方案案卷（Archives Municipales de Blois, Paul Robert-Houdin archive, untitled plan folder）

形成了一个更宏伟的格局，是一个"符合布卢瓦城市地位的宏大建筑群"，其风格延续了法国广场的传统，让人想起巴黎的皇家广场（现名孚日广场）、旺多姆广场、胜利广场和南锡的斯坦尼斯拉斯广场。

　　1940 年夏秋，罗贝尔－乌丹进行了很多设计工作，不过此时不是为了改造一个破旧过时的区域，而是为了重建一座被战火损毁的城市。1940 年 7 月，他提出的第一个方案没有采用半圆形空间，而是在桥头设计了一个长方形空间，两条街道从中伸出，通往城堡和教堂。[73] 他做了大量工作，对历史城区中两个最重要的建筑元素（首先是桥头的空间以及与之相连的街道，其次是城堡下的区域）尝试了很多不同的安排方法。罗贝尔－乌丹为城堡下的区域设计画了很多张草图，其中给该处预留了充分的开放空间，这与 20 世纪 50 年代的实施方案是一致的。在他为该区域制定的所有设计方案中的一个共性是，这些方案都对此区域进行了完全改造，将它变得更为规整。

重建时期形势非常紧急匆忙，而罗贝尔－乌丹设计的这些市中心重建方案只 249
是提交上来的大量方案中的一部分而已。在市中心被战火损毁后，市政府又举办
了一次本地设计竞赛，征求城市的重建思路，一下子涌现出将近 60 个方案，罗贝
尔－乌丹在 7 月 19 日提交的设计也在其中。除了参赛方案之外，还有很多布卢瓦
名人也为城市未来的重建提出了自己的概念设想，这些思路经常是由本地媒体刊
登，其中有些思路构成了尼科的"重建与发展规划"的重要特征，比如设计中也
有半环形的中心空间，街道从其中延伸而出。

1940 年末中央政府接管了重建过程，并把项目委派给了尼科，但在此之前，
人们一直都在广泛讨论布卢瓦的重建规划，并且又提交了不少新方案。1940 年 10
月，市政府征求过本地区另一位建筑师谢奈（Léon Chesnay）的建议，他提出了一
个多边形的桥头广场规划，街道采用的是对角线设计，在城堡下则设计了一个扩
展了的路易十二广场。[74] 与此同时，瓦兹省成立了省长担任负责人的委员会（罗
贝尔－乌丹也是委员），对提交上来的各种方案进行汇总，以便形成最终的重建
规划。

当中央政府把重建任务委派给尼科时，市政府和省政府都已经对布卢瓦的重
建进行了非常详尽的评估，并且即将制定决策、确定最终方案。1940 年秋天，有
一份细化的方案中已经设计出了各处街道、街区以及排水系统，与次年尼科提交
的"重建与发展规划"几乎毫无差别，这能体现出这个时期方案筹备的实际进度（图
10-10）。事实上，这份细化方案与尼科后来提交的方案如此相像，我们不免怀疑其
中有抄袭嫌疑，并且要提出这样的质疑：到底尼科对布卢瓦中心城区的重建规划有
多大贡献？[75]

所以，中央政府接管重建工作，既是一种从头开始，也可以说是继续一个已 251
经进展顺利的过程。尼科的规划在 1941 年提交，改动不多就付诸实施；这个规划
本身就建筑在 1940 年方案和此前很多方案的基础上（图 10-11）。我们知道尼科在
筹备规划时征求了很多本地人物（包括罗贝尔－乌丹）的意见。[76] 所以虽然布卢
瓦的重建（正如法国其他很多城市一样）在方案评估和决策过程中都采取了自上
而下的方式，但其总规划师（尼科）的设计中实际上采用了大量本地的既有思路，
这些思路反映的也是本地人长期以来的关注和考虑。[77]

可以说，正如博韦的案例一样，在对布卢瓦"重建与发展规划"的研究中，
我们也应该考虑到那些本地主要行动者的关注问题，并且要考察基于这些关注问
题制定的早期方案。两个城市在重建规划上的主要区别在于，博韦的关注重点在
于旧城之外区域的发展，而布卢瓦的关注点则集中在旧城内部的重建。

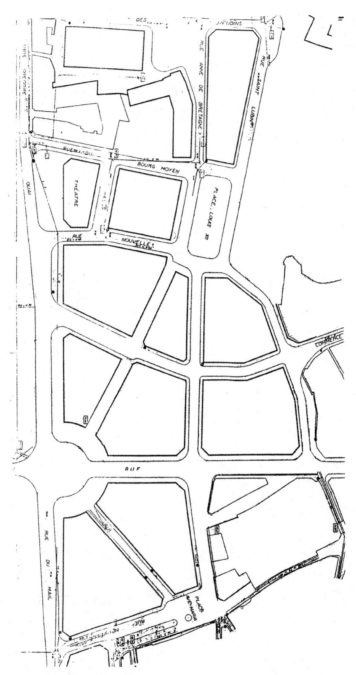

图 10-10　布卢瓦城市损毁区域重建详细规划（其中包括了街道系统、建筑街区、排水和污水系统以及街道
立面的设计。1940 年 9 月 8 日由罗贝尔 – 乌丹提交）

资料来源：布卢瓦城市档案，保罗·罗贝尔 – 乌丹档案，未加标题的案卷（Archives Municipales de Blois,
Paul Robert-Houdin archive, untitled folder）

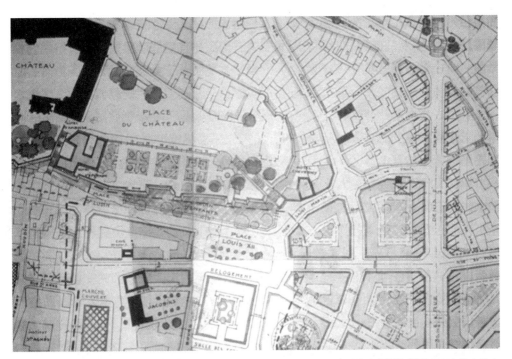

图 10-11　夏尔·尼科提交给 1942 年 5 月 9 日听证会的布卢瓦历史城区重建与发展详细规划 [1942 年 3 月完成。为了不遮挡城堡的视野，所以图中虚线包围区域的限高比其他区域低。因为丹尼斯 – 帕潘街（斜线阴影区域）被拓宽了，所以该街上可以修建更高的建筑。幸存的公共建筑和列入保护名录的古建筑由黑色标出 ]

资料来源：国家档案馆，当代档案中心 [A.N., CAC, 19800268 art. 25 (AFU 4951), folder 'Dossier préparé pour l'enquête publique,' item no. 9]

## 作为规划之语境的本地行动者与本地关注问题

252

在博韦和布卢瓦两座城市的重建规划中，什么是其构成其本质的核心关注问题？这种核心关注问题与两座城市以往关注的问题有着怎样的关联？两座城市参与规划的专业人士前后出现了变动（尤其是中央政府的接管带来了新的参与者），这里体现出怎样的延续与变化？而它们对重建规划产生了怎样的影响？为了回答这些问题，我们对"重建与发展规划"以及其制定过程进行了分析，从中得出了两项主要结论：

首先，与其他法国城市相比，博韦和布卢瓦在重建规划方面进展更快，这里的一个重要因素是：两个城市都很早就接受了"城市规划"的观念，在第二次世界大战之前几十年中多次制定城市发展规划。[78] 进度上的迅速，也是因为大多数的本地参与者团结一致，而在本地参与者和中央政府派遣的人员之间也达成共识，不

243

需要进行激烈争论和无休无止的争吵。重建与城市发展部的重建规划主管说，在博韦"地方部门（尤其是道路管理部门）之间形成了一种完美的合作"。[79] 我们无法确定是不是在博韦的所有部门之间（包括地方部门与中央政府之间）的合作是否都真正达到了完美。[80] 不过，在其他法国城市(比如孚日的圣迪耶)的重建过程中，"方案"和"对立方案"、建筑师与对立建筑师之间出现了激烈争议[81]；像敦刻尔克这样一个城市里，总规划师与总建筑师也发生了高强度冲突[82]，与这些案例相比，博韦和布卢瓦的规划讨论确实算得上沉着冷静。在那些激烈对抗的情形中，中央政府不得不派遣专门的委员会和官员来平息事端。

虽然地方政府也无法避免所有法国城市都要经历的漫长规划流程，但是两个城市的"重建与发展规划"在出台后没有经过多少改动，因此流程没有因此进一步延长。当中央政府任命的规划师与本地当局关系融洽时，重建的规划与实施就更可能顺利进行——虽然本地当局对决策制定没有什么权限。因此即便决策制定过程是中央政府强加而来，但是博韦和布卢瓦的重建与发展规划都相对轻松地克服了困难，此中部分原因是规划符合本地自身的优先发展目标（至少符合城市中最具影响力的那些人的目标）。

从 20 世纪 40 年代早期开始，中央政府接管了城市和地区级别的规划，战后几十年里也一直保持如此，这意味着中央政府为所有的规划工作确定了一套框架，设定了一个新的规划等级体系，界定了这个体系中各类行动者的位置，并且还确立了这些行动者必须遵守的总体规划原则。不过正如前文所述，在战争中和战后的规划中都有一个共识：在上述总体规划原则之外，中央政府允许规划师采取当时流行的各种规划与建筑风格，从现代主义到地方主义在法国的新城市景观中都得到充分运用。[83] 无论这种兼容并蓄背后的原因是什么（实用主义目的、意识形态目的还是有其他动机），这都意味着只要接受中央政府制定的总体框架，重建规划中可以在整体上包容本地的优先发展目标。而在工作中给本地行动者（特别是受中央政府委派工作的本地行动者）留下的空间似乎也比较充分，能让他们重拾 1940 年之前已经制定出来的城市规划，利用战争损毁这个"机会"带来的新动力和新权限来展开行动，实现很多人长期以来一直倡议但只有此时才能实施的一些目标。本文表明，本地的专业行动者们虽然被中央政府褫夺了相当多的权力，但仍然不仅能低头默许这种转变，更能够把自身长期以来的意愿融汇到新的"模具"之中。

另一方面，重建周期的各个阶段，对不同的规划概念和设计概念都进行了抉择，这种决策过程是本地力量和国家力量双方面影响共同作用的结果。博韦和布卢瓦的规划延续了本地一贯关注的问题，即便在中央政府接管了重建项目之后，战时

253

制定的"重建与发展规划"也保持了这方面延续性。而在 20 世纪 40 年代和 50 年代中，重建项目又发生了演化发展，体现出国家层面（乃至国际层面）城市规划观念的整体发展趋势。

对于法国城市规划中所谓"辉煌的 30 年"（trente glorieuses）里城市变迁的国家层面的渊源（也就是中央政府对重建过程的干预），已经有很多研究进行了充分梳理理解。本文的贡献则在于添加一个以往研究中在很大程度上忽略的维度："本地传统"对规划的影响。早在中央政府接管城市规划过程很多年之前，本地的各方力量就对"城市的未来发展"进行过争论。因此中央政府制定的规划，事实上是以这些旷日持久的讨论为背景进行的。重建法国的工作，也是结合了中央政府强有力的政策手段与本地长久以来关注的问题和形成的观念而产生的结果。[84]

在博韦，虽然发生了大规模损毁，但街道网络却没有太大改动。对于该城最重要的问题是大博韦（包括相关道路）的建设。另一方面，对布卢瓦来说，众人主要关注的是彻底改造受损毁的中心城区，而不是周边的扩建。在这两个对照鲜明的案例中，改造所涉及的问题都可以追溯到 19 世纪，相关问题也都是本地更早提出的各项方案和规划的核心内容。

## 注释

254

1. 在此只引用一处文献："……这些团队完成的工作是史无前例的：在短短的几年间，很多地方的行政管理单位——哪怕是只收到轻微的战争影响的地区——都制定了重建规划。首席规划师们起草了一个真正的国家级规划（aménagement）政策，其中很大程度上界定了国家的土地干预原则。"Jean Luquet (1991) 'Qui a reconstruit la France? ou la naissance d'une administration'，收录在 *Reconstructions et modernisation: La France après les ruines 1918 . . . 1945 . . .*，Paris: Archives Nationales, p. 87.

2. 这些渊源多种多样，包括不同类型的城市干预措施，既有概念层面的（18 世纪 90 年代中期法国大革命后，巴黎艺术家们制定的各种规划方案），物理层面的 [ 里沃利路和一些外围街道的开通，其中包括若干条著名的"巴黎式大道"（Parisian *Grands Boulevards*）]，也有行政管理层面的干预。事实上，虽然经过了多次调整，但是自顶向下等级制的权力分配基本结构从根本上没有变化，直到法国大革命发生。在大革命之后，权力等级制度是这样的：首先是中央政府（Etat，巴黎的国家机构）、省（*département*，省长以及其他长官由法国总统任命，向其以及相应的部委汇报）、相对来说弱化的区（*arrondissement*）和县（*canton*），最后是市镇（*commune*），最主要的地方管理机构，负责人由当地选举产生，但其权力则受到国家和省级的法律法规框架的制约。只是从 20 世纪 60 年代开始（当时主导的国家政策考虑要对国土管理实行"再均衡化"，加强外省城市以及农村地区的开发），后来又在 20 世纪 80 年代继续进行（当时国家把一部分公共职能方面的决策与实施权转授给了市镇、省和新成立的大区行政单元）的重大行政改革，才让这个基本的权力制度发生了变化。

3. 该年 3 月 14 日颁布的法律 [ 著名的"科尔尼代法"（Loi Cornudet）] 不仅寻求对在第一次世界大战中损毁的城市进行重建规划，而且还要对未遭战火的城市的美化工作进行规划。此后在 20 世纪 20 年代出台了一些增补法规，特别是 1924 年 7 月通过了一项立法，对上述基础法进行了有效的补充。关于法国现代城市规划与区域规划的早期历史，参见 Jean-Pierre Gaudin (1985) *L'avenir en plan: Technique et politique dans la prévision urbaine, 1900 - 1930*, Seyssel: Editions du Champ Vallon.

4. 第一次世界大战爆发后，住房建设被迫中断；而在 20 世纪 20 年代，住房建设也因为财政不稳定（通货膨胀、货币贬值等）以及其他一些抑制房地产建设的因素（尤其是租金控制）而进展缓慢，到了 20 世纪 30 年代则进一步陷入瘫痪。1940 - 1944 年的第二次世界大战在全法国造成了 460000 座建筑的损毁，其中 269000 座是住宅建筑，这与前述情况叠加，产生了严重的住房短缺。Marcel Roncayolo (1980) 'L'urbanisme, la guerre, la crise', 收录在 Maurice Agulhon (ed) *La ville de l'âge industriel, le cycle haussmannien*, vol. 4 of *Histoire de la France urbaine*, ed. Georges Duby, Paris: Seuil; 以及 Anatole Kopp, Frédérique Boucher and Danièle Pauly (1982) *L'architecture de la reconstruction en France, 1945 - 1953*, Paris: Editions du Moniteur.

5. 法国的重建是一个非常集中化的过程，由一个国家部委（重建与城市发展部，*Ministère de la Reconstruction et de l'Urbanisme*, 简称MRU）主导，该部在法国解放后不久成立，取代了原来的不动产重建办公室（*Commissariat à la Reconstruction Immobilière*, 简称CRI）。重建的依据是一项国家法律（或者说是一系列法律），经过正规化的战争损毁评估，完全由国家出资进行。重建的过程又分为很多环节，由国家任命的官员来管理。负责重建的规划师（称为"urbanistes en chef", 总规划师）以及其他许多管理者和专业人员都由巴黎遴选。新的法规让国家第一次有权（有时也增强了它原有的权力）直接制定重建决策或对各种重建活动进行行政监管，这里包括从瓦砾清除、历史遗产保护到规划制定以及对需要运用特殊规则的边缘区域的界定等任务。参见Danièle Voldman (1997) *La reconstruction des villes françaises de 1940 à 1954: Histoire d'une politique*, Paris: L'Harmattan; 以及 Hélène Sanyas (1982) 'La politique architecturale et urbaine de la reconstruction: France: 1945 - 1955', doctoral thesis, Université de Paris VIII.

6. 正如上文所述，中央政府长期以来通过任命省长以及其他地方官员等手段掌控着各地政府。但对城市中建成环境的掌控权很大程度上还是在市政府手中。即便是科尔尼代法

255

在 1919 年颁布之后，法律仍规定市政厅（hôtels de ville）要制定规划——而不是由中央政府为其制定。地方政府在制定辖区范围内国土的规划时的态度究竟是积极还是消极，这基本上还是取决于地方当局自身的意愿。这种情况在 20 世纪 40 年代初突然改观，当时由于战争导致的紧急状态以及"维希政府"攫取了权力，所以中央政府强行接管了地方的规划事务。

7. 关于联邦德国城市的重建，参见 Jeffry Diefendorf (1993) *In the Wake of War: The Reconstruction of German Cities after World War II*, New York and Oxford: Oxford University Press. 其中第 8 章分别就联邦德国在国家层面制定重建规划为什么会完全失败、在各省（Länder）层面控制重建过程为什么会部分失败进行了分析。对法国、民主德国和联邦德国的战后重建给城市带来的实际变化的比较分析，参见 Joe Nasr (1994) 'Continuité et changements dans les rues et parcellaires des centres-villes détruits en Allemagne et en France', in Patrick Dieudonné (ed.) *Villes reconstruites: Du dessin au destin*, vol. I, Paris: Editions de l'Harmattan, pp. 209 - 217.

8. "接管"这个词在这里只是部分地适用。它似乎暗示，在地方层面从前具有完整的规划过程，后来转移到了中央政府手中。实际上正如前文所述，不同地方的规划机制的组织程度和覆盖范围差异很大。有些地方从前只有临时的、局部的规划活动，所以对这些地方来说，中央政府是"启动规划"而非"接管规划"。我们还可以说，自从法兰西共和国在 18 世纪 90 年代确立了权力等级制度以来，"接管"就已经发生了，国家权力和次一级的省级权力从此占据了主导地位。另一方面，本文以及其他一些研究，比如韦克曼（Wakeman）关于图卢兹城市现代化的历史研究，都表明在德军占领时期出现并在法国解放之后仍然保持的权力接管远非彻底夺走了地方的全部权力。Rosemary Wakeman (1997) *Modernizing the Provincial City: Toulouse, 1945 - 1975*, Cambridge and London: Cambridge University Press.

9. 比英语"城市之父"（city fathers）更合适的（同时也是在性别上更中立的）表述是法语的"édiles"（地方官员）。

10. 在法国解放后，对德国占领者遗留的个人、机构、规划手段和规划观念的肃清都是很困难的过程。解放后为了取代战时的遗留机制，推出了新的规划立法以及新的规划机构——其中最重要的就是 1944 年 11 月成立的重建与城市发展部——在很大程度上还是以维希时代的先导机制为基础。拉乌尔·多特里（Raoul Dautry）是战时抵抗运动的英雄，战后成为重建与城市发展部的首任部长，即便是他也要对公众歪曲历史，掩盖他的立法措施是沿袭了通敌的维希政府的既有做法这样一个事实。事实上，为了提高战后重建的效率，只对维希政府 1943 年 6 月 15 日颁布城市规划法做了少量必要修改就重新推出，令其成为重建工作的标准法规。Rémi Baudouï (1992) *Raoul Dautry, 1880 - 1951: Le technocrate de la République*, Paris: Editions Balland, p. 300.

256

11. 与"延续还是断裂"的争论缠绕在一起的（但与它又不完全重合），还有"现代还是传统"的争论（在法国，传统往往又表现为"地方主义"）。值得注意的是，在"损毁即是断裂"的思维定势之下有这样一个前提：第二次世界大战中法国很多城市遭受了完全或者近乎完全的破坏；但是对这个前提本身就应该再进行认真评估。参见 Joe Nasr (1999) 'Destruction by Reconstruction: Perceptions of Devastation and Decisions of Preservation', paper presented at the 1999 ACSP (Association of Collegiate Schools of Planning) Conference, Chicago, IL, October.

12. 我在另一篇文章中讨论过，即便是最著名的那些案例，实情与表象也有很大出入：一方面勒阿弗尔并非从白纸上彻底重建，另一方面圣马洛也不是真正的"原样重建"的范例。Joe Nasr (1997) '"La réalité de la perception": Changements morphologiques dans deux villes reconstruites (Saint-Malo et Le Havre)', 收录在 Rainer Hudemann and François Walter (eds) *Villes et guerres mondiales en Europe au XXe siècle*, Paris: Éditions L'Harmattan, pp. 177 - 191 and figures.

13. 相关案例研究参见Patrick Dieudonné (ed.) (1994) *Villes reconstruites: Du dessin au destin*, Paris: Editions de L'Harmattan, 2 vols.

14. 20世纪80年代开展了一个重要的口述历史项目，记录国家重建过程中的各项活动和参与者的想法，但该项目侧重于国家建筑领域的规划师，其中包括受国家任命为一些城市制定规划或者监管当地规划制定的规划师。在这些城市中原先就开展过工作的本地规划师的活动（乃至其存在）没有被记录下来。Danièle Voldman (1990) 'Reconstructors' tales: An example of the use of oral sources in the history of reconstruction after the Second World War', 收录在 Jeffry M. Diefendorf (ed.) *Rebuilding Europe's Bombed Cities*, New York: St. Martins Press, pp. 16 - 30.

15. Voldman (1997), 前引, p. 151. 另参见Sanyas, 前引.

16. "在负责人员的谈话中，一再重复的说法就是'避免重蹈先辈的覆辙'。"Danièle Voldman (1987) 'Introduction: Les enjeux de la reconstruction', *Images, discours et enjeux de la reconstruction des villes françaises après 1945*, Cahiers de l'Institut d'Histoire du Temps Présent, Paris: Institut d'Histoire du Temps Présent, p. 5. 关于把"第一次世界大战后的重建"当成"反面典型"，另参见Martine Morel, 'Reconstruire, dirent-ils. - Discours et doctrines de l'urbanisme', 出处同上, pp. 34 - 35.

17. 这符合韦克曼所说的"征服、统治和国内殖民化的鲜明色彩"。Wakeman, 前引, p. 9.

18. 在卢瓦尔河谷地，对布卢瓦的阵地的空袭很有代表性，德国发动空袭，意在阻止法国陆军来往于法国南部地区的行动；中部地区的其他城市也遭受了类似损毁。另一方面，博韦遭受的选择性轰炸则是为了恐吓法国，令其早日投降——这是官方透露的说法。大火在木制建筑中蔓延，很快覆盖了旧城 80% 的区域。

19. 制定重建与发展规划的任务由 1940 年 10 月 11 日颁布的法令确定。这项重要法令同时也创立了不动产重建办公室，作为指导全法国损毁城市重建的机构，并且调整了这方面的相关职责。

20. 法语称为 "*déclaré d'utilité publique*"，也就是列入了公共利益项目。

21. 博韦的重建与发展规划在 1942 年 5 月 16 日正式获批，布卢瓦随之在同年 11 月 6 日批准了本地重建规划。Jean Vincent (1943) 'La reconstruction des villes et des immeubles sinistrés après la Guerre de 1940', doctoral thesis, Université de Paris, Faculté de Droit, p. 98.

22. 博韦和瓦兹省的另外两个城镇桑利斯（Senlis）和布雷特伊（Breteuil）一起，成为 1940 年 10 月法令通过后首先制定出重建与发展规划的市镇。这些规划的通过标志着 1919 年科尔尼代法停止适用；科尔尼代法的缺陷虽然常被人批评，但也曾确立法国现代城市规划实践的准则。

23. Maurice Brayet (1964) *Beauvais ville martyre . . .: ou trois mois de magistrature municipale (Juin–août 1940)*, Beauvais: privately published, pp. 116 - 117.

24. 保罗·瓦基耶（Paul Vacquier）省长的政令要求博韦首先制定一个 "对重建区域进行平整的计划，并且按照 1919 年的法律，提交城市发展规划的总体调研报告"。Centre d'Archives Contemporaines（当代档案中心，以下简称 "CAC"），Fontainebleau, AFU 10191, folder 'PRA,' administrative item no. 1, 12 October 1940.

25. 1940 年年底，市议员拉腊特（Laratte）催促市议会在 1941 年 1 月 11 日之前审议重建方案的详细内容，因为该日是省长政令规定的 3 个月期限的最后一天。3 个月期限原本是 1919 年规划法规定的，但其实没有多少市镇把它当回事。Archives Municipales de Beauvais（博韦城市档案，以下简称 "AMBe"），Deliberations of the CM, 20 December 1940.

26. AMBe, Deliberations of the CM, 30 October 1940.

27. 与博韦的工作同步，诺埃尔还受命制定努瓦河畔布勒特伊（Breteuil-sur-Noye, 一座博韦北方的小城）的重建与发展规划，该城在 1940 年的战争中也受到严重损失，2000 座建筑中有 1141 座完全摧毁。Vincent，前引，pp. 18 and 98. 诺埃尔稍后又承接了另外两座城镇——默尔特和摩泽尔省的图勒（Toul）以及马恩省的维特里－勒弗朗索瓦（Vitry-le-François）——的规划任务。后者的重建与发展规划在 1943 年获批，但是在法国解放后由另外一位建筑师接手，所以诺埃尔没有参与该规划的实施。'Toul' and 'Vitry-le-François', *Urbanisme* 45 - 48 (1956), pp. 198 and 206.

28. Gaston Bedaux (1942) 'La reconstruction dans le département de l'Oise', *Urbanisme* 77, April, p. 148.

29. CAC, AFU 10192, folder 'Désignation des hommes de l'art', letter of Bedaux, Chief Engineer of the *Ponts et Chaussées* (Public Works) for the Department, to Muffang, Reconstruction Commissioner, CRI, 22 January 1941（1941年1月22日瓦兹省道桥总工程师贝多给中央政府不动产重建办公室重建负责人米方的信）。贝多在信中解释说，1940年10月11日颁布的法律界定了重建的规则与责任，其中要求不动产重建办公室而不是省长或者市长来任命城市重建的总规划师，但这个法律是"1940年10月25日的政府公报颁布的，11月初博韦市才得知"。

30. 1941年2月17日，德格鲁（Desgroux）市长写信给米方，表示帕朗蒂和诺埃尔已经完成了重建与发展规划的初稿，并提交给了市长。CAC, AFU 10192, folder 'Désignation des hommes de l'art'.

31. CAC, AFU 10191, folder 'PRA,' administrative item no. 2, letter of Muffang to the Prefect, 28 January 1941（米方1941年1月28日致省长的信）。

32. 同上。

33. 对于制定的重建区域内的各个地段来说，虽然建筑要服从总体规范，但其设计则由各个业主和建筑师自行完成；而地块的形态、区域和位置要由复建协会统一管理。复建协会负责在上百个独立地块的所有者之间平衡需求，并且确保经过复杂的土地重划之后，还保持战前的总建筑面积，要么是在损毁区域内部安置，要么则迁移到损毁区域之外的新的补偿区域内。至于重建资金，中央政府负责提供资助；政府在补偿遭受战争损害的业主时相当慷慨，无论这种受灾业主是普通市民还是市政府当局。Danièle Voldman (1997) 'Les guerres mondiales et la planification des villes', 收录在 Rainer Hudemann and François Walter (eds) *Villes et guerres mondiales en Europe au XXe siècle*, Paris: Éditions L'Harmattan, p. 23. 另参见 Joe Nasr (1999) 'Transformations in the lot patterns of France and Germany after World War II', 收录在 Jad Tabet (ed.) *Reconstruction of War-Torn Cities*, Proceedings of the UIA's International Conference, Beirut: Order of Engineers and Architects, November, pp. 133-141.

34. Brayet, 前引, pp. 118-119.

35. 出于在这里无法详述的理由，帕朗蒂在半道退出了博韦的规划项目，只留下诺埃尔一位总建筑师－总规划师。在法国解放之前，规划方案就已经完全就绪，但由于维希政权倒台，必须又准备一个新规划，重新完成所有的审查步骤。有些参与者（尤其是按照政治需要从顶层任命的人）被撤换了，但是不少人也留在了原有岗位，其中最重要的是诺埃尔本人。因此这次重走流程对原有的方案改动不大，大多数调整都是在受损的市中心之外的区域。虽然调整不多，可是新的规划流程比战时的流程耗时更长；博韦的重建于发展规划最终在 1948 年获批通过。

36. 正如沃尔德曼和其他学者已经表明的那样，法国城市基本上都经历了这样的变化。

37. 1940 年 11 月 25 日，瓦兹省的省长接到了启动市镇合并的提议，参见 Charles Fauqueux (1965) *Beauvais: Son histoire de 1789 à l'après-guerre 1939 - 1945*, 2nd edn, Beauvais: Imprimerie Centrale Administrative, p. 200. 直到次年 11 月，不动产重建办公室才与诺埃尔和帕朗蒂签约，设计一个跨市镇的发展规划，将博韦与周边市镇合并到一起。参见 AMBe, Deliberations of the CM, 21 November 1941. 在不动产重建办公室签批后，市镇合并的政令由内政部长在 1943 年 2 月 6 日正式颁布。参见 CAC, AFU 10192, folder 'Renseignements d'ordre administratif et statistique'.

因此这次城市区域合并的流程是在省一级和内政部进行的，完全越过了地方政府。4 个相邻市镇召开的听证会并不支持这次合并，但这几个地方的领导层则各有想法。由于这次合并是由通敌的维希政权强加的，所以在 1945 年也有人提议再把这几个市镇分割开，不过新的市议会中大多数议员都投票保持合并状态。参见 André Thibault, 'Beauvais, une transformation, 1940 - 1985', manuscript, January 1993 pp. 3 - 7, deposited at the Archives Départementales de l'Oise, Beauvais.

值得一提的是，在战后政府最终批准本次合并的一年之后，重建与城市发展部又提出了一项更新、更大规模的市镇重组，把博韦和另外 8 个市镇组建在一起，占地达到 12305 公顷。参见 CAC, AFU 10193, folder 'Création du Groupement d'Urbanisme de Beauvais'.

259

38. 在博韦重建过程中，众人在交流观点时几乎没提到这个规划，这很让人惊讶，因为帕朗蒂正是 1940-1941 年间负责重建与发展规划的两名规划师之一。而当我们比较这两个城市规划方案时，就能清楚地发现，1922 年的规划构成了 20 世纪 40 年代规划的重要先导。

39. 该规划考虑的城市发展规模是 1800 公顷面积，容纳 5 万名居民。20 世纪 70 年代博韦人口的稳定数值正是这个水平；此后的 30 年间，人口增长了一倍以上。

40. Thibault, 前引, p.6. 有趣的是，此后兴建的第一个项目并不基础设施建设，而是在 1929 年修建了一个工人住宅区。这体现了发展本地工业的优先目标，后文对此还会详述。

41. Thibault, 前引, pp. 3 - 5.

42. 博韦长期以来一直是多条主要公路的交汇点。

43. 同上, pp. 3 and 6.

44. 1919 年 12 月推动博韦成立特别委员会起草城市规划的人，是一位工业家吕西安·莱内（Lucien Lainé）。

45. 第二次世界大战后，地方势力的战略思想仍未减弱。1958 年，瓦兹省参加了欧共体新首都的竞争，最后未获成功。人们提议，由巴黎附近的若干小城镇（尚蒂利、桑利斯和埃尔芒翁维尔）共同成为欧共体政府所在地；其中有一些来自博韦的政治家，动用了中央政府关系和本地媒体帮助鼓吹。正如海恩所说，"这个设计方案的特色"在于其区域规划方面，重点是"将法国首都与欧洲各国计划修建的基础设施联系起来的思路：巴黎和布鲁塞尔之间的公路，巴黎北部的新国际机场，以及在巴黎、伦敦和布鲁塞尔之间的铁路交通路线。尽管这些基础设施要到几十年后才真正建成（而且欧盟首都也没有选择瓦兹省），但最终它们的存在对区域经济产生了积极影响"。参见 Carola Hein (1997) 'The network of European capitals: Steering the processes of concentration and decentralization', 收录在 Koos Bosma and Helma Hellinga (eds) *Mastering the City: North-European City Planning 1900 - 2000*, Rotterdam: NAI Publishers/ EFL Publications, p. 1:35. 详情参见 Carola Hein (1995), 'Hauptstadt Europa' PhD dissertation, Hochschule für bildende Künste Hamburg, pp. 135 - 137. 有趣的是，今天（本文写作的 2002 年）的博韦机场成为疏解巴黎机场欧洲航班压力的减压阀。

46. 举例来说，中央政府重建工作负责人的代表在 1941 年 5 月 15 日第一次听取重建与发展规划的初稿汇报时说："这个规划的特色在于经过城市区域的国家公路。"CAC, AFU 10191, folder 'PRA', administrative item no. 3, minutes, Sous-Commission départementale de la Reconstruction, 15 May 1941. 诺埃尔在汇报博韦规划工作的主要报告中提出："在报告的一开始就应该关注道路拥堵问题以及进入城市群的通行线路问题。"Georges Noël, 'Le Beauvais de demain', Circulaire Série A. No. 9, presented 14 April 1944, Paris: Centre d'études supérieures, Institut technique du bâtiment et des travaux publics, July 1945, p. 9.

47. Thibault, 前引, p. 6.

48. 到 18 世纪时，布卢瓦的护城堡垒都被拆除了，但在其原址上却没有建起环城大道，其中很大原因就是因为地形太过崎岖。

49. 对于菲耶来说，重建工作有 4 项指导原则："1）将狭窄难行的街道改造成宽阔的通行道路;2)为居民提供良好的空气、照明、卫生条件;3)更好地展示本城价值非凡的名胜古迹;4）在重建城区内保持一定的建筑统一性。"参见 Archives Municipales de Blois（布卢瓦城市档案，以下简称"AMBI"), Paul Robert-Houdin archive, press clippings file, Hubert Fillay, 'Plans de reconstruction', *La Dépêche du Centre*, July 1940. 事实上菲耶长期倡议对旧城区进行改造。他在 1919 年出版了一本题为《为了布卢瓦的复兴》的书。

50. Yves Babonaux (1956) 'L'évolution contemporaine d'une ville de la Loire:

260

Blois', *Information littéraire* 2, March – April, p. 45.

51. 同上, pp. 45 – 48.

52. Annie Cospérec (1994) *Blois, la forme d'une ville*, Inventaire général des monuments et des richesses artistiques de la France, Région Centre, Cahiers du Patrimoine no. 35, Paris: Imprimerie nationale éditions et Inventaire général, p. 283. 这是法国最重要的桥梁之一。设计者雅克·加布里埃尔（Jacques Gabriel）是当时最著名的一位建筑师 / 工程师；这座桥是国家道路桥梁管理部门（该部门在几个世纪中一直在全国负责桥梁道路的修建与维护）修建的第一座建筑，因此在法国历史上有特殊意义。

53. Annie Cospérec (1986) 'Le pré-inventaire de la ville de Blois: Enquête préliminaire sur le secteur sauvegardé', 收录在 *Congrès du Blésois et Vendômois*, Paris, p. 128; 以及 Cospérec (1994), 前引, pp. 292 – 293.

54. Equipe départementale des professeurs d'histoire-géographie (1986), '*Le fait urbain*' – Blois: *L'exemple d'une ville moyenne*, Centre départemental de documentation pédagogique du Loir-et-Cher, Orléans: Centre Régional de Documentation Pédagogique, p. 40.

55. Cospérec (1994), 前引, p. 322.

56. 同上, pp. 360 – 368.

57. 在为成立一家专门兴建这条街道的公司而发布的通告中，对施工的紧迫性是这么描述的：“本工程为缓解日益加剧的交通压力而兴建新的道路。它也是符合美化城市的必然需要，当前的城市格局过于僵死，道路狭窄弯曲，而多年以来邻近的大多数城市都为了美化而果断实施了宏大工程。”此外，工程对于公共卫生也有好处，因为“它会拆迁整个极为肮脏破旧的街区”。第四项理由是为失业的建筑工人创造就业机会。Bibliothèque Municipale de Blois(布卢瓦市图书馆，以下简称“BMBI”), Compagnie blésoise pour l'ouverture d'une rue à la suite et dans l'axe du pont, Public offering of shares, 15 June 1848.

58. Cospérec (1994), 前引, p. 285.

59. Equipe départementale des professeurs d'histoire-géographie, p. 41.

60. BMBI, Ville de Blois, Expropriation pour cause d'utilité publique, Tableau des offres et demandes, 28 December 1886.

61. *Mémoires de la Société des Sciences et Lettres de Loir-et-Cher*, Vol. 16, Session of 10.5.1925, Blois: Grande Imprimerie de Blois, 1926 pp. 58 – 61.

62. A. Lafargue (1914) *Ce qu'on aurait pu faire à Blois depuis 50 ans*, Blois: Imprimerie R. Duguet.

63. 这里"拿出来展示"在法语中是"*mettre en valeur*"，字面意义是"放进价值"；在重建过程中提到重要建筑的时候常常会用这个说法，其中包括"展示、凸显、开发、使生效"等多重含义，很难用一个词翻译。

64. Lafargue, 前引, p. 2.

65. 从文艺复兴时期起，市政厅就坐落在这个地块上。1777 年由于要与新建的大桥路线保持一致，而沿卢瓦尔河的一些墙壁也要拆毁，所以市政厅进行了重建。Cospérec (1994), 前引, pp. 288-289.

66. Babonaux, 前引, p. 52.

67. 罗贝尔-乌丹的祖父是一位布卢瓦出生的国际知名的魔术师，名字与他相同。他本人学习建筑，自 1927 年以来一直是专业的古建筑保护者，负责卢瓦尔河谷地区的古建筑保护（尤其是各地的城堡，也包括布卢瓦的城堡在内）。他以 1952 年在尚博尔城堡（Château de Chambord）发明了古城堡声光秀（*spectacles son et lumière*）而驰名；之后的 20 年间，他在全球各处景区进行了这种声光秀的巡回展示。除了他在本地历史建筑修复方面的工作之外，他对现代旅游业的贡献——把古建筑变成了一种新奇景观——值得另外撰文研究。除了特殊注明之处外，后文中涉及罗贝尔-乌丹的引文都来自布卢瓦城市档案中的保罗·罗贝尔-乌丹档案（AMBI, Paul Robert-Houdin archive），其中包括《中部快报》（*La Dépêche du Centre*）的新闻剪报。

68. 'Le déblaiement des quartiers sinistrés se poursuit activement', *La Dépêche du Centre*, 22 August 1940.

69. 他的重建规划在 11 月完成。

70. 米方给夏尔·尼科的信：CAC, AFU 4951, folder 'Périmètre de Reconstruction: Dossier officiel', administrative item no. 2, letter of Commissioner Muffang to Charles Nicod, 28 January 1941. 尼科是法兰西学会（Institut de France）的院士，民用建筑的首席建筑师；他也负责巴约讷和图卢兹的规划，这两个城市规模更大，不过没有受战火损毁。参见 'Le Plan de Reconstruction de Blois', *La Dépêche du Centre* (9-10 May 1942), p. 1.

71. 尼科在 1941-1943 年的第一轮规划设计后不再参与该项目的后续工作。

72. 1931 年 8 月，罗贝尔-乌丹还参加了新邮局的设计竞赛；当时规划的修建地点正是战后实际修建的位置（维克多·雨果广场上）。

73. 有趣的是，罗贝尔-乌丹在这个设计中的合作者是 H·拉法尔格，也就是前面提到过的那本 1914 年小册子作者的儿子。

74. Léon Chesnay, 'La reconstruction de Blois', *La Dépêche du Centre*, 12 November 1940.

75. 不幸的是，这份规划只在图纸边缘注有作者签名和完成日期，字迹很不清晰，我辨认的结果是"P·R·乌丹（P.R. Houdin），1940 年 9 月 8 日（8 Sept. 40）"，但对此不十分确定。另一方面，规划上标记着"布卢瓦市"，而没有任何提到中央政府的不动产重建办公室以及其他国家机构的名字，这确实表明它是 1940 年在中央政府参与重建项目之前完成的。

76. 例如参见尼科在 1941 年 2 月 28 日给罗贝尔－乌丹的信。

77. 在这里应该把设计原有的动因和设计元素本身区别开来。我们可以举一个设计元素为例说明二者的区别。在罗贝尔－乌丹 20 世纪 30 年代先后设计的两个方案中都采取了圆形的空间设计，这并不只是处于装饰目的，本身也有功能作用：奥斯曼男爵式的丹尼斯－帕潘街与古老的商贸街（rue du Commerce）之间的交角很小，为了解决这个问题，设计师不得不采取了圆形布局。20 世纪 40 年代尼科接手规划后，仍然沿用了圆形，但是这个空间的位置则放在了河边，而原来的商贸街则完全消失了。这样一来，半圆形的空间就只成了一种建筑设计手法而已，即便它原本要解决的问题已经消除，这个形式本身却还得到了保留。

78. 不过，虽然两个城市的重建规划起初进展很快，但是后来却未必领先，这里的主要原因还是中央政府设置的机构要监管全部的重建过程。中央政府接手以后，两个城市在重建进度上的领先就不断减弱，最终博韦和布卢瓦的重建周期与其他受损毁的城市区别不大。

79. 诺埃尔在 1944 年 4 月 14 日作的"明日博韦"演讲。Noël，前引，p. 2.

80. 比如在重建与发展规划的第一次修订其间，诺埃尔和博韦土地重划联合会（Syndical Association for Reparceling）的总建筑师布瓦洛（Boileau）之间就发生了冲突。市政府不得不任命了一位总建筑师西尔万（Sirvin），居中平息二者的争议。参见重建与城市发展部两名官员之间的通信：CAC, AFU 10192, folder 'Affaires connexes aux études d'urbanisme', letter of P. Gibel to Randet, 18 May 1945.

81. Vincent Bradel, 'Saint-Dié, sans Corbu, ni maître', 收录在 Dieudonné, Vol. I, 前引, pp. 293 - 304.

82. Emmanuel Pouille, 'Dunkerque, genèse d'une reconstruction', 收录在 Dieudonné, Vol I, 前引, pp. 7 - 18.

83. "中央政府要在各地的重建规划上留下印记，但是重建的风格选择则是受命负责每个受损城市重建规划的建筑师的特权。中央当局避免偏重某一种艺术风格，倾向于让全体建筑专业界雨露均沾地承接项目，这样他们就成了对立建筑派别之间的仲裁人，当管理机构、市政府以及市民们发生争议的时候，他们也能居中决策。"Danièle Voldman (1997) 'Les enjeux de la reconstruction', in Emmanuel Doutriaux and Frank Vermandel (eds) *Le Nord de la France, laboratoire de la Ville: Trois reconstructions: Amiens, Dunkerque, Maubeuge*, Lille, France: Espace Croisé.

84. 当我们发现有些城市规划概念反复出现的时候，是不是因为这些概念已经进入了"集体记忆"，在一代一代的规划师之间不断传递？还是因为这些概念形象具有内在能量，已经自行渗透到集体记忆之中？还是说，只要规划师坐到地图前或者漫步在城市中，这些概念就会"自然而然"地在脑海中浮现？对于博韦和布卢瓦来说，很难确定上面哪种解释更为合理。不过，我相信实际情形往往是结合了几种解释的结果。当规划师想到了一个想法，如果这个想法看上去"自然而然"，那么它就会生根发芽，在这里那里不断重现。如果不够自然，或者经过环境变化后这个想法不再成立，那么大家很可能就不会再听到有人谈起它。

# 第四部分
# 外来专家，本地专业人士

# 第 11 章
# 聘用外国人：法国专家与布宜诺斯艾利斯的城市化，1907—1932 年

艾丽西亚·诺维克，布宜诺斯艾利斯大学

在 20 世纪初，很多国外城市设计专家访问过布宜诺斯艾利斯。他们最初的来访是应几任市长的邀请，为该市设计出最早的城市规划，后来则是受一些本地协会邀请，就城市相关问题发表演讲。

我们分析这些专家的活动，是为了从一个不同的视角考察布宜诺斯艾利斯城市化发展初期经历的问题。此前对这类情况的传统研究，往往采用了依赖理论(theories of dependency) 的思路，把专家活动体现的外国影响视为一种文化上的屈从关系。但是我们经过重新考察专家们的工作，发现这类国际合作中包含着一些多种多样、妙趣横生的形式，其中文章和"概念模型"的国际交流以及官方委派的任务都促进了相关的合作，而在这些工作中，外国专家们带着在自己祖国或者其他国家开展的项目中获得的经验和知识来到布宜诺斯艾利斯，也对国际合作产生了一定影响。

值得一提的是，本文讨论的这些外国专家的知名度、权威性要远远超过更早时期来到布宜诺斯艾利斯的一批专业人士；19 世纪前半叶阿根廷就雇用过这么一批专业人士，他们在该国定居了一段时间，因为本地符合相关需求的人员极度缺乏，所以正是这些外国专业人士组建了政府的技术部门，开设了一些大学课程，而且负责实施了若干大型公共工程。同样，本文讨论的外国专家也与当代的城市官员以及各种独立专业人士不同；作为"专家"，他们受到政府邀请，要将专业知识运用于他们熟知领域的公共政策决策过程中；作为"外国人"，他们在处理"本地"问题的时候能保持批判性距离——按照法国学者让-皮埃尔·戈丹 (Jean-Pierre Gaudin)[1] 的分析，这种距离恰恰是城市规划职业的一项显著特征。本文的前提性假设就是，只有我们充分考察了内在于这些"外国专家"个人职业中的世界主义品格，对他们知名度和权威性形成过程的研究才可最终称得上完整。

在以前的一篇文章中[2]，我们考察了外国专家在"需求"制定方面的作用，表明了随着本地专业人员的专业能力不断提升，外国专家的影响力也发生了变化。近期的历史研究不仅发掘出了一些新文献，而且也发展出了一些新的分析视角，

拓宽了这个知识领域的视野，让我们能够进一步考察欧洲向拉丁美洲"供给"的各种城市化解决方案。近期有很多研究关注欧洲与美洲之间的交流[3]，另外也召开了多次拉美学者和欧洲学者共同参加的学术会议[4]，这些都体现出这个方向上的学术进展。

本文将尝试回答 3 个问题：

1. 在选择聘请外国专业人士担任专家或来访讲课时，有哪些决定因素？为了回答这个问题，我们要分析本地需求的成因——聘请他们来，原本是要解决哪些问题？在特定历史时期，是处于什么样的环境下发出这种国际邀请？目前对这些问题有很多解释，比如本地资产阶级对巴黎城市模型的迷恋[5]，又比如在各种本地影响群体之间的斗争等等[6]；对上述因素加以分析，就能让我们在这些方面产生全新的洞见。

2. 外国专家与本地人士关于城市的"形象"与"表征"颇为不同，这样两种人之间如何建立合作？换言之，在外国专家和阿根廷专业人士之间的互动有什么样的特点？近期研究发现这里存在着双重模式：一方面，外国专家对本地经验越来越感兴趣，在为需要他们对付的问题设计解决方案的时候往往会运用这些本地经验；另一方面，本地专业人士也会借助自己的经验，对外国专家提供的思路加以"移位和转译"（transferences and translations）。[7] 这样一来，原本的问题经过外国专家的思路转换，就会被重新定义，甚至被新的问题所取代，如此达成的双向合作就会形成有独创性的贡献。

3. 外国城市专家在布宜诺斯艾利斯的工作经验会以哪些方式影响他们今后的职业生涯？国际交流的这个方面还没有获得过广泛研究。最近美国规划史专家科林斯（Christiane Crasemann Collins）研究了外国规划专家来到"新世界"后产生的经验对其学说与日后工作的影响，她使用了"反向移位"[8] 这个术语来描述这种影响。在建筑领域对相关主题有过研究[9]；在本文中，我们将简要地初次涉及这个问题。

本文首先考察两位法国专家——布瓦尔（Bouvard）和福雷斯蒂尔（Forestier）受布宜诺斯艾利斯市政府聘请进行的工作。我们随后讨论了 20 世纪 20 年代末期和 30 年代初期若瑟利（Jaussely）、黑格曼和勒·柯布西耶来访的情形。[10]

## 布瓦尔和新规划（1909 年）

1907 年，卡洛斯·德·阿尔韦亚尔市长邀请巴黎公共事业局负责人约瑟夫－安托万·布瓦尔来到布宜诺斯艾利斯，请他制定城市改造规划，以迎接即将到来的国家独立百年庆典（1810—1910 年）。

在独立百年之际，阿根廷自 19 世纪下半叶启动的饱受争议的现代化进程正在全力实施，布宜诺斯艾利斯处于高速变迁之中。1880 年城市人口还只有 40 万人，经过大批欧洲移民到来，1910 年的人口已经达到 150 万人。在这个经济不断增长的农业出口国中，本地资本持续集聚，外国投资也一直在涌入，这些都促使基础设施工程——港口、供水、交通——以及各种公共建筑和私人建筑得以大规模兴建。与此同时土地价值攀升，而住房则出现了紧缺，再加上规划与建筑从业人员及行政管理人员都缺乏训练，给城市带来了很多新问题。19 世纪末的布宜诺斯艾利斯曾经就公共卫生与健康、工人阶级住房、增长控制以及建筑如何体现国家形象等问题展开过争论。争论双方的主要主张分别是"美化市中心"和"建设城市扩展区域"，这代表了 19 世纪城市现代化的两个方面。而这些问题又与"百年阿根廷"的氛围联系在了一起，在这个关键时间节点上，"加入现代国家之林"的意愿却是在高度的社会不和谐中表达出来的。

1900 年后，城市美化的任务（以改善"公共卫生"和"交通"为由）走到了前台，当时城市要准备 1910 年的百年庆典，筹备一场观念借自欧式世界博览会的大型展览，当然其形式主要还是借鉴了 1892 年为纪念发现新大陆 400 周年举办的"芝加哥哥伦布纪念博览会"（Chicago Columbian Exposition）。一时间规划出了无数个城市改造项目，其中有些是特别理想化的提议，有些则是专家提出的小规模改良项目。人们也抓住这个机会，开始商议对路网和城市形式进行改造，各类公共建筑、公园和广场如何选址，棋盘形路网的布局如何扩建（增加大道与 / 或对角线道路），这些议题都被提了出来。在 1905—1906 年之间，国家议会和市议会中充斥着关于"征地"、"公共利益"以及公共事业项目投资意义的讨论，主事者也着手分析了各种不同的提案。市长在抉择究竟哪些项目应该实施时遇到了困难，而百年庆典就在眼前，项目施工相当紧急，因此他聘请了法国建筑师布瓦尔作为外部顾问。

268

### 合同

据说阿根廷的精英阶层迷恋法国文化，尤其爱从巴黎复制住房建筑和城市规划的模型；相关研究文献中[11]，也把聘用布瓦尔当成了这种迷恋的又一个典型事例。但实际上市长之决定聘用法国人，还有很多其他的考虑因素。布瓦尔是一名法国政府官员，两个国家在充分权衡了双边利益之后认可了这项聘用，这份合同以外交协定的形式达成。

卡洛斯·德·阿尔韦亚尔市长以前（1900—1904 年）曾担任过阿根廷驻法国

大使，而他的家庭自 1887 年起就曾在巴黎居住，多年的积累让他在个人和机构双方面都建立了深厚的关系网络。其父托尔夸托·德·阿尔韦亚尔（Torcuato de Alvear）也曾在 1880—1886 年间担任布宜诺斯艾利斯市长，因为大规模城市改造被誉为"阿根廷的奥斯曼男爵"。他的弟弟马塞洛（Marcelo）后来也出使巴黎（1919—1922 年），返国后担任阿根廷总统（1922—1928 年）。[12] 德·阿尔韦亚尔这一家人，就像布宜诺斯艾利斯的很多精英家族一样，通过私人访问和公务任务与欧洲保持着紧密联系。

布宜诺斯艾利斯市政府在采取很多决策时会咨询巴黎市政厅的意见，行政架构也从后者多有借鉴。此外，布宜诺斯艾利斯还跟巴黎学习掌握了很多管理手段。1868 年法国景观设计师爱德华·安德烈（Edouard André）在巴黎应阿根廷总统多明戈·福斯蒂诺·萨米恩托（Domingo Sarmiento）要求撰写了若干技术报告。1880 年，巴黎为阿根廷第一部建筑法规（1887 年出台）的起草提供了初步信息。1891 年为了布宜诺斯艾利斯市设立土地登记机构，巴黎又采取了同样的流程；1902 年巴黎设立了市政府奖金，征求布宜诺斯艾利斯城市建筑立面设计方案。可以说，巴黎对于阿根廷方面有求必应，当然这其中也有明显的兴趣驱动：巴黎市政府很热衷输出自己的经验技能。除此之外，巴黎美院在建筑和城市规划方面的典范影响力也是不可低估的。[13]

因此，聘用外国专家是一种常规操作，技术人才不断流动周转，既负责市中心的美化项目、也负责市区扩展建设项目的方案制定。正如西特（Camillo Sitte）所说，城市的美化是一项"艺术作品"，不能交给官员负责。[14] 需要举办设计竞赛。1906 年厄瓜多尔举办了新瓜亚基尔设计竞赛，这表明拉丁美洲的各个新兴国家作为富于潜力的建筑市场，具有越来越高的重要性。

在第一次世界大战之前的若干年中，为了挑战英国的霸权与德国日益增长的影响力，法国开始在各个"新兴国家"积极进行宣传，提升法国在全球的存在感；因而此时法国对拉丁美洲的兴趣也越来越浓厚。从这个视角考虑，不难理解为什么在 1906 年布宜诺斯艾利斯最终确定聘用法国官员布瓦尔时，巴黎市政府派出了一支以市议员蒂罗（Turot）为首的代表团来访。代表团得到了阿尔韦亚尔市长的慷慨支持，蒂罗拜会了不少有影响力的重要人士，并让他们对聘用"塞纳省建筑事业的杰出负责人布瓦尔"[15] 实施阿根廷首都改造产生了兴趣。此前，同一支代表团还访问过西非、北非、印度支那（今越南）、菲律宾、巴西和伊斯坦布尔，目的都是为了让法国人拿到当地的政府订单。[16]

在当时，法国的不少商业机构在全球新兴市场推行法国的产品、金融投资和

269

公共事业项目，往往政府代表团会帮助这些商业机构游说。[17] 布瓦尔在布宜诺斯艾利斯工作的同时，有一家咨询公司在巴黎成立，这个公司汇集了一批富于影响力的欧洲人和拉丁美洲人，他们掌握了各种公共事业工程项目的潜在信息，作为公司股东能够拿到相关订单。公司宗旨是"把法国资金引导到适合我们经济投资的高利润阿根廷业务中"[18]：铁路、有轨电车、矿业、银行和公共事业项目。而城市设计技术人员的作用就是在像阿根廷这样不稳定的市场中确保投资安全，根据布瓦尔在阿根廷工作的业绩，他被任命为新公司的总监。

市政府在 1906 年聘用布瓦尔，正符合了市长当时的需求，他急需一位技术人员帮他制定决策，确定应该实施哪些工程实现城市美化。这里没有采取通常的方式（由组建不久的行业管理机构开展设计竞赛），而是聘用外国顾问充当"仲裁者"，从大量项目提案中选择应该实施的工程。布瓦尔作为仲裁者，当然也会在决策中偏向自己的业务上的朋友。

实际上布瓦尔以往的职位虽高，但在专业领域并不出名。他没有撰写过什么著作，与同时代的其他几位人物，比如普罗斯特、若瑟利和埃纳尔（Hénard）相比，他不是巴黎美院毕业生，也未在国际设计竞赛中取得过大奖，城市工程项目的履历并不出色。布瓦尔的主要优势是他在巴黎市政府工作的经验，以及他作为设计师参与的各个国际博览会项目。[19] 他是 1878 年、1889 年世界博览会巴黎馆的建筑师，而且参与了布鲁塞尔、芝加哥（1893 年）、安特卫普（1894 年）、墨尔本和圣路易斯（1904 年）等地的博览会工程，这种工作经验对于正在准备百年庆典活动的布宜诺斯艾利斯来说特别重要。[20]

关于布瓦尔在布宜诺斯艾利斯的工作情况，已经有详细研究进行了考察。[21] 我们在此只简略回顾一下：1907 年，布瓦尔带着两名助手——德拉特（Delattre）和富尔 - 迪雅里克（Faure-Dujarric）——来到布宜诺斯艾利斯，进行了若干设计：博览会的布局图，一座医院，一个新的社区，以及若干大道和对角线形街道的草案。270 本地专业报纸对他的方案多加批驳，这些评论指出，他对本地现实情况相当无知，前期调研的时间也不够充分。这些反对意见主要是本地建筑师提出的，旨在夺回他们自己对项目的决策权，同时也是为了抨击市长，认为他可能在这些项目中有个人利益。批评者们还揭露出市政府无视本地专业人士一直以来的贡献，仅仅因为他们属于"新兴国家"就看轻他们深厚的专业背景。在首次规划中，布瓦尔的身份并非咨询专家，而是设计方案的技术人员，他"从头开始"设计了所有方案。尽管面对这些批评，卡洛斯·德·阿尔韦亚尔市长仍然迎难而上，直到市议会通过了各个总体方案。[22]

1908 年，吉拉尔德斯（Manuel Guiraldes）接替阿尔韦亚尔担任市长，他的城市建设政策与前任不同，而且得到了一群属于社会改革派的专业人士积极支持。受到当时正在发生的社会运动（比如 1907 年和 1908 年的租户罢工）的影响，新市长的政策偏重于满足对工人住房的紧迫需求，并且往往出资购买物业和土地以实现市政目的。[23] 新的市政府确立了上述侧重点之后，希望取消前任市长签订的合同，但是由于存在外交压力，布瓦尔的合同是不可能撤销的。

事实上，法国大使馆直接支持着各个法国咨询公司的工作，大使馆往往在本地政府面前力挺法国公司。在阿根廷的各种公共事业、港口建设[24]、艺术竞赛[25] 等项目中，法国都会施加外交压力，帮助法国公司赢得合同。1908 年法国大使蒂博（M. Thibault）就是采取这种态度，出面维护布瓦尔的合同。蒂博提醒当地政府，对外国专家毁约会损害阿根廷的国际声誉。他在信函中表示："我提醒塞瓦略斯先生（Zeballos，阿根廷内政部长）注意，他最近刚刚让人在欧洲维护阿根廷的国际形象，让公共舆论和企业家相信阿根廷政治和经济都很稳定；而去年巴黎（包括当地政府）还因为布瓦尔先生受聘的消息举行过庆祝。如果现在撤销合同，难道不会让人联想到阿根廷发生了什么危机——而这不正是塞瓦略斯先生用心良苦地否认的吗？"[26]

面对这个形势，市长决定布瓦尔先生应该跟一个委员会协作，委员中还包括市政府官员和对该城问题有丰富经验的技术人员。通过与阿根廷同仁们谈判协商，布瓦尔在阿根廷的第二份（也是最后一个）规划方案达成了结论。方案文件在 1909 年公布，其表述是这样的："本委员会对上述方案进行了长时间的彻底调研，认为可以采用其总体原则和相关决策，仅需基于各处地段的具体知识，根据不同情况和实际需求，对方案引入若干细节改动。"[27] 实际上，委员会在项目中起到了重要作用，它根据委员们对城市的丰富知识，调整改进了布瓦尔 1907 年的最初思路。

## 新规划

271

1909 年的新规划（西班牙语"Nuevo Plano"）给自己限制了工作范围：按照"城市设计艺术"的经典原则来改造街道和广场。因此火车站的建设、基础设施工程以及工人住房就不是这个项目考虑的内容，需要在其他地方另行商议。同时，布瓦尔在撰写描述性方案报告中、在宏观的决策制定中，都充分运用了自己丰富的经验，并且使用了概念工具，以令人耳目一新的方式呈现出城市改造方案。借助布瓦尔对这些工作的贡献，本地技术人员提出的种种问题得以放到一个完全不同的视野中加以考察。

首先，布瓦尔的描述性方案报告形成了重要的概念贡献。报告旁征博引，借鉴了埃纳尔（在通行路线方面）、比尔斯（Buls，在城市美学方面）和福雷斯蒂尔（在公园系统方面）的工作，为整个方案奠定了坚实的"理论基础"，其意图在于（尽管只得到了部分实现）超越片段式的局部方案，形成整体的城市系统。

不仅如此，布瓦尔还提出了"城市向河流开放"的需求，这也是整个方案的核心观念之一。"此前市政府的各项决策，尤其是关于城市人口密度较高的区域的决策，都忽略了环绕城市的那条河流无与伦比的美景。"[28] 1896年市政府曾制定过一个方案，设计了环城大道，其中一部分是滨河大道，以便补偿港口设施建设对海岸造成的影响；而1909年的规划在这方面远超过了先前的方案。布瓦尔在自己设计的巴黎规划中，在1900年世界博览会之后把塞纳河岸边的区域"解放"了出来。布宜诺斯艾利斯的新方案借鉴了这个规划，其创新之处在于确立了城与河之间的全新关系，这个理念在未来的很多城市规划方案中还会一再提出。

方案文档的结构是首先对城市中既存的各种元素进行批评性描述，然后列出了改造清单，并对每项改造说明了理由。对城市现有问题的分析相当简略（此前并没有人提出过对该市的诊断分析），指出的每项问题都与一个城市设计元素相关联。因此公共卫生基础设施和城市美学方面的缺失，是通过公园和广场来解决的（图11-1）；对交通能力和"迷人如画的视野"的需求，则是通过一个同心圆形状的街道系统来实现的。街道或呈斜向放射形，或呈对角线形，疏解了商业中心的拥塞状况，提升了城市美学。这个改造方案以覆盖全城的网格形道路系统为基础，再增加了林荫大道和绿化空间。新道路系统的奥斯曼男爵式烙印并不是布瓦尔的贡献，反而是此前多个实验性项目的产物。

事实上，这一版方案的总体方向来自委员会成员莫拉雷斯（Carlos M. Morales）。他自1891年起担任该市的公共事业局负责人，也是1898—1904年城市改造方案的作者之一，正是在这个方案中，布宜诺斯艾利斯确立了自己的城市规划。网格形的道路系统给城市留下了鲜明印记，也成为新版方案的主干骨架。尽管有人以"城市艺术观念"的名义质疑网格形规划，它也因此在19世纪末成为一个聚讼纷纭的争议话题[29]，但1904年市政府在推行"整顿方案"时，考虑到对城市的行政掌控，还是采用了网格结构。网格规划形式具有西班牙殖民地的设计渊源，工程师们又按照19世纪流行的规整设计理念对其重新加以诠释。布瓦尔的规划方案对网格形式的采用，最终造就了布宜诺斯艾利斯特有的方正城市形态；它也形成了一个"过滤器"，国际专家们输入的各种城市模型都要通过它的过滤才能发挥作用。

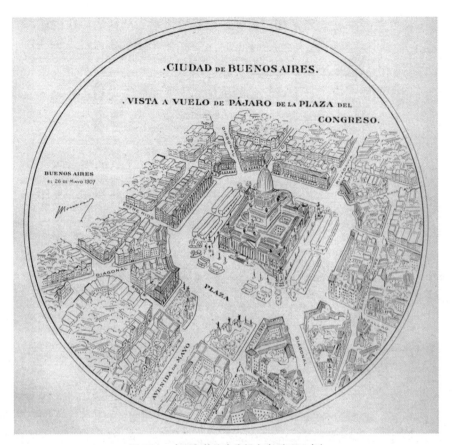

图 11-1　布瓦尔的议会广场方案（1909 年）

资料来源：市政府，安德烈斯，布瓦尔，布宜诺斯艾利斯城市新规划，平版印装厂，1909 年（Intendencia Municipal, Andrès, Bouvard, El Nuevo Plano de la Ciudad de Buenos Aires, Imprenta litografia y encuadernación Kraft, 1909）

　　为了丰富原有的网格结构，设计者会在上面叠加各种绿色空间、广场和其他街道网络。整个 19 世纪中[30]的各项规划和方案中都采取了这种做法，1886 年新建拉普拉塔市的项目中也是如法炮制。显然，布宜诺斯艾利斯新规划采用了一个已经在该地区通行的解决方案。在首都规划方案的设计中，关于本地道路、周边街区和可转化为开放空间的地块的相关知识，其实出自另一位法国人夏尔·泰斯（Charles Thays），他在市政府中负责公园和步行道的管理；而委员会的另一名成员，房地产开发专家罗曼·布拉沃（Román Bravo）则承担了计算征地在经济上的可行性的工作。1909 年的规划部分地得以实施。1912 年颁布的旧城区开通道路的相关法规、温泉度假区（Balneario）的开工，都令道路的拓宽和开通顺理成章。

273

和未来的很多规划一样，这次新规划与其说提出了全新的城市改造形式，不如说运用了新的概念工具。除了"城市向河流开放"这个新观念之外，规划方案更多的是把该市从前提出过的一些改造项目综合在一起。这些原本各不相同的项目在新方案中共同形成了一个系统化的架构，主导了城市今后将实施的改造。在这个意义上，"新规划"在布瓦尔经验的帮助下把世纪之交布宜诺斯艾利斯的各项现代化改造方案融汇为一。

### 商业经营者

完成了布宜诺斯艾利斯的规划后，布瓦尔作为城市设计家的声名日彰，直到第一次世界大战爆发，他一直在拉丁美洲开展商业经营。他为罗萨里奥市（阿根廷，1911 年）设计了城市规划以及几个广场项目。作为阿根廷工程公司（Sociedad Argentina de la Construcción，法国－阿根廷公共工程公司的分公司）的负责人，他指导全国各地的医院和学校网络的建设。通过其商业关系，布瓦尔为蒙得维的亚制定了城市美化规划（Plano de embellecimiento，乌拉圭，1911 年）。他还着手制定了圣保罗城市规划（巴西，1911 年）[31]，并与英国建筑师帕克（Barry Parker）一起在圣保罗实施了花园社区项目。[32]

布瓦尔的国际业务主要是在 1907—1913 年之间开展的，但在这些项目中，他并没有达到客户的期望。事实上，他的工作成果受到了巴西和阿根廷城市规划专业人士的批评，他制定的规划也没有完全列入公共政策的指导方针。在有限的时间周期之内，要确定外国专家的工作职责范围诚非易事，这也是布瓦尔的专业能力无法左右的。在 19 世纪，城市化改造的主要方式是提出一系列改造项目；到了 20 世纪 20 年代，城市化改造则是要基于诊断分析制定规划，二者之间存在着不小差异，而布瓦尔在拉丁美洲的工作正好赶上了这个过渡时期。

## 274 福雷斯蒂尔和"有机方案"——城市美化委员会的控制性规划（1925 年）

正如布瓦尔一样，福雷斯蒂尔也是受布宜诺斯艾利斯市长聘任，在 1923 年合作制定城市规划。但是他工作的环境以及他自身的知名度则与前者大不相同。

在百年庆典与 20 世纪 20 年代之间的阶段，城市发展的焦点转向了工人住房方面。1912 年颁布的萨恩斯·佩尼亚选举法（Saenz Peña law）确立了全民普选制度，拓宽了政治党派的参与面，1890 年后代表新移民群体的政治派别此时成为新兴的力量。改善低收入阶层生活条件的新项目纷纷开工，同时也出现了不少新机构，专门代表特定群体的利益向当局施压。在世纪初实施了很多城市改造的工程和措施之后，涌现出很多新事物，凸显了城市中社会问题和空间问题的重要意义；这其中就包括 1915 年成立的"低价住房委员会"（Commission for Low-Price Houses），以及在由阿根廷社会博物馆（Museo Social Argentino，1911 年效法巴黎的社会博物馆而创办的机构）组织的"互助大会"（1918 年）、"合作大会"（1919 年）和"住房大会"（1920 年）上开展的辩论。[33]

让新版规划与 1909 年规划方案不同的另一个方面，就是各种技术机构以及社会主义者和社会改革家们对综合性工程的要求。1920 年"住房大会"的决议表达出这个考虑：制定的城市规划要能够结束住房短缺的现状，并且在更宏观的意义上，以更加理性的方式掌控与组织城市空间的形成。当时的社会正受到战后经济危机的深刻影响，尤其是供给不足产生了巨大的社会问题；上述结论正是在这样的背景下提出的。

正如百年庆典一样，大规模的公共事业项目需要制定长期而贯彻始终的政策；直到 3 年以后，财务状况有所好转，政府也经过了更迭，才有了动力开展这样的项目。1923 年，市长设立了一个城市美化委员会（Comisión de Estética Edilicia），并要求其制定"有机方案——联邦首都的控制与改造规划"（Proyecto Orgánico, el Plano Regulador y de Reforma de la Capital Federal），这是一个按照现代城市规划原则制定的布宜诺斯艾利斯规划方案。根据启动文档的描述："任命最了解情况的官员来监管联邦首都的公共事业项目建设，以保证其必须符合总体方案……。"[34] 委员会 275 的成员是从最重要的一些公共机构部门遴选的，胜任相关项目的职责：卡曼（René Karman），一位法国建筑师，1912 年起就在建筑学院的工作室任职；莫拉（Carlos Morra），中央建筑师协会的主席；吉利亚扎（Sebastian Ghigliazza），公共事业部的一名主任，代表大型建设工程的国家监管机构；建筑师诺耶（Martën Noil），也是国家美术委员会的主席；工程师斯波塔（Victor Spotta），本市公共事业局局长。拉维尼亚尼（Emilio Ravignani）是一名历史学家，也是市政府的财务局长，他担任委员会秘书，负责记录城市发展历程中的这一章。此外选中了福雷斯蒂尔实施公园和花园项目，并且为实现其职责业绩与委员会协作。

**合同**

与布瓦尔的聘用合同相比，福雷斯蒂尔的合同有同有异。一方面，没有了从前的外交压力。另一方面，福雷斯蒂尔是国际知名的专业人士。但与百年庆典项目相似之处在于，还是同样的政治关系网在其中起作用。在第一次世界大战后，法国放弃了原先的"殖民地"战略，不再寻求向海外市场输出产品和投资，而是采取了输出与城市规划的全新"科学方法"相关的各种实践经验。因此本次聘用中唯一的官方干预是内政部向塞纳省发出的一封索取许可证的公函。[35]

选择福雷斯蒂尔担任咨询顾问的是阿根廷总统马塞洛·T. 德·阿尔韦亚尔（Marcelo T. de Alvear），也就是前文提到过的 1907 年聘请布瓦尔的布宜诺斯艾利斯市长的弟弟。阿尔韦亚尔家族与巴黎市政厅关系很好，两次聘请外国专家，他们的公私关系都起了很大作用。此外，布宜诺斯艾利斯市长卡洛斯·诺埃尔（Carlos Noël）与巴黎也渊源颇深，他在巴黎的高等研究院（École des Hautes Etudes）学习过研究生哲学课程；而他的弟弟马丁·诺埃尔则于 1911 年在巴黎的建筑专科学校（École Spéciale d'Architecture）就读，这所学校是推行新殖民地建筑运动的重要机构之一。马丁·诺埃尔在西班牙结识了福雷斯蒂尔，当时两人都在筹备世界博览会的项目。[36]

从 20 世纪初开始，福雷斯蒂尔在布宜诺斯艾利斯的专业圈子里就很有名气。本地杂志发表过他的系列文章[37]，1909 年的"新规划"中也引用了他的规划理论，大学图书馆和建筑师协会都收录了他的论著。[38] 虽然他的专业知名度很高，但邀请福雷斯蒂尔来访的费用开支还是市议会饱受批评。支持市长的议员们认为有外国建筑师担任项目的顾问是件好事，而议员中的大多数社会主义者则处于各种各样的理由反对此事。他们首先指出，本市就有很多专家，在公园和花园项目上能力很强，经验丰富。他们又主张，在制定城市规划之前，首先要准备好城市的各项资料记录，若干议员为此建议聘请一位北美建筑师，要么聘请巴黎城市艺术学院的负责人若瑟利，因为"这位巴黎专家才能提出有效的建议和总体指导方针"。[39]

作为这场争论的背景，我们发现了"专家"这个说法的含混性。一个短期聘用的专家，对场地完全不熟悉，在项目中能起什么作用？他的角色是不是相当于来大学开讲座的外聘教授？还是说，他是来筹备和指导项目工作的？在百年庆典筹备期间，很多领域已经有胜任的本地专业人员了，这时外国专家的工作范围就很不明晰。但即便市议员们提出了质疑，市长还是在市议会达成决策前就确认了合同。

### 有机方案

有机方案（Proyecto Orgánico）是当地第一个采用"现代城市化"观点制定的规划文件，它回应了所有现存问题，并且列出最新的参考书目。作为制定详细的控制性规划的前提步骤，它首先对很多项目进行了广泛调研，并在最后一章具体列出了工作范围。方案的导言部分陈述了主要工作任务以及待解决的问题，其后的部分对各方面问题（人口、供应、医院等）给出了诊断分析及相关数据，最后一章则提议成立监管委员会制定规划，确保城市建设的整体一致性（图 11-2）。

经过多年的人口增长和规模发展，布宜诺斯艾利斯的城市形态发生了很大转变（也可以说是"破相"了），而城市美化委员会的核心目的，就是让布宜诺斯艾利斯的城市结构达到平衡。方案选择了一些已经经过充分争论（并且部分地达成过一致）的话题；例如，方案考察了城市与河流的关系（这是 1910 年布瓦尔方案已经提出过的），同时也考虑了对道路网络和开放空间的完全重构。由城市美化方案和开放绿色空间方案（后者是福雷斯蒂尔主持设计的）的启发产生了多个"城市中心"，这也是构成"城市系统"的概念框架。

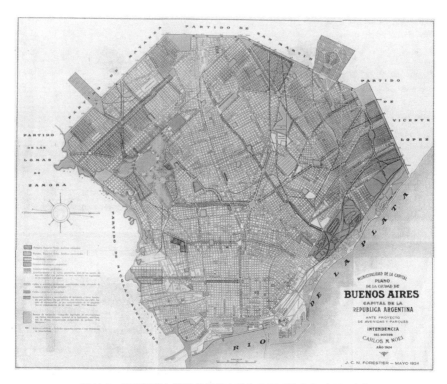

图 11-2　福雷斯蒂尔设计的林荫大道与公园系统方案（1924 年）

资料来源：市政府城市美化委员会，城市改造有机方案，波瑟尔印刷厂，布宜诺斯艾利斯，1925（Intendencia Municipal, Comisión de Estética Edilicia, Proyecto orgánico para la urbanización del Municipio, Tallerers Peuser, Buenos Aires, 1925）

与 1909 年的"新规划"相比，"有机方案"力求为远至靠近城市边界的区域提供必需的设施。19 世纪的城市设计者将这些地段规划为工业用途以及工人住房，因此它们就成了市议员中的社会主义者的据点。而城市美化委员会也把"工人社区、花园和郊区美化"当成方案的支柱之一，并且让各处社区委员会（1919 年正式成立）也参与到方案设计过程中。这是市政府在公共设施和基础设施建设方面首次把城市作为整体来考虑。

277　　"美化市中心"和"建设市郊区域"两派的争论从 19 世纪就已经开始，此时还在持续。社会主义市议员们支持后一种论点，这显然也是他们通过"公园系统"等方式尽力解决的一项主要问题。福雷斯蒂尔的职责就包括借助自己的专业知识对一个这类项目加以分析；这是 1923 年市议会通过贷款来实施的河畔林荫道和步

VUE PERSPECTIVE DU BALNEARIO　　　　　　　　　　　　　　PARIS. FEVRIER 1924
J.C.N. FORESTIER.

图 11-3　福雷斯蒂尔绘制的温泉度假村（现改名海岸步道"Paseo Costanera"）透视图
资料来源：福雷斯蒂尔绘，收录在市政府城市美化委员会，城市改造有机方案，波瑟尔印刷厂，布宜诺斯
艾利斯，1925（Jean-Nicolas Forestier, in Intendencia Municipal, Comisión de Estética Edilicia, Proyecto orgánico
para la urbanización del Municipio, Tallerers Peuser, Buenos Aires, 1925）

行道建设项目（图 11-3），该工程扩大了温泉度假区，翻新了周边的广场、民众锻炼和年轻人露营的公园。布宜诺斯艾利斯市政厅的公园与步道管理局已经着手实施相关工程，最初是由前面提到的法国人泰斯领导，后来则是继任者卡拉斯科（Benito Carrasco）负责相关事务，他在 1921 年提出了一个相当出色的公园与广场规划。[40] 听说政府聘用福雷斯蒂尔进行这方面的规划，卡拉斯科表现出不加掩饰的愠怒，成了"有机方案"最有敌意的批评者之一。

虽然福雷斯蒂尔的城市绿色空间规划仍然以此前设计的多个方案为基础，但他还是提出了一组综合性建议。委员会的同仁们认为这些建议无论是在规模上还是预算上都有些过度。[41] 不过，福雷斯蒂尔的贡献远不止设计河边林荫大道以及撰写关于广场和花园的报告。 278

首先，他把城市开发立法的知识带到了阿根廷。在他的提案中就包括了实施这些项目所必需的管理流程和立法措施。这样一来，他从巴黎带来了一整套与土地征用和城市扩张相关的法律法规，对于城市美化委员会来说，这是极具价值的信息。

福雷斯蒂尔提出了超出行政区划边界的集群概念，这是他的一项主要创新。他对城市扩张进行过理论反思，并且把"绿色空间系统"设计为一个超越各行政区划的都市网络。[42] 1906 年，他曾提出要将城市与市郊区域整合成一个连贯的城市集群。他后来参加了塞纳省（1913 年）设立的城市扩张委员会，委员会的商议 279 结果构成了 1919 年巴黎城市扩张设计竞赛的基础。他把同样的思路运用于布宜诺斯艾利斯："我们想要做的，不仅是美化市内的那些高端社区，而且还要在未来改造城市周边的社区，确保在其中居住的工人或中产阶级的公共卫生和生活条件。"他还对自己的思路进行了扩展，表示："这些项目只能逐步实施，作为项目的补充，有必要考察超出城市边界的各处工业区域……但是因为职责范围所限，手头的相关文件也不齐备，所以我只能不再继续讨论。"[43]

像福雷斯蒂尔这样一个外国人能观察到这么多问题，主要还是得益于他此前的工作经验。他曾向巴黎社会博物馆的城乡公共卫生委员会提交一份报告，总结了他在布宜诺斯艾利斯工作的经历。这份报告体现了他与当地技术人员之间的不融洽之处："该城经历了相当大规模的扩张，实际上可以容纳 300 万人口。快速扩张让当地人产生了这么一种观念：为了实现良好的城市开发，不需要在城市边界（enceintes）之外开展什么工作。"[44] 福雷斯蒂尔一抵达布宜诺斯艾利斯，就开始与 280 这些观念作斗争，他主张即便是城市边界之外区域的开发，也与城市内部的人口增长紧密相关、保持同步。

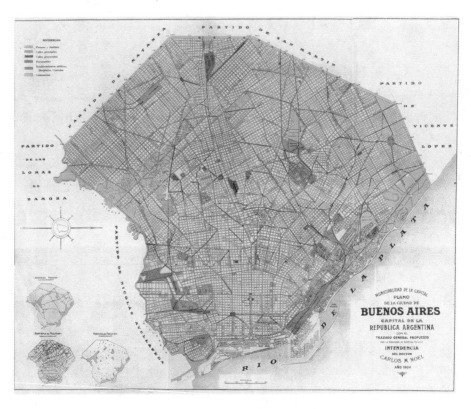

图 11-4　诺埃尔的方案（1924/1925 年）

资料来源：市政府城市美化委员会，城市改造有机方案，波瑟尔印刷厂，布宜诺斯艾利斯，1925 年（Intendencia Municipal, Comisión de Estética Edilicia, Proyecto orgánico para la urbanización del Municipio, Tallerers Peuser, Buenos Aires, 1925）

委员会又一次接受了福雷斯蒂尔的观念，在"有机方案"的结论性文件中运用了这些思路（图 11-4）。不过，虽然文件中包括了福雷斯蒂尔关于城市开发规则、分区以及征地法规的提案，但是除了福雷斯蒂尔本人对公墓规划的方案之外，再没有其他方案涉及城市边界之外的区域。尽管如此，福雷斯蒂尔还是布宜诺斯艾利斯的城市扩张成为人们讨论的主题，当时在巴黎求学的工程师保莱拉（Carlos María Della Paolera）发来了一篇文章，对这个主题进行了深入讨论。[45] "布宜诺斯艾利斯城市集群"（Buenos Aires agglomeration）包括该市与周边区域，是在福雷斯蒂尔帮助下确立的技术概念，对人们未来看待这个城市的方式产生了一定影响。[46]

### 国际职业生涯

与法国的城市规划前辈不同，福雷斯蒂尔的影响力并未局限于他在政府官员任上发挥的作用。自从 20 世纪初开始，他在多个殖民地国家（马拉喀什和拉巴特，1913 年）以及西班牙（塞维利亚，巴塞罗那，1914 年；毕尔巴鄂，1918 年）的公园和花园建设工程中担任咨询顾问和设计师，因此其职业生涯具有更强的国际化特色。但是还是他在布宜诺斯艾利斯的项目为他打开了拉丁美洲市场的大门；此后他还承接了多个拉丁美洲项目，比如 1925 年在哈瓦那修建的马雷贡大道（El Malecón），以及一系列私人花园工程。

在布宜诺斯艾利斯项目中，福雷斯蒂尔对具体环境、本地植物以及管理流程的关注，都体现了城市化开发的一个阶段性特征：在这个时期，设计师寻求将理性科学的方法和技术与本地区域特色结合起来。福雷斯蒂尔对法国城市化运动的参与，把他引向了国际规划咨询的工作，这类咨询师对"新兴"国家抱有双重兴趣：首先是将之视为潜在的方案市场；其次也把这些国家当成科学信息的来源。在论著中，福雷斯蒂尔把与英式公园以及美国城市美化运动（City Beautiful）相关的很多概念"转译"到了欧洲大陆语境中。福雷斯蒂尔用来支持自己方案的规划理论其实是以大量的国际项目经验为基础，而由此创生的新理论反过来又让国际项目经验变得更为丰富。

## 大师级别的会议：若瑟利、黑格曼和勒·柯布西耶

城市美化委员会在 1923 年设立后，布宜诺斯艾利斯市议会发生了 3 次重要争论，体现出城市规划中的一种方向转变。1924 年，"有机方案"还在细化过程中，关于方案的技术细节和公共卫生问题就出现了争论，尤其是有人公开对方案的"过度审美化"提出异议。此后，在 1929 年，社会主义市议员牵头提出要制定一个"控制性规划"（Plan Regulador），旨在消除城市中的社会差异。1930 年，军事政变打断了阿根廷首个进行普选政府的历史时期（1916—1930 年）。1932 年，当民主制度恢复后，市议员奥利瓦（Rouco Oliva）提出急需设立一个技术办公室，负责规划的制定。当时奥利瓦发言的长篇讲稿是由保莱拉撰写的，而保莱拉也成为该办公室的负责人。"城市化办公室"成立之迅速、负责人之选择巴黎城市规划学院的毕业的阿根廷专业人士保莱拉，这些迹象都表明"制定一个以理性方案解决城市问题的规划"这个思路得到了广泛认可。规划教授讲席在罗萨里奥大学的设立（1929 年），相关出版物的诞生，城市规划展览的举办（1931 年和1932 年），以及首届阿根廷城市规划大会的召开（1935 年）都标志着上述共识的形成。

281

在结束聘用福雷斯蒂尔之后，市长们把城市规划事务交到了本地专业人士手中，而外国专家主要是在布宜诺斯艾利斯举办的一系列演讲中充当演讲嘉宾，邀请他们的目的在于给争论中的某方提供国际支持。1925 年后，很多拉美城市还是由外国规划师负责城市规划，比如法国规划师阿加什（Agache）[47] 在巴西里约热内卢设计的规划方案，奥地利规划师布吕纳（Karl Brünner）[48] 为智利圣地亚哥和哥伦比亚波哥大设计的规划，以及法国人罗蒂瓦尔（Rotival）[49] 为委内瑞拉加拉加斯设计的规划。在这方面，布宜诺斯艾利斯采取了相当不同的做法。

首先来演讲的是若瑟利，他在 1926 年受阿根廷的法兰西大学研究院（Institute of the University of France in Argentina）邀请来访。这家研究院自从百年庆典时开始举办活动，目的是组织两国的大学教授相互交流。当时激进派对城市美化委员会的规划方案提出了批评意见，而一些政治上有影响的人物反对激进派的这种做法，因而支持若瑟利来访。此外还有来自"城市之友协会"（Asociación de Amigos de la Ciudad）的支持，该协会成立于 1924 年，宗旨是传播公众意见。协会常年举办活动，并出版各种普及性小册子，比如题为"你知道什么是控制性规划吗？"的出版物。[50]

向若瑟利发出邀请的是阿尔多伊（J.B. Hardoy）和保莱拉，这两个人都曾在巴黎的城市规划学院写研究生论文。在 20 世纪 20 年代初期，保莱拉是法国规划师协会（ociété Française des Urbanistes）的一位主要观念传播者。若瑟利进行了 9 次演讲。他对于布宜诺斯艾利斯的评价——"一座友好、美丽的城市……在社会进步和健康发展方面走在时代前列"[51]——主要是为了讨好本地公众，这些人已经开始对城市规划的经济、社会维度有所了解，也对其采取的诊断方法和实施方式有所认识。可以在多篇媒体文章中发现若瑟利演讲产生的影响。[52] 他的演讲呼应了城市规划体现"科学化"的要求。

1931 年，黑格曼访问阿根廷的情况与若瑟利相似，他是由阿根廷德国文化研究院（Instituto Cultural Argentino Germánico）邀请来访的。他最初访问的目的是在艺术之友协会（Asociación de Amigos del Arte）的场地中举办一个城市规划展览，并且向公众介绍城市规划的原理。[53] 美国学者科林斯详细考察了黑格曼来访的情况，她发现黑格曼非常注意了解当地情况，并且努力用这座城市本身的形象与语言将了解的信息传达出去。黑格曼担任了罗萨里奥和马德普拉塔这两个城市的城市规划咨询顾问，并且跟保莱拉持有相近的城市规划观点。

与其他的来访者不同，黑格曼认为网格式规划具有重要意义，而且也很欣赏传统阿根廷式的"带庭院住宅"，他日后在论述中提到了这些元素。在阿根廷的工

282

作经验被黑格曼整合到了理论原则中，而这些理论又给他带来了国际知名度；像同时代的很多其他规划师一样，他热衷于国际交流，从 1909 年开始就在许多国家参加各种活动，以此赢得了国际美誉。

勒·柯布西耶到访布宜诺斯艾利斯的时间是 1929 年，他的听众与此前的若瑟利和此后的黑格曼差不多。出资赞助的也是"艺术之友协会"，但主办方主要是一些先锋派艺术家：一群拉丁美洲知识分子、建筑家、画家和作家，这些人熟悉勒·柯布西耶的著作，正在力争在布宜诺斯艾利斯确立新的艺术观念。[54] 这些演讲后来收录在《精确性》（Précisions）一书中。

已经有很多学者研究过勒·柯布西耶在布宜诺斯艾利斯和整个拉丁美洲的活动。但在这里还是应该强调一个核心观点：在勒·柯布西耶 1922 年提出的"当代城市"（Cité Contemporaine）和他 1933 年的"光辉城市"（Ville Radieuse）之间存在着过渡和转变，其中就包含在阿根廷访问的经历对他在景观方面的考虑产生的影响。根据利尔努尔（Liernur）[55] 和蒙泰斯（Monteys）[56] 等学者的研究，勒·柯布西耶为布宜诺斯艾利斯提出的规划方案中设计了一座河流上的城市，其中最有标志性的就是著名的"地平线上的摩天大楼"设计图，而这个场景也给他构思光辉城市模型带来了灵感。他初抵阿根廷时，就满怀兴趣地在飞机上看到河流与草原在天际线上汇合的壮丽风景，而在规划方案中，他恰恰是要把商业区放在这样一条地平线上，形成城市枢纽，从而改变了最初的"当代城市"同心圆规划模型。因此可以说，他在布宜诺斯艾利斯的经历起码体现在他的城市规划模型中。

从勒·柯布西耶与阿根廷人的通信来看，他始终注重建立联系，从中捕捉潜在的合作机会。最终，1938 年他在巴黎塞夫勒路的工作室里与年轻的建筑师库尔詹和阿尔多伊一起设计了布宜诺斯艾利斯总体规划方案。1947 年，这个方案发表在《今日建筑》（L'Architecture d'aujourd'hui）杂志的西班牙语版中，后来收入了他的全集（图 11-5）。

勒·柯布西耶不仅善于推销观念，也很会推销他自己，他在全球各地演讲，从不放过潜在的合同机会，这或许是外国专家的"典型形象"。他致力于到处实现自己的理论原则，在这方面基本上是国际专业人士中的代表人物。我们考察过的这些国际专业人士或许在概念或方法上千差万别，但起码有两个共同点：首先，在两次大战之间的年代，欧洲对城市设计的需求越来越少，因此他们都寻求给自己的作品找到新市场；其次，对于用自己的理论来考察全新的城市发展情况，他们都抱着很高的专业兴趣。

283

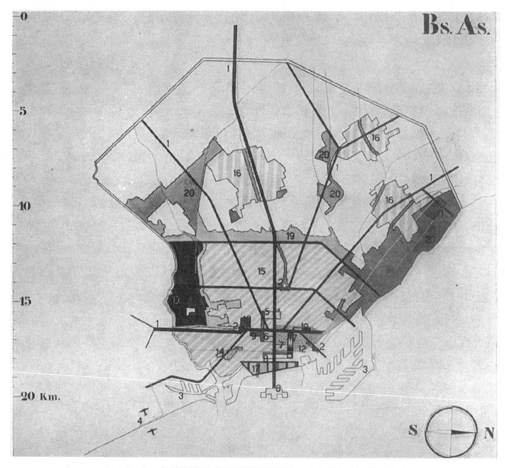

图 11-5　勒·柯布西耶为布宜诺斯艾利斯设计的总体规划（1937 年）

资料来源：库尔詹和阿尔多伊，布宜诺斯艾利斯总体规划，《今日建筑》杂志抽印本，西班牙语版，布宜诺斯艾利斯，1947 年（Juan Kurchan and Jorge Ferrari Hardoy, Plan Director para Buenos Aires, off-print from L'Architecture d'Aujourd'hui, Spanish Edition, Buenos Aires, 1947）

## 结论：国际专家——现代城市化运动起源时代的一类人物
284

　　在之前的考察中我们已经表明，20 世纪初来到布宜诺斯艾利斯的外国城市专家的影响力变得越来越弱、越来越间接。这种情况与国立大学的创办、公共行政的发展以及许多新协会的活动有关，这些协会都力求在用理性化的方案解决爆发式增长中的城市面临的问题。上述几个方面的新情况创造出一个非常良好的工作环境，有利于第一批从事城市规划工作的本地专业人员在项目管理和城市管理方面积累工作经验。

在 20 世纪初，随着百年庆典的临近，布宜诺斯艾利斯为建设现代化城市而推出了许多项目方案，这些项目彼此之间有替代性，究竟要实施哪些项目引发了激烈的争论。布瓦尔扮演的角色是"仲裁者"，一个在解决问题、做出必要选择方面具有丰富经验的"通才型"专家。相比之下，在 20 世纪 20 年代福雷斯蒂尔则被当成"同行"，政府请他来在他的专业领域——绿色空间——与阿根廷专业团队（也就是城市委员会的成员们）合作。20 世纪 30 年代初设立了城市化办公室，由阿根廷第一位专业城市规划师保莱拉担任负责人。从那时起，外国专业人士扮演的是"验证者"的角色，通常是在几种本地意见争辩不决时被邀请来支持其中的某一方。

为了回答本文开头的问题，我们还要在上述总结之外再加上几点：

1. 直到 20 世纪 20 年代，19 世纪巴黎城市的典范模型一直都在影响政府对外国专家的选择。在那个时期，有两方面决定性因素：首先是阿根廷政治家的个人关系网络，这些雄心勃勃的政治家偏爱选择法国专家，而法国政府也公开支持这种技术输出；其次是巴黎美院的影响。20 世纪 20 年代之后，英国、北美和德国的城市规划模型（"田园城市"、"美丽城市"和"城市艺术"）的传播日渐增长，此外以会议、展览，以及教师与"外围国家"留学生之间的联系等形式发生的国际专业交流也不断增多。

2. 规划和项目总是在本地经验与外国顾问的专门知识之间的互动结合中形成，这让实施行动更为清晰可见，而外国人的外部视角也能发现全新的问题。布瓦尔的成果是确立了"城市向河流开放"的观念；福雷斯蒂尔的成果则是让人们将城市与周边区域结合起来考虑。勒·柯布西耶引入了建筑和城市的新模型，而黑格曼和若瑟利的主要关注点则在于社会因素、经济因素、住房和城市艺术等方面。在每个外国专家来访的案例中，根据各人的偏好不同，他们考虑的因素和本地情况的权重也各有差异：福雷斯蒂尔、若瑟利和黑格曼都对既有的城市加以考虑，尤其重视对其特征和形态的了解；布瓦尔和勒·柯布西耶——在相当不同的历史环境中——将他们自己的模型应用于新的现实，而没有特别考虑到既有的城市形态。而与在巴西、智利、哥伦比亚和委内瑞拉等国家长期居留并设计了规划方案的欧洲规划师相比，这些外国专家在阿根廷的访问时间很短，因此很难考察他们的"学习过程"。从这些外国来访者为布宜诺斯艾利斯提出的方案中，我们看到的往往是他们自身关注点的一种投射。

3. 外国专家"带来"了自己的专门知识，同时他们也"带走"了一些工作经验，这些经验有两方面意义：首先是以"反向移位"的形式对他们的思考，以及此后的职业生涯产生了影响，其次是最终让他们成为国际咨询专家，为他们未来赢得

285

客户合同做好了准备。布瓦尔和福雷斯蒂尔在拉丁美洲赢得了不少项目合同，足以作为后一点意义的明证。而黑格曼对拉丁美洲的研究在他的论著中产生了影响，勒·柯布西耶 1938 年设计的布宜诺斯艾利斯总体规划也让其理念发生了转变，这些可以视为前一点意义的佐证。

而这些专家来访也不只是为了开辟新市场。他们的目的还在于在新的环境中检验自己的理论。事实上，对不同城市现实情况与经验的了解与比较、对以往工作的传播，这些正是城市规划学科的基础所在。从塞尔达（Cerdá）的年代开始，城市规划的知识总是基于对历史和当前实践的批判性分析。以当时著书立说的法国规划研究者拉夫当（Pierre Lavedan）和黑格曼为例，他们都分析了国际规划领域最前沿的发展动向，指出了哪些元素应该保留、哪些应该抛弃。法国城市规划师们把北非的法国殖民地当成自己的试验场。而国际会议和展览也能够展示和讨论不同的城市规划模式。

通过不同学说的传播、各种经验的积累，现代主义的城市规划运动得以兴盛发展。不同的规划师虽然有理念上的分歧，但他们都相信存在具有普遍价值的理性解决方案。而肯定这一点，并不意味着我们主张只有"中心国家"向"外围国家"施加单向的影响。在 20 世纪初期的城市规划领域中，思考与实践、全球与本地等问题交织在一起形成了非常复杂的局面；对外国专家职业生涯的研究，似乎有助于我们构建起考察这个复杂领域的全新视野。

286　**注释**

1. Jean-Pierre Gaudin (1987) 'Présentation' and 'Savoirs et savoir-faire dans l'urbanisme français au début du siècle', 收录在 Gaudin, *Les premiers urbanistes français et l'art urbain, 1900–1930*, Paris: Ecole d'Architecture de Paris-Villemin, pp. 7–19 and 43–70.

2. Alicia Novick (1992) 'Técnicos locales y extranjeros en la génesis del urbanismo porteño', *AREA* Nº 1, *Revista de Investigaciones*, Facultad de Arquitectura, Diseño y Urbanismo-Escuela Politécnica de Lausanne.

3. Anahí Ballent (1995) *El diálogo de las antípodas: Los CIAM y América Latina*, Buenos Aires: Serie Difusión, SICYT-FADU-UBA; Sonia Berjman (1997) *Plazas y parques de Buenos Aires: La obra de los paisajistas franceses 1860–1930*, Buenos Aires: Fondo de Cultura Económica; Jorge Enrique Hardoy (1988) 'Teorías y prácticas urbanísticas en Europa entre 1850 y 1930: Su transladado a América Latina', *Repensando la ciudad*

*latinoamericana*, Buenos Aires: Grupo Editor de América Latina; Fernando Pérez Oyarzun (1991) *Le Corbusier y Sudamérica: Viajes y proyectos*, Santiago de Chile: Pontificia Universidad de Chile.

4. "现代城市政策的起源：借鉴与转译"（*Origens das Politicas Urbanas Modernas: Empréstimos e Traducoes*）研讨会，由里约热内卢联邦大学城市和区域研究和规划学院（IPPUR-UFRJ）、巴西全国城市与区域规划研究协会（ANPUR）、巴西国家科学和技术发展委员会（CNPq）和法国国家科学研究中心文化与城市社会研究组（CSU-CNRS）组织，1994 年 8 月 29 日—9 月 2 日在巴西米纳斯吉拉斯州伊塔蒙蒂市举办。城市学国际研讨会（*Programa Internacional de Investigaciones sobre el campo urbano*），法国国家科学研究中心城市跨学科研究项目（PIR-Villes-CNRS），布宜诺斯艾利斯大学美洲艺术研究所（IAA），罗萨里奥大学城市与区域研究中心（CURDIUR），1996 年 10 月 17 - 20 日在阿根廷科尔多瓦省巴克里亚斯（Vaquerías）举办。

5. Ramón Gutiérrez (1992) *Buenos Aires: Evolución Histórica*, Bogotá: Fondo Editorial Escala Argentina.

6. Bénédicte Leclerc and Salvador Tarrago y Cid (1997) 'Une figure tutélaire de l'école française d'urbanisme', general introduction to new edn, in Jean-Claude Nicolas Forestier, *Grandes villes et systèmes de parcs*, Paris: Norma (1st edn 1906); Benedicte Leclerc (ed.) (1994) *Jean-Claude Forestier, 1861 - 1930: Du jardin au paysage urbain - Actes du colloque international sur J.C.N. Forestier, Paris, 1990*, Paris: Picard.

7. André Lortie (ed.) (1995) *Paris s'exporte: Architectures modèle ou modèles d'architecture*, Paris: Picard et Pavillon de l'Arsenal. See also Oligens, op. cit., 以及 Proframa Internacional, 前引.

8. Christiane Crasemann-Collins (1995) 'Intercambios urbanos en el cono sur: Le Corbusier (1929) y Werner Hegemann (1931) en Argentina', in *ARQ*, no. 31, Santiago de Chile.

9. Adrián Gorelik and Jorge Liernur (1992) *Hannes Meyer en México*, Buenos Aires: Proyecto Editorial; Jorge Liernur (1992) 'Un mundo nuevo para un espíritu nuevo', *Crítica*, no. 25, Buenos Aires: IAA.

10. 在文献使用方面，我们考察了市政府档案，地方专业期刊中的文章[《建筑杂志》（*Revista de Arquitectura*)、《工程杂志》（*Revista de Ingeniería*）和《市政杂志》（*Revista Municipal*）] 以及巴黎的法国外交部与法国建筑研究院档案中保存的外交信件。

11. Jorge Tartarini (1991) 'El Plan Bouvard para Buenos Aires (1907–1911) Algunos antecedentes', *ANALES*, no. 27–28, Buenos Aires: Universidad de Buenos Aires.

12. Félix Luna (1986) *Alvear*, Buenos Aires: Hyspamérica (1st edn 1958).

13. Werner Szambien (1995) 'La fortune des modèles', 收录在 Lortie, 前引.

14. 1889年西特出版了《建造城市的艺术：城市营造基本艺术法则》(*The Art of Building Cities: City Building According to its Artistic Fundamentals*)一书，1945年由城市土地研究所前所长查尔斯·T·斯图尔特（Charles T. Steward）首次翻译为英文，纽约莱茵霍尔德出版社（Reinhold Publishing of New York）出版。对他观点的评论参见 George R. Collins and Christiane Collins (1965) *Camillo Sitte and the Birth of Modern City Planning*, London: Random House.

15. *Bulletin municipal officiel de la ville de Paris* (1907), 4 January, p. 79.

16. Archives du Ministère des Affaires Etrangères (hereafter AMAE), Paris, Nouvelle Série, Sous-série: Argentine, Vol. 38, Série B, Carton 149. Centenaire de la République Argentine, 12 October 1909: Note remise par M. Turot candidat au Commissariat général de l'Exposition à Buenos Aires, folio 10.

17. Charles Wiener (1899) *La République Argentine*, Paris: Cerf; AMAE, Missions Commerciales (R-v). Maurice Rondet-Saint (1909) Rapport à M. le ministre de Commerce, Voyage de circumnavigation, 1908–1909: Italie, Egypte, Ceylan, Singapour, Extrême-Orient, Amérique du Nord, Amérique du Sud, Sénégal, Angleterre, Châteauroux, Badel, folio 14.

18. AMAE Nouvelle Série. Sous série: Argentine. Vol. 17. Industrie, travaux publics, mines. Mission dans l'Amérique latine. Direction des Affaires Politiques et Commerciales, A propos d'une Société française d'entreprises diverses dans l'Amérique du Sud, Lettre du Ministre Plénipotentiaire en Mission à son Excellence, le Ministre des Affaires Etrangères, 9 December 1909, folio 143, and appendix: *Note sur la Société Franco Argentine*, folios 144–147.

19. Anne-Marie Châtelet (1996) 'Joseph Antoine Bouvard (1840–1920)', 收录在 Vaquerias, 前引。

20. For a review, see J. Allwood (1977) *The Great Exhibitions*, London: Studio Vista; Florence Pinot de Villechenon (2000) *Fêtes géantes: Les Expositions Universelles pour quoi faire?* Paris: Autrement; Linda Aimone and Carlo Olmo (1990) *Le Exposizioni Universali 1851–1900*, Rome: Humberto Allemandi & C.

287

21. Berjman, 前引；Tartarini, 前引.

22. Concejo Deliberante de la Ciudad de Buenos Aires (1907) 'Se aprueba el plano general de apertura de Avenidas-Diagonales', *Versiones Taquigráficas*, Buenos Aires: Imprenta Litografíay Encuadernación Kraft. Sesión del 2 de junio.

23. Municipalidad de la Ciudad de Buenos Aires (hereafter MCBA) (1908) *Memoria de la Intendencia Municipal de Buenos Aires correspondiente a 1908, Presentada al H. Concejo Deliberante*, Buenos Aires: Imprenta Litografíay Encuadernación Kraft, p. 7.

24. German Adell (1994) 'Constituçao do hábitat popular em torno do porto de Mar del Plata, construido pela Sociedad Nacional de Obras Públicas' in Itamontes, op. cit.

25. Raúl Piccioni (1997) 'El monumento al Centenario: Un problema de estado', *Arte y recepción*, Buenos Aires: CAYA.

26. AMAE, Nouvelle série. Sous série: Argentine. Vol. 17. Industrie, travaux publics, mines. Légation de la République Française en Argentine. Direction des Affaires Politiques et Commerciales. Information réservée. Lettre de M. Thibault, Ministre de la République en Argentine à son Excellence M. Pichon, Ministre des Affaires Etrangères (dactylographié), 18 March 1908, folio 14.

27. Intendencia Municipal, Andrés Bouvard (1909) *El nuevo plano de la Ciudad de Buenos Aires*, Buenos Aires: Imprenta Litografíay Encuadernación Kraft.

28. 同上, p. 17.

29. Adrián Gorelik (1998) *La grilla y el parque: Espacio público y cultura urbana en Buenos Aires, 1887 - 1936*, Quilmes: Universidad Nacional de Quilmes.

30. Alicia Novick (1996) 'Notas sobre planes y proyectos', *Territorio, Ciudad y Arquitectura: Buenos Aires, siglos XVIII-XIX*, Buenos Aires: SICYT.

31. Hugo Segawa (1995) '1911: Bouvard en Sao Paulo', *DANA*, no. 37 - 38, IAIHAU.

32. Barry Parker (1919) 'Two years in Brazil', *Garden Cities and Town Planning*, 9, no. 8, August; María Cristina Leme (1999) 'Os bairros-jardins em Sao Paulo' in María Cristina Leme, *Urbanismo no Brasil 1895 - 1965*', Sao Paulo: Fupam. Studio Nobel.

33. Alicia Novick (1998) 'Le Musée Social et l'urbanisme en Argentine', in Colette Chambelland (ed.) *Le Musée social en son temps*, Paris: Presses de l'Ecole normale supérieure.

34. Intendencia Municipal, Comisión de Estética Edilicia (1925) *Proyecto Orgánico para la urbanización del Municipio*, Buenos Aires: Talleres Peuser.

289

35. AMAE, Industries et Travaux Publics, Vol. 72. (Pièces et affaires diverses 1918 - 1940), DOC. 85, Lettre du Préfet de la Seine au Ministre des Affaires Etrangères. (dactylographié). 20 September 1923, folio 52.

36. 关于诺埃尔的西班牙语著作，参见Ramón Gutiérrez, Margarita Gutman and Víctor Pérez Escolano (eds) (1995) *El arquitecto Martín Noel. Su tiempo y su obra*, Seville: Junta de Andalucía, Consejería de Cultura, Seville. 关于福雷斯蒂尔和相关西班牙语著作，参见Salvador Tarragó y Cid (1994) 'Entre Le Nôtre et Le Corbusier'，收录在 Leclerc, 前引.

37. Jean-Claude Forestier (1905) 'Los jardines obreros (reseña de la experiencia francesa)'，*Revista Municipal*, no. 59, 6 March; Jean-Claude Forestier (1907) 'Los jardines modernos'，*Caras y Caretas*, no. 165, Buenos Aires, 31 August.

38. Jean-Claude Nicolas Forestier (1906) 前引.

39. Concejo Deliberante de la Ciudad de Buenos Aires (1923) 'Ingeniero Señor Forestier: Contratación de sus servicios'，*Versiones Taquigráficas*, Buenos Aires: Imprenta Municipal, sesión del 9 de octubre, p. 2138.

40. Benito Carrasco (1921) 'Conveniencia de estudiar técnicamente la transformación de nuestras ciudades'，*Segundo Congreso Nacional de Ingeniería celebrado desde el 11 al 22 de noviembre de 1922*, Buenos Aires: Centro Nacional de Ingenieros.

41. Berjman, 前引.; Novick (1992), 前引.

42. Jean-Louis Cohen (1994) 'L' Extension de Paris'，收录于 Leclerc, 前引.

43. Intendencia Municipal, Comisión de Estética Edilicia (1925) *Proyecto orgánico para la urbanización del municipio: Buenos Aires*, Buenos Aires: Talleres Peuser, p. 423.

44. Musée Social de Paris (1928) 'Communication de Forestier: "Quelques travaux d'urbanisation à Buenos Aires: l'Avenida Costanera"'，*Reproduction des procèsverbaux de séances de la Section d'Hygiène Urbaine et Rurale*, Séance du 15 juin, p. 302.

45. Carlos María Della Paolera (1925) 'Necesidad de un Plan Regulador para la Aglomeración Bonaerense'，*La Razón*, 18 December.

46. Horacio Caride (1999) *Visiones de suburbio: Utopíay realidad en los alrededores de Buenos Aires durante el siglo XIX y principios del siglo XX, Documento de trabajo n° 13*, San Miguel: Universidad Nacional de General Sarmiento, Instituto del Conurbano.

47. Alfred Hubert Agache (1930) *Cidade do Rio de Janeiro, extensao, remodelacao e embelezamento*, Paris: Foyer Bresilien; Margareth Pereira (1994) 'Pensando a metropole moderna: Os planos de Agache e Le Corbusier', in Itamontes, op. cit.

48. Karl Brünner (1932) *Santiago de Chile: Su estado actual y su futuro,* Santiago de Chile: Imprenta la tracción; Humberto Eliah and Manuel Moreno (1989) *Arquitectura y modernidad en Chile, 1925 - 1965,* Santiago de Chile: Ediciones de la Universidad Católica.

49. Juan José Martín Frechilla (1992) El Plan Rotival: *La Caracas que no fue 1939 - 1989, Un plan urbano para* Caracas, Caracas: Ediciones Instituto de Urbanismo, Facultad de Arquitectura y Urbanismo, Universidad Central de Venezuela.

50. Benito Carrasco (1926) *Sabe Ud. que es un plan regulador*, Buenos Aires: Asociación Amigos de la Ciudad.

51. Horacio Cópppola (1926) 'Síntesis de nueve Conferencias Magistrales', *Revista de Arquitectura*, no. 411, November, p. 35.

52. Alfredo Coppola (1927) 'La salud de la América y la superación del pasado', *Revista de Arquitectura*, no. 422, October.

53. 也许他的来访与当时身处智利圣地亚哥的布吕纳有关；出资赞助的也可能是一些德国建筑企业，比如格奥佩（Geope）公司或者西门子公司；在将现代主义运动引入布宜诺斯艾利斯的过程中，这些企业发挥了重要作用。

54. Oyarzun, 前引.

55. J. Liernur and P. Psepiurca (1987) 'Precisiones sobre los proyectos de Le Corbusier en la Argentina. 1929/1949', *Summa*, November.

56. Xavier Monteys (1996) *La gran máquina: La ciudad en Le Corbusier*, Barcelona: Ediciones del Serbal.

289

# 第12章
## 政治、意识形态和专业兴趣：谢哈布总统在任期间外国专家与本地规划师在黎巴嫩的较量

埃里克·韦代伊，法国近东研究院

在黎巴嫩独立之后，借鉴西方法律规范建设国家、引入规划开发与空间管理的主要阶段就是谢哈布（Chehab）总统执政的年代（1958—1964年）。[1]人们用"谢哈布主义"（Chehabism）这个词描述当时强烈的改革意愿，现在这种观念在该国仍然很得民心。当时实施了不少社会工程和开发项目，该国最贫穷的一些地区受益尤多。但是在谢哈布的任期中以及在接下来的几年里，上述政策也受到代表旧政治阶层和商界的那群人的强烈批评，这些人原本贪腐成性，被谢哈布将军称为"fromagistes"[*]。与这些保守派对立的改革派由多方面力量构成，其中既包括团结在谢哈布及其政治盟友（黎巴嫩长枪党[2]和进步社会党）周围的青年黎巴嫩技术官僚群体，也包括当时担任谢哈布顾问的一些外国专家，例如法国人勒布雷神父和米歇尔·埃科沙尔等人。随后几年，国际形势突变（1967年爆发了阿拉伯国家与以色列之间的六日战争），造成了黎巴嫩国内的经济危机，而原本支持谢哈布改革的阿拉伯民族主义阵营也随之瓦解，谢哈布的追随者们因此无法克服保守派的压力——通常把谢哈布主义改革的失败归因于这些因素。

而改革派阵营内部的团结性也并非通常所想的那样铁板一块。即便大多数黎巴嫩经济学家都在总体上欢迎谢哈布的改革，他们有时也会不同意某些具体的措施，会批评改革实施的方式。[3]本文聚焦在城市空间的管理方面，本地规划师与外国专家之间就发生了类似的争论。在外国专家中，最著名的首先是勒布雷神父和他的面向发展的研究与教育学院（IRFED）团队，该团队具有在拉丁美洲工作的经验；其次是城市规划师米歇尔·埃科沙尔，他已经在叙利亚和黎巴嫩工作过，并且也曾在法国结束充当摩洛哥的保护国的阶段在摩洛哥工作过。勒布雷和埃科沙尔都属于当时的"第三世界主义"运动思潮，这个思潮主张应该根据发展中国家的具体情况制定适合其特性的解决方案。

---

[*] 法语，字面意思是"吃奶酪的人"，这里指挪用公款的腐败官员。——译者注

本文的目的在于考察黎巴嫩本地专家看待外国专家及其提案的方式。外国专家的提案构成了谢哈布改革政策的重要元素。本文详述了当时广受讨论的两个问题:贝鲁特在黎巴嫩中的地位,以及贝鲁特郊区的规划策略。相关争论表明,对于政府和外国咨询专家提出的一些观念,本地专家采取了抗拒态度。这又体现在后殖民时代背景下,规划领域的意识形态和技术手段是一种改革工具,即便有该国领导层全力支持,这些工具也不是直接从外部输入并强行施加到发展中国家的城市中,而是要经过本地专家进行筛选和重新配置。本地专业人士做事有种种动机,其中特别值得一提的是专业利益或经济利益的影响,这些影响的分量有时甚至高于政治或技术准则。

## 面向发展的研究与教育学院,国家综合规划和城市规划

面向发展的研究与教育学院 1958 年由多明我会神父勒布雷在巴黎创立。勒布雷在 20 世纪的各种经历对于天主教社会运动来说非常有代表性,也体现从"社群主义乌托邦"到"天主教第三世界主义"的意识形态转变。[4] 天主教社会运动起源于 19 世纪末,本身是对由法国大革命和工业革命建立起来的政治经济秩序的一种反动。它反映出罗马天主教会为了对抗现代性而构思的政治与社会方案。一面是资本主义以及个人化的社会,一面是社会主义和集体化的社会,天主教社会运动的主要想法是走一条"第三世界道路",保存社群,在分崩离析的世界中为个体提供保护性秩序。出于这种考虑,天主教社会运动的代表人物转而关心工人的生活与劳动条件。第二次世界大战后,勒布雷神父提出了具有独创性的"和谐发展"理论,并且在南美洲的很多国家将其付诸实践。在这个理论中就包含了国家综合规划和区域规划的成分,其宗旨是要让穷苦人民也参与到发展进程之中。设立面向发展的研究与教育学院,是为了创办一个"保护伞式"的机构,聚集一批支持上述理念、投身于发展和教育的专家,让这种理论得到更好的传播和实现。[5]

### 面向发展的研究与教育学院在黎巴嫩

1958 年谢哈布总统上任后,很快就与勒布雷和面向发展的研究与教育学院建立了互信关系。大家都知道,总统充分信任面向发展的研究与教育学院团队[6]:在很多投资决策背后是他们在推动,政府推行的很多新法律也是他们编制的。1961年国家启动了被称为"4.5 亿黎巴嫩镑项目"的基础设施建设工程,要把该国山区的每个村庄接入主干公路,并且在全国铺设饮用水管网;1962 年 5 月颁布了公共

住房法；1962 年 6 月出台法律重组了规划部，这些决策都有面向发展的研究与教育学院的贡献。

国家综合规划是面向发展的研究与教育学院学说的一个关键点，而其中包括多个方案，没有合并成单一的总体文档。这些方案都是基于各区域之间生活水平的不均衡而设计，但提出的措施却要么属于细分领域，要么局限于经济规划。根据面向发展的研究与教育学院的安排，要到第二阶段才需要提出一份单一的总体文档，该文档负责对各地区的具体方案加以总结。这体现出面向发展的研究与教育学院的一个观念：发展的起点是地方社群，或者至少应该是由一种自下而上的关系产生的；用该机构专家的话说："自上而下 / 自下而上的运动就是决定发展的条件。"[7]

面向发展的研究与教育学院提案的主要目的，是批判首都在整个国家人口与经济方面的压倒性支配地位。方案中把这个巨大的城市描述得混乱不堪，像是一种怪物或者癌症：

> 黎巴嫩当前的区域极化层次过度集中于贝鲁特都市地区，而这又变得尤其危险，因为没有总体规划控制贝鲁特的扩张，这个城市的情况像是真正的癌症一样不断恶化，沿着狭窄而杂乱无章的街道，高楼还在持续兴建。[8]

这个比喻本身并无独到之处，因为从巴黎到拉丁美洲，全球很多城市都被这么形容过。而且这也明显引用了勒·柯布西耶著名的说法"像驴群一样杂乱的街道"、"癌症般的城市"。比喻虽然平庸，但也不能掩盖面向发展的研究与教育学院的独创性：将农村区域（以及城市外围区域）放在优先于城市的地位上。

面向发展的研究与教育学院指出，改造首都要花费的巨额投资与产出的效果是不成比例的，至少对市中心改造来说是如此："一项实现起来极为艰难的总体规划无疑会缓解城市当前的一些问题，但只有将若干城市功能转移到另一座附近的新城，这些问题才可能真正得到解决。新城按规划与整个贝鲁特城市群（包括其港口和道路）连接在一起。"[9]因此面向发展的研究与教育学院的先期规划集中在黎巴嫩南部、贝卡地区和北部的农业区域，在这些区域投资能够立刻收到正面经济效益和政治影响。政府早在 1961 年就启动了几个道路、水务和电力方面的基础设施建设项目，每个项目都以投资的黎巴嫩镑来命名，比如"5100 万镑项目"、"4.5亿镑项目"（基础设施）、"8400 万镑项目"（二级公路）以及"1000 万镑项目"（贝鲁特港口的大型粮仓）。

除了这些投资之外，面向发展的研究与教育学院还设计了一个将各地分为 4个层次（每个地区是一个"极"）的"极化架构"（图 12-1），以此推行"和谐发展"。为了在全国推动现代化，方案中给架构中的每个层次列出了特定的投资和服

293

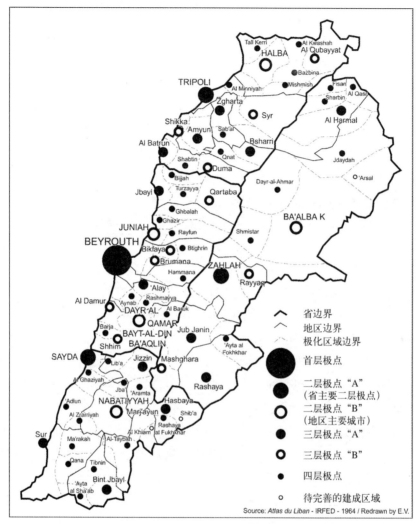

图 12-1　面向发展的研究与教育学院设计的黎巴嫩区域极化分层网络

资料来源：黎巴嫩地图，规划部、面向发展的研究与教育学院，1964 年（本文作者重新绘制）

务。而这样一个架构在很大程度上还是行政管理性的（学校、医院、警察和司法等），没有给私人投资参与留下空间。由于私人企业家们对政府行动相当警惕，所以社会发展办公室[10]等政府机构没能将私有经济力量调动起来。

### 黎巴嫩专家对面向发展的研究与教育学院的批评

面向发展的研究与教育学院的第一份报告[11]发布于 1961 年，在亲政府的民众、学术界和行政管理领域中都迎得了称赞。但对面向发展的研究与教育学院后续提案的反响则不太为人所知，尤其是一些关于非财政问题的争论，事后就更少人提及。[12] 事实上，只有政府内部非常小圈子内的人士才会了解1961—1963年间的一些更具体的提案，而黎巴嫩专家的相关观点则很少出版过。法国团队的支持者中包括一些黎巴嫩专家和公共管理者，其中还有重大工程执行委员会主席纳卡希（Henri Naccache）和公共建筑管理局局长纳马尔（Mitri Nammar）[13]，这两个人都在谢哈布当政期间启动道路和基础设施建设大型投资项目时与面向发展的研究与教育学院密切合作。但另外一些人则保留了意见，如果不是采取敌对态度的话。乔治·科尔姆（Georges Corm）在1964年出版的论著《黎巴嫩的规划与经济政策》（Planification et politique économique au Liban）就表达了这样一种保留意见，此外发展和规划委员会的专家们也持相同态度。

科尔姆当时是从法国政治研究院经济系毕业的青年学生，与面向发展的研究与教育学院合作了几个月[14]，在这番经历结束时出版了那部论著。这本书本意是要对黎巴嫩的规划和发展政策进行评价，论述又分为两个时期。第一个时期是1953—1958年，已经开始了一些初步规划尝试。虽然科尔姆对这个时期的评价很具批判性，但在面向发展的研究与教育学院活跃工作的背景下谈及这些初步尝试，就表明作者即便不是想回到过去，起码也是要证明，面向发展的研究与教育学院的工作并非一个没有先例的绝对开端。在全书的第二部分，作者对面向发展的研究与教育学院的提案（1959—1963年）提出了相当中立、平衡的评价，讨论的重点是经济方面。

关于物理规划和空间管理方面的一些批评意见，科尔姆认为面向发展的研究与教育学院的诊断分析过于悲观，他们在进行区域调研时，采取的分析范畴有时带有种族中心主义的偏见。其中一些分析指标，比如家用电器的标准，导致对黎巴嫩发展水平过度低估，农村地区的情况尤其被形容得特别悲惨。科尔姆认为，上述调研结果反映的并不是这些地区欠发达的状况，而可能是表明当地具有"一种不同的文明状态，商品交换水平较低，生产与分配机制与西方完全不同"。[15]

在提案方面，科尔姆首先考察了地方性发展管理机构的设置，这是规划部改革的一个关键点（图12-2）。在村级、省以下的地区级（caza）和省级（muhafazat）都设置了行政机构，负责对黎巴嫩各地区的需求进行调研和分析。根据科尔姆的判断，这是"面向发展的研究与教育学院最大的一项成功"[16]，尤其与面向发展的研究与教育学院在中央政府中设立的类似机构（也就是规划部）相比较而言是如此。科尔姆认为规划部"是个十足的怪物"，因为它的官僚机构太过复杂（图12-3）。[17] 而实际上各个地方机构也还是显得笨重不灵，不适合黎巴嫩这样一个小国。勒布雷神父自夸这种组织架构可以成为放之四海而皆准的通用解决方案（图12-4）。即

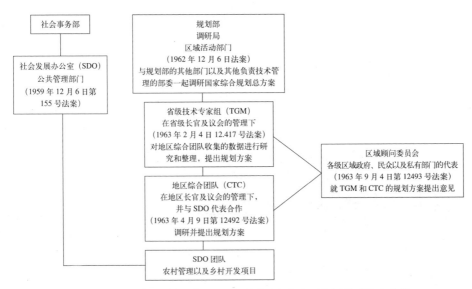

图 12-2　面向发展的研究与教育学院设计的黎巴嫩各区域发展机构组织架构

资料来源：本文作者综合文献资料绘制

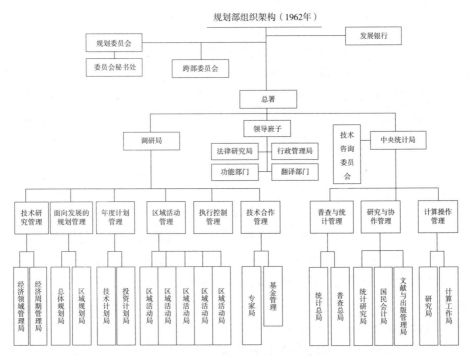

图 12-3　1962 年时规划部的组织结构

资料来源：乔治·科尔姆，《黎巴嫩的规划与经济政策》，1964 年（Georges Corm, Planification et politique économique au Liban, 1964）

规划初步调研团队理论组织架构图

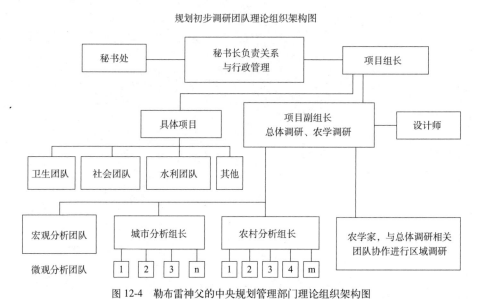

图 12-4　勒布雷神父的中央规划管理部门理论组织架构图

资料来源：勒布雷，《发展与文明，关于创立并实施发展项目的必要能力分析》，1962 年（L.J. Lebret, Développement et civilisations, Analyse des compétences nécessaires à l'établissement d'un programme de développement et à son exécution, 1962）

便科尔姆没有明言，他或许也认识到这种形式在小国是行不通的。[18] 最后一个批评意见针对的是面向发展的研究与教育学院设定的工作优先级。科尔姆用较长篇幅评估了投资的财务规划，反对把基础设施项目置于生产投资之上的做法；此外他也不同意给农村地区比城市更高的优先级。在面向发展的研究与教育学院档案保存的另一份文件中，科尔姆说得更为明确：在总体公共投资中，只有 0.9% 给了城市规划；他认为对城市投资应该比这更多才对。[19]

　　面向发展的研究与教育学院与"发展和规划委员会"之间的关系值得深入考察。这个委员会 1953 年设立，职能是就规划与发展方面的事务向政府提出建议，并且制定第一个 5 年计划。计划在 1958 年完成，此后不久就发生了危机，谢哈布总统随即上台。这个委员会的委员来自多个政府机构，也有一些是独立专家。这里值得一提的人包括约瑟夫·纳吉尔（Joseph Naggear），他从委员会创立时就担任委员。这位工程师曾留学法国，就读于巴黎综合理工学院（Ecole Polytechnique）和法国国立路桥学院（Ecole des Ponts et Chaussées），回国后曾在土地登记和城市规划管理部门任职，然后担任灌溉管理局局长，离职后任贝鲁特高等工程学院（Ecole supérieure d'ingénieurs de Beyrouth）教授。在谢哈布总统卸任后的几任内阁中，他担任规划部长。此外委员会中还有亨利·埃迪（Henri Eddé），前总统家族出身的一位独立建筑师，自 1959

年起任委员，以及阿西姆·萨拉姆（Assem Salam），也是参与城市设计工作的一位独立建筑师，他是当时著名政治家赛义卜·萨拉姆（Saeb Salam）的侄子。委员们的背景说明，除了无可否认的个人能力之外，入选委员会的另一个重要标准是出身贝鲁特豪族世家，而其中有些家族——比如埃迪家——后来成了谢哈布的政治对手。[20]　　296

1962 年规划部的改革调整了发展和规划委员会的职能，此后该委员会只有顾问职责。而委员会原有的职能由新成立的调研局（Directorate of Studies）负责。由于黎巴嫩本地专业人数无论是在数量上还是能力上都不够，所以面向发展的研究与教育学院不得不承担起该局的责任。这样它就有了两项使命：首先是编制 5 年计划，其次还要为调研局培训未来的员工，这些人员要么从面向发展的研究与教育学院的合作者中招募，要么从它 1963 年在贝鲁特专门设立的分支机构发展教育研究院（Institut de Formation au Développement）的毕业生中选拔。发展和规划委员会高度关注面向发展的研究与教育学院的方案，其建议也不可或缺。但是面向发展的研究与教育学院认为，委员会的委员并非全职人员，要参与许多其他活动，所以无法对提案形成明确意见。[21] 面向发展的研究与教育学院同时也质疑了委员会的能力，认为它之前编制的 5 年计划是一份"学术论文"。[22] 所以根据面向发展的研究与教育学院的提议，又成立了一个规划委员会（Commission for Planning），其中只有两个委员，就代表了原有的"发展和规划委员会"的全班人马。新的规划委员会负责对 5 年计划提出必要建议。

从"发展和规划委员会"与"规划委员会"的角度来讲，二者对面向发展的研究与教育学院的方案似乎有不少保留意见。不巧的是，面向发展的研究与教育　　297 学院的档案中没有多少对这些方案讨论的记录，也许这是因为规划委员会与法国专家们一共只开过两次会。[23] 以下就介绍一个具体案例，借以体现他们之间的分歧。面向发展的研究与教育学院团队提议，分别在贝鲁特北部、南部 30 公里的朱拜勒（Jbeil）地区和拉麦莱（Rmaileh）开发旅游景区。这两个景区作为海滨度假区可以成为游客从海上前往内陆地区旅行的起点。这样一个提案符合黎巴嫩各区域总体规划方案，他们的设想是，以西班牙或者希腊这些旅游国家为模板，从欧洲到黎巴嫩来旅游的人数也会持续增长。[24] 发展和规划委员会反对这个方案。他们提出批评意见的理由从该委员会编制的前一个 5 年计划中找到，这个计划对黎巴嫩的未来蓝图提出了另一种愿景。委员会认为，游客的主要增长点来自阿拉伯国家，因此应该开发麦腾（Metn）、科斯万（Kisrwan）以及阿莱（'Aley）等山地旅游区；这些旅游地在黎巴嫩中部山区，比外围地区开发得更好，而且在夏季已经很受游客欢迎。[25] 姑且不论哪个提案更妥当，双方的提案体现了对黎巴嫩国土的两种不同　　298 看法，也表明支持谢哈布总统的圈子与其他人士有一个很大的区别：这些改革支持者倾向于挑战贝鲁特在国家的中心地位。

把上面这个案例与另一个情形相对比更能说明问题。亨利·埃迪反对面向发展的研究与教育学院在空间管理方面的方案，尤其是"极化架构"的概念："即便以前和当下都应该实现行政管理上的'去中心化'，经济方面的'去中心化'也应该慎行。有些去中心化解决方案只适用于比面积黎巴嫩大得多，而且拥有更重要、更多样的资源的国家；如果在黎巴嫩以不恰当的规模和专制手段实施这些解决方案，那么结果会特别不幸。"[26] 在处理贝鲁特的中心化问题时，亨利·埃迪显得非常谨慎，对面向发展的研究与教育学院提出的国家控制手段敬而远之。换言之，从上面引用的这段话来看，他既不同意为农村地区的建设需求设定比贝鲁特更高的优先级，也不同意用专制手段来实施这种政策。

还有一个因素可能也在这里起了作用。面向发展的研究与教育学院之所以如此敌视发展和规划委员会，可能是因为有些黎巴嫩专家批评过面向发展的研究与教育学院若干人员的能力低下。亨利·埃迪在回忆录中提到过他"对一些'专家'能力的保留意见"。[27] 鉴于委员会的其他成员似乎也持有类似顾虑[28]，他们有可能会感到，这些能力并不胜任的外国专家却受到了谢哈布总统支持，是要把他们架空。而他们自己则相信，作为本地专家，他们能比外国专家做得更好，所以他们会反对外国人的提案。设立一个新的"规划委员会"远不止是为了加快"发展和规划委员会"的工作，很可能还是为了绕过这些批评意见。而在对面向发展的研究与教育学院的能力提出批评的阵营之中，本身又存在工程师（比如亨利·埃迪和约瑟夫·纳吉尔）与经济学家之间的对立。值得一提的是，"规划委员会"的两个委员都是经济学家：埃利亚斯·加纳热（Elias Ganagé）和穆罕默德·阿塔拉（Mohammad Atallah）。[29] 由此看来，面向发展的研究与教育学院的反对者们在专业上、意识形态上和政治上的反对理由也是高度复杂的，很难说其中哪些理由最为重要。

这个例子说明了改革者在空间管理的主要方向上存在意见分歧。谢哈布总统卸任时，面向发展的研究与教育学院的规划也被叫停，这通常被归罪于新上任的总统夏尔·赫卢（Charles Helou）在政治上的软弱。实际上同为推行改革工作的人士，却秉承着不同的发展学说，他们之间的分歧也可能是规划叫停的原因。

## 埃科沙尔的第二次贝鲁特总体规划

与面向发展的研究与教育学院的方案相比，本地专业人士更接受米歇尔·埃科沙尔和他的方案，这可能是因为埃科沙尔对黎巴嫩以及当地专业人士更为了解。

正如前文介绍过的那样，埃科沙尔在黎巴嫩也非无名之辈。[30] 他曾在叙利亚工作，并在那里开始城市规划工作，后来于 1941—1943 年间在贝鲁特担任城市规划师。他当时改革城市规划管理部门的尝试并没有完全成功，而由于本地商业社群的反对，他的规划方案也从未被采纳。

埃科沙尔在摩洛哥的工作经验（1946—1952 年）非常重要。他当时新近掌握了国际现代建筑协会（CIAM）的理论，想要将之付诸实践，因此用功能主义的原则设计了卡萨布兰卡的规划。该地的商业社群还是强烈反对他的方案。一方面，在规划他试图开发出"为大多数人修建的住房"，这是在摩洛哥实行社会住房项目的一种尝试。这种对功能主义建筑观念的改造，让埃科沙尔以"第三世界主义城市规划师"闻名。[31] 另一方面，这段经历也是功能主义规划意识形态输出到殖民地国家的典型案例，其特点是粗暴地推行方案，不顾本地民众的实际需求。[32] 这也是埃科沙尔受到批评的最主要原因之一。

在谢哈布总统任上，起初一直没有考虑贝鲁特郊区的规划；直到 1961 年，面向发展的研究与教育学院在一份 1000 多页的贝鲁特发展战略报告中花了 3 页篇幅提出对首都实施"去中心化"的必要性。这个提案首先关注的是把一些重要的公共管理部门和各大部委从市中心迁移到郊区。在报告中列出的各项优先实施任务中，都市规划只排在第 7 位。[33]

1961 年，政府聘请了埃科沙尔为"政府城"设计总体规划，这是一个坐落在首都核心区之外的行政新区（图 12-5）。这并非全新想法，约瑟夫·沙迪尔（Joseph Chader）部长在 1956 年就提出过这样的建议[34]，而 1958 年发展和规划委员会的 5 年计划也是这么规划的。著名希腊规划师康斯坦丁诺斯·道萨亚迪斯 1959 年就该主题撰写了第一份报告。[35] 埃科沙尔的贡献在于，他坚持要在该报告中加入关于郊区总体规划的草图，这超出了"政府城"原本的任务范围。在埃科沙尔再次施加压力之后，总体规划的初步调研才于 1962 年底启动。明显仍然是由于埃科沙尔推动，最终报告覆盖了一个比政府最初设计的范围大得多的区域。上述简略的时间表说明，原本考虑的目标是制定"政府城"规划方案，而不是像埃科沙尔提出的那样设计一个宏观的都市规划。政府城的建筑设计竞赛于 1963 年启动，本地建筑师的方案中选。这是政府在 1958 年发起的行政改革的产物，体现了行政机构空间合理化的需求。[36] 此外它着眼于实现战略军事目标：让政府免得再次遭受 1958 年谢哈布上台前的动乱中遇到的那类困境。[37] 最后，这项工作还有一个象征性目的：把政府机关从交通上拥堵、政治上敌对的市中心商业区中迁移出来，建立全国的周边地区与首都地区之间的联系。[38]

301

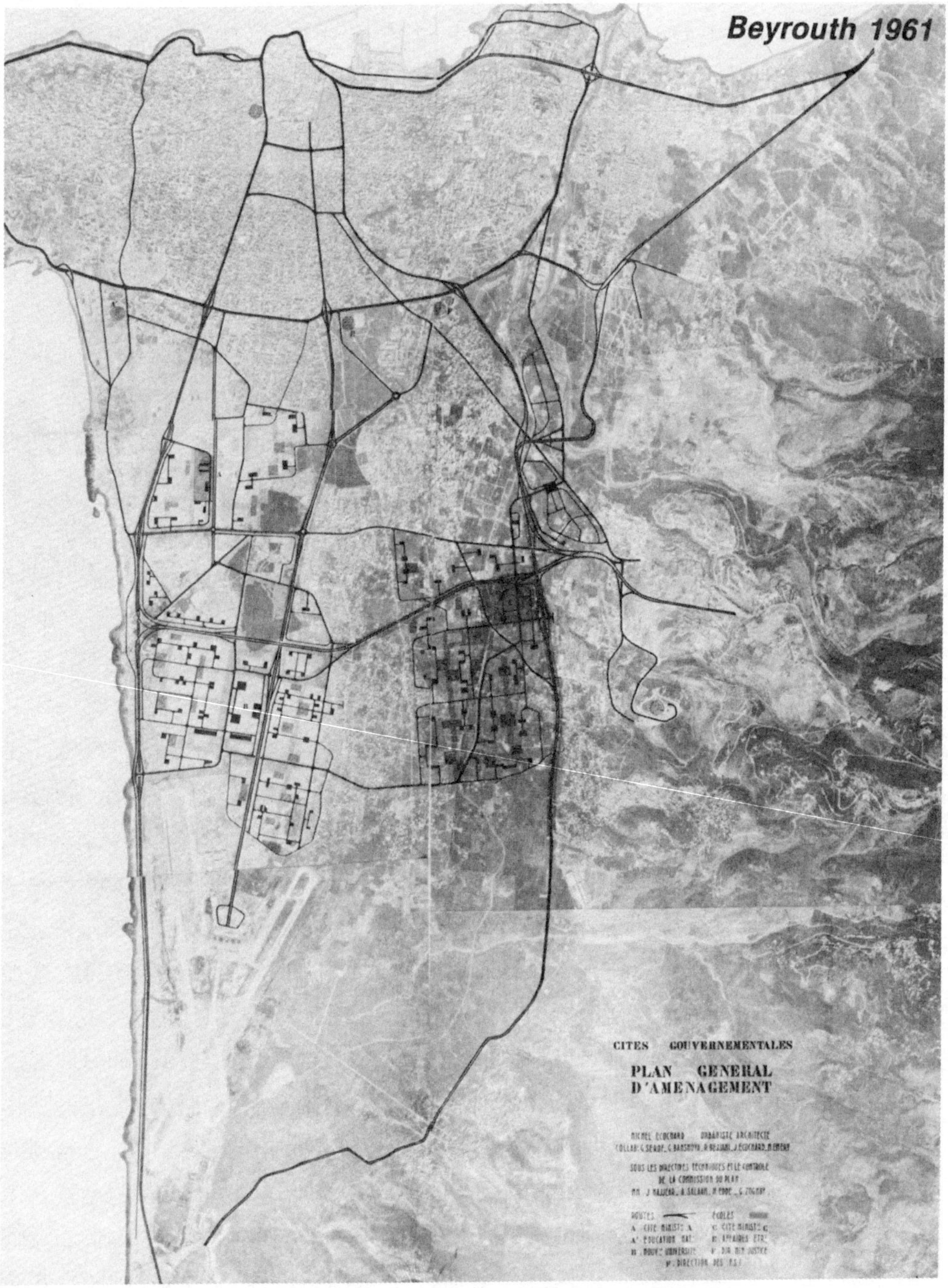

图 12-5　埃科沙尔的总体规划

资料来源：法国《城市规划》杂志，总第 211 期，1986 年（Urbanisme, 211, 1986）

所以正如上述时间表以及当时引发的讨论表明的那样，对于谢哈布政府来说，"大贝鲁特"的空间布局只有次要意义；在谢哈布政府执政末期，完全是由于埃科沙尔的影响，都市规划的工作才具有了重要性。最终埃科沙尔的总体规划在 1964 年被部分采纳，其中的城市开发项目，比如首都南部的新城、首都北部的工人城市朱代德（Jdeideh）则留待公营或者私营房地产企业来开发。政府将新城开发方案部分放进了"政府城"区域的规划里，进行进一步调研，但实际上从来没有实施过。而道路系统和分区规划完全实施了，不过容积率比方案提出的高得多，埃科沙尔显然对此大为光火。[39]

### 埃科沙尔与黎巴嫩工程师之间的密切关系

大多数黎巴嫩专家们完全支持埃科沙尔以及他的规划，这与他们对待面向发展的研究与教育学院及其提案的态度大为不同。自从 1943 年设计规划的时候起，埃科沙尔就与贝鲁特及当地专家建立了密切的关系[40]，所以他的能力受到了广泛认可，正如让·埃迪（Jean Eddé）记述的那样：

> 黎巴嫩政府选择了法国城市规划师和建筑师米歇尔·埃科沙尔，这样一来就把首都的命运交到了一位富有经验的技术人员手中。埃科沙尔的正直、可靠尽人皆知，早在 1934 年 [原文如此] 就开始在黎巴嫩从事城市规划：贝鲁特的总体规划（没有实施，但其中部分内容成为实际规划的关键要素），朱尼耶（Jounieh）和比布鲁斯（Byblos）的总体规划（已经实施），两座"政府城"哈桑井（Bir Hassan）和吉亚（Chiah）的总体规划（已经实施）。[41]

埃科沙尔在黎巴嫩工程师中间之所以享有很高威望，可能并非完全是因为其能力。他在当地专业领域有不少联系人，这对他开展工作肯定很有好处。作为城市规划师，他招募并培训了很多年轻的工程师和建筑师。[42] 作为建筑师，他设计了若干方案，其中包括西顿（Sidon）、巴卜达（Baabda）、贝鲁特和的黎波里的学校。因此他一直跟阿明·比兹里（Amin Bizri）、法伊兹·阿赫达卜（Fa'ez Ahdab）以及亨利·埃迪等本地建筑师保持着很好的关系。友谊和经济利益形成了紧密纽带，与他的专业能力和名望一起，让他在黎巴嫩专业人士中广受欢迎。

值得注意的是，一些曾与埃科沙尔共事、与他保持密切关系的工程师和建筑师成了两个监管其工作的独立管理机构的成员：城市规划高级委员会和大贝鲁特委员会。这两个机构包括来自各个管理部门的代表，贝鲁特工程师协会的主席，以及一些独立委员。[43] 其中很多人要么是负责评估面向发展的研究与教育学院方案的规划和发展委员会的成员，要么至少是属于同样的专业圈子。作为管理机构的成员，这些人跟埃科沙尔一样，二十多年来一直心系城市规划，所以不出意料的是，他们会热忱欢迎埃科沙尔的大多数提案，其态度远比对面向发展的研究与教育学院方案的任何方案要好得多。现在我们很难判断，埃科沙尔总体规划中的有些想法是否借鉴自这几个委员会的观点，或者是委员们直接的提议[44]，但是可以肯定的一点是，在埃科沙尔和本地规划师们的共同压力之下，政府采取了一些改革城市规划的新措施。

其中一个很好的例子就是引入房地产公司作为土地改革的手段。在城市规划事务方面，黎巴嫩政府的一大问题就是它缺乏土地管理的权力。但是早在1948年，约瑟夫·纳吉尔提出过两种土地管理的新措施：首先是城市土地池与土地重划（pooling and reparceling），其次是公私混合所有制的房地产公司。[45] 土地池和土地重划机制在1954年投入实施；首先是在贝鲁特的沙地区（Sands Area）实行，1960年后又在朱尼耶基于埃科沙尔总体规划的新市中心开发项目里运用。路易·富热尔（Louis Fougères）是一位法籍国务顾问，与埃科沙尔关系密切，1962年受谢哈布政府邀请起草新的城市规划法规（其中第19条涉及房地产公司相关事务）；他深受纳吉尔关于房地产公司观念的影响。无论是埃科沙尔，还是其他本地专家[46]都全力支持纳吉尔的提议。

实际上，贝鲁特郊区总体规划的必要性无疑是所有黎巴嫩本地专家共同关注的问题之一，这些专家的压力也肯定是启动总体规划的部分原因。那些曾经负责贝鲁特城市规划的老一代人为日益凸显的城市问题感到忧虑。他们意识到在1952—1954年确立的城市总体规划和分区来得太迟，不足以遏制城市的快速扩张："政府没有真正用心来制定分区条例。……[以前颁布的分区条例] 其实只认定了既成事实，对剩余的小规模未建区域只进行了微不足道的保护。"乔治·里亚基（Georges Riachi）作为市政技术部门负责人，是这个过程的可靠见证者。他认为贝鲁特市中心的特征就是"缺乏规划"，而当时在首都郊区恐怕出现了相同的结果："到目前为止，政府没有真正用心将 [郊区] 纳入大贝鲁特，至少从规划的角度来看是如此。"[47]因此，他要求抓紧设立一个管理机构负责大贝鲁特的规划，他认为这是避免重蹈覆辙的最好方法。

规划大贝鲁特的倡议获得了萨巴·希伯尔（Saba Shiber）等年轻规划师的热烈响应。希伯尔在《每日星报》（Daily Star）上定期发表城市建设方面的文章，标题包括"拯救贝鲁特"、"对大贝鲁特的批判性一览"等。[48]希伯尔常常抨击政府的政策，并把黎巴嫩政策与他也参与工作的其他阿拉伯国家（比如科威特）相比。他常用的参照系是《雅典宪章》和勒·柯布西耶。从这方面考虑，选择埃科沙尔这么一位现代主义规划师非常对路,不容反驳。而在本地专业人士中间,对实施贝鲁特规划的绝对紧迫性达成共识。在对最后获批的总体规划的评价方面,同样达成共识。

事实上,政府对埃科沙尔方案的调整虽然让埃科沙尔本人十分不满,但黎巴嫩专家们则不太在意。如前所述,埃科沙尔对调整表现出了激烈的反对,但本地专家们的反应如果不说是"欢迎",也该称为"释然":"7月23日批准的分区方案看起来是一次妥协,但考虑到所有可能的困难情况,这算得上是能达成的最好方案了。公众对私人利益看得更重,而不重视公共利益,在他们面前颁布、重申这样的方案需要勇气:与之前的空白状态相比,这个分区方案是无限倍地更好。"[49]

黎巴嫩专家们对总体规划实施的关注远重于对容积率提高的关注,在其中大多数人看来,容积率提高是不可避免的。亨利·埃迪在讨论大贝鲁特规划时提到,虽然城市规划高级委员会(他本人就是委员会成员)批准了该规划,但政府因为缺乏人手而没能实施这个规划。而已经发放了很多建筑许可,让这片区域产生了"拥堵":"如果总体规划出台了,这固然是很好的事;但重要的是要有一个政府机构能够承担起责任,能够拿到1/200的详图,立刻按规划核查建筑方案的细节。"[50] 黎巴嫩专家们关心的不只是规划的必要性,也不只是总体规划本身,更是规划管理机构和政府实施规划的能力。

### 异议与竞争

虽然黎巴嫩专家中间存在上述宏观共识,但关于规划问题也还明显有一些争论点甚至异议。即便在整整一代推行城市改革的黎巴嫩建筑师中间,埃科沙尔被视为一位先锋人物,他的总体规划也还是受到了批评。在工程师协会的期刊《工程师》(Al Mouhandess)上,法里德·特拉德(Farid Trad)发表了两篇文章,提出了一种非常有意思的反对意见,其论据结合了意识形态、技术和专业三方面的利益。第一篇文章涉及的是埃科沙尔总体规划中的公路网络(图12-6)。文章回顾了以往历次规划对公路网络的设计:埃科沙尔1944年的规划,以及贝鲁特市政府1952年提出的总体规划。与前文中科尔姆采取的论辩策略类似,特拉德也追溯了这些规划方案的起源。埃科沙尔1944年的规划吸收了特拉德本人1937年的一些早期思路,尤其是围绕城市核心的环形公路设计。至于1952年的规划,很大程度上就是1944年规划的一个新版本。而特拉德又一次强调,黎巴嫩专家们(包括他本人)都参与了该次规划方案的设计。因而前几次规划都是专业人士共同合作的结果;但埃科沙尔本次全新总体规划的思路与以前几个规划大相径庭。

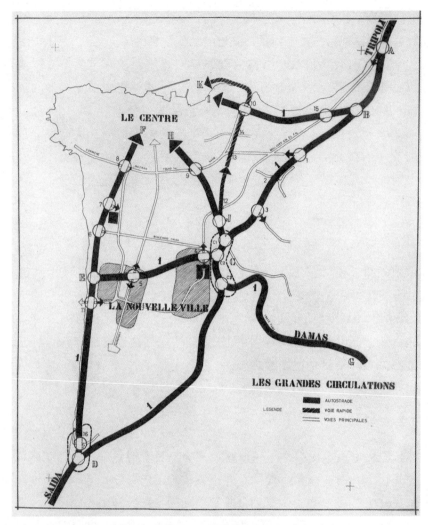

图 12-6　埃科沙尔的贝鲁特及郊区总体规划：交通网络（1963 年）
资料来源：法国建筑研究院（Institut français d'architecture, 61 IFA 36）

　　将 1953 年经过调整通过的总体规划中对南郊地带的处理（图 12-7）与 10 年后埃科沙尔准备取代它的规划加以对比，会特别有趣。特拉德对埃科沙尔规划的一项批评，就是他使用了 20 处"苜蓿叶形"立交桥；特拉德认为大部分都没必要，是对空间和金钱的浪费。这位黎巴嫩工程师个人推荐的方式是环岛，1953 年方案中就是这么设计的，那时在多处采用了星形布局，与贝鲁特市中心的星形广场区域以及巴黎美院式的设计概念产生了呼应；这似乎是在规划细化方面的一个争议点。贝鲁特规划局长也建议在一个"几乎还是处女地的城市区域"改用环岛（这

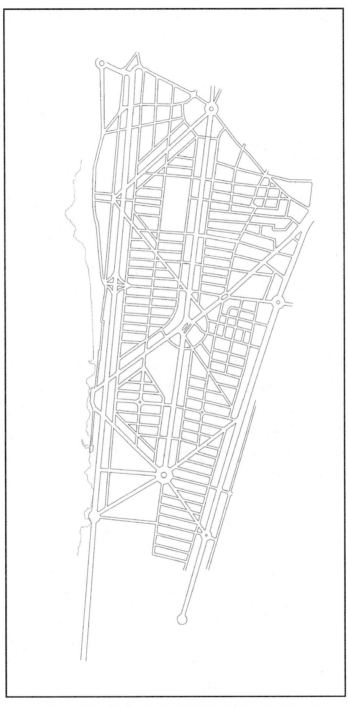

图 12-7 贝鲁特及南郊总体规划（1953 年 9 月 14 日第 2616 号法案）

资料来源：贝鲁特城市规划总局，图纸由本文作者重绘

个地带可能就是指南郊），而埃科沙尔写信给局长，坚决反对这种改动："您提出的这种新设计方案唯一的目的就是把广场的形式变成星形，作为一个现代城市规划师，我认为这种形式不仅过时，而且对于汽车交通来说也很危险。"[51] 而且这种设计扩展了放射性道路，因此在周边的街道社区上强加了"一种复杂的布局，很难组织空间，住房也不容易安排朝向。"除去技术考虑之外，这种设计问题也许表明不是所有工程师都能够接受现代主义的风格，这标志着老一代规划师与年轻一代之间的代沟。

特拉德的反对意见也不局限于现代主义设计方面。文章中还对埃科沙尔方案的效率问题提出了其他多项批评。其中另一个例子是 1964 年 7 月颁布的分区规划，容积率规定得非常高，对于山区地带就尤其如此。实行这样的容积率，比人口指标所要求的高很多，会让城市蔓延现象扩展到新的区域："糟糕的是，埃科沙尔先生未加考虑，就系统性地扩张了可建区域面积，并且提高了容积率。有些地段的容积率（比如 A1、B1 区域）在前一版分区规划中已经过高，现在则在山区地带产生了严重的隐患，甚至比当前城市中最拥挤的街道社区密度还要高。"[52]

事实上，这种批评主要是针对政府而发，意在批评当局通过的措施太偏袒土地产权所有者，因为这样的分区规划会让地块增值不少。但我们也可以认为这种批评是针对埃科沙尔本人。当然，政府调整后的分区方案把容积率提高了1/3，这一点埃科沙尔也不同意。但即便在埃科沙尔设计的分区规划初稿（也就是特拉德所说的"前一版规划"）中，建筑密度已经很高了。比如说，对于山区的坡顶和斜坡地带，埃科沙尔初稿规定的容积率是 0.6，特拉德则倾向于 0.3。如果在山区规划 0.6 的容积率，那么就仅仅低于贝鲁特南郊平原地带 0.75 的最低容积率。[53]

可以说，特拉德是最有资格批评埃科沙尔方案的人，因为他过去曾经负责贝鲁特南部贝达海滩区域（Ramlet el Baïda）一处小区的开发，也曾是为该区域设计低容积率的规划师之一。根据当时评论者的观点："埃科沙尔必须提出一个在土地产权所有者们看起来显得有些理想主义的规划。如果他不这样做，城市规划高级委员会就无法拿到筹码与土地所有者讨价还价。"[54] 但在特拉德看来，埃科沙尔的规划还不够"理想主义"。埃科沙尔当时好像已经预见到，政府为了让规划变得能够被接受还会进一步提高容积率，这可能是由于在 1943 年那次规划失败之后，他认识到了向土地所有者让步的重要性。

特拉德的第一篇文章中还有对埃科沙尔策略的进一步批评。特拉德评价了1961—1963年间埃科沙尔与城市规划高级委员会之间为了讨论方案而进行的互动，他强调，最终获批的交通网络方案是在埃科沙尔原有观点与他自己观点之间渐趋妥协的结果，这种妥协实际上没法让他完全满意："这个称为'埃科沙尔方案'的规划中仍存在严重的漏洞。"[55]"称为'埃科沙尔方案'"这个说法与让·埃迪的说法（参见注 38）颇为不同。这句话的含义是指，埃科沙尔采纳了黎巴嫩同仁提出的几项改进意见，而"埃科沙尔规划"的标签却把荣誉完全给了法国人，因而并不确切。黎巴嫩同仁们针对埃科沙尔1961年方案初稿的改进意见包括修建一条独立于现有道路体系的环行路、沿贝鲁特的河流修建连接港口与通往大马士革公路的高速公路等（图 12-8）。特拉德否定了法国人新方案的充分性，而其争议焦点似乎并不限于技术问题，甚至也不限于意识形态（比如现代主义与巴黎美院派的对立）问题。

值得留意的是，特拉德在批评中指出埃科沙尔提案中的一些公路要穿过现有道路或者小区，这说明埃科沙尔的现场调研不够细致准确。在特拉德的批评文章中，始终贯穿着对埃科沙尔及其团队现场知识不足的抨击，这里的言下之意是，在这个地区，黎巴嫩工程师（比如特拉德本人）才是最胜任的规划者。这说明竞争关系存在于本地规划师和外国规划师之间。

这些批评体现出贝鲁特工程师协会的主要关注点，特拉德本人在 1958—1960年间担任过该协会主席。协会自 1951 年创立以来，力求保护会员们不受外国工程师竞争的干扰，只要有黎巴嫩人胜任相关任务，项目就不应该交给外国人。政府当时的倾向是尽量聘请外国专家而非黎巴嫩工程师完成项目，协会致力于扭转这个趋势。对大形势的这种抨击成了当时协会新一代领袖们（其中包括亨利·埃迪、阿明·比兹里）和他们的追随者的一个战斗口号。他们斗争的案例很多：1964 年，当时的协会主席亨利·埃迪与公共事业部长乔治·纳卡希之间展开了激烈论辩，埃迪批评纳卡希没有执行"限制采用外国工程师"的法律。[56]虽然围绕埃科沙尔本人（一位广受尊重的建筑师与规划师）的争议起码是客气礼貌的，但对于其他外国专家来说，他们在黎巴嫩名望不高、关系不深，因此会遭遇尖锐的批评意见，有时甚至是中伤诽谤。这其中就包括面向发展的研究与教育学院团队，以及为黎巴嫩的的黎波里设计展会项目的巴西建筑师奥斯卡·尼迈耶（Oscar Niemeyer）。[57]

309

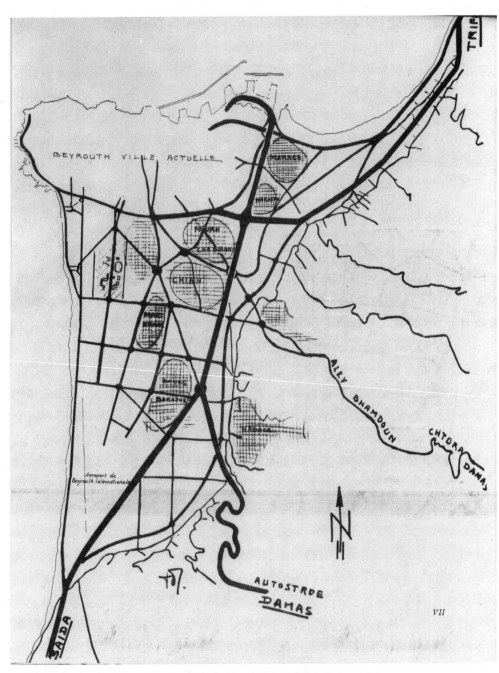

图 12-8　特拉德的贝鲁特及市郊交通网络方案（1963 年）

资料来源：《工程师》，第 3 期，1964 年 12 月（Al Mouhandess, n° 3, December 1964）

## 结论

本文讨论了两批外国专家的方案，二者遭遇了不同的命运。埃科沙尔的总体规划部分实施了（但其原初意图被大幅修改），他的名字也一直与设立的城市法规联系在一起（即便他本人不是这些法规的作者）。另外，面向发展的研究与教育学院的极化方案从来没有实施过，他们提出的 5 年计划也在 1965 年被规划和发展委员会推出的一份不那么雄心勃勃的计划取代了。面向发展的研究与教育学院的名字仍然和它著名的报告联系在一起，但他们提出的方案基本上已经被人遗忘。

黎巴嫩专家对上述两类方案采取了截然不同的态度，其中原因当然与外国专家之间在理论上、实施方式上的差异有关。埃科沙尔的思路植根于功能主义的社会观。贝鲁特的问题在于交通、住房等方面，所以埃科沙尔的解决方案主要是在物理设计方面：修建一个分级道路网络，为不同地位和密度的住宅区提供分区地块。这种思路与黎巴嫩专家熟悉的愿景与操作手段是一致的，因为这些专家本身的教育背景也大都是技术领域的。

相反，面向发展的研究与教育学院的思路是关注民众的社会需求，他们所谓的民众，指的是各种弱势"社群"（主要是文化和地理意义上的实体，而非宗教群体）的集合。[58] 在城市规划领域，面向发展的研究与教育学院借鉴了法国建筑师加斯东·巴尔代（Gaston Bardet）的著作[59]，这与埃科沙尔信奉的《雅典宪章》恰好是背道而驰的。在负责评估方案的黎巴嫩专家中间对面向发展的研究与教育学院提案的接受度不高。他们设定的优先目标饱受争议，虽然他们依据的发展极理论（theory of growth poles）在 20 世纪 60 年代的背景下完全是正统理论，无论是在法国还是其他各地都是如此。

而对面向发展的研究与教育学院提案的否定也不仅是基于理论分歧；这也与面向发展的研究与教育学院团队的态度，以及外人对他们的看法有关。面向发展的研究与教育学院力求向黎巴嫩输出自己关于"和谐发展"的理论和方法，这碰巧符合谢哈布总统的政治利益，因此总统认可了团队的工作。这种方法论要求采取新型的行政举措，其中包括创立全新的中央机构"规划部"，负责和本地团队一起进行区域调研，并且收集数据、设计规划、统筹协调所有行动。在 1962—1964 年间，面向发展的研究与教育学院团队是这个中央机构的核心，但是外人则感到该部门行事专断，由外国人主导（虽然其中有一些黎巴嫩合作者，但领头的却是外国人）。因此我们可以主张，面向发展的研究与教育学院的失败不仅是谢哈布总统的政治派系的失败，也是由于面向发展的研究与教育学院自身无法与本地专家找到共同语言，无法在项目中为本地专家找到施展空间。所以很多本地专家都对他们的工作抱抵制态度，当他们离开后，最终用自己的方案替换了他们的方案。

埃科沙尔的态度则与此完全不同。他非常了解黎巴嫩；为了实施他的计划，他做出了让步（尽管这些决策也可以被视为导致计划部分失败的原因）。在该国从事了 20 年规划工作之后，他的工作目标和优先事项与很多本地专家保持一致，以至于很难分清哪些是埃科沙尔的想法，哪些是本地专家的想法。尽管埃科沙尔的想法得到了多数人的支持，但正是出于上述原因，他也遭到了反对：如果他的贡献与本地专家难分高下，那么别人又不可避免地会质疑：为什么还有必要使用这个外国专家呢？

因此，工程师协会在谢哈布当政时代兴起，出面捍卫黎巴嫩工程师在发展政策中所处地位，这并不奇怪。本地和外国专家之间的对抗提出了关于外国专家作用的核心问题，这要么揭示出本地和外国观念之间的差异——既然有差异，所以本地专家更有理由将祖国的未来掌握在自己手中；要么揭示出双方关于未来的观点完全一致——既然一致，有人就又会质疑：为什么外国专家就该成为城市发展领域的主导者？

这表明，必须审慎对待 20 世纪 60 年代黎巴嫩的改革主义思想（或其他背景下的类似思潮）。本文讨论了许多改革者：勒布雷、谢哈布、埃科沙尔、服务于政府管理机构的工程师、年轻的独立建筑师以及经济学家等。他们都是改革者，但是分属不同类型的人群，所抱的愿景也大为不同。

面向发展的研究与教育学院和埃科沙尔方案的不同命运体现出我们所说的"规划文化"的力量。根据上述案例，我们可以把所谓的规划文化理解为对一系列观念与实践的阐发，其中混合了来自国际与本地的参照物，也包含着政治上和专业上的实际利益与网络关系。这界定出一个全新的研究领域，在黎巴嫩等国家与外国规划师重新开始接触时，这方面的研究对于揭示其历史特别有帮助。

## 注释

1. 1958 年初，黎巴嫩发生了城市暴乱，对立的双方分别是夏蒙总统（Camille Chamoun）亲西方的支持者（以基督徒为主）和反对夏蒙、支持埃及总统纳赛尔（Nasser）的阿拉伯主义者（以穆斯林为主）。美国部队出面平息了危机，7 月谢哈布当选总统，他之前担任黎巴嫩陆军负责人，在冲突中保持中立。谢哈布认识到国家的社会、经济问题，推行民族团结政策。他首先对政府进行了改革,在基督徒和穆斯林两种信仰群体之间达成平衡，并通过在政府中引入新的中央机构和独立机构来解决腐败问题。随即他又推行了社会公正、经济发展以及区域发展的政策。

312

2. 黎巴嫩长枪党在阿拉伯语中是"Kataeb"，欧洲语言则称为"Phalange"，是皮埃尔·杰马耶勒（Pierre Gemayel）1936 年创立的"第三条道路政党"。该党代表黎巴嫩基督徒利益，奉行民族主义；"长枪党"的理念借鉴了西班牙的长枪党、德国的纳粹党以及捷克的索科尔民族主义组织。

3. 参见 Georges Corm (1964) *Planification et politique économique au Liban (1953 - 1964)*, Beirut: Imprimerie Universelle, 以及 Kamal Salibi (1966) 'Lebanon under Fuad Chehab 1958 - 1964', *Middle Eastern Studies*, no. 2/3, pp. 213 - 222.

4. Denis Pelletier (1996) *Economie et humanisme: De l'utopie communautaire au combat pour le tiers monde. 1941 - 1966*, Paris: Cerf, p. 425.

5. 20 世纪 60 年代，勒布雷神父和他推行的运动曾经在黎巴嫩、法国、拉丁美洲以及其他一些国家（比如塞内加尔、卢旺达和越南）产生了巨大影响，但如今则几乎被人遗忘了。在此有必要提供一些相关信息。勒布雷神父最初担任神职后，就受到了天主教社会思想（Social Catholicism）的影响；他在 1929 年在法国西部组织了保护当地渔民利益的社会机构。1940 年，他为了扩大行动的影响，还寻求过维希政府的帮助，不过后来又疏远了该政权。1941 年，他参与创办了"经济与人道主义"（Economie et humanisme）组织，希望借此扩展对社会的影响。与此同时，他提出了一种"人道经济"的理论，其中基于创新的经验调研方法论的区域综合规划是一个重要元素。法国国家科学研究中心早在 1944 年就认识到了这些工作的价值，而后来在战后重建过程中，区域规划成为法国政府的优先任务。从 1947 年开始，"经济与人道主义"小组与基督教民主运动建立了联系，因而勒布雷神父在 10 年的时间里参与了很多拉丁美洲的工作。他在巴西（1952 - 1956 年）和哥伦比亚（1952 - 1956 年）主持了若干次社会调查和发展研究。这些工作非常成功，深受欢迎，推动他在 1958 年成立了面向发展的研究与教育学院。当时他以"和谐发展"理论闻名。勒布雷神父是一位国际专家，在第二次梵蒂冈大公会议期间作为梵蒂冈经济顾问对教皇产生了很大影响。参见 Georges Célestin (1981) 'L.J. Lebret et l'aménagement du territoire', *Les cahiers des Amis du père Lebret*, May, pp. 15 - 35, 以及 Pelletier, 前引.

6. Stéphane Malsagne (1997) *Les réformes économiques au Liban: 1959 - 1964*, DEA thesis, Paris IV University.

7. 作者经面向发展的研究与教育学院在黎巴嫩项目的副主任雷蒙·德尔普拉（Raymond Delprat）授权，调阅了由德尔普拉基金会收集整理的面向发展的研究与教育学院档案，该档案保管在枫丹白露的当代档案中心（Centre des Archives Contemporaines, 以下简称

"CAC"）。此处引文出自：5 年计划初稿（1964 - 1968 年），黎巴嫩共和国规划部主任报告 [IRFED, *Avant-projet de plan quinquennal (1964 - 1968), Rapport du directeur*, Republic of Lebanon, Ministry of Planning (CAC, Fonds Delprat 87 AS, box 145)]。

8. Service A, GK/mm, *Avant-projet de plan sectoriel pour les investissements publics: l'urbanisation*, 15 July 1963 (CAC, Fonds Delprat 87 AS, box 124).

9. 同上。

10. 这个部门成立于 1959 年，是与社会事务部和农业部相关联的一个独立机构，它很快就成为面向发展的研究与教育学院的一个主要支持单位。在面向发展的研究与教育学院的发展政策的实施中，该部门起到了重要作用。

11. Republic of Lebanon, Ministry of Planning, *Besoins et possibilités du Liban*, preliminary studies, 2 vols. plus 1 vol. of annexes, Mission IRFED Liban, 1960 - 1961.

313

12. 从财政和经济角度对面向发展的研究与教育学院的批评见 Salibi，前引。德尔普拉提到，对面向发展的研究与教育学院的工作有一些正面、负面意见：Raymond Delprat (1983) 'La mission IRFED au Liban', *Les Cahiers des Amis du Père Lebret*, March.

13. 本文作者对德尔普拉的访谈，1999 年 9 月 8 日。

14. 在与面向发展的研究与教育学院合作结束后，科尔姆成为了第三世界经济与财政领域的国际咨询顾问。黎巴嫩战争期间，他出版了若干社会学和历史学论著，讨论了中东地缘政治问题。他强烈反对贝鲁特重建工程，后来在埃米尔·拉胡德总统的第一个任期内（1998 - 2000 年）担任过财政部长。

15. Corm，前引，pp. 39 - 40.

16. 同上，p. 65.

17. 同上，p. 46.

18. 参见 Lebret，前引。巴黎的面向发展的研究与教育学院以及 1963 年它在黎巴嫩贝鲁特设立的分部"面向发展的教育研究院"（Institut de Formation en vue du Développement）负责培训"发展专家"，这些专家未来会派至各个地方机构工作。

19. 1963 年 12 月 15 日的一篇文字（CAC Fonds Delprat 87 AS, box 130）。

20. 雷蒙·埃迪（Raymond Eddé）是亨利·埃迪的堂兄弟，他是谢哈布总统首任内阁的成员。但是随后几年他发现黎巴嫩变成了一个警察国家，选举充斥着腐败，因而选择反对谢哈布总统。当然，作为商人阶层的代表，他的政见中也包含经济利益。他的兄弟皮埃尔·埃迪（Pierre Eddé）同时兼为银行家和国会议员。

21. "如此连篇累牍的公文，到底是表明了黎巴嫩问题的复杂性呢，还是说明外国专家思维方式过于冗繁呢？"（Corm，前引，p. 23）正如科尔姆有点讽刺地指出的，面向发展的研究与教育学院制造了大量文件，政府和委员会都很难通读。

22. 1999 年 10 月与德尔普拉的私人通信。

23. 面向发展的研究与教育学院编制的 5 年计划是在规划委员会成员去比利时出差时通过的，所以事实上委员会没能给出最终的意见，参见 Stéphane Malsagne (1992) *Le chéhabisme sous la présidence du président Fouad Chéhab,* thesis, Paris IV University, p. 224.

24. Ministry of Planning (1963) *Dossier de base pour l'avant-projet de plan quinquenal. Troisième partie: les programmes d'orientation et d'incitation*, July (CAC, Fonds Delprat AN 87 AS, box 148).

25. *Note récapitulative sur le projet de plan 1958 - 1962* (CAC, Fonds Delprat 87 AS, box 129).

26. Henri Eddé (1997) *Le Liban d'où je viens*, Paris: Buchet Chastel, pp. 68 - 69.

27. 同上，p. 67.

28. 例如纳吉尔就有这样的疑虑（1998 年 10 月 21 日访谈），但萨拉姆则没有（1998 年 11 月 6 日访谈）。

29. 虽然"规划委员会"的成员都是经济学家，但是这个委员会也对面向发展的研究与教育学院的规划抱有很深敌意。参见 *Réaction sur la note n° 116 de la commission de planification*, note de Raymond Delprat, 23 April 1964 (87 AS, box 130)，以及该委员会一份更晚的文档：Ministry of Planning, Commission for Planification, n° 143 (EG/mm), *Principes directeurs pour l'établissement du plan quinquennal libanais (appréciation du projet présenté par la mission IRFED–Liban)*, p. 60, n.d. (CAC, Fonds Delprat 87, AS, box 130).

314

30. Marlène Ghorayeb (1998) 'The work and influence of Michel Ecochard in Lebanon'，收录在 P. Rowe and H. Sarkis (eds) *Projecting Beirut: Episodes in the Construction and Reconstruction of a Modern City*, Munich and New York: Prestel, pp. 106 - 121.

31. Samir Abdulac (1982) 'Damas: les années Ecochard (1932 - 1982)'，*Les Cahiers de la recherche architecturale,* no. 10/11, p. 42.

32. Paul Rabinow (1989) *French Modern, Norms and Forms of the Social Environment*, Cambridge, Mass.: MIT Press, pp. 2 - 4; Jean-Louis Cohen and Monique Eleb (1999) *Casablanca: mythes et figures d'une aventure urbaine*, Paris: Hazan, pp. 289 - 313.

33. Mission IRFED–Liban (1961) *Besoins et possibilités de développement du Liban, Etude préliminaire, tome II, Problématique et orientation*, Beirut, Republic of Lebanon: Planning Ministry, pp. 269 - 271.

34. Joseph Chader (1956) 'Grands travaux et relèvement social'，*Conférences du*

*Cénacle*, X, pp. 7 - 12.

35. Hashim Sarkis (1998) 'Dances with Margaret Mead: Planning Beirut since 1958', 收录在 Peter Rowe and Sarkis (eds), 前引, pp. 187 - 202.

36. 谢哈布政府的改革既设立了一些新部门，也合并了一些部门。有些机构原先租用私人建筑，却被斥责为浪费，只好找新的场所办公。此外，政府要推行的项目太多，也让官员人数增加。所以必须要修建额外的办公空间。

37. 在本文注 1 中提到的动乱中，总统的官邸设在逊尼派穆斯林的社区中，这让他身陷政治反对派的控制范围。

38. Hashim Sarkis (1993) 'Territorial claims: Architectural and postwar attitudes toward the built-environment', 收录在 Samir Khalaf and Philip Khoury (eds) *Recovering Beirut, Urban Design and Post War Reconstruction*, Leiden, New York and Cologne: EJ Brill, pp. 101–127.

39. 根据让·埃迪的描述，埃科沙尔气得不想承认这个方案是自己设计的："埃科沙尔告诉旁人，他坚决否认跟批准通过的最后方案有任何关系——但方案还是叫'埃科沙尔规划'。" Jean Eddé and Georges Attara (1965) 'Que faut-il penser du plan directeur des banlieues de Beyrouth?', *Horizons techniques du Moyen-Orient*, no. 5, January, p. 22.

40. 参见 Jad Tabet (1998) 'From colonial style to regional revivalism: Modern architecture in Lebanon and the problem of cultural identity', 收录在 Rowe and Hashim, 前引, pp. 94 - 104; 以及 Ghorayeb, 前引, pp. 118 - 120.

41. Eddé and Attara, 前引, pp. 20 - 21. 还应该提到 1956-1958 年的西顿总体规划。

42. 其中包括格雷瓜尔·塞罗夫（Grégoire Sérof）及拉希德·贝贾尼（Rachid Bejjani）。让·埃迪是贝鲁特高等工程学院（ESIB）1947 年的毕业生，先是在城市规划部门和市政府工作，后来辞职加入了埃科沙尔的团队，参与了朱尼耶的总体规划。

43. 在城市规划高级委员会 1962 年的成员中，值得一提的有文物总局的代表阿明·比兹里、工程师协会的主席亨利·埃迪、阿西姆·萨拉姆和约瑟夫·纳吉尔。大贝鲁特委员会的 1961 年的成员中包括约瑟夫·纳吉尔、亨利·埃迪、乔治·里亚基（Georges Riachi）、埃米尔·亚里德（Emile Yared）、亨利·纳卡希（Henri Naccache）、法伊兹·阿赫达卜以及阿西姆·萨拉姆。

44. 阿西姆·萨拉姆提到，两个委员会的成员都向埃科沙尔提出过建议，主要内容是一些措施可能创造经济或政治发展机遇；不过他没有提供准确细节（1998 年 11 月 6 日访谈）。

45. Joseph Naggear (1948) 'Equipement économique national et programme de grands travaux', 收录在 Gabriel Menassa (ed.) *Plan de reconstruction de l'économie libanaise et*

315

*de réforme de l'Etat*, Beirut: Société Libanaise d'Economie Politique, pp. 296 - 298 and annex 17, pp. 575 - 586 (facsimile by the Order of Engineers of Beirut in 1998). 此前埃科沙尔为制定贝鲁特总体规划，曾经在1942–1943年进行调研，当时围绕着南郊地区的城市化开发产生了一些争议；纳吉尔的提案或许借鉴了争议产生的一些观点。

46. 例如参见 Eddé, 前引, p. 231.

47. Georges Riachi (1962) 'The structure and problems of Beirut', *Horizons Techniques du Moyen-Orient*, 1, p. 30. 里亚基是贝鲁特市政府的总工程师，也是1954年负责贝鲁特分区的委员会负责人。以下文章曾提交给开罗1960年举办的阿拉伯工程师联合会大会：Georges Riachi (1963) 'The city of Beirut, its origin and its evolution', 收录在 Berger Morroe (ed.) *The New Metropolis of the Arab World*, New Delhi: Allied Publishers, pp. 82 - 100.*

48. 希伯尔对城市发展的记录汇集在后来出版的著作《近期阿拉伯城市发展》中 [*Recent Arab City Growth* (Kuwait: Kuwait Planning Board, 1968)]。他是一位巴勒斯坦规划师，在美国受教育。1956年杰津地区发生震灾后，他回到黎巴嫩，受聘于当时负责灾后重建的政府当局。他是 ACE 公司（工程联合咨询事务所，Associated Consulting Engineers）的创始人之一，这是第一家服务于整个区域的阿拉伯工程师事务所。此后他就职于达尔公司（Dar al Handasah），足迹遍及整个阿拉伯世界，其中主要项目集中于科威特和黎巴嫩。

49. Eddé and Attara, 前引, p. 22.

50. 'Une table ronde de l'Orient: Un urbaniste (anglais) et cinq architectes (libanais et français) discutent et diagnostiquent (William Holford, Henri Eddé, Assem Salam, Pierre el-Khoury, Raoul Verney, Jacques Liger-Belair)', *L'Orient*, 1 May 1964.

51. 1962年8月30日埃科沙尔写给城市规划局长的信（Paris, Institut français d'architecture, Fonds Ecochard, box 32）。

52. Farid Trad (1965) 'Observations sur le nouveau plan directeur d'urbanisme approuvé par le gouvernement', *Al Mouhandess,* no. 4, p. 17.

53. 布里塞（André Bricet）在一篇文章中对比了埃科沙尔初稿和最后颁布的规划的容积率：André Bricet (1965) 'Le plan directeur de Beyrouth et ses banlieues', *Horizons Techniques du Moyen-Orient*, 5, pp 8 - 9. A1区域的实际容积率是0.9，而1953年第2616号法案规定的贝鲁特南郊 I 区域容积率是0.75。

54. Eddé and Attara, 前引, p. 21.

---

* 原书正文中注47、48位置颠倒，现根据资料纠正。——译者注

55. Farid Trad (1964) 'Réseau des grandes voies de circulation à Beyrouth et dans sa banlieue: Considérations critiques', *Al Mouhandess*, no. 3, p. 30.

56. 参见 *L'Orient*, 2, 8, 11, 16 and 23 June 1964.

57. 德尔普拉在 1998 年 10 月 3 日的访谈中提到了这些尖锐批评，当时批评意见也见诸媒体。例如可参见 1963 年全年的《晚报 (*Le Soir*)》。希巴尔在《每日星报》发表了一篇文章，标题是 "谁是这个奥斯卡？"（After Oscar Who?），抨击政府把的黎波里展会项目交给那位知名巴西建筑师的决定 (*Daily Star*, 29 July 1962)。

58. Isabelle Astier and Jean-François Laé (1991) 'La notion de communauté dans les enquêtes sociales sur l'habitat en France', *Genèses*, no. 5, pp. 87 - 90.

59. Gaston Bardet (1945) *L'urbanisme*, Paris: Presses Universitaires de France.

# 第 13 章
# 走向全球化的人类聚居研究：作为企业家、联盟缔结者和愿景制定者的康斯坦丁诺斯·道萨亚迪斯

*雷·布罗姆利，纽约州立大学奥尔巴尼分校*

从他在 1954 年承接第一批国际咨询项目，一直到 1975 年 6 月英年早逝，康斯坦丁诺斯·A. 道萨亚迪斯[1]（1913—1975 年）一直是一位在城市发展领域名望很高的分析家、设计师和观念倡导者。他开设了道萨亚迪斯联合事务所（Doxiadis Associates），经营工程、建筑和规划业务，该事务所曾为全球超过 40 个国家服务，设计过一些世界上最大规模的国家住房项目、新城市建设项目、城市扩展和改造项目。[2]道萨亚迪斯开创并且推广了一个全新的学科"人类聚居学"（ekistics），这是关于人类聚居环境的科学，他与杰奎琳·蒂里特（Jaqueline Tyrwhitt）共同创办了《人类聚居学》期刊，成为该学科研讨的平台。[3]他独立创作或与人合著了将近 40 本论著，并发表了上百篇文章和规划报告，组织了 12 次名为"提洛斯研讨会"（Delos Symposia）的国际学术会议，同时代许多最有创造精神的知识分子都出席过这个会议。[4]此外，为了推行在人类聚居学领域的研究和教育项目，并且支持全球从事该领域工作的学者与设计师形成合作网络，道萨亚迪斯在 1958 年成立了雅典技术组织（Athens Technological Organization，ATO），在 1965 年又在一些提洛斯研讨会的参与者的推动下成立了世界人类聚居学会（World Society of Ekistics，WSE）。雅典技术组织后来又发展出两个分支机构，首先是雅典技术学院（Athens Technical Institute，ATI），这是一个为城市发展领域专业人士（比如绘图员和测量员）提供职业培训的学校；其次是雅典人类聚居学中心（Athens Centre of Ekistics，ACE），这是一个国际研究、出版以及研究生教育中心。

通过咨询业务、授课教学、写作、研究和组织研讨会，道萨亚迪斯大力推行了"人类聚居"的观念，借助该观念，学者和政策制定者们能够把从历史到未来远景中的各种微观、中观和宏观过程用一个统一的概念联系起来。按照道萨亚迪斯的思考，人类聚居学是一门空间科学，这个单一学科的研究范围从室内装潢学和建筑学一直扩展到全球化空间的组织研究。在研究的时间跨度上，这门关于人类聚居的科学也从山洞、茅屋等最早的栖居环境，横贯世界城市发展的全部历史，直到道萨

亚迪斯命名为"普世城"（ecumenopolis）的未来全球化城市——他认为这是城市发展的必然趋势：全球的城市将形成相互连接的网络，让世界上 97% 的人口居住在仅占地球陆地 3% 的面积上。根据他的预测，普世城将在公元 2100—2200 年之间的某个时点上成为现实，届时全球人口将稳定在 150 亿至 500 亿之间。[5]

无论道萨亚迪斯的论断和主张中存在何种问题，他的工作都助推了 1976 年在温哥华举办的联合国第一次住区会议（Habitat I）、1978 年在内罗毕创办的联合国人类住区中心（UNCHS-Habitat），以及 1996 年在伊斯坦布尔召开的联合国第二次住区会议（Habitat II）。[6] 此外很多国家也成立了人类聚居研究项目、机构与秘书处，并创办了很多大学课程与非政府项目、中心、协会以及期刊，它们与前述国际活动相联系，推动着一种涵盖城乡区域，并包括各种类型、形态与规模的居住区域的人居事业。

在 20 世纪 50 年代到 70 年代，有许多杰出的学者、宣传者、开发者和咨询师都寻求增进人们对全球人类聚居问题的关注与兴趣，道萨亚迪斯正是其中之一。很多知名学者，比如芭芭拉·沃德（Barbara Ward）、巴克敏斯特·富勒（Buckminster Fuller）、阿诺德·汤因比（Arnold Toynbee）、让·戈特曼（Jean Gottmann）、杰奎琳·蒂里特、西格弗里德·吉迪恩（Siegfried Giedion）以及查尔斯·阿布拉姆斯（Charles Abrams）等人，都是他的好友，经常参加提洛斯研讨会。与上述这些学者相比，也有一些重要人物，比如刘易斯·芒福德、勒·柯布西耶、劳克林·柯里（Lauchlin Currie）、勒布雷神父、加斯东·巴尔代（Gaston Bardet）、金斯利·戴维斯（Kingsley Davis）、何塞·路易斯·塞尔特（José Luis Sert）、奥托·柯尼希斯贝格尔（Otto Koenigsberger）、豪尔赫·阿尔多伊、沃尔特·伊萨德（Walter Isard）和约翰·特纳（John Turner）等人，与道萨亚迪斯关系并不密切，他们要么对其工作不太了解，要么就是对之评价不高。

本文分析了道萨亚迪斯的职业生涯以及他成为全球知名人物的过程，集中关注他充分利用自身的出身背景、国籍与社会关系网络，创建事务所，开拓研究领域，创办各个培训中心（雅典技术组织、雅典技术学院和雅典人类聚居学中心），进行人类聚居学的研究与实践，最终发展出"提洛斯研讨会"这一聚拢国际公共知识分子的网络机制；除了关注这个过程之外，文章还重点考察了道萨亚迪斯对于全球人类居住研究学科和机构的影响。本文确定并讨论了道萨亚迪斯职业生涯的三个主要特征：他在商业和学术领域具有一往无前的企业家精神；他善于发展全球关系网络、缔结联盟；他视野宏大，常利用"未来学"（futurology）吸引公众关注其观念，从而对全球政策产生影响。

## 生平与成就

道萨亚迪斯(图 13-1)1913 年 5 月出生在保加利亚城市阿塞诺夫格勒(希腊名"斯泰尼马科斯",Stenimachos)。[7] 第一次世界大战初期,他全家迁至雅典。他的父亲阿波斯托洛斯·Th·道萨亚迪斯是一名儿科医生,有一段时间曾经为了让希腊"收复"阿塞诺夫格勒地区而从事地下运动,后来还担任过希腊政府的难民安置、社会福利和卫生部长。道萨亚迪斯 1935 年在希腊雅典国家技术大学获得了第一个建筑工程学位,在校期间深受季米特里斯·皮吉奥尼斯(Dimitris Pikionis)观念与作品的影响;皮吉奥尼斯是一位富于灵感的教师,他对希腊的艺术、历史和文化抱有浓厚兴趣,并将此与对当代现代主义建筑富有想象力的理解结合在一起。[8] 毕业后,道萨亚迪斯前往德国两年,在柏林理工学院(现柏林工业大学)获得了博士学位,他在论文中对古希腊仪式中心的城市设计思想进行了科学解释。[9] 他在德国时,对他产生影响的包括:瓦尔特·克里斯塔勒关于中心区域系统的著作[10],戈特弗里德·弗德尔关于新城镇和定居策略的研究[11],以及恩斯特·诺伊费特(Ernst Neufert)关于建筑标准化与大规模生产的研究。[12] 回到希腊后,他担任大雅典地区的首席城市规划师,后来又担任了公共事业部区域和城市规划负责人。

318

图 13-1 道萨亚迪斯在雅典办公室的屋顶露台上工作,正在审阅为加纳的阿克拉做的设计(背景是雅典卫城)
资料来源:《生活》杂志(Life, vol. 61, no. 19, 7 October 1966, p. 55 © David Lees/Timepix)

但是第二次世界大战打断了道萨亚迪斯的职业发展，战争期间他首先在希腊陆军中担任下士，而后又成为德国占领区中一个希腊抵抗组织的领导者，他与英国军事情报部门建立了合作，领导抵抗组织开展了破坏德国人军事补给线的行动。在 1943 年，他开始起草一个希腊 20 年重建规划，该规划最终在 1947 年出版。[13] 当战争结束时，他在希腊陆军中升至上尉军衔。

1944 年 10 月希腊解放之后不久，道萨亚迪斯被任命为住房与重建部的副部长和总干事，1948 年又担任了援助希腊重建的马歇尔计划的协调员。[14] 他代表希腊出席了 1945 年在旧金山举行的联合国成立大会，以及 1947 年召开的联合国国际住房、规划与重建大会，在后一次会议中，他还介绍了自己起草的重建规划。他与多位负责战后重建以及马歇尔计划的美国行政官员和技术专家密切合作，而且与其中一些人建立了私交。虽然道萨亚迪斯一直自命为规划师、设计师和经理人，不愿介入琐碎的政治事务，但他对纳粹占领的抵抗、他对苏联阵营的反感，都明确表现出亲西方和亲资本主义的立场。他认为美国是一个非常重要的超级大国，虽然后来他也在著述中对美国人的行事方式提出过一些友善的批评[15]，但他一直重视掌握流利的英语，并且与来自美国的国际人士密切交往，他认为这两点对于实现战后希腊的重建与他个人的成功都至关重要。他注重经营自己的形象，在人们心目中是一个活跃、高效、廉洁的人物——大家都认为这个人能确保希腊成功实施重建和外援项目。同时在外国来访者眼中，他又是一个仁厚慷慨的希腊东道主，非常善于款待宾客。

在国家重建的过程中，很多同事、朋友和下属都忠实地与他共事，不过他在政治体制中也有一些敌人。道萨亚迪斯经常批评希腊人在施工承包中的腐败传统，而他工作风格自信果断，与美国援助者走得又太近，在一些希腊人看来这是刚愎桀骜，在另一些人看来，则是对外国人奴颜婢膝。当时在希腊国内出现了不少纷争，在共产主义支持者和资本主义支持者之间，在纳粹占领时的通敌者和抵抗者之间，在不同的政治派系和地方派系之间都存在意识形态冲突，乃至个人争斗。虽然有这些困扰，但道萨亚迪斯还是在战后的政治体制中任职超过 6 年，经历了 21 次政府更迭；但是在 1951 年，他由于劳累过度和溃疡穿孔住院，也因此丢掉了政府中的职位。[16] 这样的对待让他感到痛心疾首，他与全家一起远赴澳大利亚，作为种植番茄的园艺师度过了艰难的两年。

1953 年，他在回到雅典后聚集了一些参与过重建工作的同事，成立了自己的咨询公司：道萨亚迪斯联合事务所。他充分利用了多年以来发展的国际关系网络，帮助事务所赢得了不少合同，既有城市规划和区域规划项目，也有居住区方案、基础设施建设项目以及国家住房方案。其中有一些希腊项目，但大多数项目是在中东、巴基斯坦和非洲。他在马歇尔计划项目中结识的美国老朋友大力向国外客户推荐了道萨亚迪斯和他的事务所，并且帮他安排了一系列福特基金会（Ford Foundation）出资的咨询项目。1958年，他把事务所的部分收益拿出来，投资成立了非营利机构"雅典技术组织"；此后该机构持续收到福特基金会在研究、培训和技术协助方面的资助和合同，累计金额超过500万美元。[17]福特基金会的资金让他能够开展一项题为"未来的城市"的重大全球性研究，并且向巴基斯坦政府大规模地提供了咨询和培训服务，这形成了他承接的一个最著名的项目——巴基斯坦新首都伊斯兰堡的规划（图13-2）。[18]

在20世纪50年代和60年代，道萨亚迪斯联合事务所业务迅速扩展，成为全球最大的住房、规划与基础设施建设咨询事务所之一。用菲利普·迪恩（Philip Deane）的话说：

　　1962年道萨亚迪斯49岁，离他从澳大利亚一文不名地回国才过了短短的10年，但此时他已经是西方世界中一位最重要的规划师，他的观念影响了上百万人的生活，这种影响力超过任何一位同行……他的项目遍及各地，他本人好像是住在飞机上一样——哪怕是在飞行中也不会放松，而是在吸收海量的信息、回复信件、不停地用便携式磁带录音机记录想法。[19]

与此类似，路易斯·温尼克（Louis Winnick）也写道（当道萨亚迪斯成立事务所后）：

　　这支团队在大规模重建开发方面，以及作为马歇尔计划项目管理者的经验特别宝贵，当时具有这样能力的人很少，而对这种能力的需求则很高。道萨亚迪斯联合事务所取得了一次又一次成功。它迅速发展成了一家重要的建筑与工程企业，在4个大洲超过20个国家中都承接过项目，雇员超过100名，在各地（包括美国首都华盛顿）设有办公室……事务所让道萨亚迪斯从一文不名变成了富翁。不过，无论他多么注重商业活动，他还是留出时间来提炼人类聚居学的理论；他身上"哲学家"的一面不允许"企业家"的一面抛下沉思的庙宇而只剩下喧闹的集市。[20]

道萨亚迪斯联合事务所在20世纪50年代末和60年代初设计的很多方案都得到了实施，在中东、巴基斯坦、加纳、赞比亚、利比亚以及其他非洲国家建起了很多新的城市和社区。事务所还在费城的西南设计了一个名为"伊斯特威克"（Eastwick）的大型城市改造项目，该项目的大部分设计都获得实施。[21]此外事务所也为美国城市设计过一些小规模项目。总体而言，道萨亚迪斯联合事务所设计

321

图 13-2　道萨亚迪斯站在一个活动平台上，指出沙盘模型上伊斯兰堡规划的若干主要特征

资料来源：《生活》杂志（Life, vol. 61, no. 19, 7 October 1966, p. 56 © David Lees/Timepix）

的住房项目合理实用，价钱不高，往往采取低层住宅楼，中间包含面积不大但亲切宜人的公共空间。每个住房项目划分为多个邻里社区单元，每个单元都有自己的社区设施，各单元之间被宽阔、笔直、在视觉上缺乏吸引力的交通轴线分隔开。城市开发项目是事务所主要的收入来源，但道萨亚迪斯对大规模、长时段的规划方案更感兴趣——哪怕这些方案从来没被实施，这种案例包括他从联合国承接的跨亚洲公路咨询项目、从美洲开发银行承接的拉普拉塔平原发展研究项目，为巴西瓜纳巴拉州制定的城市开发项目，以及对法国地中海地区进行的发展研究。[22]

随着事务所业务蒸蒸日上，道萨亚迪斯在 20 世纪 60 年代花了很多时间与世界各地的顶尖学者和公共知识分子交际，并倡议全球持续关注人口快速增长和城市化带来的问题。雅典技术组织和雅典人类聚居学中心提供不少培训课程，并在暑期召开人类聚居学的培训班，让许多来自全球各地的年轻学者前往雅典，各期学员们形成了一个全球网络。与此同时，他借鉴了国际现代建筑大会的一个想法：该大会曾在地中海的一艘游轮上召开了 1933 年的"功能城市大会"，并颁布了《雅典宪章》的重要宣言。[23] 在国际现代建筑大会最终解散不到 4 年后的 1963 年夏天，道萨亚迪斯也租用了一艘游轮，召开了第一届提洛斯研讨会。这是一项"仅限邀请"的活动，与会者都是知名学者和朋友，其中包括国际现代建筑大会的前秘书长吉迪恩和前委员会成员蒂里特。道萨亚迪斯由此奠定了提洛斯研讨会的基本格局，此研讨会共召开过 12 次，传承了国际现代建筑大会的一些思想遗产。在道萨亚迪斯去世后，杰奎琳·蒂里特在继续进行人类聚居学运动方面发挥了重要作用，直到 1983 年她自己也去世。[24]

提洛斯研讨会部分在船上、部分在希腊岛屿上召开。道萨亚迪斯主持的这项活动以聚拢天才、展望未来、尊重和享受希腊文明的宝藏、豪爽待客而闻名。他特别邀请了当时最杰出的建筑师和规划师，例如埃德蒙·培根（Edmund Bacon）、巴克敏斯特·富勒、科林·布坎南（Colin Buchanan）和理查德·卢埃林–戴维斯（Richard Llewellyn-Davies）等，以及来自各个学科的著名学者，包括历史学家阿诺德·汤因比、人类学家玛格丽特·米德、经济学家芭芭拉·沃德，生物学家沃丁顿（C.H. Waddington），未来学家赫尔曼·卡恩（Herman Kahn），媒介传播学先驱马歇尔·麦克卢汉和社会学家苏珊娜·凯勒（Suzanne Keller）等杰出人物（图 13-3）。

在 20 世纪 70 年代初，道萨亚迪斯罹患肌萎缩性脊髓侧索硬化症（ALS，也称运动神经元症 MND，亦即俗称的"渐冻症"），最终在 1975 年 6 月因该病英年早逝，享年 62 岁。在病症恶化时，他在有段时间里出现了部分瘫痪、语言障碍等症状，但他仍然勉力工作，完成了提交给 1976 年在温哥华举办的联合国住区会议

322

图 13-3　在 1964 年 7 月举办的第二届提洛斯研讨会上，道萨亚迪斯在理查德·卢埃林－戴维斯爵士的草图上添加了一个动态元素；理查德爵士（站立者）、罗伯特·马修斯爵士（坐者）以及玛格丽特·米德（背对相机者）在一旁认真聆听

资料来源：《人类聚居学》期刊（Ekistics, vol. 18, no. 107, October 1964, p. 256）

的 4 本著作[25]，并且继续经营雅典技术组织、雅典技术学院、雅典人类聚居学中心、事务所和提洛斯研讨会。这 4 本著作最终由芭芭拉·沃德和巴克敏斯特·富勒提交给联合国第一次住区会议，沃德也为大会撰写了主题著作——《人的家园》（The Home of Man）。大会秘书长恩里克·佩尼亚洛萨（Enrique Peñalosa）在为该书撰写序言中说："我愿意与本书作者一起缅怀刚刚去世的规划家、人类聚居学运动创始人康斯坦丁诺斯·道萨亚迪斯，大家都必须公认，他是现代人类聚居科学之父。"[26]

　　不幸的是，由于道萨亚迪斯工作繁忙，加之他去世前身体状况很差，所以他没有留下自传。要想了解他的生平、工作和理念，人们只能从他发表的大量出版物、他事务所承接的项目、1965 年出版的一份简短而独特的传记[27]，以及许多各种各样的通信、报纸文章、档案与个人回忆中拼凑出其完整形象。在他过世后，他的一位最忠实的同事帕纳伊斯·索莫普罗斯（Panayis Psomopoulos）承担起了在雅典继续维持人类聚居学办公室的任务，并且继续出版《人类聚居学》期刊，开展世

323

界人类聚居学会的活动。[28]

## 作为企业家和联盟缔结者的道萨亚迪斯：从希腊走向全世界 324

道萨亚迪斯是一位全球公共知识分子，他会见过许多顶级政治家、商人和学者，并被媒体广泛报道——在城市规划师中，能享有这样盛誉的名人实不多见。例如在 1966 年，克利夫兰的《老实人报》(Plain Dealer) 发表了一篇关于他的文章"道萨亚迪斯是城市规划领域的世界级巨人"，其中说："音乐界有贝多芬，棒球界有贝比·鲁斯（Babe Ruth，棒球史上最著名的球星之一），而在城市规划界有道萨亚迪斯。"[29] 同年，《生活》(Life) 杂志将他称为"繁忙的世界改造者"。[30] 他在写作、扩展公司经营和发展全球关系网方面表现出了极大的动力和雄心。单单是他巨大的工作量就会让局外的旁观者印象深刻，让严肃的学者为之震惊。道萨亚迪斯撰写了 20 多本书和数百篇文章，并负责出版两种期刊——《人类聚居学》月刊和《DA 评论》季刊。他的公司承接过 40 多个国家的项目，其中包括超过 1000 万人规模的住房计划。他的研究项目涉及全球范围，他的研讨会和培训课程吸引了数百名国际研究者前往雅典，就读时间从一周至两年不等。

虽然他在雅典和柏林接受的早期学术训练可能为他的学术生涯做好了准备，但在 20 世纪 30 年代后期，希腊大学教师工资很低、也缺乏国际声望，再加上欧洲战争的风暴，使他先后进入了专业实践、军事抵抗和战后重建的领域。克里斯塔勒的德国研究和他自己身为抵抗运动领导人的战略愿景，共同构成了他关于交通系统和中心区域系统的区域化视野——在地下运动中，抵抗者必须决定要炸毁哪些桥梁才能最好地破坏德军的战争机器。[31] 当他开始从事战后重建工作，并且立意支持和指导人类聚居学的研究时，他发表了一些关于人类聚居学的早期论著。[32] 道萨亚迪斯的学术训练和个人驱动力使他不仅能出版大量作品，还能并动员其他人与他一起撰写著作，但他很可能从来就没有寻求过纯粹的学术生涯。相反，他寻求的是学者–规划师–愿景制定者的形象，他非常有效地利用这一形象来发展自己的声誉、全球关系网和事务所。

道萨亚迪斯有意识地将人类聚居学建立为一门新学科，而非在现有学科内工作，这算得上在思想领域中的一种"创业"。人类聚居学关注人类活动的空间分布和组织，将其作为单一的、整合的、纯粹的应用领域而进行研究；它包括室内设计学、建筑学、景观建筑学、城市设计学、土木和环境工程、规划学、地理学，区域科学以及与空间活动模式相关、与人们如何使用，组织和创造空间相关的所有社会 325

和环境应用研究领域。它的研究范围从单一的房间一直扩展到整个世界。人类聚居学研究的各项内容确实都可以包含在现有的各个学科中，但这意味着将该学科分解成不同的部分。而道萨亚迪斯则将种种观念和工作囊括进一个统一的新学科，并且用希腊语给该学科以及其中的一些术语命名。

这个崭新的"人类聚居学"学科似乎具有一定的学术意义。但是道萨亚迪斯包装、展示它的方式极具个人色彩，这在他生前能够提升该学科的吸引力，在他去世后却让它显得相对晦涩生僻。道萨亚迪斯在用英文发表的著作、文章和报告中使用了不少希腊语词汇，具有鲜明的"道萨亚迪斯"品牌特色，它表明与比世界任何其他国家相比，希腊都拥有更长的分析研究城市的传统。道萨亚迪斯在城市规划研究中主要采取了现代式乃至未来式的思路，在 20 世纪 60 年代的希腊，他还是在企业运用大型计算机的先驱，但他在演讲中也经常提到希腊的考古和历史。希腊的词汇和传统体现了历史与文明的延续性，有助于建设他的学术形象和企业形象。

在发展个人声誉、事务所、人类聚居学学科以及他的全球关系网时，道萨亚迪斯可谓是"竞争优势"的出色实践者[33]，将希腊国籍和地域的优势发挥到了极致。在他的展示中，希腊既是一个古代智慧、科学和城市规划的发源地，又是一个富于英雄色彩的、陷入困顿的国家，在重建中急需四方支援，同时还是一个能为中东、南亚和非洲提供低成本服务的国家，一个极为热情好客、提供绝佳旅游机会的地方。

在柏林撰写博士论文时，道萨亚迪斯因为研究课题是希腊而受到了关注，因为希腊被视为西方文明的主要源头，而他又形成了一套关于古希腊城市科学规划的新理论。在第二次世界大战之中、之后，他却对这段德国往事隐而不提，专门讲英语，凭借英语国家的国际关系网来助推自己的业务发展。在希腊工作时，他一方面强调英美式的效率观，一方面以希腊方式奢华地款待客人，向国际友人们推行希腊文化，这也成为道萨亚迪斯联合事务所的工作风格。这家事务所常常在竞标中能击败西欧和北美对手，因为在希腊，专业人士的薪酬要比发达国家低得多。在所有国际项目中，道萨亚迪斯联合事务所基本上都会以英语为工作语言。道萨亚迪斯的人类聚居学原理也具有全球通用性，他在演讲和项目演示中都会把来自不同国家的案例当作调味料。对于道萨亚迪斯联合事务所、雅典技术组织、雅典技术学院和雅典人类聚居学中心这几个机构来说，希腊既是文明的摇篮、旅游者的圣地，也是一个"准外围的"资本主义国家，能够向全球市场提供廉价专业服务。全世界没有多少事务所、研究中心或者大学能有道萨亚迪斯办公室那么壮丽的景观：它位于雅典的吕卡伯托斯山麓，能看到雅典卫城的美景。对于很多参加雅典技术组织、雅典技术学院和雅典人类聚居学中心课程或研讨班的学员来说，雅典的风景具有很强吸引力，在正式活动

326

前后，这些国际学员都有很多机会享受希腊和土耳其的低价旅游。

道萨亚迪斯借助旅行和个人友谊，借助事务所、雅典技术组织、雅典技术学院、雅典人类聚居学中心和世界人类聚居学会的工作，借助《人类聚居学》刊物发表的文章，借助提洛斯研讨会，形成了自己的国际关系网，这事实上在对人类聚居学和全球人类定居问题感兴趣的专家之间建立起了一个联盟。道萨亚迪斯的很多同事、雇员和学生对他的人类聚居学理论、他未来预言、他的政策建议中的某些部分半信半疑，但是大多数人还是为他的充沛能量、全情投入和自强不息所感染，这些人几乎都像他一样对人类聚居现象充满兴趣。尤其是在20世纪60年代和70年代初，围绕着道萨亚迪斯的项目和机构形成了一个非正式的国际友谊网络。1976年5月到6月，这个"网络"中的很多成员都参加了联合国第一次住区会议，或者参加了同在温哥华召开的一些非政府住区论坛。在很多意义上，虽然道萨亚迪斯在一年前去世，但是1976年的住区会议是这个国际关系网发展的高峰时刻，每个与会者都参与到了相关的全球化讨论中，感到自己是一个规模很大的"人类聚居学研究共同体"中的一员。当然，在那之后"关系网"的很多成员去世了，另有一些人要么失去了联系，要么投身到全新的任务和兴趣中。但这个网络还部分幸存，世界人类聚居学会仍然召开小规模的年会。[34]

作为一名全球化理论家、未来学家、公共知识分子，作为建筑、规划和工程行业的从业者，作为一位自成一派的"人类聚居学研究者"，道萨亚迪斯不受英美学术界的界限和规则束缚。他的工作极具独特性，只遵守自己设定的规则，翻转并改变了那个时代的"中心－外围逻辑"，向世人展示老练的行动者是如何"玩转整个系统"的。他通过在大量著作、文章和演讲中表达观点，强化了事务所和各个机构的品牌——这些观点与事务所本身和人类聚居学学科牢牢地捆绑在了一起。

虽然道萨亚迪斯很快在全球确立了名望，但当20世纪70年代初他的病况日趋明显之后，他的名望就有所消退，因为此时他不得不减少外出旅行和在公众场合露面；而当他去世之后，名望则很快大幅下降。他的能量、领袖魅力、个人经历以及关于人类聚居学的话语让大家为其所吸引，但实际上他更多是在自我表现，而非建设永久性的机构。他始终自诩为人类聚居学研究者，刻意区别于其他学科，但在他去世时，这种定位问题就有所体现：主流的建筑学、规划学以及城市研究期刊要么不刊登他的讣告，要么只写上三言两语，只有《人类聚居学》和《DA评论》两种期刊发表了长篇文章纪念他，相关信息只是在人数不断减少的信徒中间传递，而不是为广大公众打开全新的地平线。而道萨亚迪斯的希腊身份也有类似的问题：希腊政坛的重要人物中，很少有人认同他的国际主义愿景。在他过世后，政府方

327

面对雅典技术组织、雅典技术学院和雅典人类聚居学中心的存续没有提供什么支持，也没有为了纪念他的生平和工作而在雅典成立全球化的人类聚居研究中心。

## 作为愿景制定者的道萨亚迪斯：从人类个体到普世城

雄心勃勃的长期预测是道萨亚迪斯写作的一大特点，这些预测往往延伸到两个世纪之后。从 20 世纪 50 年代后期由福特基金会资助的"未来的城市"研究项目开始[35]，他以善于提出和回答最重大的长时段问题而闻名：50 年后、100 年后、200 年后的全球总人口各是多少？这些人口中有多大比例居住在城市区域内？这些城市区域将会在哪里？他的风格是在空间和时间上大手笔地提升尺度，总会把问题扩展到全球和下世纪的视野中。这给他带来了巨大的国际吸引力，因为他所讨论的问题对每个人来说都很重要，无论他们身在何处；而且没有人能够证明他是错的，因为他的所有预测都是处于远期的未来时代。总体而言，他采取的是全球乐观主义者的风格，认为政策变化和技术发展将帮助人类避免迫在眉睫的灾难，并引导世界走向更加繁荣和提高生活质量的道路。全球变化将如何发生，他并未给出详细说明，只是暗示东欧阵营和冷战会以某种方式消失，富国和穷国之间的收入和财富差距会以某种方式减小，世界将朝着更加多边化的方向发展，最终会形成某种形式的全球联邦制。当别人问起这些变化如何才能发生时，他呼吁经济学家、社会学家和政治学家找到必要的解决方案。

在划定人类聚居学的结构时，道萨亚迪斯确定了人类聚居地的 5 要素：人类个体（anthropos）、自然、社会、外壳（建筑物）以及网络（道路、设施、交通、通信和行政区划界限）。他认为聚居地是根据功能、技术与规模，以理性方式组织起来的具有嵌套等级关系的中心区域系统。从全球层面，他将人类聚居地划分为 15 个嵌套等级的"聚居单元"——人、房间、住所、住所群、小型社区、社区、小型城镇、城镇、大型城市、都会、城市群、大都会区、城市区域、城市大洲，以及普世城。根据他的描述，这个等级系统中位于最高级别的几个层级是仍然处于形成过程中的功能单元。

道萨亚迪斯力求在空间和时间两方面分析所有的问题和主题，只要有可能，他就会用图形化的术语将问题概念化。他在分析中始终会确定出发展趋势，并将其投射到未来之中，他常常在一个规模层面上界定问题，然后寻求分别在该规模层面、更小的一个规模层面以及更大的一个规模层面来对问题进行分析。他主张，经济发展、人口增长、城市化、技术进步以及全球化都是世界中无法阻挡的力量。

328

他相信，如果集中一大批来自不同学科背景的最具天才的个人，让他们一起努力，充分互动，就有可能解决全球性问题。人类聚居学研究者的任务就是聚集这样的个人，让他们集中关注人类聚居的各种问题和潜能。道萨亚迪斯在组织提洛斯研讨会时就采取了这种跨学科模型，他自己在其中充当团队领袖和"媒人"的角色。

道萨亚迪斯提出了一种界定清晰、原则明确的城市规划愿景，他反对摩天大楼和依赖私家汽车交通方式的郊区化发展（图 13-4），主张现代城市应该采用密集的低层建筑形式，并应该提供充分的公共交通。城市应该采取网格化布局，形成由交通走廊、公用设施走廊、大街区（superblocks）以及邻里社区单元构成的等级体系（图 13-5）。他相信，这些原则能够在确保功能高效的同时，在本地层面实现"人性化尺度"——可以步行的、宜居的邻里社区，享有充分的公共空间和服务设施，能够让居民在其中娱乐休闲、社交互动。他建议，为了应对和疏解不可避免的人口增长和城市化过程，国家政府应该制定国家级的城市发展战略和国家住房计划（图 13-6）。他认为，传统的城市发展模式已经失效了，因为一方面城市外围不断向外扩张，另一方面城市中心区域还要持续改造更新。城市不应该在所有方向上都同时扩张，而是应该主要在一个方向上扩展，创造出一个逐渐延展的线性城市，他称之为"动态城市"（dynametropolis 或 dynapolis）。这种城市的典型例子是道萨亚迪斯联合事务所在巴基斯坦规划的伊斯兰堡以及在加纳规划的特马（Tema），能够持续扩展而无须拆除重建既有区域。道萨亚迪斯重视历史区域的保护，主张应该保护历史上的聚居区域和遗址，将城市开发转移到其他区域中。

对于他的事务所发展和他本人全球声望的增长来说，道萨亚迪斯作为全球乐观主义者的角色、他对资本主义经济发展力量的信任[36]，具有至关重要的意义。他在大企业和国际组织中有很多朋友，其中包括若干曾参与战后欧洲重建的人物。这些人为他提供了一系列公开演讲和咨询合同的机会，但是如果他在思想观念上认同与前述立场对立的两个学派，那么这种机会就会失去：一方面有提出"帝国主义理论"的新马克思主义者，他们认为大多数贫穷国家之所以无法摆脱贫困、债务增长和文化与技术依赖，是因为主导的全球政治经济格局使然[37]；另一方面还有环境悲观主义者，他们认为人口增长和经济发展会消耗世界资源并导致全球变暖、大规模物种灭绝，最终引发马尔萨斯预言过的人口和粮食供应危机。[38] 在他的演讲、著作和研讨会上，道萨亚迪斯成功地表明，全球性问题确实需要严肃关注，而将最优秀的人才聚集在一起形成一个协调的多学科团队，就有可能解决这些问题。这种直率行事的态度和对未来愿景的热爱被像富勒、卡恩和麦克卢汉这样的愿景制定者所共享[39]，他们形成了彼此互动支持的关系网络。

329

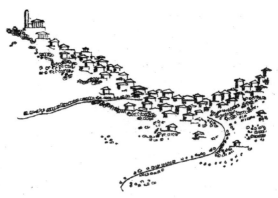

58. 人类始终在其城市中创造社会平衡

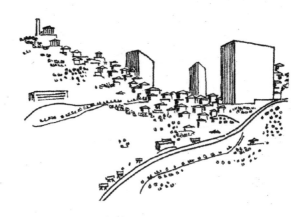

59. 今天我们的城市中缺乏平衡

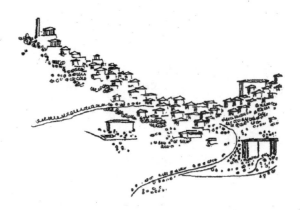

60. 我们必须创造一种新的平衡

图 13-4　道萨亚迪斯对摩天大楼的否定

资料来源：道萨亚迪斯《建设安托邦》[C.A. Doxiadis. Building Entopia. (New York: W.W. Norton, 1975), p. 61]

330

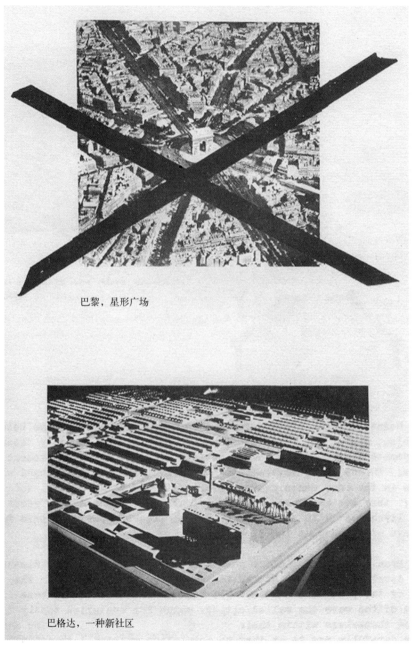

巴黎，星形广场

巴格达，一种新社区

图13-5 道萨亚迪斯认为，传统的城市规划模式（比如巴黎的星形广场区域）已经过时了，因为这种模式会产生拥堵，而且也需要不断进行城市改造。他建议采取他为巴格达设计的大街区邻里社区模型，其中包括宽阔的交通走廊，预留了足够空间可以添加更多的大街区

资料来源：道萨亚迪斯《动态城市：未来的城市》[C.A. Doxiadis. Dynapolis: The City of the Future (Athens: Doxiadis Associates, 1960), p. 5]

图 13-6　道萨亚迪斯乐于设计宜人的人性化尺度邻里场所——伊拉克摩苏尔"闲谈广场"
资料来源：迪恩《康斯坦丁诺斯·道萨亚迪斯：自由人民的建筑大师》[Philip Deane. Constantinos Doxiadis: Master Builder for Free Men (Dobbs Ferry, New York: Oceana Publications, 1965), p. 140]

　　从 20 世纪 60 年代初开始，全球乐观主义者受到了越来越多的攻击。简·雅各布斯、蕾切尔·卡森和罗伯特·古德曼等作者的著作[40]，加上美国和西欧国家中反对越南战争的运动趋势，以及对美国国防部长罗伯特·麦克纳马拉技术治国论式的战争观的批判，都深刻地改变了学术话语和政策话语的氛围。联合国发展的几十年对世界上大多数贫穷国家似乎并无助益，而冷战却在不断升级，第二次世界大战后的重建计划神话效应正在逐渐消失。[41] 为了回应上述趋势，道萨亚迪斯在研讨会和期刊中增加了对历史保护、社区参与、生态和环境问题的讨论。他的最后一本著作是《生态学与人类聚居学》，在他去世后由杰拉德·迪克斯（Gerald Dix）编辑完成，旨在继续这种思路上的调整。[42]

　　道萨亚迪斯愿景中最具影响力的维度，是他对当时正在兴起的都市区域的分析，为此他提出了"大都会区"（megalopolis）的概念。他的朋友，提洛斯研讨会的长期参与者让·戈特曼受到了他的启发，此外地理学家布莱恩·贝里（Brian Berry）和彼得·霍尔（Peter Hall）的著作也借鉴过他的概念。[43]此后许多都市区域沿着主轴扩展、连接起来，形成了城市带，比如波士顿－华盛顿城市带、东京－大阪城市带,还有跨国界的圣迭戈－蒂华纳城市带、阿姆斯特丹－鹿特丹－安特卫普－布鲁塞尔城市带，以及欧洲心脏区域从伯明翰到米兰的"蓝色香蕉"城市带[44]，这

332

些城市带的形成都受到了道萨亚迪斯愿景的影响，他的工作扩展了城市规划与区域规划的视野，创造出了全新的行动空间。

　　而他的"普世城"概念可能是其愿景中最受争议的元素，这个概念关注的是全球发展的远期未来（图13-7）。他有很多著作和文章讨论该问题，这些预言的一个最终版本在1974年以论著形式发表，道萨亚迪斯和事务所的同事、助手约翰·帕帕约安努（John Papaioannou）在书中主张：

　　　　最终会出现"普世城"，它把全球所有可居住的区域连接起来，在各个聚居地之间形成一个相互连通的网络，像一个功能单元那样起作用……普世城可能在2100—2200年之间的某个时点出现。[p. 339] 其中居住的人口可能达到200亿，并且……会在相当长的一段时间内保持稳定。[p. 342] 在普世城中，地球表面只有2.5%的面积会修建建筑。[p. 344] 世界上的所有居民……未必会形成单一国家，但是必然会出现某种形式的各民族平等的全球联邦制度。[p. 344] 一个真正的普世城需要一个某种形式的统一的全球政府。[p. 388] 当传统能源枯竭时，核能似乎能够维持地球的发展。[p. 209] 很可以期待……在所有交通工具、设施和通信网络之间形成协作，这可以称为"协作网"（coordinets）。[p. 333] 下述目标终将实现：人类在40—50分

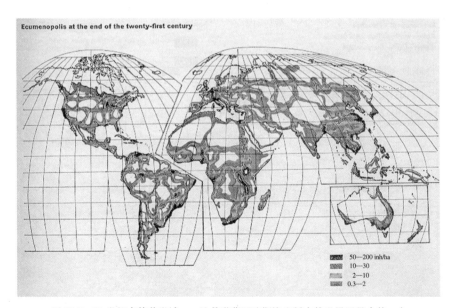

333

图13-7　21世纪末的普世城——这是道萨亚迪斯许多版本的世界图景中的一个

资料来源：道萨亚迪斯《人类聚居学：人类居住科学导论》[C.A. Doxiadis. Ekistics: An Introduction to the Science of Human Settlements (New York: Oxford University Press, 1968), p. 377]

钟之内就能在普世城的全域旅行，可以借助隧道或者卫星，以每小时 2 万公里的速度，穿越各个主要定居中心之间哪怕最远的距离 [p. 349]。[45]

以每小时 2 万公里的速度，借助隧道交通工具穿梭于东京到布宜诺斯艾利斯、蒙特利尔到悉尼这些主要城市之间——这么难以置信的愿景，与其说是像城市规划工作者的讨论，不如说更适合于科幻小说。不过，道萨亚迪斯和帕帕约安努在书中也加入了一些很少有人会反驳的论断（这种做法是道萨亚迪斯著作的一个特征），例如以下段落：

> 人类唯一的长期愿望，就是与大自然形成真正的伙伴关系；人的命运与生态环境的命运紧密相关，而生态环境则是一个脆弱而无限复杂的生命系统，构成了地球的有机皮肤。[p. 340] 如果人类延续当前的趋势，那么所有的本地文化和民族文化都会消亡，一个全新的全球文化会基于未来全新的生命系统之上发展出来……作为 20 世纪的公民，我们无法忽视现存的各种地域文化消亡的巨大风险和威胁……文化多样性当然是值得追求的目标，我们希望大部分民众都能认识到这一点，努力实现这一目标。[p. 389] 我们必须设定以下目标：在构成人类聚居地的五大要素之间形成和谐：人、自然、社会、建筑和网络。发展应该自然发生；和谐则应该通过人类有意识的行动来实现。[p. 396]

《普世城》这本书算得上道萨亚迪斯写作风格最极端的一个例证，这是一种引人入胜的写作手法，将远景洞见、未来预言、诊断处方与教士传道口吻混合在一起，但这种极具个人化风格的写作有时也会显得太过陈腐，盛气凌人。道萨亚迪斯在 1968 年出版了大部头教科书《人类聚居学》。一位书评人内森·西尔弗(Nathan Silver) 就此评论说："作者反复述说一些显而易见的道理，而且还自诩为独到见解，让读者感到即便他跟天使站在一起，最后也会显得狂妄自大。"[46] 西尔弗继续批评说，道萨亚迪斯应老朋友、仰慕者、底特律爱迪生公司(Edison Corporation)董事长沃克·西斯勒(Walker Cisler, 他曾在战后协助道萨亚迪斯修复并扩建希腊的电力系统)的委托，进行了底特律都市区规划的设计[47]，最后提交的规划报告形成了奢华的三大册巨著，这也是在很多人看来道萨亚迪斯完成的规划项目中最有问题的一个[48]：

> 当这位人类聚居学家列举了自然、人、社会、建筑与网络等各项因素，又铺陈了它们之间的各种可能关系，以及它们与住宅、商业、工业、行政管理、国防等方面的关系，然后再解释了资金、劳动力、原材料、土地等因素对它们产生的影响之后——道萨亚迪斯表示，他对底特律都市区域可以提出 4900 万种不同的规划思路，这也就不足为怪了。然后，道

334

萨亚迪斯拿出了所谓的 IDEA 方法（限定范围消元法——对这个方法应该采取哪些程序并没有充分解释），并且叠加运用了他的 CID 方法（范围连续扩展法）进行优选。经过了 15 个看似任意的步骤之后，他最后优选出唯一的"方案"。这又是一次"逻辑的胜利"，电影《丛林小子》（Li'l Abner）[*] 里的一个人物猛击别人鼻子之后就会这么说。[49]

根据这个"4900 万中取一"的优选方案，道萨亚迪斯对 1970—2000 年间底特律都市区（其中包括俄亥俄和安大略的部分区域）的人口进行了预测，他认为该区域的人口将从 800 万增长至 1500 万；基于这一预测，都市区域也应该扩展为一条 185 公里长的城市走廊，西北起于俄亥俄的托莱多，经过底特律市中心，一直到密歇根的休伦港，主要的新开发区域集中在目前城市东北的里奇蒙 - 圣克莱尔地区。而在现实中，该区域在 2000 年的人口并未达到 1000 万，线性开发集中于托莱多和底特律之间南部区域中，里奇蒙 - 圣克莱尔则基本没有开发。与此同时，在篇幅超过 1100 页的底特律都市区规划报告中，道萨亚迪斯只字未提 1943 年 6 月或 1967 年 7 月底特律骚乱的前因与后果，也没有讨论郊区发展的种族和阶级问题。[50]他对远期未来的愿景轻巧地绕过了 20 世纪 60 年代大多数迫在眉睫的现实因素，而这些因素对于我们理解当前的底特律都市区仍然至关重要。[51]

道萨亚迪斯相信，贫穷国家能够快速发展经济、实现富裕，基于这个假设，他在全球各地推行同样的城市发展方案。例如，在 1966 年他出版了一本关于城市改造与美国城市的未来的著作，建议美国主管住房和城市再开发的官员从他为喀土穆、伊斯兰堡、大阿克拉、加拉加斯、卡拉奇和雅典实施的项目中汲取经验。[52]当时民权运动方兴未艾，在美国的很多城市中关于学校取消种族隔离制度、采取校车接送学童都引发了争论，有些地方还出现了种族骚乱[53]，但神奇的是，道萨亚迪斯在书中居然完全没有提到种族和隔离制度，仅仅围绕美国城市的物理发展、形式以及交通流量进行了讨论。

在道萨亚迪斯设计出城市线性扩展规划的 30 年后重新对之加以考察，我们会发现他的解决方案几乎没有成为城市发展的指导原则。他为巴黎、加拉加斯、哥本哈根、卡拉奇、贝鲁特[54]以及很多其他城市设计了沿轴线发展的方案（图 13-8），但是在现实中，这些城市似乎都向各个方向蔓延发展。依照"动态城市"模型进行线性扩展，需要很强的中央规划能力和意愿，要将上一级政府的意愿凌驾于地方政府、投资人以及本地社区参与者之上，不仅沿着规划中的交通主轴来修建基 336

---

[*] 原书拼写错误，现予改正。——译者注

础设施，还要强制开发商也沿着主轴，按照预定的布局修建建筑。在道萨亚迪斯参与设计的任何城市中，上述条件都并不存在；我们也大可以怀疑，这样苛刻的城市未来在任何城市中也不会存在。未来学和传教布道都不会让预言自动实现。

335

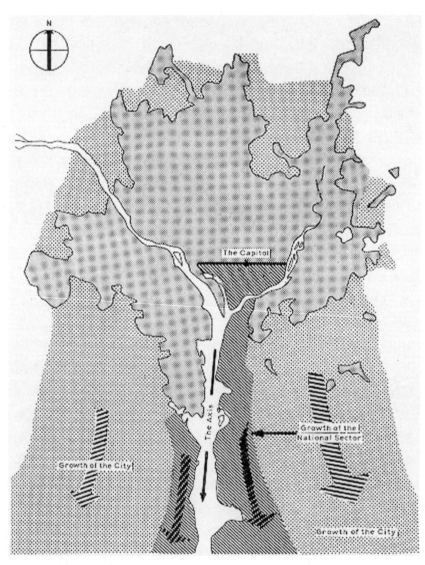

图 13-8　道萨亚迪斯 1958 年设计的华盛顿主轴线发展规划，方案中华盛顿沿波托马克河的轴线向河下游扩展。在 1958 年后，这个方案基本上无人问津，都市区域在各个方向上伸展蔓延。其中发展最少的区域是城南波托马克河东侧的地带

资料来源：道萨亚迪斯《过渡中的建筑》[C.A. Doxiadis. Architecture in Transition (New York: Oxford University Press, 1963), p. 107]

## 遗产和教训

道萨亚迪斯的职业生涯既包含启迪，也包含警示。他是一个雄心勃勃、乐观而充满活力的人物，力图拓展规划事业。然而在很多时候，他对远景预测和全球性笼统概括的雄心与偏好让他得出了错误的结论。他出版了大量著述，通常饱含教益，富于灵感，并且饶有趣味，但有时这些著作读起来也会显得重复啰唆、迂腐冬烘、单纯幼稚，充满了各种类型学概括、平庸的插图和晦涩的术语。

虽然道萨亚迪斯与英语世界的学者、基金会和客户密切合作，但他拒绝服从于英美国家在学术定位和技术专业化方面的规范。在一个日益专业化的时代，他却力求成为通才型的综合家、愿景制定者和公共知识分子。他像得了强迫症一样，酷爱对知识进行系统化与分类化，不断制造新的术语、类型和理论。他重新创造了许多概念，并在此过程中提出了很多新的命名，但很多人认为他这些的说法要么重复啰唆，要么自相矛盾，充满了陈词滥调。他完成了如此的事情，很难用三言两语概括他的成就。

道萨亚迪斯富于人格魅力，交际极为广泛，但人们常常把他当成"头头"或者"老板"——他是一个具有强烈个人色彩的领导者，善于控制自己的下属，善于与其他领导者结成联盟，经常与渴望享受希腊文明历史氛围的公共知识分子和国际名人一起合作。他与富人、名人、有权阶层乃至声望卓著的杰出人物交情很深，这让他的作品也带上了精英主义、上流社会的色彩，他实际完成的大多数规划项目都未经本地居民参与。人们通常感到，道萨亚迪斯缺乏政治、社会、环境等方面的敏感性，也往往会无视种族、阶级与性别的重要性。在其职业生涯晚期，他开始倡导环境主义与公共参与，但只是在口头上推崇这些美德，自己却没有践行。

道萨亚迪斯在其职业生涯中创建了人类聚居学研究的全球网络，并且在雅典开设了学术活动中心，但在他英年早逝之后，大多数活动都不再继续。虽然全球仍有上千人参加过他的项目、课程和研讨会，虽然这些人仍会怀念他过人的能量，但大多数当代规划师都不了解道萨亚迪斯是什么人，不了解人类聚居学是怎样一个学科。如果他在 20 世纪 70 年代和 80 年代仍然保持身体健康，那么他会留下怎样的影响？这当然是一个谜。他会不会彻底改写联合国第一次住区会议、联合国人类住区中心秘书处乃至全球人类居住政策发展的历史？他会不会为还在形成中的人类聚居学打造一个更为持久的学术机构和政府机构网络？还是说，由于他的预言越来越多地被证明为谬误，而与他交往的一些最有名的学者（比如沃德、米德和富勒）也都老迈年高、纷纷过世，因此道萨亚迪斯本人也会变得过时？

古希腊神话中有一位巧匠代达罗斯（Daedalus）设计了克诺索斯迷宫，困住了吃人怪米诺陶。与此类似，道萨亚迪斯也想要困住一个妖怪——这就是由于快速人口增长、城市化与环境破坏而产生的全球性"反面乌托邦"现象。他设计出了一种审慎的城市化战略，意在创造全球性的"安托邦"——这是一种优越的城市，既有利于经济、技术和社会发展，又能够保护环境。[55] 他提出了宏大的愿景，创造出了国际关系网络，但是这个愿景中包含缺陷，因此在他去世后迅速变得无人问津。而道萨亚迪斯杰出的职业生涯有助于我们理解规划专业的 6 个重要方面：规划有多种不同规模尺度，这些尺度在空间和时间中相互关联；规划专业包含多种学科界限；规划与建筑学、地理学、区域科学之间存在着联系与区别；未来学和愿景制定既具有重要意义，也存在一定局限；全球化图景和视野的重要性；最后，有很多方式能够将观念传导给更广泛的公众。

## 注释

1. 在图书馆检索道萨亚迪斯的资料时，需要注意他的名字有很多种拼写方式。比如康斯坦丁诺斯既可以写成"Constantinos"，有时也写成"Konstantinos"；在一些早期出版物里，道萨亚迪斯还会采用这个名字的英式写法，写成"Constantine"。他的中名是"Apostolos"，也是他父亲和他儿子的名字，经常可以省略，或者写为"Apostolou"。至于姓氏"Doxiadis"也可以拼写成"Doxiades"。他的朋友经常用昵称"Dinos"来称呼他。以下注释在援引书目时保持了原书出版时各自采用的拼写方式。

2. 道萨亚迪斯联合事务所的项目在道萨亚迪斯本人的著作中、提交给客户的数百份研究文献和报告中，以及该事务所出版的刊物《DA 评论》（DA Review）中都进行了大量报道。在道萨亚迪斯去世后，该事务所由其子阿波斯托洛斯管理了一段时间，最后被出售。目前的公司只是沿用了原先的名称，与道萨亚迪斯的思想传统已经没有实际关联。

3. 这个期刊从 1955 年开始出版，至今仍然刊行。对人类聚居学学科最全面的概述参见 C.A. Doxiadis (1968) *Ekistics: An Introduction to the Science of Human Settlements*, New York: Oxford University Press.

4. 第一届"提洛斯研讨会"在 1963 年举办，此后每年召开，直到 1972 年的第 10 次研讨会。1973 年没有召开提洛斯研讨会，而是由道萨亚迪斯组织了一个规模小一些的"适合人类发展的城市"学术会议。1974 年举办了第 11 届提洛斯研讨会，1975 年在道萨亚迪斯去世仅仅两周后召开了第 12 届研讨会。《人类聚居学》期刊在每届会议召开之后不久就会对其进行报道。

338

5. C.A. Doxiadis (1966) *Urban Renewal and the Future of the American City*, Chicago: Public Administration Service, pp. 73–79; C.A. Doxiadis and J.G. Papaioannou (1974) *Ecumenopolis: The Inevitable City of the Future*, New York: W.W. Norton.

6. Graham Searle with Richard Hughes (1980) *The Habitat Handbook*, London: Earth Resources Research.

7. 道萨亚迪斯的主要传记资料参见: Christopher Rand (1963), 'The Ekistic World', *New Yorker*, 11 May, pp. 49–87; Philip Deane (1965) *Constantinos Doxiadis: Master Builder for Free Men*, Dobbs Ferry, NY: Oceana Publications; *Ekistics*, vol. 41, no. 247 (June 1976), special issue entitled 'C.A. Doxiadis 1913–1975: Pursuit of an attainable ideal'; *DA Review*, vol. 12, no. 97 (July 1976), special issue; *Ekistics*, vol. 62, no. 373/374/375 (July–December 1995), special issue entitled 'Forty Years of Ekistics on Persisting Priorities'.

8. Panayis Psomopoulos (1993) 'Dimitris Pikionis: An indelible presence in modern Greece', *Ekistics*, nos 362–363 (September–December), pp. 253–275.

9. 最初在1937年以德文出版，书名是《希腊城市规划中的空间秩序》[*Raumordnung im griechischen Städtebau* (Heidelberg: Kurt Vowinckel Verlag)]，英文版由杰奎琳·蒂里特翻译并编辑出版，书名为《古希腊的建筑空间》[Constantinos A. Doxiadis (1972) *Architectural Space in Ancient Greece*, Cambridge, MA: MIT Press]。

10. Walter Christaller (1966) *Central Places in Southern Germany*, Englewood Cliffs, NJ: Prentice-Hall, 最初在1933年以德文出版:*Die zentralen Orte in Süddeutschland* (Jena: Gustav Fischer).

11. 当道萨亚迪斯在柏林夏洛滕堡大学[*]就读时，这项研究还在进行中，最终出版为: Gottfried Feder (1939) *Die neue Stadt*, Berlin: Verlag von Julius Springer.

12. Ernst Neufert (1970) *Architects' Data*, London: Crosby Lockwood,最初以德文出版: *Bauentwurfslehre* (Berlin: Bauwelt-Verlag, 1936).

13. Deane, 前引, p. 34.

14. John J. Papaioannou (1976) 'Constantinos A. Doxiadis' early career and the birth of ekistics', *Ekistics*, vol. 41, no. 247 (June), pp. 313–319.

15. C.A. Doxiadis (1972) 'Three letters to an American', *Daedalus*, vol. 101 (Fall), pp. 163–183.

---

[*] 此处不确，当时该大学已经改名为"柏林理工学院"。——译者注

16. Louis Winnick (1989) 'The Athens Center of Ekistics: The urban world according to Doxiadis', unpublished manuscript, New York: Ford Foundation Archives (May), p. 9.

17. Winnick, 前引, p. 2.

18. Doxiadis Associates (1960) *The Federal Capital: Principles for a City of the Future*, Athens: Doxiadis Associates. 亦参见 Frank Spaulding, 'The politics of planning Islamabad: An anthropological reading of the Master Plan of a New Capital', unpublished paper presented to the seminar 'Imported and Exported Urbanism?', Beirut, December 1998.

19. Deane, 前引, p. 55.

20. Winnick, 前引, p. 11.

21. Albert M. Cole (1985) 'Eastwick revisited', *Ekistics*, no. 312 (May/June), pp. 239–246.

22. CEDUG and Doxiadis Associates (1972) 'Guanabara: A plan for urban development', *Ekistics*, vol. 34, no. 202 (September), pp. 209 – 210; Doxiadis Associates (1972) 'The River Plate Basin: A methodological study for its integrated development', *Ekistics*, vol. 34, no. 202 (September), pp. 181 – 197.

23. Eric Mumford (2000) *The CIAM Discourse on Urbanism, 1928–1960*, Cambridge, MA: MIT Press, p. 73.

24. 参见《人类聚居学》期刊"纪念玛丽·杰奎琳·蒂里特专辑"：'Mary Jaqueline Tyrwhitt in Memoriam', *Ekistics*, vol. 52, no. 314/315 (September – December 1985).

25. C.A. Doxiadis and J.G. Papaioannou, *Ecumenopolis*, 前引; C.A. Doxiadis (1975) *Anthropopolis: City for Human Development*, New York: W.W. Norton; C.A. Doxiadis (1975) *Building Entopia*, New York: W.W. Norton; C.A. Doxiadis (1976) *Action for Human Settlements*, New York: W.W. Norton.

26. Barbara Ward (1976) *The Home of Man*, Harmondsworth: Penguin Books, p. ix.

27. Deane, 前引.

28. 雅典技术组织、雅典技术学院和雅典人类聚居学中心在道萨亚迪斯去世后关闭，但世界人类聚居学会继续运营。正如《人类聚居学》期刊一样，学会的持续存在依靠的是索莫普罗斯的学识、精力和天才，他在雅典一直主持一个小规模的人类聚居学办公室，并承担期刊的主编以及学会的秘书长工作。

29. 'Doxiadis is the World's Giant in Urban Planning', *Cleveland Plain-Dealer*, 21 October 1966.

30. Diana Lurie (1966) 'Busy remodeler of the world', *Life*, vol. 61, no. 15 (7

339

October), pp. 55 – 60.

31. Rand, op. cit., p. 66.

32. C.A. Doxiadis, *Ekistic Analysis* (1946), *Destruction of Towns and Villages in Greece* (1946), *A Plan for the Survival of the Greek People* (1947), *Ekistic Policies for the Reconstruction of the Country with a 20-Year Programme* (1947), 均以希腊语出版; Constantine A. Doxiadis (1946) *Economic Policy for the Reconstruction of the Settlements of Greece*, Athens: Undersecretary's Office for Reconstruction; Constantine A. Doxiadis (1947) *Such Was the War in Greece*, Athens: Department of Reconstruction.

33. Michael E. Porter (1985) *Competitive Advantage: Creating and Sustaining Superior Performance*, New York: Free Press.

34. 最近曾于 2001 年在柏林、2002 年在希腊的蒂诺斯岛召开会议。

35. Presented in C.A. Doxiadis, *Ekistics*, 前引, pp. 81–199.

36. 与其立场类似的还有以下作者的著作: Walter W. Rostow (1962) *The Stages of Economic Growth: A Non-Communist Manifesto,* Cambridge: Cambridge University Press，以及 Julian L. Simon and Herman Kahn (1984) (eds) *The Resourceful Earth*, Oxford: Blackwell.

37. 例如参见 Paul A. Baran (1957) *The Political Economy of Growth*, New York: Monthly Review Press.

38. 参见 Paul R. Ehrlich (1968) *The Population Bomb*, New York: Ballantine Books; Paul R. Ehrlich and Anne H. Ehrlich (1974) *The End of Affluence*, New York: Ballantine Books; 以及 The Ecologist (1972) *A Blueprint for Survival*, Harmondsworth: Penguin Books.

39. 例如参见 Buckminster Fuller (1969) *Utopia or Oblivion: The Prospects for Humanity*, Toronto: Bantam Books; Herman Kahn (1982) *The Coming Boom*, New York: Simon & Schuster; Marshall McLuhan and Bruce R. Powers (1989) *The Global Village: Transformations in World Life and Media in the 21st Century*, New York: Oxford University Press.

40. Jane Jacobs (1961) *The Death and Life of Great American Cities*, New York: Vintage Books; Rachel Carson (1962) *Silent Spring*, Boston, MA: Houghton Mifflin; 以及 Robert Goodman (1971) *After the Planners*, New York: Simon & Schuster.

41. 例如参见 Mike Faber and Dudley Seers (eds) (1972) *The Crisis in Planning*, London: Chatto & Windus; Peter J. Boettke (ed.) (1994) *The Collapse of Development Planning*, New York: New York University Press.

42. C.A. Doxiadis (1977) *Ecology and Ekistics*, London: Elek Books, and Boulder, CO: Westview Press.

340

335

43. Jean Gottmann (1961), *Megalopolis: The Urbanized Northeastern Seaboard of the United States*, New York: Twentieth Century Fund; Brian J.L. Berry (1973) *The Human Consequences of Urbanization*, London: Macmillan; Brian J.L. Berry and Quentin Gillard (1977) *The Changing Shape of Metropolitan America*, Cambridge, MA: Ballinger; Manuel Castells and Peter Hall (1994) *Technopoles of the World*, London: Routledge.

44. "蓝色香蕉"指的是欧洲核心的城市轴线，其中包括伯明翰、伦敦、巴黎、布鲁塞尔、阿姆斯特丹、科隆、法兰克福、慕尼黑、都灵和米兰；参见 Peter Hall (1992) *Urban and Regional Planning*, London: Routledge, 3rd edn, pp. 159 – 187.

45. Doxiadis and Papaioannou, *Ecumenopolis*, 前引.

46. Nathan Silver (1968) '$35 Worth of Hubris', *The Nation*, 23 December, pp. 695–697.

47. C.A. Doxiadis (1966, 1967 and 1970) *Emergence and Growth of an Urban Region: The Developing Urban Detroit Area*, Detroit: Detroit Edison Company, 3 vols.

48. 参见 Walker Lee Cisler (1976) *A Measurable Difference*, Ann Arbor, MI: University of Michigan, Graduate School of Business Administration, pp. 103 – 104 and 136 – 148.

49. Nathan Silver, 前引, p. 696.

50. 与此相对照的研究参见 Thomas J. Sugrue (1996) *The Origins of the Urban Crisis: Race and Inequality in Postwar Detroit*, Princeton, NJ: Princeton University Press.

51. 参见 Reynolds Farley, Sheldon Danziger and Harry J. Holzer (2000) *Detroit Divided*, New York: Russell Sage Foundation.

52. C.A. Doxiadis, *Urban Renewal*, 前引, pp. 61 – 68.

53. 例如参见 Jon C. Teaford (1990) *The Rough Road to Renaissance: Urban Revitalization in America, 1940 – 1985*, Baltimore, MD: Johns Hopkins University Press.

54. 关于贝鲁特，参见 Hashim Sarkis (1998) 'Dances with Margaret Mead: Planning Beirut since 1968', 收录在 Peter G. Rowe and Hashim Sarkis (eds) *Projecting Beirut: Episodes in the Construction and Reconstruction of a Modern City*, Munich: Prestel, pp. 187 – 201; 以及 Hashim Sarkis (2002) *Circa 1958: Lebanon in the Pictures and Plans of Constantinos Doxiadis*, Beirut: Dar An–Nahar Publishers.

55. C.A. Doxiadis (1966) *Between Dystopia and Utopia*, Hartford, CT: Trinity College Press. 该书收录了三次演讲的内容："走向反面乌托邦"、"逃往乌托邦"和"对安托邦的渴望"。

# 作者简介

雷·布罗姆利（Ray Bromley）是纽约州立大学奥尔巴尼分校规划、地理与拉丁美洲研究专业的教授，他在该校负责为研究生开设的规划课程。他曾在斯旺西和锡拉丘兹任教，并曾在多个拉丁美洲国家从事研究。他曾撰写或主编过 6 部论著，其中包括《城市非正式区域》[The Urban Informal Sector (Pergamon, 1979)]、《第三世界城市中的零工和贫困》[Casual Work and Poverty in Third World Cities (Wiley, 1979)] 以及《为第三世界城市中的小型企业进行规划》[Planning for Small Enterprises in Third World Cities (Pergamon, 1985)]，并且是《发展与欠发展》丛书的联合主编（Methuen/Routledge 出版社出版）。他的著述集中关注城市与区域规划、街道与市场商贸、小企业推广等问题，近期开始研究规划和国际发展的观念史。他最近发表了关于约翰·特纳和埃尔南多·德索托（Hernando de Soto）的文章。

梅·戴维（May Davie）是法国图尔大学阿拉伯世界城市规划学术研究中心助理研究员。她也在黎巴嫩巴拉曼大学城市规划学院任教。她曾就规划史以及贝鲁特文化遗产问题发表过多篇著述。出版著作包括：《贝鲁特及其郊区（1840—1975 年）》[Beyrouth et ses faubourgs (1840–1940): Une intégration inachevée (Beirut: CERMOC, 1996)] 和《贝鲁特 1825—1975 年，150 年的城市化发展》[Beyrouth 1825–1975, 150 ans d'urbanisme (Beirut: Order of Engineers and Architects of Beirut, 2001)]。

阿拉·艾尔－哈巴希（Alaa El-Habashi）是埃及美国研究中心研究员。他是开罗和亚历山大建筑遗产历史保护方面的专家，曾经参与古建筑以及 19 世纪和 20 世纪早期建筑的保护。2001 年他在费城大学完成了建筑学博士论文。

卡罗拉·海恩（Carola Hein）是美国布林茅尔学院"城市发展与结构"项目的助理教授。她曾在布鲁塞尔和汉堡求学，有多篇著述和演讲论及当代与过往的建筑与规划。1995—1999 年，她在东京都立大学和工学院大学任访问研究员，研究第二次世界大战后的东京重建以及西方对日本城市规划的影响。她是《首都柏林》一书的主要作者 [Hauptstadt Berlin (Gebr. Mann Verlag, 1991)]，并参与编著了即将出版的《1945 年后的东京城市重建》[Rebuilding Urban Japan after 1945 (Macmillan, 2003 年春出版 )]。

安东尼·金（Anthony D.King）是纽约州立大学宾汉姆顿分校艺术史和社会学专业的巴特尔讲座教授。他与托马斯·A·马库斯教授（Thomas A. Markus）一起担任 Routledge 出版社的《建筑文本》（ArchiTEXT）丛书的联合主编，该丛书介绍建筑学、城市规划以及社会文化理论，他近期即将出版的《全球文化空间》（The Spaces of Global Culture）一书属于该丛书。近期发表的文章收录在《后殖民城市规划：东南亚城市和全球过程》[R. Bishop, J. Phillips and W.W. Yeo (eds) Postcolonial Urbanism: Southeast Asian Cities and Global Processes (2003)]、《全球化与边缘地带》[Grant and J. Short (eds) Globalization and the Margins (2002)]、《布莱克维尔城市研究指南》[G. Bridge and S. Watson (eds) The Blackwell Companion to the City (2000)] 等论著中。此前出版的著作包括《文化、全球化与世界体系》（1997年）以及主编的《城市化，殖民化与世界经济》（1990年）。

诺拉·拉菲（Nora Lafi）是《旧制度与城市改革时期之间的一个马格里布城市》[Une ville du Maghreb entre Ancien Régime et réformes municipales (Paris: L'Harmattan, 2002)] 一书的作者，该书是基于她关于利比亚的黎波里的博士论文改写完成的。她的主要研究方向是 18—20 世纪之间北非和中东地区的城市治理形式的演化。她是 2003 年即将出版的《地中海城市政府》一书的主编 [Municipalités méditerranéennes (Paris, 2003, forthcoming)]，并且负责 H-Mediterranean 网站（隶属于密歇根州立大学的 H-Net 网站，网址 http://www2.h-net.msu.edu/~mediter）。

乔·纳斯尔（Joe Nasr）是生活在美国的独立学者。他现在担任伯明翰中英格兰大学利华休姆基金项目的访问研究员。2004 年他将在中东担任富布赖特学者，研究中东的规划文化。以往他曾在密歇根大学安娜堡分校、布林茅尔学院和贝鲁特美国大学任教。1997 年起担任巴拉曼大学黎巴嫩美术学院的城市规划研究所讲师以及当代中东学术研究中心副研究员，两个机构都在贝鲁特。1993 年，他与别人联合创办了非营利机构"城市农业网络"。他在 1996 年出版的《城市农业：食品、就业与可持续发展的城市》（Urban Agriculture: Food, Jobs and Sustainable Cities）将在 2003 年推出第 2 版；同时还将推出他合编的另一本著作《地中海地区农业与城市化之间的交界面》（L'interface entre agriculture et urbanisation dans le bassin méditerranéen）。他的其他专长包括规划史、城市形态学和战后重建史。他在宾夕法尼亚大学获得了城市规划与区域规划博士学位。

艾丽西亚·诺维克（Alicia Novick）是布宜诺斯艾利斯大学建筑、设计与城市规划学院的建筑与城市规划史专业教授,她也是美洲艺术研究所的研究员。她是《城市规划起源中的技术人员形象与规划方案的图景》[La figura del técnico y la imagen del plan en los origenes del urbanismo (Buenos Aires, 2001)] 一书的作者,关于规划史的论文还包括：“社会博物馆与阿根廷城市规划”（Le Musée Social et l'urbanisme en Argentine）,收录在《社会博物馆与它的时代》[Colette Chambelland (ed.) Le Musée social en son temps, Paris: Presses de l'école Normale Supérieure, 1998] 一书中；“布宜诺斯艾利斯郊区的建设”（La construction de la banlieue à Buenos Aires）,收录在《为城市新领地命名》[Hélène Rivière d'Arc (ed.) Nommer les nouveaux territoires urbains, Paris: Edition UNESCO, Editions de la Maison des sciences de l'homme, 2001] 一书中。

罗兰·施特罗贝尔（Roland Strobel）是定居在美国辛辛那提的规划师和地理学家。他的学术背景包括政治学、发展规划和德国研究,在南加利福尼亚大学撰写的博士论文考察了战后柏林的城市规划与政治意识形态之间的关系。近期他为辛辛那提废置地区的再开发项目进行了规划设计。

埃里克·韦代伊（Eric Verdeil）是法国近东研究院的规划师和地理专家。他最近在巴黎第一大学（索邦）完成了城市地理和规划史方面的论文“一座城市和它的规划者们：贝鲁特重建（1950—2000 年）”[A City and its Planners: The Rebuilding of Beirut (1950—2000)]。2000 年,他担任贝鲁特的当代中东教学研究中心（2003 年改名为“法国近东研究院”）的城市观察项目负责人,启动了一个仍在进行中的关于中东地区规划专业文化的集体研究项目。

梅赛德斯·沃莱（Mercedes Volait）是法国图尔弗朗索瓦－拉伯雷大学法国国家科学研究中心阿拉伯世界城市规划学术研究中心的研究员。她是现代埃及建筑史与规划史专家,也就阿拉伯世界的文化遗产的确立过程发表过著述。目前她负责“共享遗产”（Patrimoines partagés）研究项目,这是一个对地中海地区文化遗产的欧洲研究项目。近期出版著作包括主编的《开罗－亚历山大：欧洲建筑,1850—1950 年》[Le Caire-Alexandrie: architectures européennes, 1850—1950 (Cairo: IFAO, 2001)]以及《开罗的荣耀：插图本历史》中 19—20 世纪的章节 [Cairo in The Glory of Cairo: An Illustrated History, edited by André Raymond (Cairo: The American University in Cairo

Press, 2002)]。

斯蒂芬·V·沃德（Stephen V.Ward）是牛津布鲁克斯大学规划史教授。他是国际期刊《规划视野》（Planning Perspectives）的主编，1996—2002 年任国际规划史协会主席。他曾就规划史及相关主题广泛发表过作品。最近的著作是 2002 年由约翰威立出版公司出版的《规划 20 世纪的城市：发达资本主义世界》（Planning the Twentieth-Century City: The Advanced Capitalist World）。他撰写或主编的作品还包括《田园城市：过去、现在和未来》（The Garden City: Past, Present, and Future）（1992 年）、《规划与城市变迁》（Planning and Urban Change）（1994）以及《场所的售卖：城镇和城市的营销和推广，1850—2000 年》（Selling Places: The Marketing and Promotion of Towns and Cities, 1850—2000）（1998）。

亚历山德拉·耶洛林波斯（Alexandra Yerolympos）是塞萨洛尼基亚里士多德大学建筑学院的城市规划专业副教授。作为建筑师和规划师，她就希腊、巴尔干和地中海东部地区的城市的历史和规划撰写过大量著述。出版的作品包括《巴尔干国家的城市改造》[Urban Transformations in the Balkans (Thessaloniki: University Studio Press, 1996)]、《塞萨洛尼基 1913—1918 年：阿尔贝·卡恩博物馆彩色照片》[Thessalonique 1913—1918：Les autochromes du musée Albert-Kahn (Athens: Ed. Olkos, 1999)] 以及《欧内斯特·埃布拉尔 1875—1933 年：建筑师画传，从希腊到印度支那》[Ernest Hebrard 1875—1933：La vie illustrée d'un architecte, de la Grèce en Indochine (Athens: Ed. Potamos, 2001)]。

# 人名索引

本索引列出了正文和图片说明中的人名（标出的是原书页码）。

# 地名索引

本索引列出了正文和图片说明中提到的国家、城市和城市区域名称（标出的是原书页码）。